ギブス　不均一物質の平衡について

On the Equilibrium of Heterogeneous Substances

Gibbs

ギブス
不均一物質の平衡について

ヨシア・ウィラード・ギブス 著
廣政直彦／林春雄 訳

東海大学出版部

On the Equilibrium of Heterogeneous Substances
Translated by Naohiko Hiromasa and Haruo Hayashi
Tokai University Press, 2019
Printed in Japan
ISBN978-4-486-01861-2

訳者の序文

　本書は Josiah Willard Gibbs の "Graphical Methods in the Thermodynamics of Fluids" (*Transactions of the Connecticut Academy*, **2**, 309-342 (1873))，"A Method of Geometrical Representation of the Thermodynamic Properties of Substances by Means of Surfaces" (*Transactions of the Connecticut Academy*, **2**, 382-404 (1873))，および "On the Equilibrium of Heterogeneous Substances" (*Transactions of the Connecticut Academy*, **3**, 108-248 (1875-76)；343-524 (1877-78)) の3篇の論文を全訳したものである．

　これらの論文は熱力学，物理化学，化学熱力学にとって重要な役割を果たしたものであり，特に三番目の論文は，多くの著書にその結果が数多く利用されているにも関わらず，この論文を Gibbs 自身が要約した "On the Equilibrium of Heterogeneous Substances" (*American Journal of Science, Ser. 3*, **16**, 441 (1878)) の黒田晴雄訳「不均一物質系の平衡について」(『化学の原典3 化学熱力学』日本化学会編，学会出版センター，1984年の43-68頁に所収) があるだけで，全文の翻訳はなされていない．

　本来，本書は『物理科学の古典』全10巻 (編集責任辻哲夫，東海大学出版会) の1冊『ギブス　不均一物質の平衡について』として，辻哲夫氏が翻訳することになっていた．また，辻氏は同じ『物理科学の古典』で，Gibbs の *Elementary Principles in Statistical Mechanics developed with especial Reference to the Rational Foundations of Thermodynamics* (New York; London, 1902) を『ギブス　統計力学の基礎原理』として翻訳する予定であった．しかし，辻氏は2012年9月18日に逝去され，辻氏による翻訳出版はできなくなってしまった．私事になるが，訳者の一人である筆者（廣政直彦）は，辻氏からの紹介で1977年4月に東海大学に専任講師として赴任し，大学業務の傍ら辻氏と物理学書の輪読や出版のお手伝いをすることになった．そのころ辻氏は，日本物理学会の行事や委員会，あるいは各種の出版等の仕事で忙しくしておられ，Gibbs の翻訳に手を付けることができなかった．1993年に東海大学を定年退職されたが，退職後は江戸時代の医学の文献を集めているのでそ

れを読みたいと話しておられ，Gibbs の翻訳に取り掛かることはなかったようである．亡くなる数年前，筆者が辻氏を訪問した際に，Gibbs の翻訳はいかがされますかとたずねたところ，自分ではもう無理だから，筆者（廣政）に翻訳は引き継いでもらいたいとおっしゃった．

筆者は元々19世紀の物理学史に興味があり，東海大学に赴任する前，東洋大学の八木江里氏の下で助手をしていたときに，Gibbs の統計力学に関することを調べていたが，その後，東海大学に移って日本の幕末明治期の物理学史に関心が移り，しばらくの間19世紀の物理学史から離れていた．そのせいもあり，原論文を読んでみると難しく，一人で翻訳するのは無理だと思い，林春雄氏と依田聖氏の3人の共訳で出版することにした．2013年の暮れに最初の打ち合わせを行い，翻訳個所を分担して定期的に集まって訳文の検討を始めた．その後，依田氏の都合により翻訳は林氏と二人で進めることになったが，予想以上に時間がかかり5年も経過してしまった．翻訳の担当は，林（第一論文および第三論文の本書の 173-338 頁）と廣政（第二論文および第三論文の本書の 69-173 頁と 338-385 頁）である．そのため，文体の全体としての統一性に注意を払ったつもりであるが，一部に不統一な箇所があるやも知れないがご容赦願いたい．

Gibbs のこれらの論文は内容が多方面にわたり，備考や注釈のない抽象的な記述がなされており，その意味で難解であり，第三者によるチェックが必要であると考えられたが，諸事情により，部分的にチェックしていただいた箇所を除いて，全文を通してチェックしていただくことは叶わなかった．そのため，訳者らの誤解や半解による誤訳が多々あるものと恐れている．その責任はすべて筆者（廣政）にあるが，この訳書の改善のために率直な助言を読者から頂けるなら幸いである．

最後に，訳者らの要望をこころよく受け入れ，様々なご配慮を頂き，また出版までの長い間辛抱強く待って頂いた東海大学出版会（現東海大学出版部）の稲英史氏と原裕氏に心より感謝する．

2018 年 11 月 5 日
廣政直彦

目次

訳者の序文　v
翻訳の方針　xi

第一論文　流体の熱力学における図式的方法 …………………… 3
図表によって表されるべき量と関係　3
図表の基本的概念と一般的性質　4
通常使われている図表と比較したエントロピー ― 温度図表　9
　問題の物体の性質に依存しない考慮事項　9
　完全気体の場合　12
　凝縮する蒸気の場合　14
完全気体の等積線，等圧線，等温線，等力学線，等エントロピー線が全て直線である図表　17
体積 ― エントロピー図表　21
一つの点のまわりの等積線，等圧線，等温線，等エントロピー線の配置　30

第二論文　曲面による物質の熱力学的性質の幾何学的表示法 …… 43
　体積，エントロピー，エネルギー，圧力，温度の表示　43
　均一でない状態を表す曲面の部分の性質　45
　熱力学的平衡の安定性に関する曲面の性質　47
　固体，液体，蒸気の形をとる物質の熱力学的曲面の主要な特徴　52
　散逸エネルギー面に関する問題　57

第三論文　不均一物質の平衡について ………………………………… 69
第一部
平衡および安定の規準　70
重力・電気・固体のひずみ・毛管張力が影響しない不均一物質系の平衡条件　77
　与えられた物質系の初期に存在している均一部分間の平衡に関する条件　77

既存のものとは異なる物質系が形成される可能性に関する条件　86

与えられた物質系の任意の部分が固体の場合の影響　97

付加条件式の効果　100

隔壁の効果（浸透圧の平衡）　100

基本方程式の定義と性質　103

量 ψ, χ, ζ について　107

ポテンシャル　110

物質の共存相について　115

$n+1$ 個の共存相について　116

共存相の数が $n+1$ より少ない場合について　118

基本方程式によって示される均一流体の内的安定性　119

相の連続的変化についての安定性　124

幾何学的表示　136

表示された物体の組成が一定な曲面　136

表示された物体の組成が可変で温度と圧力が一定な曲面と曲線　139

臨界相　150

1つの成分の量が非常に少ない場合のポテンシャルの値　157

物体の分子構造に関するいくつかの問題点について　160

重力の影響下での不均一な物質系の平衡条件　166

体積要素が固定されているとみなされる先の問題を扱う方法　170

理想気体と混合気体の基本方程式　173

液体及び固体におけるポテンシャルについての結論　188

拡散による気体の混合に基づくエントロピーの増加に関する考察　190

化学的に関連している成分をもつ理想混合気体の散逸エネルギー相　192

変換可能成分を持つ混合気体　197

第二部

すべての可能な固体のひずみ状態に関して，流体と接する固体の内的および外的平衡の条件　212

固体の基本方程式　231

流体を吸収する固体について　246

不均一物質系の平衡についての不連続面の影響．──毛管現象の理論　250
　　流体相の間の不連続面に対する基本方程式　262
　　流体相間の不連続面に対する基本方程式の実験的決定　265
　　流体相間の平らな不連続面に対する基本方程式　267
　　流体相間の不連続面の安定性について　270
　　任意の均一流体内に異なる流体相を形成する可能性について　287
　　二つの異なる種類の均一流体と第三の流体相が出会うところに界面の形成される可能性について　293
　　界面に対する基本方程式でポテンシャルを圧力で置き換えること　300
　　不連続面の拡張に関与する熱的および力学的諸関係　304
　　不透過性薄膜　310
　　不連続面あるいは重力の影響を無視しない不均一流体系に対する内的平衡の条件　312
　　種々の不連続面が出会うところに新しい不連続面の形成の可能性について　323
　　三つの不連続面が出会う線上での新しい相の形成に関する流体の安定性条件　325
　　四つの異なる物質の頂点が出会う点での新しい相の形成に関する流体の安定性条件　334
　　液体膜　338
　　固体と流体の間の不連続面　352
動電力による平衡条件の修正──完全な電気化学的装置の理論　368
　　完全な電気化学的装置の一般的な性質　375

解説　409
索引　419

翻訳の方針

1. 歴史的文献であることに留意して原論文の内容に即して訳すようにし，日本語として意味の通る文になるように務めた．また，誤植と思われる個所は著者の意図に沿って訳した．
2. 原論文においてイタリックで強調されている個所は，ゴチックで示した．
3. 原論文の人名，書名，雑誌名等は，検索の便宜を考慮して元の綴りで記した．
4. 読者が原論文を読む際の便宜のために，訳文に対応して原論文の頁を欄外に付けた．そのため，欄外の頁は通しではなく，第一部と第二部で異なっているので注意されたい．なお，訳文中の頁は本書の頁を記している．
5. 原論文の脚注は長いものがあるため後注とし，訳注は脚注とした．
6. 必要な場合は訳語に（……）で原語を付けた．
7. 第三論文は2回に分けて雑誌に掲載されたので，それぞれ第一部，第二部と見出しを付けた．
8. 原論文で引用されている論文や著書は，タイトルや刊行年等が記載されていないものがあるので，読者がそれらを読むのに便利なようにそれらを補足した．例えば，雑誌に掲載された論文は，T. Andrews, "On the continuity of the gaseous and liquid states of matter（物質の気体状態と液体状態の連続性について）", *Phil. Trans.*, **159**, 575-590（1869）のように，著者名・論文のタイトル・*雑誌名*・**巻**・頁・（刊行年）とし，著書は，G. Wiedemann, *Galvanismus und Elektromagnetismus*, Bd. 2, Aufl.2（Braunschweig, 1874）のように，著者名・書名・巻・版（出版都市名・出版年）とした．なお，著書で1巻のみの場合，また初版の場合は巻・版は省略した．
9. 第三論文には目次はなく末尾に梗概が付いているが，読者が読みやすいように本書には目次を付けた．
10. 原論文における物理量の記号は，エントロピーは η，ヘルムホルツの自由エネルギーは ψ など，現在一般に使われているものとは異なっているが，

原論文で使用されている記号をそのまま記した．
11. 図版は，原論文に掲載された図を転載したものと，理解しやすくするために新たに作図したものがある．
12. 事項索引・人名索引を付けた．
13. 翻訳には原論文を使用したが，その後訂正された個所は，Gibbs の論文集 *The Collected Works of J. W. Gibbs*, Vol. I, (New Haven, 1957) に従った．また，W. Ostwald のドイツ語訳 *Thermodynamische Studen von J. Willard Gibbs*, (Leipzig, 1892), F. G. Donnan の編集による *A Commentary on the Scientific Writings of J. W. Gibbs*, Vol.1, (New Haven, 1936) 等も参考にした．

第一論文

流体の熱力学における図式的方法

第一論文
流体の熱力学における図式的方法

[*Transactions of the Connecticut Academy*, **2**, pp. 309-342, April-May, 1873.]

　流体の熱力学における命題の幾何学的表現は一般的に用いられ，この科学における明確な概念を広めることに十分に役立ってきたが，それでもまだ，それらが持っている多様性と一般性に関しての拡張はなされてこなかった．可逆過程に関する流体の熱力学的性質の全てを立ち所に表すことができ，一般的な定理や特殊な問題の数値解にも同様に役立てることのできる一般的な図式的方法に関する限り，直交座標（rectilinear coordinates）が体積と圧力を表す図表（diagram）を用いることは，たとえ普遍的な慣例とまではいえないとしても，一般的なものである．本論文の目的は，これとは異なる構成による或る図表に注意を促すことにある．それは，それらの適用に於いて，ふつう使われている図表と同等の適用範囲を持ち，しかも多くの場合に於いて，明快性あるいは利便性に関してより好ましい図式的方法を与えることができる．

図表によって表されるべき量と関係

　次の量を考えねばならない：――

任意の状態における与えられた物体の
$\begin{cases} v, \text{体積}, \\ p, \text{圧力}, \\ t, \text{（絶対）温度}, \\ \varepsilon, \text{エネルギー}, \\ \eta, \text{エントロピー}, \end{cases}$

また，一つの状態から他の状態に移行する際の物体によって $\begin{cases} \text{なされた仕事}, W, \\ \text{受け取った熱}, H \end{cases}$ [1)]

これらは以下の微分方程式で表された関係に従っている：――

$$dW = \alpha p\, dv, \qquad \text{(a)}$$

$$d\varepsilon = \beta dH - dW, \qquad (b)$$

$$d\eta = \frac{dH}{t},{}^{2)} \qquad (c)$$

ここに，α と β は，v，p，W，H が測定された単位に依存する定数である．$\alpha = 1$，$\beta = 1^{3)}$ のように単位を選ぶことができ，もっと簡単な形の式にすることができる．すなわち，

$$d\varepsilon = dH - dW, \qquad (1)$$
$$dW = pdv, \qquad (2)$$
$$dH = td\eta. \qquad (3)$$

(2)，(3) を (1) に代入して，次式を得る．

$$d\varepsilon = td\eta - pdv. \qquad (4)$$

v，p，t，ε，η なる量は物体の状態が与えられれば決められる．それで，それらを**物体の状態関数**と呼ぶことが許される．この用語が流体の熱力学で使われる意味においては，物体の状態は二つの［量の］独立な変化が可能であるから，五つの量 v，p，t，ε，η との間には，一般に異なる物質に対しては異なる式になるが，常に微分方程式 (4) と整合性を保つような三つの限られた式によって表すことのできる関係が存在する．この式は，もし ε が v と η の関数として表されるなら，この関数の v と η に関して行った偏微分係数が，明らかにそれぞれ $-p$ と t に等しくなることを意味している．[4]

311 　一方，W と H は物体の状態関数（または v，p，t，ε，η なる量のどれかの関数）ではないが，物体が経由すると考えられる状態の全過程によって決められる．

図表の基本的概念と一般的性質

ここで，平面内の或る一つの点を，任意の連続的な仕方で物体がとり得るそれぞれの状態のすべてに関連付ければ，ほとんど違いのない状態は，互いに極めて近くにある点に関係するので[5]，等しい体積の状態に関係づけられた各点は線を形成するだろう．これは**等しい体積の線**と呼ぶことができ，異なる線は体積の数値によって（体積 10，20，30，……の線として）区別される．同様

にして，**等しい圧力の線**，**等しい温度の線**，**等しいエネルギーの線**，**等しいエントロピーの線**なども考えることができる．これらの線はまた**等積線**（*isometric*），**等圧線**（*isopiestic*），**等温線**（*isothermal*），**等力学線**（*isodynamic*），**等エントロピー線**（*isentropic*）[6]とも呼ぶことができ，必要に応じて，これらの言葉を用語として使用する．

物体がその状態を変えると仮定すれば，物体が通過する各状態に関連する点は，物体の**経路**と呼ぶ一つの線を形成するだろう．経路の概念は，その物体が通過する一連の状態の順序を表すために，方向の概念を含まねばならない．全てのそのような状態の変化によって，我々が**経路の仕事や熱**[7]と呼ぶことのできる，一定量のなされた仕事 W と受取った熱 H とを一般的に結び付けられる．これらの量の値は（2）式と（3）式によって計算でき，

$$dW = pdv,$$
$$dH = td\eta.$$

すなわち，
$$W = \int pdv, \qquad (5)$$
$$H = \int td\eta, \qquad (6)$$

である．積分は経路の始点から終点まで行う．もし経路の方向が逆方向であれば，W と H は，量の絶対値はそのままで符号を変える．

物体の状態の変化が**循環過程**（cycle）を形成するならば，すなわち，終状態が始状態と同じであるならば，経路は**循環路**（circuit）になり，なされた仕事と受取った熱は等しい．（1）式から分かるように，この場合に対し積分すると，$0 = H - W$ となる．

循環路はある面積を取り囲み，面積はそれを取り囲む循環路の方向にしたがい正または負として考えることができよう．面積の値が正になるように取り囲まねばならない方向は，もちろん任意である．言い換えれば，x と y が直交座標であれば，面積を $\int ydx$ あるいは $\int xdy$ のいずれかで定義できる．

面積が多くの部分に分割されるならば，全面積を取り囲んでいる循環路でなされた仕事は，分割された各面積を取り囲んでいる全ての循環路でなされた仕事の和に等しい．これは次の考察から明らかである．すなわち，各部分面積に分割している各線の各々でなされた仕事は，この各部分面積を取り囲んでいる各々の循環路でなされた仕事の和の中に，二回しかも反対符号で現れる．また，

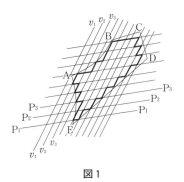

図1

全面積を取り囲んでいる循環路で受取った熱は，各部分面積を取り囲んでいる全ての循環路で受け取った熱の和に等しい．[8]

すべての循環路の大きさが無限小とすれば，取り囲まれた面積と循環路の仕事または熱との比は，循環路の形やそれが描かれている方向には依らず，図表中のその位置だけで変化する．この比は循環路が描かれる方向に依らないということは，この比を逆にすることは単に比の両方の項の符号を変えるという考察から明らかである．この比が循環路の形に依らないことを証明するために，面積 ABCDE（図1）が，体積の等しい差 dv をもつ無限に多くの等積線 v_1v_1, v_2v_2, …… と，圧力の等しい差 dp をもつ無限に多くの等圧線 p_1p_1, p_2p_2, …… とによって分割されていると仮定しよう．さて連続性の原理から，全体図形は無限に小さいので，その全体図形がその周囲を通る際になされた仕事に分割される小さな四角形の一つの面積の比は，すべてのほかの小さい四角形に対しても近似的に同じである．したがって，与えられた循環路内に含まれるすべての完全な形の四角形から構成される図形の面積は，この図形を取り囲んでいる面積と同じ比でなされた仕事でなければならず，その比はわれわれが γ と呼ぶものと同じ比である．しかし，この図形の面積は近似的に与えられた循環路で囲まれた面積と同じであり，この図形を描く際になされた仕事も近似的に与えられた循環路を描く際になされた仕事と同じである（(5) 式）．それゆえ，与えられた循環路で囲まれた面積は，その循環路でなされた仕事または受取った熱に対して，この比 γ でなければならず，この比は循環路の形によらない．

さて，等間隔の等積線と等圧線の系を考えるならば，これはたった今まで論じ，全体の図表にまで拡張したものだが，小さな四角形の一つを取り囲む際になされた仕事は，圧力の増加が直接体積の増加に先行するので，図表のすべての部分において一定値になるだろう．すなわち，順々に (2) 式を四つの辺に適用することで容易に証明できるように，体積差と圧力差との積（$dv \times dp$）になる．しかし，これらの四角形の一つの面積は，これは無限に小さい循環路

の境界の範囲内では一定と考えることができるが，図表のそれとは違う部分に対しては変化するかも知れず，γ の値に比例して示され，これは $dv \times dp$ によって分割された面積に等しい．

同様に，等しい差 $d\eta$ と dt に対する図表を通じて描かれる等エントロピー線と等温線の系を考えるならば，(3) 式で証明できるように，一つの小さい四角形の周りを通過する際に受取った熱は，t の増加が直接 η の増加に先行するので，一定な積 $d\eta \times dt$ になるだろう．そして，熱の比よって分割された面積に等しい γ の値は，その面積に比例するように示されるだろう．[9]

この量 γ は，無限小循環路の面積とその循環路の中でなされた仕事または受取った熱との比であり，仕事と熱が面積によって表される尺度，あるいはもっと簡潔に**仕事と熱の尺度**と呼ぶことのできるものであるが，図表を通してどこでも一定値をもつことができるか，あるいは変化する値をもち得る．通常の使用における図表は，循環路の面積がどこでも仕事または熱に比例しているような最初の場合の一例であり，同じ性質をもつほかの図表もある．そして，そのようなもの全てを**一定尺度の図表**と呼ぶことができる．

どのような場合でも，等積線と等圧線あるいは等エントロピー線と等温線を描くことができる限りでは，図表の全ての点に対し知られているものとして，仕事と熱の尺度を考えることができる．無限小循環路の仕事と熱に対して δW，δH と書き，含まれる面積に対し δA と書くならば，これらの量の関係は次のように表される：——[10]

$$\delta W = \delta H = \frac{1}{\gamma} \delta A. \tag{7}$$

その循環路に含まれる面積 A を全ての方向で無限小面積 δA に分解することを仮定することによって，すなわち，上式が成立するように，いろいろな面積 δA に対する δH または δW の値の和をとることによって，有限な大きさの循環路に対する W と H の値を見出すことができる．循環路 C の仕事と熱に対し W^C 及び H^C と書き，この循環路の境界内で行った和または積分に対し Σ^C と書けば，

$$W^C = H^C = \Sigma^C \frac{1}{\gamma} \delta A. \tag{8}$$

を得る．このようにして，(5) 式や (6) 式のように一つの線にわたって行われる積分の代わりに，一つの面積にわたって行われる積分を含む循環路の仕事と熱の値に対する式を得る．

同様な式は循環路でない経路の仕事と熱に対しても得られる．というのは，この場合は，等積線上またはゼロ圧力線（(2) 式）の経路に対し $W=0$，更に，等エントロピー線上または絶対零度の線上の経路に対しては $H=0$ という考察によって，先の式に帰着させることができるからである．それゆえ，任意の経路 S の仕事は，終状態の等積線とゼロ圧力線及び始状態の等積線からなる循環路 S の仕事に等しい．この循環路は記号 $[S,\ v'',\ p^0,\ v']$ で表すことができる．さらに，同じ回路の熱は循環路 $[S,\ \eta'',\ t^0,\ \eta']$ の熱と同じである．したがって，任意の経路 S の仕事と熱を表すために W^S と H^S を用いると，

$$W^S = \sum {}^{[S,\ v'',\ p^0,\ v']} \frac{1}{\gamma} \delta A, \tag{9}$$

$$H^S = \sum {}^{[S,\ \eta'',\ t^0,\ \eta']} \frac{1}{\gamma} \delta A, \tag{10}$$

を得る．ここで，前のように，積分の境界は記号 Σ の指標のところに置いた記号によって表される．[11] これらの式は明らかに特別な場合としての (8) 式を含んでいる．

これらの関係式の物質的な概念をつくることは容易である．例えば，$\frac{1}{\gamma}$ によって表される変動する（表面）密度をもつ図表の平面内に備わっている質量を考えるならば，このとき，$\Sigma \frac{1}{\gamma} \delta A$ は明らかに積分の境界内に含まれた平面の一部の質量を表している．この質量は循環路の方向によって正にも負にもなる．

ここまでのところでは，連続性のある条件を除き，平面の各点を物体の状態と結びつけることによって，われわれは法則の本質に関して何も仮定していない．どんな法則を採用しようとも，物体の熱力学的性質の表現方法を得る．この方法においては，物体の状態関数の間に存在する関係式は線の循環路網 (net-work) によって示される．一方，物体がその状態を変える際に，物体によってなされた仕事と受取った熱は線の各要素に沿う積分によって表される．そしてまた，図表の或る面積の各要素に沿う積分によって，あるいは，もしそのような考えを導入することを選べば，これらの面積に帰属する質量によって表される．

関連の様々な法則によって得る異なる種類の図表は，**変形**の過程によって全て互いに別々な形で得ることができるようなものである．更に，この考察は，体積と圧力が直交座標によって表されている図表の良く知られた性質からこれらの性質を説明するには十分である．なぜなら，等積線，等圧線，……の循環路網によって示された関係式は，明らかにそれが描かれている面の変形によって変化しない．さらに，質量が面に備わっているものとして考えるならば，与えられた線内に含まれた質量もまた変形の過程によって影響されないだろう．このとき，通常の図表が描かれている，その面が一様な面密度1をもっていれば，この図表に含まれる面積で表される一つの循環路の仕事と熱も，含まれる質量によって表されることになるので，この後者の関係式は，それが描かれる面の変形によってこれから形成されるどんな図表に対しても成立する．

表現方法の選択は，もちろん簡潔性と利便性を考慮することにより，特に，等積，等圧，等温，等エネルギー及び等エントロピーの線を描くことや仕事と熱の定量に関連して決定されるべきである．仕事と熱が単に面積で表される，一定尺度の図表を用いることには明らかな利点がある．そうした図表は，もちろん要素の大きさを変えることなく平面図を変形する方法に際限がないように，無数の異なる方法で作ることができる．これらの方法の中で，特に二つが重要である——体積と圧力が直交座標で表される通常の方法と，エントロピーと温度が同様に表される方法とである．区別するために，前者の方法によって作られる図表は**体積‐圧力**図表，——後者の方法で作られる図表は**エントロピー‐温度**図表と呼ぶことができる．前者と同様に後者は，全体の図表を通して $\gamma = 1$ という条件を満たすことが7頁を参照することで分かるだろう．

通常使われている図表と比較したエントロピー‐温度図表

問題の物体の性質に依存しない考慮事項

一般式（1），（2），（3）は，v, $-p$, $-W$ をそれぞれ η, t, H と交換しても変わらないから，これらの方程式を扱う限り，体積‐圧力図表とエントロピー‐温度図表との間に優劣の差がないことは明らかである．前者においては，仕事は物体の状態変化を表す経路と二つの縦軸と横軸とによって囲まれる面積に

よって表される．同じことは，後者の図表における受取った熱についても当てはまる．再び，前者の図表において受取った熱は経路とある直線によって囲まれた面積によって表される．その特徴は考えている物体の性質に依存する．性質が仮定によって決められる理想物体の場合を除き，これらの線はそれらの経路の一部において多かれ少なかれ未知である．いずれにしても面積は一般に無限の距離にまで拡がるだろう．ほとんど全く同じ不便さがエントロピー－温度図表での仕事を表す面積にもいえる[12]．しかしながら，エントロピー－温度図表の方には重要な利点を示す一般的な特徴についての考察がある．熱力学の問題においては，ある温度で受取った熱は別の温度で受取った熱と同じ量の熱に相当するわけではない．例えば，150℃で100万カロリーの熱の供給は，50℃で100万カロリーの供給とはまったく違うものである．しかし，そうした違いは仕事に関してはない．これは，熱はより高い温度の物体からより低い温度の物体に移動できるだけであるという一般法則の結果である．一方，仕事は，例えどんな圧力でも一つの流体から何か他の流体へ力学的手段を使って移すことができる．したがって，熱力学の問題では，異なる温度で物体によって受取られた熱量と放出された熱量との間で区別することが一般に必要である．一方，仕事に関する限り，なされた全仕事量を確かめることで一般には十分である．それゆえ，複数の熱の面積と一つの仕事の面積が問題の中に入ってくる場合，仕事よりも熱の方が簡単な形であるべきだということが明らかに重要である．さらに，循環路のごく普通の場合には，仕事の面積は経路によって完全に囲まれており，等積線の形やゼロ圧力線は何ら特別な結果をもたらさない．

しばしば熱力学についての論文中に記述される完全な熱力学的機関の最も簡単な形が，エントロピー－温度図表の中にかなり単純化された図によって，すなわち，各辺が座標軸と平行になっている長方形によって表されている．このことは注目する価値がある．こうして図3のように，循環路ABCDは流体がそのような機関の中で移行していく一連の状態を表すことができる．循環路内の面積はなされた仕事を表しており，一方，面積ABFEは最大温度AEの熱源から受取った熱をあらわし，面積CDEFは最低温度DEの冷熱源へ伝達される熱を表す．

完全な熱力学的機関のもう一つの形，すなわち，RankineのPhil. Trans., 第144

第一論文 流体の熱力学における図式的方法

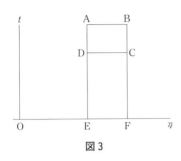

図 3

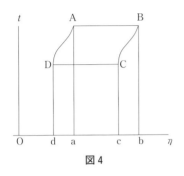

図 4

巻，140 頁の論文[訳注*)]によって定義されたように，完全な熱交換器（perfect regenerator）を備えた機関がある．エントロピー‐温度図表にそれを描いたものは特に単純なものになる．循環路は，横軸に平行な長さの等しい 2 本の線分 AB と CD（図 4）と，任意の形の正確に同じ形をした 2 本の曲線 BC と AD とからできている．循環路内に含まれた面積 ABCD はなされた仕事を表し，面積 ABba と面積 CDdc はそれぞれ高熱源から受取った熱と冷熱源に移される熱を表す．B から C に移行する際に流体によって熱交換器に分与した熱，そしてその後で，D から A までの移行の際に流体に戻された熱は，面積 BCcb と面積 DAad によって表される．

任意の熱力学的機関の研究では，それと完全な機関とを比較することがしばしば第一に重要なことである．そうした比較は，明らかに完全な機関がそのような単純な形で表されている方法を使うことにより，非常に簡単なものになるだろう．

座標が体積と圧力を表す［従来の図示］方法は，それが依拠している概念の単純で初等的な性格において，更に Watt のインジケーター図との類推が恐らくそれを馴染み易くするのに寄与したという点においても，ある種の利点を持っている．一方，まさしくその存在が熱力学第二法則に従う**エントロピー概念**を［座標に］使う方法は，確かに不自然な観があり，不明瞭で理解困難なために初心者には受け入れ難いだろう．恐らく，この不都合さは熱力学第二法則［の重要性］をより際立たせ，そしてより明晰でしかも初等的な表現を与える方法の利点によって，打ち消されてもなお余り有る．縦軸が温度を表し，流体によって吸収あるいは放出される熱は物体が移行する状態を表す線，この線の

訳注*) W. J. M. Rankine, "On the geometrical representation of the expansive action of heat, and the theory of thermo-dynamic engines," *Phil. Trans.*, **144**, 115-175 (1854).

端点と横軸によって縦軸が区切られ，それによって囲まれる面積で表されるので，流体の種々の状態は座標平面の異なる点によって表すことができるという事実，——この事実は，言葉の表現としてはぎこちないが，視覚に鮮明な像を与え，意図が容易に把握され保持することができるものである．しかしながらこれは，使用上非常に便利な形式として，流体にそれを適用する上での熱力学第二法則の幾何学的表現に他ならないし，これから同じ法則の解析的表現も，もし望むなら，直ちに得ることができる．そこで，教育等の目的のために，できるだけ第二法則の表現を後回しにすることよりも，学習者をこの法則に慣れ親しませることの方がもっと重要であるとすれば，エントロピー－温度図表を用いることが，この科学を広めるという有益な目的に叶っているかも知れない．

前述の考察は一般的な性質が主であり，図式的方法が適用される物質の性質に依存しない．しかしこれは，エントロピー－温度図表における等積線，等圧線，等力学線の形や，体積－圧力図表における等エントロピー線，等温線，等力学線の形には依存する．この方法の利便性は，これらの線は引くことができるというその容易さに大きく依存し，図表で表されるその性質をもつ流体の性質に依存するから，それらの最も重要な適用のいくつかにおいて考察している方法と比較することが望ましい．われわれは完全気体の場合から始めたい．

321　　　　　　　　　完全気体の場合

完全気体または理想気体は，その気体の任意の一定量に対し体積と圧力の積が温度によって変化し，エネルギーも温度によって変化する，そのような気体として定義することができる．すなわち，

$$pv = at, \quad (A)[13]$$

$$\varepsilon = ct. \quad (B)$$

定数 a の意味は（A）式によって十分に示されている．c の意味は，（B）式を微分し，その微分した結果である

$$d\varepsilon = cdt$$

と一般式（1）及び（2），つまり

$$d\varepsilon = dH - dW, \quad dW = pdv.$$

と比較することによって，より明確にすることができる．もし $dv = 0$，$dW = 0$，

第一論文　流体の熱力学における図式的方法

$dH = cdt$ であれば，すなわち，

$$\left(\frac{dH}{dt}\right)_v = c \quad {}^{14)} \tag{C}$$

を得る．すなわち，c は定積条件の下で物体の温度を1度上げるのに必要な熱量である．同じ気体の異なる量を考えるとき，a と c は共に量として変化し，$c \div a$ は一定であることが分かる．また，異種気体に対する $c \div a$ の値は，等積と定積に対して決められる比熱として変化することが分かる．

(A) と (B) なる式によって，一般式 (4)，つまり

$$d\varepsilon = td\eta - pdv$$

から p と t を消去することができる．これは

$$\frac{d\varepsilon}{\varepsilon} = \frac{1}{c}d\eta - \frac{a}{c}\frac{dv}{v}$$

となり，積分することで

$$\log \varepsilon = \frac{\eta}{c} - \frac{a}{c}\log v. \quad {}^{15)} \tag{D}$$

となる．もし体積とエネルギーが共に1である状態をエントロピー0と呼ぶならば，積分定数は0になる．

$v, p, t, \varepsilon, \eta$ との間に存在する任意の別の式も三つの独立な (A), (B), (C) なる式から導くことができる．(B) と (C) から ε を消去すれば，次式を得る．

$$\eta = a \log v + c \log t + c \log c. \tag{E}$$

(A) と (E) から v を消去して

$$\eta = (a+c) \log t - a \log p + c \log c + a \log a. \tag{F}$$

(A) と (E) から t を消去して

$$\eta = (a+c) \log v + c \log p + c \log \frac{c}{a}. \tag{G}$$

もし v が一定ならば，(E) 式は

$$\eta = c \log t + 定数$$

となる．すなわち，エントロピー－温度図表での等積線は形式において互いに同一である対数関数曲線であり，―― v の値の変化は，η 軸に平行な曲線を移動させる役割だけをもつ．p が一定ならば，(F) 式は

$$\eta = (a+c)\log t + 定数$$

となるので，この図表の等圧線は同様な性質をもつ．形式におけるこの同一性は，かなりの数のこれらの曲線を描く労力を大幅に軽減する．なぜなら，厚紙または薄い板がそれら曲線の一つの型として切り取られるならば，同じ系の全てを描くための型紙あるいは定規として使うことができる．

等力学線はこの図表では直線である（(B) 式）．

体積-圧力図表での等温線と等エントロピー線の形を見出すために，(A) 式と (G) 式の t と η をそれぞれ定数としよう．そうすれば，良く知られたこれらの曲線の方程式が導かれる：

$$pv = 定数,$$

及び
$$p^c v^{a+c} = 定数.$$

等力学線の式は，もちろん等温線の式と同じである．直線のこれらの系はどれも同じ形ではない．このことは等積線と等温線の系をエントロピー-温度図表に描くことを非常に容易にする．

凝縮する蒸気の場合

323

次に考察するのは液体から気体の状態に移行する物体の場合である．物体が充分に過熱されたとき，完全気体の状態に近づくと仮定することは一般的である．このとき，そのような物体のエントロピー-温度図表では，あたかも完全気体であるかのように，定数 a と c の適当な値に対して，等積線，等圧線，等力学線の系を描くならば，蒸気の真の等積線などに限りなく近づいて行くだろう．そして，多くの場合に，飽和直線の近傍を除いて，液体と混じり合っていない蒸気を表す図表部分において，それらから大きく変わることはないだろう．同じ物体の体積-圧力図表では，a と c の同じ値に対する完全気体に対して引いた等温線，等エントロピー線，等力学線は，真の等温線などと同じ関係式を持つだろう．

蒸気と液体の混合物を表す任意の図表のその部分で，等圧線と等温線とは圧力が温度だけで決められるので，同じものになるだろう．いま比較している両方の図表では，それらは直線で横座標軸に平行になる．エントロピー-温度図表での等積線と等力学線の形，または体積-圧力図表での等エントロピー線と

第一論文　流体の熱力学における図式的方法

等力学線の形は流体の性質に依存し，恐らくどのような簡単な式によっても表すことはできない．しかしながら，次の性質がこれらの直線の**等差系**(equidifferent systems) を構築することを容易にする．つまり，任意のそうした系はどんな等温（等圧）線も等しい線分に分割する．

完全に液体状態にあるときの物体を表す図表部分を考察することが残っている．物体のこの状態での基本的特徴は，体積がほぼ一定であるから，体積の変動は，蒸気状態にある物体の体積が表されるときと同じ尺度で図式的に表わされる場合，一般的に全く旨くいかない．さらに体積の変動と［それに］連動した量の関連した変動との両方が，物体が蒸気状態に移るときに生じるその同じ量の変動という側面によって無視される可能性があり，また一般に無視されているということである．

そこで，v が一定という通常の仮定を立て，どのように一般式 (1)，(2)，(3)，(4) がそれによって影響されるか見てみよう．まず初めに，

$$dv = 0,$$

である．このとき

$$dW = 0,$$

及び

$$d\varepsilon = t\, d\eta.$$

もし，

$$dH = t\, d\eta$$

を付け加えるならば，いまわれわれが立てた仮定と組み合わせて，これら四つの式は三つの独立な (1)，(2)，(3) 式と等価になる．このとき，液体に対して，ε は二つの量 v と η の関数である代わりに η だけの関数である．——すなわち，t もまた η だけの関数であり，関数 ε の微分係数に等しい；すなわち，三つの量 t, ε, η の内の一つの値は他の二つの値を決めるための十分条件である．さらに，v の値は t, ε, η の値に関係なく一定である（これらが流動性のために可能な値の限界に移行しない限りは）；しかし，p はこれらの方程式の中に入ってこない．すなわち，p は t, ε, η, v の値に影響されることなく（ある限界内で）任意の値を取り得る．もし，物体が常に液体状態を持続しながらその状態を変えるならば，そのような変化に対して，W の値は 0 であり，H の値は三つの t, ε, η なる量のうちのどれか一つの値によって決められる．したがって，それは図式的表現が求められる t, ε, η, H の間の関係式である；それゆえ，図表の座標を体積と圧力に等しくさせる方法は，この特殊な場合に

対して全く適用できない；事実，v と p は物体の状態を表す五つの関数 v, p, t, ε, η の内のたった二つでしかない．これは，互いに，または他の三つと，あるいは W と H なる量との表現されるべき関係をいずれも もっていない．[16)] v と p の値は非圧縮性流体の状態を実際には規定しないが，——t, ε, η の値はまだ未定のままであるから，液体を表す体積 - 圧力図表中の全ての点を通して，無限個の等温線・等力学線・等エントロピー線が通らねばならない．図表のこの部分の特徴は次のようなものである：——流動性の状態は圧力軸に平行な線の点によって表され，部分的な蒸発の領域と交差し，この線と出会う等温線，等力学線，等エントロピー線は上向きになり，それに沿う．[17)]

エントロピー - 温度図表で，t, ε, η の関係がはっきりと見える．流動性の線は t と η の間の関係によって決められた一つの曲線 AB（図 5）である．この曲線はまた等積線でもある．その曲線のどの点も，決まった体積，温度，エントロピー，エネルギーをもつ．後者は部分的蒸発の領域と交わり，流動性の線で終わる等力学線 $E_1 E_1$, $E_2 E_2$, ……などによって示される．（これらはこの図表中で曲がったり，その線に沿ったりしない．）もし，物体が液体のままで，この図の M から N までのように，一つの状態から他の状態に移行すれば，受取る熱は例のごとく面積 MNnm で表される．なされた仕事が何もないということは，線 AB が等積線であるという事実によって示される．この図表の等圧線だけが流動性の線と重なり，それらがこの線 ［AB］ と出会うところで下向きに向きを変え，その線上をたどるので，この線のどの点に対しても圧力は決められない．しかしながら，これは全ての量 v, t, ε, η が固定されているとき圧力がまだ決定されていないという事実を単に表すので，この図表において全く不都合ではない．

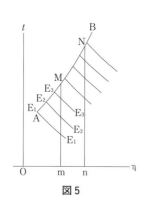

図 5

完全気体の等積線，等圧線，等温線，等力学線，等エントロピー線が全て直線である図表

　等しい体積・圧力・温度・エネルギー・エントロピーの線を容易に描けねばならないことの方が，仕事や熱を最も単純な方法で表さねばならないことよりも，もっと重要であるという多くの場合がある．そのような場合には，その手段によっていま上に述べた線の形でより大きな簡易さを手にすることができるとき，仕事や熱の尺度（γ）が一定であるとする条件を放棄することが適切であろう．

　完全気体の場合には，$v, p, t, \varepsilon, \eta$ なる量の間の三つの関係式は 12 頁から 13 頁の方程式（A），（B），（C）で与えられる．これらの方程式は容易に次の三つの方程式に変換することができる．

$$\log p + \log v - \log t = \log a, \qquad (\mathrm{H})$$

$$\log \varepsilon - \log t = \log c, \qquad (\mathrm{I})$$

$$\eta - c \log \varepsilon - a \log v = 0; \qquad (\mathrm{J})$$

したがって，$\log v, \log p, \log t, \log \varepsilon, \eta$ なる量の間の三つの関係式は一次方程式で表され，線の五つの系を同じ図表内で全て直線にすることができ，等積線の間隔は体積の対数の差に比例し，等圧線の間隔は圧力の対数の差に比例し，等温線と等力学線も同様にし，――しかし，等エントロピー線の間隔は単にエントロピーの差に比例する．

　こういう図表での仕事と熱の尺度は温度につれて逆数的に変化する．なぜなら，エントロピーと温度の等しい小さな差に対して図表に引いた等エントロピー線と等温線の系を考えれば，等エントロピー線は等間隔になるだろうが，等温線の間隔は温度の逆数的に変化するだろう．そして，図表が分割される小さい四辺形は同じ比で変化するだろう：$\therefore \gamma \propto 1 \div t$．（6-7 頁参照）

　しかしながら，これまでのところ図表の形は完全には定義されていない．これはいろいろな方法ですることができる：例えば，x と y が直交座標であれば，次のようにすることができる．

$$\begin{cases} x = \log v, \\ y = \log p; \end{cases} \text{または} \begin{cases} x = \eta, \\ y = \log t; \end{cases} \text{または} \begin{cases} x = \log v, \\ y = \eta; \end{cases} \cdots\cdots$$

あるいは，体積の対数，圧力の対数，温度の対数が図表に同じ尺度で表される条件を置くことができる．（エネルギーの対数は必然的に温度の対数と同じ尺度で表される．）これは，等積線，等圧線，等温線が互いに 60° の角度で切ることを必要とする．

平行線による射影によって互いに導き出されるこれらすべての図表の一般的な特徴は，$x = \log v$ と $y = \log p$ の場合によって説明することができる．

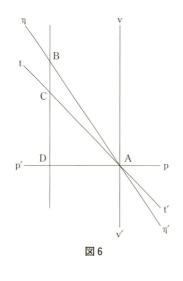

図6

このような図表の任意の点 A（図 6）を通る，等積線 vv′，等圧線 pp′，等温線 tt′，等エントロピー線 ηη′ を引くとしよう．もちろん，線 pp′ と vv′ は各座標軸に平行である．また，(H) 式によって

$$\tan \mathrm{t}\mathrm{A}\mathrm{p} = \left(\frac{dy}{dx}\right)_t = \left(\frac{d \log p}{d \log v}\right)_t = -1$$

であり，(G) によって

$$\tan \eta \mathrm{A}\mathrm{p} = \left(\frac{dy}{dx}\right)_\eta = \left(\frac{d \log p}{d \log v}\right)_\eta = -\frac{c+a}{c}.$$

したがって，ηη′, tt′, pp′ を B, C, D で切るもう一つの等積線を引けば，

$$\frac{\mathrm{BD}}{\mathrm{CD}} = \frac{c+a}{c}, \quad \frac{\mathrm{BC}}{\mathrm{CD}} = \frac{a}{c}, \quad \frac{\mathrm{CD}}{\mathrm{BC}} = \frac{c}{a}.$$

それゆえ，異なる気体の図表では，CD ÷ BC は等積と定積に対して決められる比熱に比例するだろう．

このようにして決定された比熱は，恐らく最も単純な気体に対し同じ値をもつので，等エントロピー線は最も単純な気体に対するこの種の図表では同じ傾きを持つだろう．この傾きは，任意の測定単位と独立な方法によって，

$$\mathrm{BC} : \mathrm{CD} :: \left(\frac{d \log p}{d \log v}\right)_\eta : \left(\frac{d \log p}{d \log v}\right)_t :: \left(\frac{dp}{dv}\right)_\eta : \left(\frac{dp}{dv}\right)_t$$

に対して容易に見つけることができる．すなわち，BD ÷ CD は，一定温度の弾性係数で割った，熱の移動が無いという条件の下での弾性係数の商に等しい．

単純な気体に対するこの商は，一般に 1.408 または 1.421 で与えられる．ところが，

$$\mathrm{CA} \div \mathrm{CD} = \sqrt{2} = 1.414$$

であるから，（単純な気体に対し）BD はほとんど CA に等しい．この関係を図表を作る際に使うと便利であろう．

　化合物気体（compound gases）に関しては，その規則は次のように考えられる．化合物の体積が（気体状態で）その構成成分の体積に等しいのとは反対に，（等積と定積に対して決められる）化合物気体の比熱は単純気体の比熱に等しい：すなわち，化合物の体積がその構成成分の体積に等しいように，化合物気体に対する BC÷CD の値は単純気体に対する BC÷CD の値に等しい．したがって，もし（この方法によって作られる）図表を単純気体と化合物気体とで比べるならば，距離 DA とそれゆえ距離 CD はそれぞれにおいて同じであり，化合物の体積がその構成成分の体積に等しいように，化合物気体の図表における BC は単純気体の図表における BC に等しい．

　等エントロピー線の傾きは考えている気体の量に無関係であるが，η の増加率はこの量によって変化する．t の増加率に関しては，もし図表全体が等間隔に引かれた等圧線と等積線によって正方形に分けられ，等温線がこれらの正方形の対角線として引かれるならば，等積線の体積，等圧線の圧力，等温線の温度は，それぞれ幾何級数を形成し，これらの級数の全てにおいて，二つの隣り合った項の比は同じになるだろう．

　17 頁から 18 頁で述べた他の方法によって得られる図表の性質は，本質的には今述べたものと変わらない．例えば，任意のそのような図表では，もし任意の点を通る等エントロピー線，等温線，等圧線を引けば，これらは同じ点を通らない任意の等積線を切り，等積線の線分の比は BC：CD に対して見出された値を持つだろう．

　また，蒸気の場合を取り扱うには，$x = \log v$ と $y = \log p$，または $x = \eta$ と $y = \log t$ の図表を使うのが便利である；しかし，これらの方法によってできる図表は，明らかに互いにかなり違っているだろう．これらの方法はそれぞれ仕事と熱に対し**定尺度法**（method of defined scale）と呼び得るものである；すなわち，図表のどんな領域でも γ の値は考えている流体の性質と無関係である．

最初の方法では $\gamma = \dfrac{1}{e^{x+y}}$ であり，第二の方法では $\gamma = \dfrac{1}{e^y}$ である．この点で，これらの方法は他の多くのものより利点がある．たとえば，$x = \log v,\ y = \eta$ の図表を作ろうとすれば，図表の任意の領域における γ の値は，流体の性質に依存し，そしていかなる単純な法則に従っても，完全気体の場合を除いたどんな場合にも恐らく変わらないだろう．

　エントロピー – 温度図表の方法の便利さは，座標がエントロピーと温度の対数である方法とほとんど同じ程度に便利であることが分かるだろう．この変動は非常に単純な法則にしたがうので，それらが表されている尺度の変動のために，後者の方法によって作られる図表での熱と仕事の見積に，重大な困難を伴うことはない．等温線の間隔が温度差に比例するように，垂直方向に縮小した

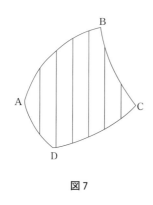

図7

りあるいは拡張したりしたような図表をエントロピー – 温度図表にすることができる．このことを憶えておくと，しばしば役に立つだろう．したがって，循環路 ABCD (図7) の仕事または熱を見積もりたいと思えば，いわば循環路に囲まれた面積を見積るために多くの等間隔の縦線 (等エントロピー線) を引き，その縦線の各々に対してそれが循環路を切る点の温度差をとることができる．これらの温度差は，等間隔の縦線に対応する系の上のエントロピー – 温度図表での対応する循環路によってできる線分の長さに等しくなるだろう．そして，エントロピー – 温度図表での循環路の面積を見積るために，すなわち，求める仕事または熱を見出すために使うことができる．始状態の等積線，圧力ゼロの線 (または任意の等圧線；注12) を参照)，及び終状態の等積線による経路によって作られる循環路に，同じ方法を適用することによって，任意の経路の仕事を見出すことができる．更に，両端点の縦座標と絶対零度の線からなる循環路に同じ方法を適用することによって，任意の経路の熱を見出すことができる．この線が無限の長さをもつことも何ら難しいことではない．われわれが望むエントロピー – 温度図表での縦線の長さは，(どちらの図表においても) 等間隔の縦線によって決められる経路の中の各点の温

度によって与えられる．

　エントロピー - 温度図表の蒸気と液体の混合物を表す部分の性質は，14 頁から 15 頁に与えられているが，もし縦線が単に温度の代わりに温度の対数に比例して作られていれば，明らかに変わらない．

　考えている図表での比熱の表現は特に簡単である．定積または定圧下での任意の物質の比熱は，その物質のある量に対して

$$\left(\frac{dH}{dt}\right)_v \text{ または } \left(\frac{dH}{dt}\right)_p, \text{ すなわち, } \left(\frac{d\eta}{d\log t}\right)_v \text{ または } \left(\frac{d\eta}{d\log t}\right)_p,$$

の値として定義できる．したがって，もし比熱の決定に対して使われる物質の量に対し，$x=\eta$ と $y=\log t$ の図表を描くならば，図表中で縦座標をもつ等積線と等圧線によってできる角の正接（tangent）は，それぞれ定積と定圧に対して決められる物質の比熱に等しい．ときには，定積または定圧の条件の代わりに，あるほかの条件が比熱の決定に使われる．あらゆる場合に，その条件は図表中の線によって表される．そして，縦座標をもつこの線によってできる角の正接は，このように定義された比熱に等しい．図表が物質の何かほかの量に対して描かれるならば，定積または定圧に対する，あるいは何かほかの条件に対する比熱も，比熱が決められる物質の量と図表が描かれるための量との比を掛けた，図表中の適切な角の正接に等しい．[18]

体積 - エントロピー図表

　図表中の点の座標が物体の体積とエントロピーとに等しくなるように表現する方法は，多少詳細な考察に意味を与えるある特徴を提示し，ある目的のために他のどんな方法よりも勝る実質的な利点を与える．体積とエントロピーが独立変数として選ばれるとき，熱力学の一般式の簡単で対称的な形から，これらの利点のいくつかが期待されるだろう．すなわち：── [19]

$$p = -\frac{d\varepsilon}{dv}, \qquad (11)$$

$$t = \frac{d\varepsilon}{d\eta}, \qquad (12)$$

$$dW = p\,dv,$$

$$dH = t\,d\eta.$$

p と t を消去すると，次式もまた得られる．

$$dW = -\frac{d\varepsilon}{dv}dv, \qquad (13)$$

$$dH = \frac{d\varepsilon}{d\eta}d\eta. \qquad (14)$$

これらの式に対応する幾何学的関係が体積‐エントロピー図表ではきわめて単純である．われわれの考えを明確にするために，体積軸とエントロピー軸を，体積は右に向かって増大し，エントロピーは上に向かって増大するように，それぞれ水平方向と鉛直方向としよう．そのとき，負にとられた圧力は，同じ水平線にある二つの隣接点のエネルギー差と体積差との比に等しい．そして，温度は同じ鉛直線上にある二つの隣接点のエネルギー差とエントロピー差との比に等しい．あるいは，一連の等力学線が等しい無限小のエネルギー差に対して描かれるならば，水平線のどんな系列も圧力に逆比例する線分に分けられ，鉛直線のどんな系列も温度に逆比例する線分に分けられる．体積軸に平行な運動に対して，受け取った熱は0であり，なされた仕事はエネルギーの減少分に等しいこと，一方，エントロピー軸に平行な運動に対して，なされた仕事は0であり，受け取った熱はエネルギーの増加分に等しいこと，これらのことが(13) 式と (14) 式によって分かる．これら二つの命題は，各基本的な経路または有限な長さの経路のどちらに対しても正しい．一般に，一つの経路の任意の線素に対する仕事は，図表のその部分の圧力とその経路の線素の水平射影したものとの積に等しく，受取った熱は温度とその経路の線素の垂直射影したものとの積に等しい．

図表上での測定によって，任意の経路の仕事と熱を表す積分 $\int p\,dv$ と $\int t\,d\eta$ の値を見積もりたいなら，または，これらの表式の近似値を視覚でたやすく見積りたいなら，あるいはまた，それらの意味を図表によって図示したいならば，

第一論文　流体の熱力学における図式的方法

これらのどの目的に対しても，いま考えている図表は，他のどんなものよりもより単純且つ明瞭に微分 dv と $d\eta$ を表す利点を持っている．

しかしまた，各面積要素にわたる積分によって，任意の経路の仕事と熱を見積ることができる．すなわち，7頁から8頁の式によって，

$$W^C = H^C = \Sigma^C \frac{1}{\gamma} \delta A,$$

$$W^S = \Sigma^{[S,\ v'',\ p^0,\ v']} \frac{1}{\gamma} \delta A,$$

$$H^S = \Sigma^{[S,\ \eta'',\ \ell^0,\ \eta']} \frac{1}{\gamma} \delta A.$$

これらの式に於ける積分の限界に関しては，循環路でない任意の経路の仕事に対して境界線は，その経路と圧力ゼロの線と二つの垂直な線とからなる．そしてその経路の熱に対して境界線は，経路と絶対零度の線と二つの水平線とからなる．

δA の符号と同様に γ の符号は，面積が正であると考えられるように，どの方向に面積を囲まねばならないかについて決めるまでは不確定であるから，時計回りの方向に囲まれる面積を正と呼ぼう．われわれが仮定した体積軸とエントロピー軸の位置により，この選択は以下で見るように，多くの場合において γ の値を正にする．

この方法に従って描かれた図表中の γ の値は，図表が描かれた物体の性質に依存する．この点で，この方法はこの論文で詳細に議論された他の全てのものと異なっている．面積と，二つの軸に平行な辺を持つ長方形の形をした無限に小さい循環路の仕事または熱を比較することによって，単にエネルギーの変動に従属している γ に対する表式を見つけることは容易である．

$N_1 N_2 N_3 N_4$（図8）をそのような循環路としよう．そして，面積が正であるように数字の順に表そう．また，四つの隅でのエネルギーを ε_1, ε_2, ε_3, ε_4 で表そう．N_1 で始めて順に

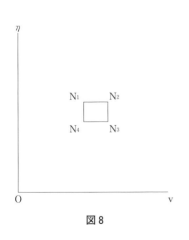

図8

四辺でなされた仕事は，$\varepsilon_1-\varepsilon_2$, 0, $\varepsilon_3-\varepsilon_4$, 0 となる．したがって，長方形の循環路での全仕事は，

$$\varepsilon_1-\varepsilon_2+\varepsilon_3-\varepsilon_4$$

である．いま，長方形は無限に小さいから，その辺を dv と $d\eta$ と呼ぶならば，上の表式は

$$-\frac{d^2\varepsilon}{dvd\eta}dvd\eta$$

と等価である．これを面積 $dvd\eta$ で割り，この種の図表での仕事と熱の尺度に対し $\gamma_{v,\eta}$ と書けば，次式を得る．

$$\frac{1}{\gamma_{v,\eta}} = -\frac{d^2\varepsilon}{dvd\eta} = \frac{dp}{d\eta} = -\frac{dt}{dv}. \qquad (15)$$

$1 \div \gamma_{v,\eta}$ の値に対する後の二つの表式は，図表のほかの部分での $\gamma_{v,\eta}$ の値が，垂直線が等間隔の等圧線の系によって分けられる線分と，水平線が等間隔の等温線の系によって分けられる線分とに比例するように表されることを示している．これらの結果はまた6頁から7頁の命題からも直接導くことができる．

ほとんど全ての場合に於いて，物体の圧力は体積変化を伴わずに物体が熱を吸収したときに増加するので，$\frac{dp}{d\eta}$ は一般に正であり，同じことは，軸の方向（22頁）と正の面積の定義（23頁）に関して行った仮定の下で，$\gamma_{v,\eta}$ についても言える．

仕事と熱の見積においては，仕事と熱のために一定尺度の一つにその図表を別の形にするために必要な変形を考えることが，しばしば役立つ．さて，もし各々の点が同じ垂線内に残したままにして，しかし全ての等圧線が圧力差に比例する間隔で真直ぐでしかも水平線になるようにその垂線内を動くというように図表が変形されるならば，それは明らかに体積‐圧力図表になる．さらに，もし各点は同じ水平線内に残し，しかし等温線が温度差に比例する間隔で真直ぐでしかも垂直線になるようにその水平線内を動くというように図表が変形されたならば，それは明らかにエントロピー‐温度図表である．圧力と温度が19頁に説明したものと似た方法で，圧力と温度が経路の全ての点で分かっているとき，これらの考察は，体積‐エントロピー図表内に与えられた任意の経路の仕事または熱を数値的に計算することを可能にする．

第一論文 流体の熱力学における図式的方法

体積 - 圧力図表またはエントロピー - 温度図表,あるいは仕事と熱の尺度が 1 である何かほかの図表における任意の面積素と,体積 - エントロピー図表における対応している面積素に対する比は,$\dfrac{1}{\gamma_{v,\eta}}$ または $-\dfrac{d^2\varepsilon}{dvd\eta}$ で表される.この比が 0,またはその符号を変える場合は,特別な注意を必要とする.そのような場合には,一定尺度の図表は物体の性質の充分な表現を与えないからであるが,体積 - エントロピー図表の使用に何の困難も不都合も生じない.

$-\dfrac{d^2\varepsilon}{dvd\eta} = \dfrac{dp}{d\eta}$ であるから,一部固体,一部液体,一部蒸気である場合,物体を表す図表のその部分では,その値は明らかに 0 である.このような混合物の性質は,体積 - エントロピー図表に非常に簡単でしかも明瞭に示される.

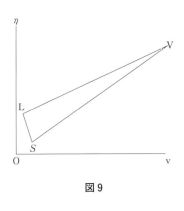

図 9

蒸気と固体と液体の割合に無関係である混合物の温度と圧力を t' と p' で表そう.また,V と L と S(図 9)を完全に定義された三つの状態を表す図表の点としよう.つまり:温度 t' と圧力 p' の蒸気の点と,同じ温度と圧力の液体の点と,同じ温度と圧力の固体の点である.更に,$v_V, \eta_V, v_L, \eta_L, v_S, \eta_S$ はこれらの状態での体積とエントロピーを表すとしよう.一部が蒸気で一部が液体で一部が固体であるとき,これらの部分の割合がそれぞれ $\mu, \nu, 1-\mu-\nu$ であるならば,物体[の状態]を表す点の位置は,方程式

$$v = \mu v_V + \nu v_L + (1-\mu-\nu) v_S,$$
$$\eta = \mu \eta_V + \nu \eta_L + (1-\mu-\nu) \eta_S,$$

によって決められる.ここに,v と η は混合物の体積とエントロピーである.第一式が正しいことは明らかである.第二式は

$$\eta - \eta_S = \mu(\eta_V - \eta_S) + \nu(\eta_L - \mu_S),$$

あるいは t' を掛けて,

$$t'(\eta - \eta_S) = \mu t'(\eta_V - \eta_S) + \nu t'(\eta_L - \mu_S)$$

と書くこともできる.この方程式の左辺は一定温度 t' の下で,状態 S から問題の混合物の状態にまで移行するのに必要な熱を表している.一方,右辺の各項は,物体の割合 μ の部分を蒸気にし,割合 ν の部分を液体にするために必

要な熱をそれぞれ表している．

 νとηの値は，点Vと点Lと点Sにそれぞれ置かれた質量μ，ν，$1-\mu-\nu$の重心を与えるようなものである．[20)] それゆえ，蒸気と液体と固体の混合物を表す図表中での部分は三角形VLSである．圧力と温度はこの三角形に対し一定である．すなわち，この空間を覆うために等圧線とまた等温線もここでは拡がっている．等力学線は直線であり等しいエネルギー差に対し等間隔である．$\frac{d\varepsilon}{dv}=-p'$と$\frac{d\varepsilon}{d\eta}=t'$に対し，この両者は共に三角形のどこでも一定である．

 しかしこの場合は，体積 - 圧力図表あるいはエントロピー - 温度図表ではかなり不完全に表されるかも知れない．なぜなら，三角形VLSにおける同じ垂線内の全ての点は，体積 - 圧力図表において同じ体積と圧力を持つように一つの点で表され，さらに，同じ水平線内の全ての点は，エントロピー - 温度図表において同じエントロピーと温度を持つように一つの点で表されるからである．どちらの図表に於いても，三角形全体が一つの直線に収縮する．このような図表の中ではその面積が0にならねばならないから，たとえ一定尺度でも，どんな図表中でも直線に収縮するはずである．これは本質的に異なる状態が同じ点で表されるので，これらの図表における欠陥と見なさねばならない．結果として，三角形VLS内のどんな循環路も重ね合わされた互いに反対方向の二つの経路によって一定尺度の任意の図表で表される．見かけは，同じ一連の状態を再び戻るように，あたかも物体がその状態を変え，逆過程によって最初の状態に戻ったかのようなものである．問題としている循環路が，一つの特に重要な，つまり$W=H=0$，すなわち，熱の仕事への変換が全くない，各過程のこの組合せのようなものであるということは正しい．しかし，熱の仕事への変換を伴わない循環路が可能であるというこの非常に重要な事実は，別の明確な表現を与える価値がある．

 物体は，体積 - エントロピー図表のある部分で$\frac{1}{\gamma_{v,\eta}}$，すなわち，$\frac{dp}{d\eta}$が正であり，他の部分で負であるという性質をもつことができる．図表のこれらの部分は，$\frac{dp}{d\eta}=0$の線，あるいは，$\frac{dp}{d\eta}$が正から負の値に急激に変化する線によって分けることができる．[21)]（一部分ではまた，$\frac{dp}{d\eta}=0$の［線で囲まれた］面積によって分けることもできる．）一定尺度のどんな図表でもこのような場合の表現に於いては，以下の性質による困難に当面する．

体積 - エントロピー図表の線 LL（図 10）の右側で $\dfrac{dp}{d\eta}$ が正で，左側で負であると仮定しよう．このとき，線 LL の右側で任意の循環路 ABCD をその方向が時計回りの方向になるように描くならば，この循環路の仕事と熱は正になる．しかし，線 LL の左側で同じ方向に任意の循環路 EFGH を描くならば，仕事と熱は負になる．というのは，

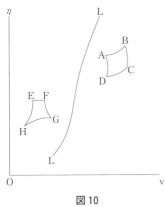

図 10

$$W = H = \sum \frac{1}{\gamma_{v,\eta}} \delta A = \sum \frac{dp}{d\eta} \delta A$$

であり，循環路の方向は両方の場合に面積を正にするからである．いま，この図表を一定尺度の任意の図表に変える必要があるならば，各々の場合になされた仕事に比例するように表すとして，循環路の面積は必ず反対符号を持たねばならない．すなわち，循環路の方向は反対でなくてはならない．循環路の方向が時計回りの方向であるとき，なされた仕事が一定尺度の図表で正であると仮定しよう．このとき，その図表に於いて，図 11 のように循環路 ABCD は時計回りの方向をもち，循環路 EFGH は逆方向を持つだろう．

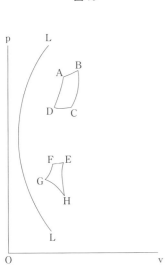

図 11

いま，体積 - エントロピー図表で線 LL の各々の側で無限個の循環路を考えるならば，そのような図表を一定尺度の図表に変換するためには，線 LL の一方の側の全ての循環路の方向を変え，他方の側の全ての循環路の方向を変えないように，図表はその線に沿って**折り返さ**ねばならないことは明らかであろう；だから，一定尺度の図表で線 LL の一方の側にある点は物体の任意の状態を表さない．しかしその一方で，この線の他方の側にある各々の点は，少なくともある間隔に対し，物体の二つの異なる状態

を表し，これは体積‐エントロピー図表では線 LL の反対側にある点によって表される．このように場所の一部に，慎重に区別しなければならない重ね合わされた二つの図表を持っている．この区別は，様々な色や，あるいは実線や点線，またはそうでない別のものの助けによって行い，更に，境界線 LL に沿うものは除き，これらの重ね合わされた図表との間には何の連続性も存在しないことを思い起こすなら，この論文で展開したすべての一般的な定理は直ちにその図表に適用することができる．しかし，見た目には，あるいは想像では，その図は，体積‐エントロピー図表に比べて，当然，はるかにややこしい．

　線 LL に対し $\frac{dp}{d\eta}=0$ であれば，一定尺度の任意の図表を使う上で別の不便さがある．つまり，線 LL の近傍では，$\frac{dp}{d\eta}$，すなわち，$1\div\gamma_{v,\eta}$ は非常に小さい値をもつので，二つの部分の面積は，一定尺度の図表に於いて，体積‐エントロピー図表での対応する面積と比べて非常に大きく収縮されるだろう．したがって，前者の図表［一定尺度の図表］においては，等積線または等エントロピー線のどちらか，あるいは両方とも線 LL の近傍で一緒になってしまうので，図表のこの部分は必ず不鮮明になる．

337　しかしながら，体積‐エントロピー図表に於いて，同じ点が物体の二つの異なる状態を表さねばならないということが起こり得る．これは蒸発し得る液体の場合に生じる．MM（図 12）は蒸発と境を接している液体の状態を表している線であるとしよう．この線はエントロピー軸に近く，ほぼそれに平行である．もし物体が線 MM の点で表される状態にあり，熱を加えたり放出したりせずに圧縮されるならば，もちろん物体は液体のままである．それゆえ，MM の左側にある点は単に単純な液体を表している．一方，最初の状態にある物体は，もしその体積が熱を加えたり放出したりせずに増大するのであれば，更に，もし蒸発に必要な条件が提供されるならば（問題にしている液体を囲んでいる物体に関する条件等々），その液体は部分的に蒸発する．しかし，これらの条件が提供されないならば，液体の状態を持続する．よって，MM の右側の，そしてそれに充分近い全ての点は，物体の二つの異なる状態を表しており，その一つに於いて部分的蒸発状態を，もう一つに於いては完全に液体の状態である．蒸気と液体の混合物を表すようにその点をとれば，それらは一つの図表を形成する．そして，それらを単純な液体を表すように点をとれば，それらは初

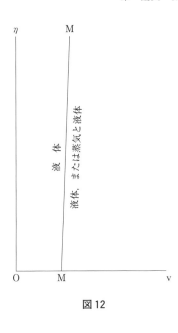

図 12

めのものに重ね合わされる全く別の図表を形成する．線 MM 上を除き，これらの図表間には明らかに何の連続性もない；それらを MM に沿って接合された別の面と見なすことができる．というのは，この線を除いて物体は部分的な蒸発の状態から液体の状態に移行できないからである．逆過程は実際に可能である；もし上で言及した蒸発の条件が与えられれば，あるいは，体積の増加がある制限を越えて行われるならば，しかし緩やかな変化または可逆過程に依らないならば，物体は過熱された液体の状態から部分的な蒸発の状態に移行できる．そのような変化のあと，物体の状態を表している点は，前の位置とは異なる位置に見出せるだろうが，変化している間，物体が，この論文を通して仮定され，更に，議論されている図式的方法にとって必要であるところの，一様な温度と圧力という条件を満たさないとき，状態変化はどんな経路によっても適切に表すことはできない．（3 頁の脚注を参照）

二つの重なり合った図表では，単純な液体を表している図表は MM の左側への図表の延長である．等圧線と等温線と等力学線は，方向または曲率の急激な変化を伴わずある位置から他の位置に移行する．しかし，蒸気と液体の混合物を表すものは，その性格を異にしている．そして，その等圧線と等温線は一般に単純な液体の図表における対応する線とある角度をもつだろう．混合物の図表の等力学線と単純な液体の図表の等力学線は一般には線 MM で曲率が異なっているだろうが，$\frac{d\varepsilon}{dv}=-p$ と $\frac{d\varepsilon}{d\eta}=t$ のために，方向は違わない．

この場合は，単純な液体を液体と固体の混合物から分けている線の近くで，例えば，水のようなある物質をもつものと本質的に同じである．

これらの場合に，一つの図表を別の図表に重ね合わせることの不便さは，図表が依拠している原理のどんな変更によっても取り除くことはできない．とい

338

うのは，どんな変形でも，線MMに沿って接合された三つの面（左側の一つ
と右側の二つ）を，重ね合わせることなしに一つの平面に持っていくことはで
きないからである．したがって，そのような場合には，重ね合わせが表現の不
適切な方法によって引き起こされる場合と根本的に区別される．

　完全気体の体積-エントロピー図表の特徴を見出すために，13頁の方程式
(D) で ε を定数にする．これは等力学線と等温線の方程式に対し，

$$\eta = a \log v + 定数$$

を与える．さらに，方程式（G）で p を定数にできる．これは等圧線の方程式
に対し次式を与える．

$$\eta = (a+c) \log v + 定数.$$

すべての等力学線と等温線が一つの型によって描くことができ，したがってま
た等圧線も同じであることが分かるだろう．

　この場合は，図表の蒸気状態の部分とほぼ同じである．液体と蒸気の混合物
を表す図表の部分では，もちろん等圧線と同一である等温線は直線である．な
ぜなら，物体が定圧及び定温の下で蒸発するとき，受取る熱量は体積の増加に
比例しているからである；したがって，エントロピーの増加も体積の増加に比
例している．$\dfrac{d\varepsilon}{dv} = -p$, $\dfrac{d\varepsilon}{d\eta} = t$ のとき，任意の等温線はすべての等力学線に
よって同じ角度で切り取られ，等間隔の等力学線によって等しい線分に分けら
れる．後者の性質は等間隔の等力学線の系を引くことに役立つ．

339　一つの点のまわりの等積線，等圧線，等温線，等エントロピー線の配置

　等積線，等圧線，等温線，等エントロピー線が同じ点を通りその周りに互い
に放射状に並ぶ順序に関して，さらに，体積，圧力，温度，エントロピーが増
加する方向に向かうこれらの線の両側に関して，任意の同じ点を通して描かれ
たこれらの線の配置は，図表が描かれた面のどんな変形によっても変化せず，
したがって，図表を描く方法には無関係である．[22] この配置は問題にしている
状態での物体のある最も特徴的な熱力学的性質によって決められ，今度は，こ
の配置がこれらの性質を示すことにも役立つ．すなわち，点の配置は，正，負，

0のような $\left(\dfrac{dp}{d\eta}\right)_v$ の値によって,すなわち,体積が一定に保たれるとき,圧力が増加するか減少するかという熱の効果によって,さらに,安定か中立か——推測の問題としては除き,不安定な平衡はもちろん問題外である——という物体の熱力学的内部平衡の性質によって決められる.

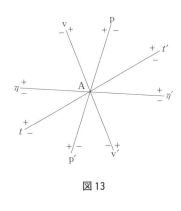

図13

まず,$\left(\dfrac{dp}{d\eta}\right)_v$ が正で平衡が安定である場合を調べよう.$\left(\dfrac{dp}{d\eta}\right)_v$ は問題の点ではゼロではないから,その点を通る定まった等圧線が在り,その線の一方の側では圧力が線上のものより大きく,もう片方の側ではより小さい.$\left(\dfrac{dt}{dv}\right)_\eta = -\left(\dfrac{dp}{d\eta}\right)_v$ であるから,この場合は等温線と同じである.体積,圧力,……が増加する等積線,等圧線,……の一方の側を,これらの線の**正**の側として区別することは便利である.圧力が一定なとき,安定［平衡］の条件は,温度が受取った熱と共に——したがって,エントロピーと共に——増加することを要求する.これは $[dt:d\eta]_p > 0$ と書くことができる.[23] また,熱の移動がないとき,圧力は体積の減少につれて増加すること,すなわち,$[dp:dv]_\eta < 0$ であることが必要である.問題としている点A(図13)を通って,等積線 vv′ と等エントロピー線 $\eta\eta'$ が引かれているとしよう.そして,これらの線の正の側は図のように示されているとしよう.条件 $\left(\dfrac{dp}{d\eta}\right)_v > 0$ と $[dp:dv]_\eta < 0$ は,v と η での圧力がA での圧力よりもより大きくなること,それゆえ,等圧線は図の pp′ のようになり,図に示されているように正の側が逆転することを要求する.再び,条件 $\left(\dfrac{dt}{dv}\right)_\eta < 0$ と $[dt:d\eta]_p > 0$ は,η と p での温度がAでの温度よりもより大きくなること,それゆえ,等温線は tt′ のようになり,図に示されているようにその正の側が逆転することを要求する.必ずしも

$\left(\dfrac{dt}{d\eta}\right)_p > 0$ ではないから，線 pp′ と tt′ は，これらが A で互いに交差していれば，図に表されているのと同じ順序を点 A で持つように，点 A で互いに交わる（tangent）ことができる；すなわち，それらは第二の（または任意の偶数個の）順序の交差（contact）を持つことができる.[24)]しかし，$\left(\dfrac{dp}{d\eta}\right)_v > 0$，そして，それ故 $\left(\dfrac{dt}{dv}\right)_\eta < 0$ の条件は，pp′ が vv′ に交わることも，tt′ が $\eta\eta'$ に交わることもできない.

もし $\left(\dfrac{dp}{d\eta}\right)_v > 0$ がまだ正であるならば，しかし平衡は中立であるとして，物体の状態に対し温度または圧力のどちらかを変えることなくその状態を変えることは可能である；すなわち，等温線と等圧線は同一である．この線は，等温線と等圧線が重なるということを除き，図13のように引けるだろう．

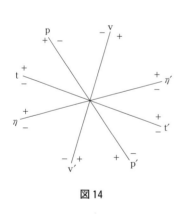

図14

同じ仕方で，$\left(\dfrac{dp}{d\eta}\right)_v < 0$ であるならば，各線は安定な平衡に対して図14のように引けることが証明できる．そして，中立な平衡に対しても，pp′ と tt′ が重なるということを除き，同じ仕方で証明できる.[25)]

$\left(\dfrac{dp}{d\eta}\right)_v = 0$ がかなりの数の想定し得る場合を含んでいる場合，これは区別する必要があるだろう．これは最も起こりそうなことに言及するだけで十分であろう．

安定な平衡の場所では，線に沿って $\left(\dfrac{dp}{d\eta}\right)_v = 0$，線の一方の側で $\left(\dfrac{dp}{d\eta}\right)_v > 0$，線のもう一方の側で $\left(\dfrac{dp}{d\eta}\right)_v < 0$ ということが起こる．そのような線の任意の

点で，等圧線は等積線と交わり，等温線は等エントロピー線と交わる．（しかしながら，31頁の脚注を参照）

物質の二つの異なる状態の混合物を表している中立な平衡の場所に於いて，ここでは等温線と等圧線が同一であり，等積線と等温線と等圧線の三重の性格をもつ一本の線が生じる．そのような線に対し，$\left(\dfrac{dp}{d\eta}\right)_v = 0$ である．$\left(\dfrac{dp}{d\eta}\right)_v$ がこの線の互いに反対側で反対符号を持つとすれば，それは最大温度あるいは最小温度の等温線である．[26]

物体が部分的に固体，部分的に液体，部分的に蒸気である場合は，すでに十分議論してきた．（24-25頁参照）

図13に与えられたように，等積線，等圧線，等々の配置は，形式 $\left(\dfrac{du}{dw}\right)_z$ の任意の微分係数の符号を直接示している．ここに u, w, z は，量 v, p, t, η（さらに，この図に等力学線が加えられるなら，ε も）のどれでも良い．このような微分係数の値は，$v, p, \dots$ の増加率が示されるとき，点Aでの $v, \dots$ の値と，これらと僅かな量だけ異なる値とに対して引かれた等積線等によって示される．例えば，$\left(\dfrac{dp}{dv}\right)_\eta$ の値は，等エントロピー線上で体積と圧力の差が同じ数値をもつ一組の等積線と一組の等圧線によって切り取られた線分の比によって示される．物体の状態関数の代わりに，W または H が分子または分母に現れる場合は，dW を pdv で，あるいは dH を $td\eta$ で置き換えることにより，前のものにすることができる．

これまでの議論に於いて，解析的な形式の熱力学の基本原理を表す方程式が想定されてきた．そして，目的はただどのようにして同じ関係を幾何学的に表すことができるかを示すことにあった．しかしながら，解析的な式の助けを借りずに同じ結果に到達するためには，——例えば，エネルギーやエントロピーや絶対温度の概念に，これらの量の解析的定義を使わずに図表で構成することで到達するためには——そして，図表が必然的に含んでいる熱力学的性質の解析的表現を使わずに図表のさまざまな性質を得るためには，ふつう行われるよ

うに熱力学の第一・第二法則から始めるのが手っ取り早いだろう．そのような進め方は，図式的方法の独立性と充分性を示すためには確かに適したものであっただろうが，いろいろな種類の図式的方法と比べた長所あるいは短所を調べるには，恐らく余り適切ではなかっただろう．

　詳細に説明してきたように，このような図式的方法によって流体の熱力学を取り扱うことの可能性は，平面内の点の位置のような，考察された物体の状態が二つのそして二つだけ独立変数で可能であるという事実に依っている．図表が一般定理を証明するあるいは説明するそのためだけに使われる場合，確かに便利であるかも知れないが，図表を作ることのためにある特定な方法を想定することは必ずしも必要ではない，と言うことに注意することは恐らく有用である；物体のさまざまな状態が平面上の点によって連続的に表されることを仮定することで充分である．

論文注
1）物体が消費した仕事は，通例のように，物体によってなされた負の仕事量と考えるべきであり，物体が放出した熱は，物体によって受取った負の熱量と考えるべきである．

　　勿論，物体がどこにおいても一様な温度を持つこと，更に，圧力（または膨脹力）が物体のすべての点とすべての方向に対し一様な値をもつことは言うまでもない．これは不可逆過程を除くが，あらゆる方向で等しい圧力であるという条件は，議論の範囲内に入る場合を非常に制限されたものにするけれども，固体を完全に除外するわけではないことは分かるだろう．

2）(a) 式は簡単な力学的考察から導くことができる．(b) 式と (c) 式は物体の任意の状態のエネルギーとエントロピー，あるいはもっと厳密に言えば，微分 $d\varepsilon$ と $d\eta$ を定義するものと考えることができる．物体の状態関数が存在するならば，これらの式［(a), (b), (c)］を満たす微分は，熱力学第一及び第二法則から容易に導くことができる．**エントロピー**という用語は，ここでは R. Clausius が最初に提示した意味に従って用い，その後で P. G. Tait 教授やその他の人によって用いられた意味ではないことが分かるだろう．その同じ量は，W. J. M. Rankine 教授によって**熱力学関数**（thermodynamic function）と呼ばれている．Clausius, *Mechanische Wörmetheorie*, 第 9 論文, §14; または *Pogg. Ann.*, **125**, 390 (1865); そして Rankine, *Phil. Trans.*, **144**, 126 (1854) を参照せよ．

3）たとえば，体積の単位として単位長さの立方体を，——圧力の単位として単位

第一論文　流体の熱力学における図式的方法

長さの正方形に作用する単位の力を，——仕事の単位として単位長さを通して作用する単位の力を，——そして，熱の単位として単位の仕事当りの熱当量 (thermal equivalent) を選ぶことができる．長さや力の単位は単位の温度と同様にまだ任意である．

4） ε を η や v によって与える方程式，あるいはより一般的に，任意の流体の一定量に対する ε, η, v の間のいかなる特定な式でも，その流体の基本的な熱力学的方程式として考えることができる．なぜなら，そこから (2)，(3)，(4) 式を使って，（可逆過程が関係する限り）流体のあらゆる熱力学的性質を導くことができるからである．すなわち，(4) 式を含む基本方程式は，$v, p, t, \varepsilon, \eta$ の間に存在する三つの式を与え，これらの式が分っていれば，(2) 式と (3) 式は流体の状態の任意の変化に対しても仕事 W と熱 H を与えるからである．

5） 点の直交座標が物体の体積と圧力に比例するように取られている熱力学の論文の中でふつうに用いられる方法は，そのような関連付けのひとつの簡単な例である．

6） これらの線は，通常 Rankine によって与えられた**断熱線**という名で知られている．しかし，われわれは Clausius の提案に従い，Rankine が**熱力学関数**と呼んだその量を**エントロピー**と呼べば，もう一つ先の段階へ進むのが自然であると思われる．そこで，この線を，エントロピーが一定値をもつ**等エントロピー線**と呼ぶ．

7） 簡単のために，物体に関連する状態に属する図表的性質に起因する用語を使うのが便利であろう．したがって，点に関連した状態における物体の体積または温度，あるいは線の各点に関連した各状態を通過する際に物体によってなされた仕事または受け取った熱の代わりに，図表中のその点の体積または温度，あるいは一つの線を通過する際の仕事または熱について言えるなら，どんな曖昧さもなくすことができる．同様に，その線によって表される一連の状態を通過する物体について述べる代わりに，図表における線に沿って動いている物体についても言うことができる．

8） 正または負の面積の概念は，この種の問題において，循環路が明示すべき方向を明確に言う必要がなくなる．というのは，循環路の方向は面積の符号によって決められ，各部分の面積の符号は形成される面積の符号と同じでなくてはならないからである．

9） 等しい差をもつ等積線と等圧線，あるいは等エントロピー線と等温線の作る系によって γ の値で表示されるものは，上で説明されている．なぜなら，それが図式的方法の意に沿うと思われるからであり，座標の余計な考察を避けるからである．しかしながら，物体の点や状態の座標間の関係に基づく γ の値に対する解析的表現を望むならば，以下のような表現を導くのは容易である．ここに x と y は直交座標であり，面積の符号は方程式 $A = \int y dx$ に従って決められると仮定する：——

$$\frac{1}{\gamma} = \frac{dv}{dx} \cdot \frac{dp}{dy} - \frac{dp}{dx} \cdot \frac{dv}{dy} = \frac{d\eta}{dx} \cdot \frac{dt}{dy} - \frac{dt}{dx} \cdot \frac{d\eta}{dy},$$

ここに x と y は独立変数と見なされる．——あるいは

$$\gamma = \frac{dx}{dv} \cdot \frac{dy}{dp} - \frac{dy}{dv} \cdot \frac{dx}{dp},$$

ここに v と p は独立変数である；——あるいは

$$\gamma = \frac{dx}{d\eta} \cdot \frac{dy}{dt} - \frac{dy}{d\eta} \cdot \frac{dx}{dt},$$

ここに η と t は独立変数である；——あるいは

$$\frac{1}{\gamma} = \frac{-\dfrac{d^2\varepsilon}{dvd\eta}}{\dfrac{dx}{dv} \cdot \dfrac{dy}{d\eta} - \dfrac{dy}{dv} \cdot \dfrac{dx}{d\eta}},$$

ここに v と η は独立変数である．

$\frac{1}{\gamma}$ に対するこれらの式や類似の式は，無限小の循環路に対する仕事または熱の値を，そこに含まれる面積で割ることによって見出すことができる．この演算は，独立変数の一つが一定である各々の四つの線からなる循環路上で最も都合よく行うことができる．例えば，最後の式は，二つの等積線と二つの等エントロピー線からなる無限小の循環路から最も容易に見出すことができる．

10) dW と dH は，一般に使われ，この論文のほかの場所で無限に短い経路の仕事や熱を示すために使われるので，混乱を避けるために，ここでは少しだけ違う記号 δW と δH が無限小の循環路の仕事と熱を示すために使われている．したがって，δA はすべての方向において無限小の面積素を表すために使われている．なぜなら，記号 d は，要素が一つの方向において無限に小さいことを示すだけだからである．従って以下でもまた，記号 $\int$ がもちろん d で書かれた要素に関係するので，δ で書かれたすべての要素に及ぶ積分または総和は，記号 Σ によって表される．

11) 上述の命題が理解されるべきであるという意味に関して，一言述べるべきだろう．$v, p, t, \varepsilon, \eta$ の関係が知られ，既知の領域の限界とわれわれが呼ぶことのできる範囲内で，その限界を越えて，われわれが良しとする任意の方法で，v, p, ε, η の関係式が $d\varepsilon = td\eta - pdv$ なる式と矛盾しないという条件だけに従って，等積線，等圧線，……などを続けるならば，このとき，このように延長された図表の任意の部分における経路または循環路に対して，$dW = pdv$ や $dH = td\eta$ なる式によって決まる量 W や H の値を計算する際に，これら三つの式が論証の唯一の基礎を築いたように，上に与えられた命題あるいは手順のどれでも使うことができる．こうして W と H の値を得るだろう．これらは問題にしている経路に $dW = pdv$ や $dH = td\eta$ なる式を直ちに適用することで得られる値に一致しているだろうし，更に，既知の領域内に完全に含まれている任意の経路の

第一論文　流体の熱力学における図式的方法

場合に，経路が表す物体の状態変化に対する仕事と熱の真の値になるだろう．したがって，何であれどんな物理的意味もそれらに帰することなく，物体の任意の状態を表している線の中の点を考慮することなく，既知の領域外の線を使うことができる．しかしながら，われわれの概念を定めるために，図表のこの部分を既知の領域と同じ物理的解釈を与えると考え，そのような概念に基づいて言語でわれわれの命題を明確に表現することを選ぶなら，既知の領域外の線によって表される状態の非現実性または不可能性でさえも，既知の領域内の経路に関して間違った結果に至ることはない．

12) どちらの図表においても，これらの状況は仕事または熱を表す面積の算定においてどんな重大な困難も引き起こさない．これらの面積を二つの部分に分けることはいつでも可能であり，その一つは有限次元をもち，もう一つは最も簡単な方法で計算することができる．したがって，エントロピー－温度図表の経路 AB（図 2）でなされた仕事は，経路 AB，等積線 BC，ゼロ等圧線，等積線 DA によって囲まれた面積によって表される．実際の気体または蒸気の場合におけるゼロ

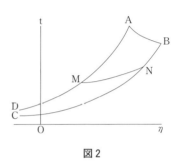

図 2

等圧線と等積線の隣接した部分は，われわれの現在の知識の状態ではいずれにしても不確定であり，その状態は続きそうである；理想気体に対しては，ゼロ等圧線は横座標軸と一致し，等積線の漸近線である．しかし，これがそうであるとしても，図表のより遠い部分の形を調べる必要はない．もし，AD と BD を切る等圧線 MN を引けば，面積 MNCD は MN でなされた仕事を表すが，$p(v''-v')$ に等しくなるだろう．ここに p は MN における圧力を表し，v'' と v' はそれぞれ B と A での体積を表す（(5) 式）．ゆえに，AB でなされた仕事は $ABNM+p(v''-v')$ で表されるだろう．体積－圧力図表においては，熱を表している面積は等温線によって分けることができ，全く同様な仕方で扱うことができる．

あるいは，同じ等力学線上で始まって終わる経路に対しては，(1) 式の積分によって分かるように仕事と熱は等しい，という原理を用いることができる．それゆえ，エントロピー－温度図表においては，任意の経路の仕事を見出すために，等積線まで経路を延長できるので（これはその仕事を変えないだろう），経路は同じ等力学線上で始まって終わり，そして，こうして延長された経路の（仕事の代わりに）熱を取るだろう．この方法は，Cazin の *Théorie élémentaire des machines à air chaud*[訳注*)] の 11 頁，及び Zeuner の *Mechanische Wärmetheorie*

訳注 *)　Achille Cazin, *Théorie élémentaire des machines à air chaud*, Versailles (1865).

の80頁^{訳注**)}で用いられた方法によって示唆された．逆の場合には，すなわち：体積 - 圧力図表における経路の熱を見い出すことである．

13) この論文に於いては，アラビア数字で表されるすべての式［(1), (2),……］は，（一様な圧力と温度の条件の下にある）どんな物体に対しても成立する．更に，小さく書いたアルファベットの大文字で示した式［(A), (B),……］は，（もちろん，同じ条件の下で）上で定義したように，任意の量の完全気体に対し成立する．

14) 微分係数の後の下添字は，微分の際に一定にした量を示すために，本論文で用いている．

15) もし文字 e をネイピアの対数［自然対数］の底を表すために用いれば，(D) 式もまた
$$\varepsilon = e^{\frac{\eta}{c}} - v^{-\frac{a}{c}}.$$
の形に書くことができる．これは理想気体の基本的な熱力学方程式と見なすことができる．4頁の注4) を参照せよ．文字が表す物体として，定数 a と c の一つが1に等しくなるような量の気体を万一選んだとしても，全く一般性を損なうことはないだろうということが分かるだろう．

16) すなわち，v と p は，式によって表すことのできるような，他の量とそのような関係を持っていない；しかし，p は t のある関数より小さいはずがない．

17) もちろん，全てこれらの困難は，異なる温度での液体の体積の差が体積 - 温度図表でかなりはっきりと分かるようになるとき，取り除かれる．これは，――他のものの間で，v などを十分大きな量の液体を表す物体として選択することによって，――様々な方法で行うことができる．しかし，どんなに行ったとしても，その大きさを巨大なものにすることなく，同じ図表の中で蒸気状態にある物体を表す可能性を，明らかに断念せざるを得ない．

18) 図表のこの一般的性質から，完全気体の場合の特徴が直ちに導かれる．

19) 4頁の (2), (3), 及び (4) 式を参照せよ．
　一般に，微分係数が使われるこの論文に於いては，微分において定数である量は下添字で示される．しかし，体積 - エントロピー図表の議論では，v と η は一様に独立変数と見なされ，下添字は省略される．

20) もし，どのような物質によっても満たされにくい条件
$$t'(\eta_V - \eta_S) : t'(\eta_L - \eta_S) :: v_V - v_S : v_L - v_S,$$
が満たされない限り，これらの点は同じ直線上にはないだろう．この比の第一項と第二項は（固体状態からの）蒸発熱と液化熱を表す．

21) さまざまな一定の圧力に対する最大密度での水の種々の状態を表す線が最初の場合の例である．液体としては定圧に対する固有の最大密度をもたないが，凝固する際に膨張する物質が第二の場合の例を与える．

訳注**) Gustav Zeuner, *Grundzüge der Mechanischen Wärmetheorie*, Leipzig (1859).

22）ここでは，問題にしている点の近くでは，図表中の各点は，物体の一つの状態だけを表すと仮定されている．続く頁で展開される命題は，二つの重ね合わされた図表がある種の修正なしに結合される（26-30 頁を見よ）線の点には適用できない．

23）記号 $\dfrac{dt}{d\eta}$ は，dt と $d\eta$ の比の極限を示すために使われているから，安定性の条件が $\left(\dfrac{dt}{d\eta}\right)_p > 0$ を必要とすると言うのはまったく正確ではない．この条件は，問題の点とそれに無限に近い他の点と，同じ等圧線上の点との間の温度とエントロピーの差の比が正でなければならないことを要求する．この比の極限が正である必要はない．

24）この例が，流体の臨界点（critical point）で見出されることは確かである．Andrews 博士の"On the continuity of the gaseous and liquid states of matter（物質の気体状態と液体状態の連続性）." *Phil. Trans.*, **159**, 575（1869）を参照．

等温線と等圧線が点 A で単一の接点（a simple tangency）をもてば，その点の片側では，それらの線は不安定平衡を表すような方向を持つだろう．図表中のそのような全ての点を通って描かれた線は，図表の**可能な**部分への境界を作るだろう．図表の流体の過熱液体状態を表す部分が，そのような線によって片側に閉じ込められることがあり得る．

25）図表の線の配置が図 13 または図 14 に於けるようなものでなければならないと言われる場合，図表に対応させるために，図（13 または 14）を転倒しなければならない場合を除く訳ではない．しかしながら，この論文で述べた任意の方法によって作られた図表の場合には，軸の方向がわれわれが仮定したようなものであれば，図 13 との一致に**反転を伴わない**だろう．さらに，図 14 との一致にもまた体積-エントロピー図表に対して**反転を伴わない**だろう．しかし，体積-圧力図表またはエントロピー-温度図表，あるいは，$x = \log v$ と $y = \log p$，または $x = \eta$ と $y = \log t$ の図表に対しては**反転を伴う**．

26）ある液体が膨張し，他のものが凝固する際に収縮するので，圧力に応じて膨張を伴う，または体積の変化を伴わない，あるいは収縮を伴うのいずれかで凝固するものが在ることは可能である．もし，そのようなものがあれば，上記の事例を挙げることができる．

第二論文
曲面による物質の熱力学的性質の幾何学的表示法

第二論文
曲面による物質の熱力学的性質の幾何学的表示法

[*Transactions of the Connecticut Academy*, II., pp. 382-404, Dec. 1873.]

　流体の主要な熱力学的性質は，熱力学的平衡状態にある流体の体積，圧力，温度，エネルギー，エントロピー間の関係によって決まる．同様のことが，固体の任意の点の圧力がすべての一方向で同じ場合に，固体が示す熱力学的性質に関しても成り立つ．しかし，任意の物質に関するこれらの5つの量の間の関係（そのうちの3つは独立な関係）はすべて，その物質の体積，エネルギー，エントロピーの間に存在するただひとつの関係から導くことができる．この関係は，次の一般的な式

$$d\varepsilon = td\eta - pdv \qquad (1)^{1)}$$

すなわち，
$$p = -\left(\frac{d\varepsilon}{dv}\right)_\eta \qquad (2)$$

$$t = \left(\frac{d\varepsilon}{d\eta}\right)_v \qquad (3)$$

を用いて導くことができる．ここで，v, p, t, ε, η は，それぞれ，考察する物体の体積，圧力，絶対温度，エネルギー，エントロピーを表している．微分係数の添字は，微分において一定とみなされる量を示す．

体積，エントロピー，エネルギー，圧力，温度の表示

　さて，体積，エントロピー，エネルギー間の関係は，ひとつの曲面で表すことができる．最も簡単な関係は，その曲面の異なる点の直交座標が，異なる状態の物体の体積，エントロピー，エネルギーに等しい場合である．その曲面は物体の熱力学的曲面と呼ばれるが，そのような曲面の性質を調べるのは興味深いことである．[2)]

　考えを明確にするために，v, η, ε の座標軸は，通常，X，Y，Zの座標軸に与えられる方向（v は右に向かって，η は手前から奥に向かって，ε は上に

向って増加する方向）をもつとしよう．そうすると，曲面の任意の点によって表される状態の圧力と温度は，それぞれ η 軸と v 軸に垂直な平面内で測られるので，その点において曲面が水平方向となす傾きの正接に等しい（式 (2) と式 (3) を参照）．ただし，傾きの角度は，圧力に対しては v が**減少する**方向から上向きに測られ，温度に対しては η が**増加する**方向から下向きに測られることに注意しなければならない．従って，任意の点における接平面は，示された状態の温度と圧力を表す．上記のように測られた水平方向に対する傾きの正接が，その圧力と温度に等しいとき，ある特定の圧力と温度を表すのに平面で表示するのは便利である．

　先に進む前に，このように形成された曲面おいて，本質的なものと恣意的なものとを区別するのは価値があるかもしれない．曲面における $v=0$ 平面の位置は明らかに固定されているが，η 軸と ε 軸の方向が変わらなければ，$\eta=0$ 平面と $\varepsilon=0$ 平面の位置は任意である．これは，任意の定数をそれぞれ含むエントロピーとエネルギーの定義の性質から生じる．われわれが選ぶことができる物体の任意の状態に対して $\eta=0$, $\varepsilon=0$ とすることが可能なので，$v=0$ 平面の任意の点に座標の原点を置くことができる．さらに，体積，エントロピー，エネルギーを測定する単位をどのように変更しようと，温度と圧力の単位をそれに合わせて変更することは常に可能であり，定数を導入することなく式 (1) がそのままの形で成り立つことは，その式の形から明らかである．体積，エントロピー，エネルギーの単位を変更することが，曲面にどのような影響を及ぼすかは容易に分かる．曲面の点の間の距離の軸のいずれかひとつに平行な射影は，対応する単位が変更された比率とは逆の比率で変更される．これらの考察により，調べなければならない曲面の一般的な性質の特徴を，ある程度予想することができる．すなわち，それらは，上で述べた変更のいずれによっても影響されないものでなければならない．例えば，（曲面全体が必然的に $v=0$ 平面の正の側にくるように） $v=0$ 平面に関係する性質を見出すことはできるだろう．しかし，$\eta=0$ 平面または $\varepsilon=0$ 平面に関係する性質を，それらの平面に平行な他の平面と区別して見出すことを期待してはならない．物体の体積とエントロピーとエネルギーは，その物体の部分の体積とエントロピーとエネルギーの和に等しいので，物質の量は異なるが種類は同じ物体に対してその曲面

が構成されるなら，このようにして構成された異なる曲面は互いに相似であり，それら曲面の長さ寸法（linear dimansion）は，物質の量に比例するということを付け加えてもよい．

均一でない状態を表す曲面の部分の性質

物体の体積，エントロピー，エネルギー，圧力，温度を表すこの方法は，物体全体が一様な状態にある場合と同じく，（物体全体が常に熱力学的平衡状態にあると仮定すれば），物体の異なる部分が異なる状態にある場合にも適用される．なぜなら，全体としてみた物体は，圧力や温度と同様に，明確に定まった体積，エントロピー，エネルギーをもつからであり，また，一般式 (1) の有効性は，その物体の異なる部分の状態に関する一様性または多様性に無関係だからである．[3] したがって，熱力学的曲面は，多くの物質に対して，少なくとも2つの部分に分けることが可能で，そのうちの1つは均一な状態を表し，もう1つは均一ではない状態を表すのは明らかである．前者の均一な面の部分が与えられるなら，実際に予想されるように，後者の均一でない部分は容易に形成されることが分かる．したがって，前者の部分を原曲面（primitive surface）と呼び，後者の部分を誘導曲面（derived suface）と呼ぶことができる．

原曲面が与えられるとき，誘導曲面の性質と，その誘導曲面を構成するのに十分な原曲面との関係を確認するために唯一必要なのは，次の原理を使うことである．つまり，物体全体の体積とエントロピーとエネルギーが，各々の部分の体積とエントロピーとエネルギーの和に等しく，一方，物体全体の圧力と温度は，各々の部分の圧力と温度に等しいという原理である．物体が，ある部分は固体，ある部分は液体，ある部分は蒸気の場合から始めよう．そのような複合物の体積とエントロピーとエネルギーによって決まる点の位置は，原曲面の3つの点に置かれた固体と液体と気体の質量が釣り合う重心にある．原曲面の3つの点は，その複合物の温度と圧力の各々において，それぞれ，完全な固体状態，完全な液体状態，完全な気体状態を表す．それ故，固体と液体と気体の複合物を表す面の部分は，上で述べた3つの点に頂点をもつ平面三角形である．面がここで平面であるという事実は，圧力と温度が一定であり，その平面の傾

きがそれらの量の値を表すことを示している．さらに，これらの値は，異なる部分に対応する異なる3つの均一な状態の複合物に対して同じなので，三角形の平面は，それぞれの頂点で原曲面に接する．すなわち，ひとつの頂点で固体を表す原曲面の部分に接し，もうひとつの頂点で液体を表す部分に接し，3つ目の頂点で気体を表す部分に接する．

386　物体が異なる2つの均一な状態の複合物からなるとき，複合状態を表す点は，2つの異なる状態の物体の部分の質量が釣り合う重心にあり，これらの2つの状態を表す原曲面の点にある．（すなわち，その物質全体が，引き続き，それらの部分に存在する2つの均一な状態にあると仮定するなら，その点は，物体の体積とエントロピーとエネルギーを表す）．従って，その点は，これらの2つの点を結ぶ直線上に見出される．圧力と温度はこの線に対して明らかに一定なので，単一の平面はこの線の至るところで，そして，原曲面に接する線の両端で誘導曲面に接することが可能である．[4]　さて，その複合物の温度と圧力が

387　変化すると仮定するなら，原曲面の2つの点，それらを結ぶ誘導曲面の線，および接平面は，前述の関係を維持しながらそれらの位置を変える．接平面の運動を，接平面が2つの点で原曲面に接しながら，原曲面上で回転することで生じる接平面の運動を考えることができる．そしてまた，その原曲面は，これらの2つの点を結ぶ線で誘導曲面に接するので，後者の誘導曲面は可展面 (developable surface) であり，回転する平面の連続する位置の包絡面 (envelop) の一部を形成することは明らかである．原曲面の形は，二重接平面が原曲面を切断しないので，この回転は物理的に可能であることを後ほど見る．

これらの関係から，簡単な幾何学的考察により，そのような複合物に関する主要な命題のひとつを導き出すことができる．接平面が2つの点LとVで原曲面に接するとしよう（図1）．考えを明確にするために，LとVが液体と蒸気を表すと仮定する．そして，平面がv軸とη軸のそれぞれに垂直な点Lおよび点Vを通り，ε軸に平行な線ABで交差

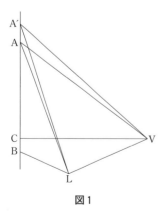

図1

するとしよう．接平面がAでこの線ABを切断し，LBとVCがABに直角に，そしてη軸とv軸に平行に引かれるとしよう．さて，接平面によって表される圧力と温度は，明らかにそれぞれ$\dfrac{\text{AC}}{\text{CV}}$と$\dfrac{\text{AB}}{\text{BL}}$である．そして，原曲面上で回転する接平面が，A'でABと出会うように，瞬間軸（instantanous axis）LVの回りに，無限小の角度回転させると仮定するなら，dpとdtは，それぞれ$\dfrac{\text{AA}'}{\text{CV}}$と$\dfrac{\text{AA}'}{\text{BL}}$に等しい．従って，

$$\frac{dp}{dt} = \frac{\text{BL}}{\text{CV}} = \frac{\eta'' - \eta'}{v'' - v'}$$

となる．ここで，v'とη'は点Lに対する体積とエントロピーを，そしてv''とη''は点Vに対する体積とエントロピーを表している．$\eta'' - \eta'$をそれに等価な量$\dfrac{r}{t}$（rは蒸発熱）で置き換えれば，通常の形の式，$\dfrac{dp}{dt} = \dfrac{r}{t(v'' - v')}$が得られる．

熱力学的平衡の安定性に関する曲面の性質

さて，物体の平衡が，安定，不安定，あるいは中立のいずれかを表す曲面の幾何学的性質に注意を向けよう．これには，平衡が存在しないときに生じる過程の性質について，ある程度考察することが必要である．圧力と温度が一定の媒質中に置かれた物体を考えよう．その物体の表面の圧力または温度が媒質と異なるとき，それらの2つが直接接触することにより，媒質が初めの圧力と温度を維持することはほとんどありえない．しかし，媒質と物体の両方の圧力と温度が一定であることを望むので，媒質から物体を分離する包壁（envelop）を仮定しよう．その包壁により，物体と媒質の2つの間の圧力の差は最小になるが，それは非常に徐々にしか起こらず，また熱の伝導もほとんど起こらないとしよう．それらの性質を上で述べたことに限定し，包壁は空間を占めず，または伝達する熱以外の熱を吸収しないこと，すなわち，包壁の体積と比熱がゼロであると仮定するのは，推論のために便利であり許されるであろう．そのような包壁が介在することにより，物体の媒質への作用は，媒質の圧力と温度の一様性をほとんど乱さないくらい遅くなると仮定することができる．

物体が熱力学的平衡状態にないとき，その状態は曲面によって表される状態のひとつではない．しかし，その物体は，全体として一定の体積とエントロピ

389 ーとエネルギーをもっているので，それらの部分の体積とエントロピーとエネルギーの和に等しい．[5] それから，物体の様々な部分の質量に比例する質量を与えられた点を仮定しよう．それらの点は異なる熱力学的状態にあり，その物体の様々な部分はそれらの部分の状態と運動によって決定される位置に置かれているとする（すなわち，それらの点の座標は，引き続き同じ状態にあると仮定され，異なる部分と同じ速度を与えられた物体全体の体積，エントロピー，エネルギーに等しいように置かれているとする）．そうすると，そのように置かれた点の重心は，その座標によって，明らかに物体全体の体積，エントロピー，エネルギーを表す．物体の全ての部分が静止しているなら，体積とエントロピーとエネルギーを表す点は，原曲面上の多数の点の重心である．示された部分の速度が与えられるなら，物体の部分における運動の効果は，対応する点を ε 軸に平行に動かすことであり，どの場合も，その距離は物質全体の活力 (vis viva) に等しい．——つまり，このように決定される点の重心は，物体全体の体積とエントロピーとエネルギーを与える．

さて，最初に体積 v'，エントロピー η'，エネルギー ε' をもつ物体（後で述べるように包壁に閉じ込められている）が，一定の圧力と温度 P と T の媒質の中にあるとしよう．そして，その媒質の作用とその物体自身の部分の相互作用により，体積 v''，エントロピー η''，エネルギー ε'' の静止した最終状態になるとしよう．我々は，これらの量の間の関係を見出したい．媒質を非常に大きな物体とみなすなら，それに熱を与えるか，あるいは適度な範囲内でそれを圧縮しても，圧力と温度にそれほど影響を与えることはないだろう．体積とエントロピーとエネルギーを V, H, E と書けば，式 (1) は次のようになる．

$$dE = TdH - PdV$$

この式を，P と T を一定とみなして積分して，

$$E'' - E' = TH'' - TH' - PV'' + PV' \qquad (a)$$

が得られる．ここで，E', E'', ……は，媒質の最初と最後の状態を表している．さらに，物体とその周りの媒質のエネルギーの和はより小さくなるかもしれないが，より大きくなることはできない（これは仮定している包壁の性質から生じる）．それで，次の式が得られる．

$$\varepsilon'' + E'' \leqq \varepsilon' + E' \qquad (b)$$

第二論文　曲面による物質の熱力学的性質の幾何学的表示法

また，それらのエントロピーの和は減少することはできないが増加することはできるので，次の式が得られる．

$$\eta'' + H'' \geqq \eta' + H' \tag{c}$$

最後に，明らかに

$$v'' + V'' = v' + V' \tag{d}$$

である．これらの4つ式は，わずかな修正で，次のように整理できる．

$$-E'' + TH'' - PV'' = -E' + TH' - PV'$$
$$\varepsilon'' + E'' \leqq \varepsilon' + E'$$
$$-T\eta'' - TH'' \leqq -T\eta' - TH'$$
$$Pv'' + PV'' = Pv' + PV'$$

これらの式を加算すると，

$$\varepsilon'' - T\eta'' + Pv'' \leqq \varepsilon' - T\eta' + Pv' \tag{e}$$

が得られる．さて，この式の両辺は，明らかに，原点を通り，圧力 P と温度 T を表す平面上の点（v'', η'', ε''）と点（v', η', ε'）の鉛直距離を表している．また，その式は，最終の距離が最初の距離より小さいか，あるいは最大でも等しいことを表している．その距離が鉛直方向に測定されようが，法線方向に測定されようが，あるいは，P と T を表す固定平面が原点を通ることが必要であるといったことは，それほど重要ではない．しかし，平面から下の点から測定されるときには，その距離は負と考えなければならない．

不等号が（b）か（c）のどちらかで成り立つなら（e）でも成り立つことは明らかである．従って，物体と媒質の間の圧力または温度に差があるか，あるいは物体のいずれかの部分が知覚できる運動（sensible motion）をもつなら，不等号は（e）で成り立つ．（後者の場合は，この知覚できる運動が熱に変わることによるエントロピーの増加がある）．しかし，最初に物体が知覚できる運動をもたず，最初から最後まで媒質と同じ圧力と温度をもつとしても，物体の異なる部分が，P と T を表す固定平面とは異なる距離における熱力学的曲面の点で表される状態にあるなら，不等号＜は成り立つ．なぜなら，そのような初期の状態に，圧力や温度の差，または知覚できる運動が従うなら，確かに不等号は成り立つからである．さらに，物体のある部分が，圧力や温度や知覚できる速度の変化を生じることなく，P と T を表す別の部分の状態に移行する

なら，当然不等号が成り立つ．しかし，これらは，平衡が存在すると仮定しない限り，その場合における唯一可能な仮定であり，問題にしている点が共有の接平面を持つことが必要である（46頁，および注4）参照）．ところが，仮定により，異なる点で接するその平面は，平行であるが同一ではない．

　前段落の結果は，次のように要約できる．――最初，物体が知覚できる運動をもたず，その状態が均一の場合は，接平面が P と T を表す固定平面に平行な原曲面の点によって表されない限り，あるいは，その物体の状態が均一でない場合は，それらの部分の状態を表す原曲面の点が，P と T を表す固定平面に平行な共通の接平面をもたない限り，そのような変化は，その物体の体積，エントロピー，エネルギーを表す点の固定平面からの距離が減少するという結果を引き起こす（その平面より下の点から測られるなら，距離は負とみなされる）．この結果を，仮定したように，一定の温度と圧力の媒質によって取り囲まれているときの物体の安定性の問題に適用しよう．

　平衡にある物体の状態は，熱力学的曲面の点で表される．その物体の圧力と温度は，周囲の媒質の圧力および温度と同じなので，その点の接平面は P と T を表す固定平面とみなすことができる．その物体が平衡だが均一でない状態なら，安定性の議論をするために，その状態を表す誘導曲面に点を取るか，または，物体の異なる部分の状態を表す原曲面に点を取ることができるだろう．これらの点は，すでに見たように（46頁，および注4）参照），共通の接平面をもち，それは誘導曲面の点の接平面と一致する．

　さて，曲面の形が，たったひとつの接点を除いて，接平面より上にくるようなら，その平衡は必ず安定である．なぜなら，知覚できる運動を物体の任意の部分に伝えるか，任意の部分の状態をわずかに変化させるか，任意の小さな部分を何か他の熱力学的状態に移すか，あるいは，これらの方法の全てによって，物体の状態がわずかに変化するなら，物体全体の体積，エントロピー，エネルギーを表す点は，元の接平面より上の位置を占めるので，先に明確に説明したことにより，その平面からこの点までの距離が減少する過程が生じ，その過程は物体が元の状態に戻るまで続き，元の状態に戻ったとき，曲面の仮定された形のために，その過程は必然的に終了するからである．

　他方，曲面の任意の部分が固定された接平面より下にくるような形をしてい

第二論文 曲面による物質の熱力学的性質の幾何学的表示法

るなら,平衡は不安定である.なぜなら,物体の元の状態(周囲の媒質と平衡であり,ひとつまたは複数の接点で表される状態)のわずかな変化により,物体の体積,エントロピー,エネルギーを表す点を,固定接平面より下の位置にくるようにすることが明らかに可能であり,この場合,先に明確に説明したことから分かるように,その点を平面からさらに遠ざける過程が生じ,物体のすべてが元の状態から完全に異なる状態に移るまで,そのような過程は終了しないからである.

曲面が固定された接平面より下にくることはないが,それにもかかわらず,2つ以上の点でその平面と出会うような場合を考察することが残されている.この場合の平衡は,既に考察された場合の中間的な性質から予想できるように中立な平衡である.なぜなら,物体の任意の部分が,元の状態から,同じ接平面にある熱力学的曲面の別の点によって表される状態に変化するなら,平衡はそのまま存続するからである.というのは,曲面の形に関する仮定は,温度と圧力の一様性がそのまま存続し,物体が2番目の状態に完全に移行することも,あるいは最初の状態に戻るために必要な傾向をもつこともできないことを意味する.それで,任意に指定できる量よりも小さい T と P の値の変化は,そのようなものがあるとすれば,どちらの点も T と P のそのような微小な変化によって,任意に T と P を表す平面に近づくことができるので,明らかにそのような傾向を逆向きにするのに十分だからである.

ある点の熱力学的曲面が主曲率の両方で上向きに凹であり,その点を通る接平面より下のどこかにくる場合に,平衡は,状態の**不連続な**変化に関しては不安定であっても,問題にしている点の近傍に安定性の基準を制限することになるので,**連続的な**変化に関して安定であることを認めなければならない.つまり,物体がそのような点で表される状態にあると仮定する場合,その物体のなかに,接平面より下の点で表される状態のひとつと同じ物質の小さな部分を入れるなら,平衡はそれ自体不安定になるが,そのような不連続な変化に必要な条件が存在しないなら平衡は安定である.これについてよく知られた例は,任意の圧力での水の沸点より高い圧力で加熱されたときの水によって与えられる.[6]

固体,液体,蒸気の形をとる物質の熱力学的曲面の主要な特徴

さて,固体,液体,蒸気の形をとる物質に対して,それらの原曲面と誘導曲面の一般的な性質についての概念と,それらの相互関係を構成するための準備をしよう.原曲面は,接触して存在することが可能な3つの状態を表す3つの点で,原曲面に接する3重接平面 (triple tangent plane) をもつ.これらの3つの点を除いて,原曲面は完全に接平面より上にくる.その3つの接点を頂点とする三角形を形成する平面の部分は,物質の3つの状態の混合を表す誘導曲面である.ところで,接平面は,2つの点で誘導曲面に接したままで,誘導曲面を切ることなく,誘導曲面の下側で回転すると仮定できる.それは3つの方法,すなわち,前述の三角形のどれかひとつの辺を軸にして回転させることで始めることができる.接平面が同時に接するどの対の点も,接触したまま永続して存在できる状態を表す.この方法で,6つの線が原曲面上に描かれる.これらの線は,一般に,その任意の点における接平面が,また,別の点で原曲面に接するという共通の性質をもっている.以後みるように,ここで述べたことは臨界点に対して有効ではないと**一般に**はいわざるをえない.これらの線の**外側**の原曲面の任意の点における接平面は,ひとつの接点を除いて,完全にその面より下にある.これらの線の**内側**の原曲面の任意の点における接平面は,その面を切る.従って,これらの線は,ひとまとめにして,**絶対的安定の限界**と呼ばれ,それらの外の曲面は**絶対的安定の曲面**と呼ばれる.回転する接平面の包絡面の部分は,その平面が曲面上に描く対の線の間にあり,誘導曲面の一部であって,物質の2つの状態の混合を表す.

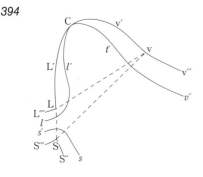

図2

これらの線と曲面の関係は,図2の平面図[7]で概略的に表される.その図では,実線は原曲面上の線を表し,点線は誘導曲面上の線を表している.S,L,Vは共通の接平面をもち,接触して存在することができる固体と液体と蒸気の状態を表す点である.平面三角形 SLV は,これらが混合した状態を表す誘導曲面である.LL′とVV′は回転する二重接平面によって引かれた対の線であり,それら

第二論文 曲面による物質の熱力学的性質の幾何学的表示法

の線の間には，液体と蒸気の混合を表す誘導曲面が存在する．VV″とSS″はもう一つのそのような線の対で，それらの間には，蒸気と固体の混合を表す誘導曲面が存在する．SS‴とLL‴は三番目の線の対で，それらの間には，固体と液体の混合を表す誘導曲面が存在する．L‴LL′とV′VV″とS″SS‴は，それぞれ液体と蒸気と固体の絶対的安定状態を表す曲面の境界である．

Andrews博士が炭酸に関する実験で得た結果の幾何学的表示（*Phil. Trans.*, **159**, 575-590, (1869)）では，少なくともこの物質の場合には，液体と蒸気の混合を表す誘導曲面について，接平面が原曲面上で回転するにつれて2つの接点は互いに接近し，最期には一緒になると結論されている．2重接平面の回転は必然的に終了する．2つの接点が一緒になる点は**臨界点**である．この点とそれらの物理的意味の幾何学的な性質についてさらに考察を進める前に，絶対的安定の限界を形成する線の間にある原曲面の性質を調べるのは都合が良いであろう．

図2のL′とV′で表されるような，共通の接平面をもつ原曲面の2つの点の間で，原曲面に空隙がないなら，少なくともその曲面の主曲率のひとつにおいて，接平面の方に向って凹の領域が明らかに存在しなければならない．従って，その曲面は，不連続な変化と同様に連続的な変化に関しても，不安定な平衡状態を表す（本論文の51頁参照）[8]．原曲面に線を引き，その面を連続的な変化に関してそれぞれ安定平衡と不安定平衡を表す部分に分けるなら，つまり，両方の主曲率において上向きに凹の面を，一方あるいは両方において下向きに凹の面から分離するなら，この線は本質的に不安定な限界と呼ぶことができ，図2の*ll′Cvv′ss′*で表される形にやや似ているに違いない．その線は臨界点Cで絶対的安定の限界に接する．なぜなら，我々が選ぶCの近くに共通の接平面をもつLCとVCに対の点を取ることができるからであり，接平面に垂直な切断面によって作られる原曲面上で，それらの対の点を結合する線が不安定性の領域を通るからである．

曲面における臨界点の幾何学的性質は，主曲率のひとつに対する曲面上に描かれた曲率線を仮定することによって，より明確にすることができる．すなわち，それは，本質的不安定の限界の異なる側で異なる符合をもつということである．この線と出会う曲率線は，一般にこの線と交差する．それらの曲率線が

交差するどの点においても，それらの曲率の符号が変わるので，それらの曲率線は，明らかに曲面に接する平面を切断し，従って，その曲面自身はその接平面を切断する．しかし，これらの曲率線のひとつは，その接平面を横切ることなく本質的な不安定の限界に達し，それで，その曲率は常に正を維持する（考察している曲率は，凹面が曲面の上側にあるとき正とみなされる）ので，その曲面は接平面を切断しないが，曲率が最小の部分において，その接平面と三次の接触をすることは明らかである．従って，臨界点は，その符号を変える主曲率線が，正の曲率を負の曲率から分離する線に接する点でなければならない．

　最後の段落から，臨界状態についての次のような物理的特性を導くことができる．すなわち，臨界状態は連続的な変化に関する安定の限界と不安定の限界の間の限定的な状態であり，そして，そのような限定的な状態は，一般に，そのような変化に関して不安定であるけれども，それでも，臨界状態は連続的な変化に関して安定しているということである．同様な主張は，絶対的安定に関しても成り立つ．言い換えれば，連続的な変化と不連続な変化の間の区別を無視するなら，すなわち，臨界状態は安定の限界と不安定の限界の間の限定的な状態であり，そして，そのような限定的な状態の平衡は，（一定の圧力と一定の温度の媒質によって囲まれていると仮定するとき）一般に中立であるけれども，それでも，臨界点は安定しているということである．

　臨界点における原曲面の曲率について述べたことから明らかなように，原曲面の点を臨界点に無限に近づけることにより，これらの2つの点に対する接平面が臨界点における最小の曲率の部分に垂直な線と交差するなら，2つの接平面がなす角度は，これらの点の距離の3乗と同位の無限小である．それで，臨界点では，

$$\left(\frac{dp}{dv}\right)_t = 0, \quad \left(\frac{dp}{d\eta}\right)_t = 0, \quad \left(\frac{dt}{dv}\right)_p = 0, \quad \left(\frac{dt}{d\eta}\right)_p = 0$$

$$\left(\frac{d^2p}{dv^2}\right)_t = 0, \quad \left(\frac{d^2p}{d\eta^2}\right)_t = 0, \quad \left(\frac{d^2t}{dv^2}\right)_p = 0, \quad \left(\frac{d^2t}{d\eta^2}\right)_p = 0$$

となり，原曲面上で臨界点に対して引かれた等圧線（一定圧力の線）等温線とを想定すれば，これらの線は二次の接触をする．

さて，温度が一定の物質の弾性率と圧力が一定の比熱は次の式で定義される．

$$e = -v\left(\frac{dp}{dv}\right)_t, \quad s = t\left(\frac{d\eta}{dt}\right)_p$$

従って，臨界点では，

$$e = 0, \quad \frac{1}{s} = 0$$

$$\left(\frac{de}{dv}\right)_t = 0, \quad \left(\frac{de}{d\eta}\right)_t = 0, \quad \left(\frac{d\frac{1}{s}}{dv}\right)_p = 0, \quad \left(\frac{d\frac{1}{s}}{d\eta}\right)_p = 0$$

となる．最後の4つの式は，p を t で置き換えても同様に成り立ち，**逆もまた成り立つ**．

既にみたように，液体の状態から蒸気の状態に連続的に移行できる物質の場合には，原曲面が突然終わらないかぎり，臨界点を通過する線においては，その一部が本質的に不安定な（すなわち，連続的な変化に関して不安定な）状態を示すはずであり，従って，極めて限定された空間でなければ永続して存在することはできない．そのような状態が全く実現不可能というわけでは必ずもない．最初，臨界状態にある物質が急速に膨張することは可能かもしれないので，膨張の時間が熱の伝導に対しては短か過ぎて，本質的に不安定な状態になるのは，かなり可能性が高いと思われる．熱の伝導がないと仮定しても他の結果はありえず，物体の全ての部分の状態を表す点が，原曲面上の臨界点の等エントロピー（断熱）線に限定されることが必要である．そのように限定された状態の変化に関して不安定性は存在しないことが分かる．なぜなら，この線（η 軸に垂直な原曲面の平面の部分）は，原曲面が臨界点に対して接平面より上に完全にあることから明らかなように，上に凹だからである．

初め臨界状態にある物質に，圧縮と膨張の波が伝播すると仮定しよう．伝播速度は，$\left(\frac{dp}{dv}\right)_\eta$ の値，すなわち $-\left(\frac{d^2\varepsilon}{dv^2}\right)_\eta$ の値に依存する．ところで，圧縮の波に対して，これらの式の値は原曲面上の等エントロピー線の形によって決まる．膨張の波が**圧縮の波**と近似的に同じ速度をもつなら，その状況下で膨張したときの物質は，原曲面によって表される状態に留まり，本質的に不安定

な状態の実現を伴うことになる．誘導曲面における $\left(\dfrac{d^2\varepsilon}{dv^2}\right)_\eta$ の値は，原曲面とは全く異なることが分かる．それは，臨界点におけるこれらの曲面の曲率が異なるからである．

その場合は，絶対的安定の限界と本質的不安定の限界の間の曲面の部分に関して異なる．ここで我々は，表された状態のいくつかについて実験による知識をもっている．例えば，水の場合は，液体の状態が絶対的安定の限界を越えて実現されることはよく知られている．つまり，通常，蒸発が始まる限界の部分（図2のLL'）を越えることと，通常，凝縮が始まる限界の部分（LL'''）を越えることの両方についてはよく知られている．蒸気もまた，絶対的安定の限界を越えて存在できる．すなわち，ある温度では，その温度において平面で接する蒸気と液体の間の平衡の圧力より高い圧力で蒸気は存在できる．それについての考察は，W. Thomson卿の論文（"On the equilibrium of a vapor at the curved surface of a liquid（液体の曲面における蒸気の平衡について）" *Proc. Roy. Soc. Edinb.*, **7**, 63-68（1869-72），*Phil. Mag.*, **42**, 448-452（1871））で提示されており，疑問の余地はない．既に言及したJ. Thomson教授の論文で提案された実験により，絶対的安定の限界をはるかに超えて蒸気の状態を維持できるであろう．[9] 固体の変形特性への抵抗は，明らかに状態の不連続な変化が固体内部で始まることを妨げる傾向があるので，物質は，疑いもなく，絶対的安定の限界をはるかに越えて，固体の状態で存在することができる．

絶対的安定の曲面は，3つの状態の複合を表す三角形と，2つの状態の複合を表している3つの可展面と共に，連続した面を形成する．この面は，平面の部分を除いて，いたるところで上に凹であり，v と η の任意の与えられた値に対して ε の値をひとつだけもつ．それ故，t は必ず正なので，それは，v と ε の任意の与えられた値に対して η の値をひとつだけもつ．蒸発が，ゼロを除くあらゆる温度で起こることが可能なら，p はいたるところで正であり，その曲面は v と ε の値をそれぞれひとつだけもつ．それは，**散逸エネルギー面**（surface of dissipated energy）を形成する．あらゆる可能な状態における物体の体積とエントロピーとエネルギーを表す点を全て考慮するなら，平衡であろうとなかろうと，これらの点は，いくつかの方向では制限されていないが，こ

の散逸エネルギー面によって他の方向で制限されている立体図形を形成する.[10]

回転する二重接平面により原曲面上に描かれる線は絶対的安定と呼ばれるが，状態の混合を表す三角形の頂点が終端ではない．その理由は，その二重接平面がそれらの3つの点で原曲面に接するとき，3つの点のひとつに曲面を残すだけでなく，反対方向に回転させることにより，二重接平面としてその曲面上で回転を始めることができるからである．後者のように反対方向に回転する場合は，接する点によって原曲面上に描かれる線は，以前に述べられた線と連続しているが，絶対的安定の限界の部分を形成しない．そして，これらの線の間の回転する平面の包絡面の部分は，これまでに述べた可展面と連続しており，物体の状態を表している．それらのいくつかは少なくとも実現可能であろうが，拡散エネルギー面の部分を形成しないだけでなく，原曲面についての理論的な関心もないので，それほど興味を引くものではない．

散逸エネルギー面に関する問題

散逸エネルギー面は，与えられた物体，あるいは与えられた初期状態の物体の系に関して，理論的に可能な結果に関係する特定の種類の問題に応用することができる．

例えば，与えられた初期状態にある，与えられた量の特定の物質から得られる最大量の力学的仕事を見出すことが要求されるとしよう．ただし，全体の体積が増加したり，熱が外部の物体に移ったり，外部の物体から入ってきたりせず，また，その過程の終わりにおいて，それらの初期状態のままのものは除くとする．これは，**物体の有効エネルギー**（available energy）と呼ばれる．物体の初期状態は，物体が可逆過程によって有効エネルギーから散逸エネルギーになることが可能な状態と考えられる．

物体が散逸エネルギー面の任意の点で表される状態にあるなら，いうまでもなく，与えられた条件のもとでその物体から仕事を得ることはできない．しかし，たとえ物体が熱力学的平衡の状態にあり，従って熱力学的曲面の点で表される状態であっても，この点が散逸エネルギー面にないなら，物体の平衡は不連続な変化に関して不安定なので，ある一定の量のエネルギーは，仕事が生み出される条件の下で利用できる．あるいは，物体が固体であるなら，たとえそ

の物体が全体を通して均一な状態であるとしても，その圧力（あるいは張力（tension））は異なる方向において異なる値をもつことが可能であり，こうして，その物体はある一定の利用可能なエネルギーをもつことができる．あるいは，物体の異なる部分が異なる状態にあるなら，それは，一般に，有効エネルギーの源である．最後に，物体が知覚できる運動をもち，その**活力**が有効エネルギーになる場合を除外する必要はない．いかなる場合でも，物体の最初の体積とエントロピーとエネルギーを見出さなければならない．それらは，その物体の部分の最初の体積とエントロピーとエネルギーの和に等しい．（「エネルギー」という言葉は，ここでは，知覚できる運動の**活力**を含めて使われる）．v, η, ε の値は，最初の状態を表すある点の位置を決定する．

　ところで，熱が外部の物体に移動できないという条件は，その物体の最終的なエントロピーが最初のエントロピーより小さくないことである．なぜなら，この条件に反することだけが，最終のエントロピーをより小さくすることができるからである．従って，その問題は，体積を増加させずに，あるいは，エントロピーを減少させずに，物体のエネルギーが減少する量を見出すという問題に置き換えられるであろう．この減少するエネルギーの量は，ε 軸に平行に測られた散逸エネルギー面から初期状態を表す点までの距離により，幾何学的に表示される．

　別の問題を考えてみよう．ある特定の初期状態が，以前と同じように物体に与えられているとする．外部の物体に仕事をなしたり，あるいは外部の物体によって仕事がなされることは許されない．熱は，移動する全ての熱の代数和がゼロであるという条件の下でのみ，外部の物体に移るか，あるいはそれらから入ってくることが許される．これらの両方の条件から，過程の終了時に，初期状態のままの物体は除くことができる．さらに，物体の体積を増加させることは許されない．これらの条件の下で，外部の系のエントロピーを減少させることができる最大の量を見出すことが必要である．この量は，明らかに，物体のエネルギーが変化したり，その体積が増加することなく，物体のエントロピーが増加することができる量である．この量は，η 軸に平行に測られた，初期状態を表す点の散逸エネルギー面からの距離によって，幾何学的に表示される．これは，与えられた状態における物体のエントロピー容量（capacity of entropy）と呼んでよいだろう．[11]

第三：ある特定の初期条件が，以前と同じように物体に与えられている．外部の物体に仕事をなしたり，または外部の物体によって仕事がなされたりすることはできないし，外部の物体に熱が移ることも，外部の物体から熱が入ってくることもできない．物体を制約するものは除かれ，以前のように，永続する変化は生じない．物体の体積を減少させることができる量を見出すことが必要で，この目的のために使われ，それらの条件に従うのは，物体自体に由来する力だけである．それらの条件に必要なのは，物体のエネルギーが変化したり，エントロピーが減少したりしないことである．それ故，求められる量は，体積軸に平行に測定された，初期状態を表す点の散逸エネルギー面からの距離で表される．

第四：物体の初期条件が，以前のように与えられている．物体の体積は増加することができない．仕事は外部の物体になすことも，外部の物体によってなされることもできないし，与えられた一定の温度 t' の物体を除いて，熱は外部の物体に移ることも，外部の物体から入ることもできない．後の条件から，以前のように，永続する変化を生じない物体を除くことができる．仮定された条件の下で，一定の温度の物体に伝えられることができる最大の熱量と，また，一定の温度の物体から取り出せる最大の熱量を見出すことが要求される．初期状態の点を通って v 軸に垂直な平面に直線が引かれ，その直線が η 軸の方向となす角度の正接が，与えられた温度 t' と等しいなら，初期状態の点と散逸エネルギー面で構成されたこの線の2つの部分の垂直投影が，求める2つの量を表すことを容易に示すことができる．[12]

その物体が，一定の圧力と温度の媒質によって囲まれていると仮定し，物体と媒質が共に先ほどの問題にしている物体の場所を占めるなら，これらの問題は，実際に現れる経済的な問題にもっと近づくように変更することができる．その結果は次のようになる．

媒質の一定の圧力と温度を表す平面が，物体の散逸エネルギー面に接していると仮定すれば，ε 軸に平行に測られたこの平面から物体の初期状態を表す点までの距離は，物体と媒質の有効エネルギーを表す．η 軸に平行に測られた平面までの点の距離は，物体と媒質のエントロピー容量を表す．v 軸に平行に測

られた平面までの点の距離は，物体あるいは媒質に生じうる最大の真空を表す（使用される全ての力は，物体と媒質から得られる）．v 軸に垂直な平面の点を通る線を引くなら，その点と接平面によって作られるこの線の部分の垂直射影は，水平に対するその線の傾きの正接に等しい一定の温度において，もうひとつの物体に与えられるか，あるいは受け取ることのできる最大の熱量を表している．（この温度が媒質の温度より高いなら，それは，一定の温度の物体に与えうる最大の熱量を表している．逆の場合は，物体から取り出しうる最大の熱量を表している）．これら全ての場合において，その平面と散逸エネルギー面の間の接点は，与えられた物体の最終状態を表す．

媒質の圧力と温度を表す平面が，物体の任意の与えられた初期状態を表す点を通って描かれるなら，散逸エネルギー面内に入るこの平面の部分は，体積，エントロピー，エネルギーに関して，（媒質を除いた）外部の物体の永続的な変化を生じることなく，可逆過程によってその物体がとりうる全ての状態を表す．そして，この平面図形と散逸エネルギー面の間に含まれる立体図形は，（媒質を除く）外部の物体において永続する変化を生じることなく，あらゆる種類の過程によってその物体がとりうる全ての状態を表す．[13]

論文注
1) この式の証明と量の測定の単位に関しては，第一論文の3頁から4頁を参照．
2) J. Thomson 教授は，座標が物体の体積と圧力と温度に比例する曲面を提案し，それを使用している．("Considerations on the Abrupt Change at Boilling or Condensing in Reference to the Continuity of the Fluid State of Matter（流体状態の物質の連続性に関係する沸騰または凝縮における急激な変化についての考察)", *Proc. Roy. Soc.*, **20**, 1-8, (1871)，および *Pil. Mag.*, **43**, 297, (1872))．しかしながら，体積，圧力，温度間の関係は，体積，エントロピー，エネルギー間の関係よりも，物体の性質ついてやや不完全な知識しか与えないことは明らかである．なぜなら，前者の体積，圧力，温度間の関係は後者の体積，エントロピー，エネルギー間の関係によって完全に決まり，微分によって後者から導くことができる．それに対して，後者は前者からは決して導けないからである．
3) しかしながら，この式では，dv, $d\eta$, $d\varepsilon$ が関係する物体の状態の変化は，膨張と圧縮によるか，または熱を加えたり取り去ったりすることにより，**可逆的に**生じるような変化と仮定されている．それで，物体が異なる状態の部分で構成されているとき，これらの状態は，圧力または温度がほとんど変化することな

第二論文　曲面による物質の熱力学的性質の幾何学的表示法

く，他の状態へ移ることができるようなものでなければならない．そうでなければ，式 (1) において，物体が異なる状態に分割される割合は一定のままであると仮定することが必要でる．しかし，そのような制限は，異なる状態の複合物に適用される式を，当面の目的に対して価値のないものにするだろう．しかしながら，それらの状態を化学的に互いに異なるとみなす場合は，本論文の範囲を超えている．だが，その場合を考慮しないなら，（接して存在する2つの状態のどちらかが，圧力または温度がほとんど変化することなく他の状態へ移ることができるという）上で述べた条件を仮定することで，経験によって正当化される．状態のひとつが流体の場合には，少なくとも近似的に正しい．しかし，両方が固体の場合には，それらの部分に必要な可動性を欠いている．従って，複合した状態についての以下のような議論を，同一の物質が同じ圧力と温度において2つの異なる固体状態をもつような，例外的な場合に限定することなく適用するつもりはないことを理解しなければならない．次のことを付け加えてもよいだろう．静力学において摩擦によって維持されている平衡は，摩擦のない機械の平衡のように，作用力が釣り合っているために力のわずかな変化によってどちらの方向にも運動が生じるものとは異なるが，まさにそのように，同一の物質からなる2つの固体状態の間に存在する熱力学的平衡は，状態のひとつが流体のときとは異なるということである．

　以下の議論では，境界面（bounding surface）と区分界面（dividing surface）の大きさおよび形状が考慮されないという事実により，もうひとつの制限が必要になる．そのため，一般に，その結果はこれらの点の影響が無視できる場合にのみ厳密に当てはまる．従って，物質の2つの状態が接している場合は，それらの2つの状態を分ける面は平面と考えなければならない．問題をより一般的な形で考察するためには，毛管現象と結晶化の理論に属する考察を導入することが必要である．

4)　ここで示されるように，物質の2つの異なる状態が互いに接したまま永続して存在することができるようであれば，熱力学的曲面においてそれらの2つの異なる状態を表す点は共通の接平面をもつ．以下で，この逆も成り立つことが分かる．——つまり，熱力学的曲面の2つの点が共通の接平面を持つなら，表された状態は接したまま永続して存在することが可能であり，また，共通の接平面の条件が満たされていないが，同じ圧力と温度の2つの異なる状態が接するときに生じる不連続な変化の方向が何によって決まるのかが分かる．

　この条件を解析的に表現するのは容易である．この条件を，接平面が平行であることと，同じ点で ε 軸を切断するという条件に分けると，次の式が得られる．

$$p' = p'' \qquad (\alpha)$$
$$t' = t'' \qquad (\beta)$$
$$\varepsilon' - t'\eta' + p'v' = \varepsilon'' - t''\eta'' + p''v'' \qquad (\gamma)$$

ここで，異なる状態に関係する文字は，′，″で区別される．3つの状態が接して存在しているなら，
$$p'=p''=p'''$$
$$t'=t''=t'''$$
$$\varepsilon'-t'\eta'+p'v'=\varepsilon''-t''\eta''+p''v''=\varepsilon'''-t'''\eta'''+p'''v'''$$
となる．

これらの結果は興味深い．というのは，これらの結果が，同じ圧力と温度の物質の与えられた2つの状態が接して存在することが可能か否かを予測する方法を示しているからである．εとηの値は，vやpやtの値のように，問題にしている2つの状態にある間に，その物質を単に測定することによって知ることはできないことは確かに事実である．$\varepsilon''-\varepsilon'$または$\eta''-\eta'$の値を見出すには，物質がある状態から他の状態に移行する過程で測定を行うことが必要である．**しかし，この測定は，2つの与えられた状態が接している過程によって行う必要はない．**少なくとも，いくつかの場合には，その測定は，物体が常に均一な状態を保つ過程によって行うことができる．なぜなら，Andrews博士の実験（T. Andrews, "On the Continuity of the Gasious and Liquid States of Matter（物質の気体状態と液体状態の連続性について）", *Phil. Trans.* **159**, 575-590, (1869)）によれば，炭酸は，通常，液体と呼ばれる状態から，通常，気体と呼ばれる状態に，均一性が失われることなく，移行しうることが知られている．ところで，炭酸を液体の状態から同じ圧力と温度の気体の状態に移行させ，その過程で適当な測定をするなら，——蒸発，または凝縮が起きるかどうか，あるいはそれらの液体と気体が接触して変化しないままであるかどうかが，——物質のこれら2つの状態が一緒になったとき起こることを予測できるだろう．けれども，これら2つの状態，またはこの物質のいずれか他の2つの状態が共存する現象を，これまでわれわれは決して見たことはない．

式（γ）を，一定の圧力と一定の温度の下で一方が他方に移ることが可能な2つの状態に対して，その式の妥当性が直ちに明らかになるような形にすることができる．式（γ）のp'とt'をそれと同等のp''とt''の代わりに入れるなら，それは次のように書くことができる．
$$\varepsilon''-\varepsilon'=t'(\eta''-\eta')-p'(v''-v')$$

ここで，式の左辺は，2つの状態のエネルギーの差を表しており，右辺の2つの項は，それぞれ，物体がある状態から他の状態に移るときに受け取った熱と行なった仕事を表している．また，この式は，一般的な式（1）から積分により，直ちに導くことができる．

よく知られているように，両方の流体の2つの状態が曲面で出会うとき，(α) の代わりに，

第二論文　曲面による物質の熱力学的性質の幾何学的表示法

$$p''-p' = T\left(\frac{1}{r}+\frac{1}{r'}\right)$$

が得られる．ここで，r と r' は，任意の点で接している曲面の主曲率の半径（凹部が p'' が示す物質に向かう場合は正）であり，T は**表面張力**と呼ばれるものである．しかし，式 (β) は，そのような場合にも当てはまり，同じことが式 (γ) にも当てはまることを証明するのは容易である．言い換えれば，2つの状態を表す熱力学的曲面における点の接平面は，同一線上で $v=0$ 平面を切るということである．

5）この議論は物体の部分が（知覚できる）運動をしている場合に適用されるべきなので，**エネルギー**という言葉が使われる意味を定義することが必要である．我々は，この言葉を**知覚できる運動**（sensible motion）**である活力**（vis viva）**を含むもの**として使う．

6）一定の圧力 P と温度 T の媒質に囲まれた物質に対する熱力学的平衡の必要十分条件を単一の式で表すなら，その式は次のように書くことができる．

$$\delta(\varepsilon - T\eta + Pv) = 0$$

ここで，δ は物体の部分の状態の任意の変化により生じる変動を表わす．そして，（物体の異なる部分が異なる状態にあるときには）異なる状態の間で分配された割合で生じる変動を表わす．平衡状態の条件は，カッコ内の式の値が極小値をとることである．

7）熱力学的曲面の平面図は，J. Thomson 教授が論文の 330-338 頁で述べた体積－エントロピー図表と呼ばれている図と同じである．

8）これは，本論文の注2）で述べた．J. Thomson 教授が曲面に関して得た結果と同じである．

9）容器に入った流体がその容器を濡らさないような流体で実験するなら，凝縮を防ぐために，容器を蒸気より高い温度に保つ必要はなくなる．十分に長い中空の柄がついたガラス球の柄の開口端を水銀の中に入れ，垂直に立てて置く．柄の中には水銀と水銀の蒸気以外何もなく，ガラス球には蒸気以外何もないとするなら，柄の中で水銀が静止する高さが，蒸気の圧力を決定する迅速で精確な手段となる．液体柱の上部の柄の部分がガラス球より高温になる場合，液体が球を湿らすものであれば，球の中で凝縮が起こる．しかし，そうではないので，実験が適切な注意を払って行われるなら，温度に関する一定の限界内で凝縮はないと思われる．凝縮が起こる場合は，特に，ガラス球が曲がっているなら，凝縮した水銀が柄の中に戻ることができないことが容易に観測されるだろう．凝縮が起こらない限り，ガラス球と柄の中の水銀柱の上部に，望み通りの（異なる）温度を与えるのは容易である．その温度はガラス球の中の蒸気の圧力を決定する．このようにして，明らかに，飽和蒸気の温度よりも高い温度の圧力をもつ水銀蒸気を，ガラス球の中で得ることができる．

10）拡散エネルギー面についてのこの記述は，固体，液体，蒸気として存在するこ

とが可能で，熱力学的性質に異常を示さない物質に適用する予定である．しかし，原曲面の形がどのようなものであろうと，接平面が原曲面を切断しないあらゆる点に対して原曲面の部分をとるなら，前の頁で述べたことと同様のやり方で形成することができる．全ての平面と展開可能な誘導曲面ともに，原曲面を切断しない固定接平面と回転接平面によって，そのように統合された面は連続的な面を形成する．その面は，$p < 0$ がもしあるなら，その部分を除けば，拡散エネルギー面を形成し，上で述べた幾何学的性質をもつ．

しかし，物質の体積が特定の量 v' より小さいときを除いて，完全気体の性質をもつ妥当な温度 t' が存在するなら，そのような $p < 0$ の部分は存在しない．というのは，完全気体の熱力学的曲面における等温線の式は，

$$\varepsilon = C$$
$$\eta = a \log v + C'$$

だからである（12-13 頁の式（B）と（E）を参照）．問題にしている物質の熱力学的曲面における t' の等温線は，従って，v が一定の値 v' を超える部分において同じ式をもたなければならない．ところで，この曲面の任意の点において，$p < 0$ かつ $t > 0$ ならば，その点に対する接平面は

$$\varepsilon = m\eta + nv + C''$$

となる．ここで，m は温度を表し，$-n$ は接点に対する圧力を表しているので，m と n は両方とも正である．さて，そのように決められた点は，接平面の下にゆくほど等温線の式の v に大きな値を与えることは明らかに可能である．従って，接平面は原曲面を切断し，そして，$p < 0$ に対する熱力学的曲面の点は，連続した面を形成するので，最後の段落において述べた曲面に属することはできない．

11) この問題と以前の問題の間の類似点と相違点に注意を向ける価値があるだろう．最初の場合の問題は，実質的には，与えられた物体の状態が，他の永続する変化を外部の物体に生じさせないで，どのくらいの重量を定められた距離持ち上げることができるのかということである．2番目の場合の問題は，実質的には，与えられた物体の状態が，どのくらいの熱量を設定された温度の外部の物体から受け取ることができるのか，そして，どのくらいの熱量をそれより高く設定された温度の別の外部の物体に与えることができるのかということである．有効エネルギーおよびエントロピー容量の数値は，これらの問題の答えと一致する必要がある．最初の場合は，重量は力の単位で測定され，与えられた距離は長

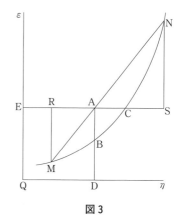

図 3

第二論文　曲面による物質の熱力学的性質の幾何学的表示法

さの単位で垂直に測定されることが必要である．2番目の場合は，設定された温度の逆数の差は，1/273 - 1/373 = 0.00098 なので，与えられた条件における物体のエントロピー容量は，氷点から沸点まで温度を上昇させることができる熱量，(すなわち，氷点に固定されたままの温度の物体から受け取り，沸点に固定されたままの温度のもうひとつの物体に与える) 熱量の 0.00098 倍である．

　これらの量の相互関係および散逸エネルギー面との関係は，図3で示されている．この図は，v 軸に垂直で，物体の初期状態を表す点 A を通る平面を表している．MN は散逸エネルギー面の断面である．Q_ε と Q_η は $\eta=0$ 平面と $\varepsilon=0$ 平面の断面であり，それぞれ ε 軸と η 軸に平行である．AD と AE は初期状態の物体のエネルギーとエントロピーであり，AB と AC は，それぞれ，有効エネルギーとエントロピー容量である．その物体の有効エネルギーまたはエントロピー容量のいずれかがゼロであるときには，他方も同じゼロの値をもつことが分かる．この場合を除いて，どちらの量も他方に影響を与えないで変化させることができる．なぜなら，散逸エネルギー面の曲率のために，他の軸に平行に測られた距離を変化させることなく，軸に平行に測られた曲面からの距離を変化させるように，物体の初期状態を表す点の位置を変化させることは，明らかに可能だからである．

　エントロピーという用語を，異なる著者が異なる意味で使うのは，誤解を招く恐れがあるので，この用語について少々付言するのは場違いではないだろう．Clausius 教授はエントロピーを定義し，その値が次の式

$$dS = \frac{dQ}{T}$$

で決定されるとした (*Abhandlungen über die Mechanishe Wärmetheorie*, Ab. 2, (Braunschweig, 1867) の第9論文第14節 (30-35)), "Über verschiedene für die Anwendung bequeme Formen der Hauptgleichungen der mechanischen Wärmeteorie (力学的熱理論の主法則を適用するためのさまざまな便利な形式について)", *Pogg. Ann.* **125**, 353-400 (1865) を参照). その式の代わりに，次の式

$$dS = -\frac{dQ}{T}$$

でエントロピーの値が決定されるとしたなら，本論文で**エントロピー容量**と呼んだ値は，当然，**有効エネルギー**という用語との類比で，より便利な用語である**有効エントロピー** (available entropy) と呼ぶことができるだろう．ここで，S はエントロピー，T は物体の温度，dQ は物体に与えられた熱の要素である．**エントロピー**の定義のこのような違いは，エントロピーが測定される方向を逆にすると考えるだけで，熱力学的曲面の形においても，幾何学的構造においても違いはなくなる．我々の式の η の代わりに $-\eta$ を使うことと，命題を言葉で述べることに対応して変更することだけが必要となるであろう．Tait 教授はエ

ントロピーという言葉を「Clausius が使ったのと反対の意味で」使うことを提案した (*Sketch of Thermodynamics*, (Edinburgh, 1868) の第 48 節 (28-29) と第 174 節 (99-100) を参照). それにもかかわらず, Tait 教授は, その後も, エントロピーという言葉を有効エネルギーを示すために使用しているようである. Maxwell 教授は, エントロピーという言葉を有効エネルギーと同じ意味で使っており, Clausius はその言葉を利用可能でないエネルギーの部分を表すために使っていると, 誤って述べている (*Theory of Heat*, (London, 1871, New York, 1872) の 186 頁と 188 頁). しかしながら, エントロピーという用語は, Clausius が使ったように, エネルギーと同じ種類の量 (すなわち, 同じ単位で測定することができる量) を表してはいない. それは, 上に引用した Clausius の式から明らかである. その式において, Q (熱) はエネルギーの単位で測定される量を表しており, T (温度) が測定される単位は任意なので, S と Q は明らかに異なる単位で測定される. エントロピーは, Clausius が示すように, Rankine が定義した熱力学関数と同じ意味であることを付け加えてもよい.

12) このように, 図 3 において, 直線 MAN が $\tan \angle \mathrm{NAC} = t'$ のように引かれるなら, MR は一定の温度の物体に与えることができる最大の熱量であり, NS は一定の温度の物体から取り出すことができる最大の熱量である.

13) 議論している物体は, 本論文を通して, 事実上均一であると仮定されてきた. しかし, どのような物質系であれ, その物質系を想定し, その系の全体積, 全エントロピー, 全エネルギーの座標をとることにより, その系のあらゆる可能な状態を決定する点の位置を仮定するなら, そのようにして決定される点は, 明らかに, 散逸エネルギー状態を表す曲面によって, ある特定の方向に制限された立体図形を形成する. これらの状態において, 温度はその系いたるところで一様であることが必要であるが, 圧力は変化が可能である (惑星のように極めて大きな物質の塊の場合は無視する). しかし, その曲面に適用された一様な標準圧によって, (散逸エネルギー状態において) その系の平衡を持続させることは常に可能である. 系のこの圧力と一様な温度は, 44 頁の規則に従う散逸エネルギー面の傾きにより表される. そして, 最後の 57 頁から 60 頁で議論されてきたような問題に関して, この散逸エネルギー面は, それが表す系に比べて, 均一な物体の散逸エネルギー面と全く同じような性質をもつ.

第三論文

不均一物質の平衡について

第三論文
不均一物質の平衡について

> 宇宙のエネルギーは一定である．
> 宇宙のエントロピーは最大に向かう．
> クラウジウス[1]

第一部

[*The Transactions of the Connecticut Academy of Arts and Sciences*, 3, 108-248(1875-1876)]

物質系を支配している法則の理解は，その系が取り得る様々な状態のエネルギーとエントロピーを考察することで著しく容易になる．系がある状態から他の状態に移るとき，それらの2つの状態がもつエネルギーの差は，その系が外部から受け取ったか，あるいは外部に与えた仕事と熱を合計した量を表す．また，エントロピーの差は，積分 $\int \frac{dQ}{t}$ の可能なすべての値の上限 (limit) である．(dQ は外部の熱源から受け取った熱の要素を表し，t はそれを受け取った系の部分の温度を表している)．それで，エネルギーとエントロピーの変化する値は，その系がある状態から別の状態に移行するさいに，その系が生み出すことのできる本質的に重要な結果をすべて表している．なぜなら，理論的に完全と考えられる力学的・熱力学的な工夫により，仕事と熱がどのように供給されようと，仕事と熱を合わせた量，または積分 $\int \frac{dQ}{t}$ の値とほとんど同じ他のものに変換することができるからである．しかし，エネルギーとエントロピーが特に重要なのは，系の外部との関係についてだけではない．外部の系に対して1種類だけの作用，すなわち力学的仕事だけを行うことが可能な，（力学理論で論じられるような）単純な力学系の場合には，この種の力学的作用に対するその系の特性を表す関数は，平衡の理論においてもまた主要な役割を果たし，平衡条件はその関数が変化しないことである．それと同じように，外部の系に対して異なる2種類の作用が可能な熱力学系の場合には，（すべての物質系は

実際にそのようなものであるが),その系の2種類の特性を表す2つの関数は,ほとんど同じ単純な平衡の規準を与える.

平衡および安定の規準

109 すべての外的影響から孤立している物質系の平衡の規準は,次の完全に同等などちらの形で表現してもよい.

I. **任意の孤立系が平衡であるための必要十分条件は,系のエネルギーを変えることのないあらゆる可能な状態変化において,エントロピーの変化がゼロまたは負になることである.** 系のエネルギーを ε で,エントロピーを η で表し,変化しない量を示すために,変化量(variation)$^{(訳注)}$ の後ろに下付き添字を付けるなら,平衡条件は次のように書ける.

$$(\delta\eta)_\varepsilon \leq 0 \qquad (1)$$

II. **任意の孤立系が平衡であるための必要十分条件は,系のエントロピーを変えることのないあらゆる可能な状態変化において,エネルギーの変化がゼロまたは正になることである.** この条件は次のように書ける.

$$(\delta\varepsilon)_\eta \geq 0 \qquad (2)$$

これら2つの定理が同等であることは,系のエネルギーとエントロピーの両方を共に増加させたり,あるいは共に減少させたりすることが,すなわち,その系の任意の部分に熱を与えたり,あるいは取り去ったりすることにより,それが常に可能だということを考えれば明らかであろう.なぜなら,次のよう考えられるからである.条件(1)が満たされないなら,$\delta\eta>0$ かつ $\delta\varepsilon=0$ の系の状態に,何らかの変化がなければならない.したがって,**その変化した状態にある系のエネルギーとエントロピーの両方を減少させることにより**,(元の状態からの変化と考えられる)$\delta\eta=0$ かつ $\delta\varepsilon<0$ の状態になる.それゆえ,条件(2)は満たされない.逆に,条件(2)が満たされないなら,$\delta\varepsilon<0$ かつ $\delta\eta=0$ の系の状態に変化がなければならない.したがってまた,$\delta\varepsilon=0$ かつ

(訳注)$\delta\eta$ はエントロピー η の仮想的な微小の変化量を表わしており,変分または変動ともいわれるが,ここでは変化量とする.

第三論文　不均一物質の平衡について

$\delta\eta > 0$ の状態になる．それゆえ，条件（1）は満たされない．

　平衡条件を表す式は，言葉で言えば，微分方程式の一般的な習慣に従って解釈すべきである．つまり，系の変化量を表す微小量に比べて，2次以上の微小量は無視すべきである．しかし，安定性に関する異なる種類の平衡を区別するには，変化の完全な値を考慮しなければならない．**厳密に**解釈しなければならないそれらの式，すなわち，2次以上の微小量を無視すべきでない式の変化量の記号として $\varDelta$ を使おう．こう理解することで，異なる種類の平衡の必要十分条件を，次のように表すことができる．つまり，安定平衡（stable equilibrium）に対しては，

$$(\varDelta\eta)_\varepsilon < 0, \quad \text{すなわち} \quad (\varDelta\varepsilon)_\eta > 0 \tag{3}$$

である．中立平衡（neutral equilibrium）に対しては，

$$(\varDelta\eta)_\varepsilon = 0, \quad \text{すなわち} \quad (\varDelta\varepsilon)_\eta = 0 \tag{4}$$

の系の状態にいくらか変化がなければならず，一般に，

$$(\varDelta\eta)_\varepsilon \leqq 0, \quad \text{すなわち} \quad (\varDelta\varepsilon)_\eta \geqq 0 \tag{5}$$

である．そして，不安定平衡（unstable equilibrium）に対しては，

$$(\varDelta\eta)_\varepsilon > 0 \tag{6}$$

の系の状態にいくらか変化がなければならず，すなわち，

$$(\varDelta\varepsilon)_\eta < 0 \tag{7}$$

の系の状態にいくらか変化がなければならず，一般に，

$$(\delta\eta)_\varepsilon \leqq 0, \quad \text{すなわち} \quad (\delta\varepsilon)_\eta \geqq 0 \tag{8}$$

である．

　これらの平衡と安定性の規準では，**可能な**変化のみが考慮されている．これがどのような意味で理解されるべきかについて説明する必要がある．第一に，有限距離の物質の移動を含む系のすべての状態変化は，その系の状態を完全に決定する量の微小の変化によって表わすことができるかもしれないが，当然，考察から除外すべきである．たとえば，その系が同じ成分物質からなる2つの物質を含むが接触はしておらず，同じ成分物質またはその成分から構成されているか，あるいはそれらを含む他の物質と接触していない場合である．その場合，一方の物質が微小量増加し，もう一方の物質が同じ微小量減少しても，その系の状態の可能な変化と考えるべきではない．そのような本質的に不可能な

場合に加えて，熱が系のあらゆる部分から他のすべての部分へ伝導または放射によって移ることが可能な場合には，それらの変化だけを不可能なものとして除くべきである．ただし，受動的な力，またはそれに類似した変化への抵抗によって妨げられる変化は含まれる．しかし，その系が熱伝導がないと考えられる部分から構成されている場合，そのようなエントロピーが減少するような変化は，熱の移動なしには起こりえないので，これらの部分のいずれのエントロピーも減少は不可能とみなす必要がある．この制限は，まったく都合よく，上記の2番目の平衡条件の式に当てはまり，

$$(\delta \varepsilon)_{\eta', \eta'', \ldots} \geqq 0 \qquad (9)$$

となる．η', η'', ……は，熱伝導のない様々な部分のエントロピーを表している．平衡条件がこのように表されるなら，熱伝導に関する制限についてこれ以上考察する必要はない．

受動的な力または変化への抵抗は変化を**妨げる**ことができるので，与えられた平衡の規準を任意の系に適用するためには，少なくとも，それらの受動的な力や変化への抵抗についての知識が必要である．（粘性のように，変化を遅らせるだけの受動的な力について考慮する必要はない）．系のそのような変化を妨げる性質は，一般に，その系の性質についてのまったくありふれた知識から簡単に分かる．たとえば，2つの固体の表面が互いに押し付けられているとき，滑るのを妨げる摩擦といった受動的な力を例として挙げることができる．――あるいは，固体，そして時には液体のなかの異なる成分が互いに異なる運動をするのを妨げる力であったり，――また時には，存在可能な同じ物質の2つの形態（単体または化合物）のどちらか一方が他方に変わるのを妨げる抵抗であったり，――あるいは，変形が一定の限界を超えないとき，固体の塑性変形（言い換えれば，固体が元に戻ろうとする形状の変化）を妨げる力を例として挙げることができる．

ある種の運動または変化を妨げるのは，すべてこれらの受動的抵抗（passive resistance）の特徴である．しかし，系の初期状態は変更されるかもしれないし，また，系の初期状態は，力や熱といった何らかの外的作用にある程度支配されるかもしれない．しかしそれでも，系の初期状態，あるいは系の初期状態に作用する力学的影響または熱的影響を表す全ての量の値に有限の変化を許容

第三論文 不均一物質の平衡について

する範囲内で，問題になっている変化を生じさせることなく，系の初期状態が変更されることは可能であろう．従って，そのような受動的な性質による平衡は，系の能動的な傾向（active tendency）の釣り合いによって生じる平衡とは大いに異なり，そこでは，外的影響または初期状態の変化が，量として微小であっても，正または負のどちらかの方向に変化を生じさせるには十分である．それゆえ，これらの受動的な抵抗は容易に識別される．抵抗が変化を妨げる効力を失う限界の近くに系の状態がある場合にのみ，系の状態が限界の内か外かという疑問が生じ，これらの抵抗についてのより正確な知識が必要となる．

平衡の規準の妥当性を立証するために，最初に，2つの同等な形のどちらかで表現された十分条件を検討し，その後，必要条件を検討しよう．

まず第一に，系のエントロピーが同じエネルギーをもつ他のどの状態よりも大きい場合，その系は明らかに平衡状態にある．なぜなら，状態のどのような変化も，エントロピーの減少またはエネルギーの増加のいずれかを伴わねばならないが，それは孤立系では不可能だからである．これは**安定**平衡の一例と言ってもよい．というのは，（初期状態の変化に関係していようと，あるいは外部の物体の作用に関係していようと），非常に小さな原因はエントロピーの有限の減少またはエネルギーの有限の増加を伴うので，そのように小さな原因が状態の有限の変化を生じさせることはできないからである．

次に，系がエネルギーと矛盾しない最大のエントロピーをもち，従ってそのエントロピーと矛盾しない最小のエネルギーをもつが，実在する状態として，同じエネルギーとエントロピーをもつ別の状態が存在すると仮定しよう．この場合，物質に運動が生じるのは不可能である．なぜなら，その系のエネルギーを，（知覚できるほどの大きな運動（sensible motion）の）**活力**（vis viva）が占めるようになれば，他の点では同じであるが運動のない状態の系は，エネルギーはより少なく，エントロピーはより多くなり仮定に反するからである．（しかし，この推論を，拡散の場合のように，物質の中の様々な成分の様々な方向の運動に適用することはできない．この場合，それらの成分の運動量が互いに釣り合うからである）．また，なされた仮定の場合には，いかなる熱の伝導も起こりえない．なぜなら，高温の物体から低温の物体に熱が伝わるときにはエントロピーの増加を伴うからである．同じく，熱放射によって変化が生じることは不

112

可能である．従って，われわれが仮定してきた条件は，物質の運動と熱の移動が関係する限りでは，平衡の十分条件である．しかし，同様のことが，拡散運動と，化学的または分子的な変化に関しても成り立つことを示すためには，物質の運動または熱の移動が付随して起こったり，あるいは続いて起こったりしないで，拡散運動と化学的または分子的な変化が起こりうる場合には，より一般的な性質の考察に頼らなければならない．以下の考察は，仮定してきた条件があらゆる点で平衡の十分条件であるという確信を正当化するように思われる．

そのような前提をどの程度主張しうるか検証するために，系が平衡状態ではなく，エネルギーと矛盾しない最大のエントロピーをもつと仮定しよう．このような場合，系の状態に変化が生じなければならない．しかし，当然，これらの変化は，エネルギーとエントロピーは変化しないままで，そして，その系は，変化する前と同じように，エネルギーと矛盾しない最大のエントロピーをもつという同じ条件を引き続き満たすような変化である．系が変化する間は，事実上均一とみなせるほど，いつも短時間で起こる変化を考えよう．この時間は，その時間内に著しくゆっくりとした変化が起こらないように選ばなければならないが，それは常に容易である．なぜなら，起こると考えられる変化は，特定の瞬間を除けば，それほどゆっくりした変化ではないからである．ところで，系のエネルギーの値が変わらず，系が上で選ばれた短い時間の始まりに仮定されたのと同じ状態で始まるなら，系の状態がどのように変化してもエントロピーが増加することはないだろう．それで，その場合の状況のほんのわずかな変化により，実際に生じると考えられ，エネルギーの変化を伴わず，エントロピーの必然的な減少を伴い，そのような変化を不可能にするような系の状態に，あるいはほぼ同様な系の状態にあらゆる変化を生じさせることは，一般に可能である．この変化は，系の性質を決定する変数の値にあるかもしれないし，その系の性質を決定する定数の値にあるかもしれないし，あるいはその法則を表す関数の形にあるかもしれない．——ただし，熱力学的に不可能なように変更された系には，何も存在してはならない．たとえば，温度，圧力，あるいは系の中の異なる物体の組成が変化すると考えられるかもしれない．または，実際に実現可能な小さな変化が必要な結果を生み出すことがなければ，一般的な物質の法則に従って，物質の性質そのものが変化すると考えることができるかも

しれない。そのとき，最初に仮定したように，系になんらかの変化する傾向があるなら，その傾向は，その場合の状態の微小変化によって完全に調べることができる．この仮定が許されなければ，系がエネルギーと矛盾しない最大のエントロピーをもつとき，言い換えれば，系がそのエントロピーと矛盾しない最小のエネルギーをもつとき，その系は常に平衡にあると考えなければならない．

同様の考察は，たとえ，その系が同じエネルギーに対してもつことのできる最大(訳注)のエントロピーでないとしても，$\Delta\varepsilon = 0$ の状態の可能な微小変化に対して $\Delta\eta \leqq 0$ のような状態に系がある場合に明らかに適用できる．（ここで，**可能な**という言葉は先に定義した意味をもち，記号 Δ は，以前と同じく，式が厳密に解釈されなければならないこと，すなわち，高次の無限小を無視しないことを示すために使われる）．

与えられている平衡の十分条件の証明で，唯一残っているのは次の場合である．つまり，エネルギーに影響を及ぼさないすべての可能な変化に対して，われわれの式では $\delta\eta \leqq 0$ であるが，しかし，これらの変化のいくつかに対して $\Delta\eta > 0$ の場合，すなわち，エントロピーがいくつかの点で極小の性質を持つ場合である．この場合，状態の変化は最初は非常にゆっくりであり，条件 $\delta\eta_\varepsilon \leqq 0$ が成り立つのは初期の状態だけなので，前の段落で示された考察は修正なしには当てはまらない．しかし，系の状態を決定する量のすべての次数の微分係数は時間に関して取られ，状態を決定する同じ量の関数でなければならない．これらの微分係数のいずれも，$\delta\eta_\varepsilon \leqq 0$ の系の状態に対して，0以外の値をとることはできない．そうでなければ，以前のように，起こるかもしれないと考えられるような変化，あるいはほとんど同じような変化が起こらないようにすることは，一般に，その状況のごくわずかな変更によって可能である．それで，このごくわずかな変更により，以前有限の値をもっていた微分係数の値に有限の差，あるいは，いくつかのより低い次数で有限の差が生じるが，それは我々が期待する理由のある連続性に反する．このような考察は，理論的な平衡のひとつとして議論している状態についての正当な理由付けになると思われる．し

114

(訳注) 原論文（1891 年）の 113 頁では least となっているが，論文集（1906 年）の 60 頁では greatest に訂正されている．

かし，その平衡は明らかに不安定なので，実現は不可能である．

さらに，述べられた条件が，あらゆる場合において，平衡の必要条件であることを証明しなければならない．それは，平衡条件について述べたことで除外されたものを除き，問題になっている状態と微小に異なる系の状態において，あらゆる種類の変化が**可逆的**（すなわち，正負の両方向）に起こることが可能なほど，系の能動的な傾向が均衡しているすべての場合においては明らかである．この場合には不等号を省略することができ，そのような平衡条件として，

$$(\delta\eta)_\varepsilon = 0, \quad \text{すなわち} \quad (\delta\varepsilon)_\eta = 0 \tag{10}$$

と書くことができる．しかし，以前述べた条件が，あらゆる場合において必要条件であることを証明するために，次のことを示さなければならない．つまり，孤立系が変化しないままのときにはいつでも，その状態に微小な変化が存在し，その物質のどの位置（微小部分であっても）の有限な変化を伴わず，エントロピーが変化することなく，系の状態を決定する量の変化に比べて，有限な量だけエネルギーが減少する場合，——あるいは，そのような部分のエントロピーが変化することなく，系が熱的に孤立した部分をもつ場合，この変化は受動的な力または類似した変化への抵抗によって妨げられる系において変化を伴うことを示さなければならない．ところで，上で述べた系の状態の変化は，エントロピーを変化させることなくエネルギーを減少させる．それで，なんらかの過程，おそらくまったく間接的な過程によって，ある一定量の（とりわけ系に費やされる）仕事を得るためにその変化を生み出すことが，理論的に可能であるとみなさなければならない．それ故，系の能動的な力や傾向は，問題にしている変化を促進し，その変化を受動的な力が妨げない限り，平衡は存続できないと結論することができる．

以上の考察は，与えられている平衡の規準の妥当性を立証するのに十分である．安定性の規準は，平衡の規準から容易に導くことができる．さて，不均一物質の系に，これらの原理を適用することと，異なる種類の現象に適用する特殊な法則を導くことに取り掛かろう．この目的のために，次の2つの理由から，平衡の規準の2番目のものを使うつもりである．つまり，第一に，系の異なる部分間で熱伝導が無いことが，その条件の導入をより受け入れやすくすることであり，第二に，平衡に関係する一般式の形を考慮して，系の状態を決める独

立変数の1つをエントロピーにするほうが，エネルギーにするよりも便利だからである．

重力・電気・固体のひずみ・毛管張力が影響しない不均一物質系の平衡条件

　化学平衡に最も特徴的で本質的な法則に，可能な限り直接に到達するために，最初に最も単純な場合に注目したい．固定された硬い包壁に閉じ込められた，様々な種類の物質系の平衡条件を調べよう．包壁は，その中に閉じ込められたいずれの成分物質も透さず，変形せず，完全な断熱性をもっている．その場合，重力作用や電気的影響によって複雑になることはなく，物質系の固体部分では，圧力はあらゆる方向で同じと仮定しよう．さらに，問題を単純にするために，次のように仮定する．不均一な物質系を区分する面によって決まるエネルギー部分とエントロピー部分の変化は，これらの物質系の量によって決まるエネルギー部分とエントロピー部分の変化に比べて非常に小さく，前者の面に依存する変化は後者の量に依存する変化に比べて無視できると仮定しよう．つまり，毛細管の理論に関係する考察はしないことにしよう．

　議論の対象である物質系を閉じ込めている，硬い断熱性の包壁を仮定しても，事実上一般性は失われないことが分かる．なぜなら，どのような物質系でも平衡状態にあるなら，物質系全体か，またはその部分が仮定している包壁に閉じ込められているなら，その物質系もまた平衡である．従って，上で述べたように，閉じ込められているどのような物質系の平衡条件も，平衡の場合において常に満たされなければならない一般条件である．他の仮定については，ここで除外したすべての条件と考察を，後ほど特別な議論の対象にしたい．

与えられた物質系の初期に存在している均一部分間の平衡に関する条件

　最初に，与えられた物質系の均一な部分のエネルギーと，その部分の組成と状態の可能な変化に対するエネルギーの変化について考察しよう．（**均一**とは，問題にしている部分が，化学的組成だけでなく物理的な状態においても，最初から最後まで不変であることを意味する）．この均一な物質系の物質の量と種類が決まっているとみなすなら，そのエネルギー ε は，エントロピー η と体

積 v の関数であり，これらの量の微分は次のような関係に従う．

$$d\varepsilon = td\eta - pdv \qquad (11)$$

ここで，t は物質系の（絶対）温度を，p は圧力を表す．なぜなら，$td\eta$ は状態が変化する間に物質系が受け取った熱であり，pdv は物質系が行った仕事だからである．しかし，その物質系の物質が変化すると考え，その物質系を構成する成分物質 S_1, S_2, ……, S_n の量を m_1, m_2, ……, m_n と書くなら，ε は明らかに η, v, m_1, m_2, ……, m_n の関数である．そして，ε の微分の完全な値として，

$$d\varepsilon = td\eta - pdv + \mu_1 dm_1 + \mu_2 dm_2 + \cdots\cdots + \mu_n dm_n \qquad (12)$$

が得られる．ここで，μ_1, μ_2, ……, μ_n は，m_1, m_2, ……, m_n に関してとられた微分係数を表す．

物質系を構成していると考えられる成分物質 S_1, S_2, ……, S_n は，当然，微分 dm_1, dm_2, ……, dm_n の値が独立していなければならず，考察される均一な物質系の組成におけるあらゆる可能な変化を表すようなものでなければならず，そして最初に存在するものとは異なる成分物質の吸収によって生成される物質を含むようなものでなければならない．従って，考察している均一な物質系に初めには存在していない成分物質に関係する式の中に項があることが必要である．もちろん，これらの初めには存在していない成分物質またはそれらの成分が，与えられた物質系全体のある部分に見出されることが条件である．

上記の条件が満たされるなら，考察する物質系の成分とみなすべき成分物質の選択は，全く便宜的に決定することが可能であり，物質系の内部の構成に関するいかなる理論とも無関係に決定することができる．成分の数は，存在する化学元素の数よりも，多いときも少ないときもあるだろう．例えば，水と自由水素と自由酸素が入っている容器のなかの平衡を考察する場合には，気体の部分に３つの成分を識別しなければならない．しかし，希硫酸とその希硫酸が発生する蒸気との平衡を考察する場合には，液体，（無水あるいは特定の濃度の）硫酸，そして（加えられた）水のなかで，考察する必要があるのは２つの成分だけである．けれども，酸に水を可能な限り加えた成分物質に関連して，濃度が最大の硫酸を考察している場合には，微分の独立性の条件は，濃度が最大の酸を成分の１つと考える必要があることに注意しなければならない．さら

に，この濃度が最大の酸の成分の量は，増加と減少の両方の向きに変化することが可能であるが，一方，その他の成分の量は，増加は可能だがゼロ以下に減少することは不可能である．

話を簡単にして，与えられた物質系の成分物質 S_a の量 m_a が増加するか減少するかのどちらかであるかを示すために，成分物質 S_a を任意の均一な物質系の**実際の成分**（actual component）と呼ぶ．（ただし，$m_a = 0$ となるように他の成分物質を選ぶかもしれない）．そして，成分物質 S_b は問題にしている均一な物質系と結合させることはできるが，均一な物質系から取り去ることはできないこと示すために，この成分物質 S_b を**可能な成分**（possible component）と呼ぶ．この場合，上の例で見たように，$m_b = 0$ になるように成分物質を選ばなければならない．

与えられた物質系を構成するとみなされる成分物質を測る単位は，互いに独立に選ぶことができる．一般的な議論を目的としたわれわれの考えを明確にするために，すべての成分物質が重量または質量によって測られると仮定することができる．しかし，特別の場合には，成分物質の単位量（unit）に化学当量を採用し，より便利にすることができる．

式（12）が当てはまる物質系の性質と状態の変化は，その物質系のすべての部分において，その性質と状態の変化が極めて小さいなら，均一性を乱さないはずだということは，式（12）の妥当性にとって必要でないことが分かる．なぜなら，この最後の，変化が極めて小さいという条件に反しないなら，（12）のような式は，確かに，（初めは）均一な物質系のすべての微小部分に対して成り立つからである．言い換えれば，任意の微小部分のエネルギー，エントロピー，……を $D\varepsilon$, $D\eta$, ……と書くなら，

$$dD\varepsilon = tdD\eta - pdDv + \mu_1 dDm_1 + \mu_2 dDm_2 + \cdots\cdots + \mu_n dDm_n \quad (13)$$

となる．この式から，初めは均一な物質系全体にわたる積分によって，式（12）を導くことができる．

さて，物質系全体を，各々の部分が均一になるように分割すると仮定し，（少なくとも近似的に）均一を保ち，同時に，包壁内の空間全体を占めている幾つかの部分の組成と状態の変化によって生じる系のエネルギーの変化を考察しよう．まず最初に，成分物質は各部分に対して同じであり，その成分物質

S_1, S_2, ……, S_n のそれぞれが各部分の実際の成分である場合を考えよう．異なる部分に適用される文字を $'$, $''$, …… で区別するなら，系のエネルギーの変化量は，$\delta\varepsilon' + \delta\varepsilon'' + ……$ で表すことができる．また，平衡の一般条件は，**条件式に矛盾しないすべての変化に対して**，

$$\delta\varepsilon' + \delta\varepsilon'' + …… \geqq 0 \qquad (14)$$

でなければならない．これらの式は，与えられた物質系全体のエントロピーも，体積も，成分物質 S_1, S_2, ……, S_n のいずれの総量も変化しないことを表していなければならない．他の条件式がないと仮定しよう．そうすると，

$$\begin{aligned}&t'\delta\eta' - p'\delta v' + \mu_1'\delta m_1' + \mu_2'\delta m_2' + …… + \mu_n'\delta m_n' \\&+ t''\delta\eta'' - p''\delta v'' + \mu_1''\delta m_1'' + \mu_2''\delta m_2'' + …… + \mu_n''\delta m_n'' \\&+ …… \geqq 0 \end{aligned} \qquad (15)$$

であることが，平衡に対する必要条件である．ただし，それぞれの変化の値に対して，

$$\delta\eta' + \delta\eta'' + \delta\eta''' + …… = 0 \qquad (16)$$

$$\delta v' + \delta v'' + \delta v''' + …… = 0 \qquad (17)$$

$$\left.\begin{aligned}&\delta m_1' + \delta m_1'' + \delta m_1''' + …… = 0 \\&\delta m_2' + \delta m_2'' + \delta m_2''' + …… = 0 \\&\cdots\cdots\cdots\cdots\cdots\cdots\cdots\cdots\cdots\cdots\cdots \\&\delta m_n' + \delta m_n'' + \delta m_n''' + …… = 0\end{aligned}\right\} \qquad (18)$$

である．

これに対して，

$$t' = t'' = t''' = …… \qquad (19)$$

$$p' = p'' = p''' = …… \qquad (20)$$

$$\left.\begin{aligned}&\mu_1' = \mu_1'' = \mu_1''' = …… \\&\mu_2' = \mu_2'' = \mu_2''' = …… \\&\cdots\cdots\cdots\cdots\cdots\cdots\cdots \\&\mu_n' = \mu_n'' = \mu_n''' = ……\end{aligned}\right\} \qquad (21)$$

は，明らかに必要十分条件である．

式 (19) と式 (20) は，それぞれ熱的平衡条件と力学的平衡条件を表す．すなわち，温度と圧力は物質系全体にわたって一定でなければならないというこ

第三論文　不均一物質の平衡について

とである．式（21）により化学平衡に特有な条件が得られる．(12)のような式で定義される量 μ_x を，考察している均一な物質系の成分物質 S_x の**ポテンシャル**と呼ぶなら，これらの条件は，以下のように表すことができる．

　各々の成分物質のポテンシャルは，物質系全体にわたって一定でなければならない．

　成分物質の運動や組み合せの自由度に制限がなく，各々の成分物質は与えられた物質系のすべての部分の実際の成分であると仮定したことを思い出すだろう．

　(15)の変化量の値が決まるとき，（物質系を構成している様々な均一な部分の位置と形は重要でないとみなすなら），物質系全体の状態は完全に決まる．

　これらの量は独立変数と呼ぶことができるが，その数は明らかに（n＋2）ν 個であり，ν は物質系全体を均一な部分に分割した数を表している．(19)，(20)，(21)のなかのすべての量はこれらの変数の関数であり，各々の部分のエネルギーが，そのエントロピーと体積と成分量の関数として知られているなら，既知の関数とみなすことができる（式（12）を参照）．従って，式（19），(20)，(21)は，独立変数間の（ν－1）（n＋2）個の独立な式とみなすことができる．物質系全体の体積と，既知の様々な成分物質のそれぞれの総量により，n＋1個の式が付け加わる．また，与えられた物質系の全エネルギー，または全エントロピーが分かれば，存在する独立変数と同じ数の式が得られる．

　しかし，成分物質 S_1，S_2，……，S_n のいずれかが，与えられた物質系のいくつかの部分の可能な成分だけであれば，そのような部分の成分物質の量の変化量 δm は，負の値をとることはできない．それで，その部分の成分物質に対するポテンシャルは，それが実際の成分の部分の中の同じ成分物質のポテンシャルに等しくなければならないことは，平衡の一般条件（15）にとって必要ではないが，そのポテンシャルより小さくはないということだけは必要である．この場合，(21)に代わって，S_1 が実際の成分のすべての部分に対しては，

120

$$\mu_1 = M_1$$

であり，S_1 が可能な成分の（実際の成分ではない）すべての部分に対しては，

$$\mu_1 \geqq M_1$$

であり，S_2 が実際の成分のすべての部分に対しては， (22)

$$\mu_2 = M_2$$

であり，S_2 が可能な成分（実際の成分ではない）のすべての部分に対しては，

$$\mu_2 \geqq M_2$$

であり，以下同様である．M_1, M_2, ……は，その値がこれらの式によってのみ決定される定数を示している．

さて，与えられた物質系の様々な均一な部分の（実際のあるいは可能な）成分が同じでないと仮定するなら，ただし，すべての異なる成分が**独立**（すなわち，どれも他の成分から造ることはできない）ならば，その結果は以前と同じ特徴をもつ．従って，各々の成分の総量は一定である．平衡の一般条件(15)と条件式(16)，(17)，(18)は，成分物質 S_1, S_2, ……, S_n のどれもが，どの部分の（実際のあるいは可能な）成分でないなら，平衡の一般条件(15)において，その成分物質と部分に対する項 $\mu \delta m$ が消え，条件式(16)，(17)，(18)において，δm が消える以外に，変更の必要はない．これは，(19)，(20)，(22)で表わされた特殊な平衡条件の形での変更を必要としない．しかし，(22)のなかのそれぞれの条件の数は，すべての成分物質が，すべての部分の成分である場合よりも当然少ない．したがって，与えられた物質系の異なる均一な部分のそれぞれが，同じ組の成分物質の一部，または全部から構成されているとみなすことができ，どれも他の成分から形成することができない場合にはいつでも，与えられた物質系の異なる部分間の平衡に対する（同じ温度で同じ圧力での）必要十分条件は，次のように表すことができる．

121　**成分物質の各々のポテンシャルは，その物質が実際の成分から成る与えられた物質系のすべての部分で一定の値をとらねばならず，可能な成分から成るすべての部分でこれより少ない値をとらねばならない．**

　M_1, M_2, ……, M_n を取り去ったあと，これらの条件によって与えられる**式の数は，**$(n+2)(\nu-1)$ 個より (15) の項の数だけ少なくなる．(15) の中の δm の形の変化量は，当然ゼロか，あるいは負の値でないかのいずれかである．

第三論文　不均一物質の平衡について

決定される変数の数は，同じ数だけ減少するか，あるいは，もし望むなら，これらの項の各々に対して，$m=0$ の形の式で書き表すことができるだろう．しかし，成分物質が，関係する部分の可能な成分であるときには，その成分物質が実際の成分ではないという仮定が，平衡と矛盾しないかどうかを示すための（≧で表される）条件もまた存在する．

ところで，成分物質 S_1, S_2, ……, S_n が互いにすべて独立とは限らない，つまり，それらのいくつかは他のものから造ることができると仮定しよう．最初に，非常に単純な場合を考える．S_3 が $a:b$ で結合している S_1 と S_2 から構成されているとしよう．S_1 と S_2 は与えられた物質系のいくつかの部分の実際の成分であり，S_3 は他の部分の成分であり，それらの S_1 と S_2 と S_3 は別々に変化することが可能な成分ではない．平衡の一般条件は，省略された $\mu \delta m$ の形の項のいくつかに関して，依然として（15）の形をしているだろう．それは，より簡単に，

$$\Sigma(t\delta\eta) - \Sigma(p\delta\nu) + \Sigma(\mu_1\delta m_1) + \Sigma(\mu_2\delta m_2) + \cdots\cdots$$
$$+ \Sigma(\mu_n\delta m_n) \geqq 0 \qquad (23)$$

と書くことができる．記号 Σ は，与えられた物質系の異なる部分に関する和を表す．しかし，3つの条件式

$$\Sigma\delta m_1 = 0, \quad \Sigma\delta m_2 = 0, \quad \Sigma\delta m_3 = 0 \qquad (24)$$

の代わりに，2つの式

$$\left.\begin{array}{l}\Sigma\delta m_1 + \dfrac{a}{a+b}\Sigma\delta m_3 = 0 \\ \Sigma\delta m_2 + \dfrac{a}{a+b}\Sigma\delta m_3 = 0\end{array}\right\} \qquad (25)$$

が得られる．他の条件式

$$\Sigma\delta\eta = 0, \quad \Sigma\delta\nu = 0, \quad \Sigma\delta m_4 = 0, \quad \cdots\cdots \qquad (26)$$

は，変わらないままである．さて，式（24）を満たす変化量のすべての値は，同様に式（25）を満たすので，既に導いた特殊な平衡条件（19），（20），（22）はすべて，この場合においてもまた必要条件である．これらが満たされるとき，一般条件（23）は，

$$M_1\Sigma\delta m_1 + M_2\Sigma\delta m_2 + M_3\Sigma\delta m_3 \geqq 0 \qquad (27)$$

となる．なぜなら，例えば，μ_1' は M_1 より大きいけれども，それにもかかわら

ず，次に続く $\delta m_1'$ が負の値をとれないときにのみ，μ_1' は M_1 より大きいからである．それ故，(27) が満たされるなら，(23) もまた満たされなければならない．さらに，(23) が満たされるなら，あらゆる成分物質の量の変化が，実際の成分でないすべての部分で値 0 である限り，(27) もまた満たされなければならない．しかし，この制限は，$\Sigma\delta m_1$, $\Sigma\delta m_2$, $\Sigma\delta m_3$ の可能な値の範囲に影響を及ぼさないので無視してよい．したがって，条件 (23) と (27) は，(19)，(20)，(22) が満たされるとき完全に同等である．ところで，条件式 (25) を用いて，(27) から $\Sigma\delta m_1$ と $\Sigma\delta m_2$ を消去すると，

$$-aM_1\Sigma\delta m_3 - bM_2\Sigma\delta m_3 + (a+b)M_3\Sigma\delta m_3 \geqq 0 \qquad (28)$$

となる．すなわち，$\Sigma\delta m_3$ の値は正か負のいずれかなので，

$$aM_1 + bM_2 = (a+b)M_3 \qquad (29)$$

は，この場合に必要な平衡の付加条件である．

　成分物質間の関係は，この場合よりも単純ではないかもしれない．しかし，いずれにせよ，それらの関係は条件式に影響するだけである．しかも，これらの条件式は常に困難なく見出すことが可能で，存在する条件式と同じくらい多くの変化量を，平衡の一般条件から取り除くことができるだろう．その後で，負の値をとることができない変化量の係数を除けば，残りの変化量の係数をゼロとすることはできるが，係数はゼロか，ゼロより大きくなければならない．これらの操作を，各々の特定の場合において実行することは容易だが，一般的に結果として得られた式の形を調べることは興味深いかもしれない．

　様々な均一な部分は，n 個の成分 S_1, S_2, ……, S_n のすべてにあると考えられ，運動と結合の自由度に制限がないと仮定しよう．ただし，問題の一般性を制限して，成分のそれぞれが，与えられた物質系のある部分の実際の成分であると仮定する．[2] これらの成分のいくつかを他の成分から形成できるなら，そのような関係のすべては，次のような式で表現できる．

$$\alpha \mathfrak{S}_a + \beta \mathfrak{S}_b + \cdots\cdots = \kappa \mathfrak{S}_k + \lambda \mathfrak{S}_l + \cdots\cdots \qquad (30)$$

ここで，$\mathfrak{S}_a$, $\mathfrak{S}_b$, $\mathfrak{S}_k$, ……は，成分物質 S_a, S_b, S_k, ……の単位量（すなわち，成分物質 S_1, S_2, ……, S_n の特定の単位量）を表し，α, β, κ, ……は数字を表している．これらは，抽象的な量の間の式ではなく，記号 = は，定量的に同等であるのと同様に，定性的にも同等であることを表している．この特徴

第三論文　不均一物質の平衡について

をもつ r 個の独立した式が存在すると仮定しよう．成分物質に関係する条件式は，これらの式から簡単に導くことができる．しかし，それらを特に考察する必要はない．それらの条件式が，式（18）を満たす変化の値によって満たされることは明らかである．それゆえ，特殊な平衡条件（19），（20），（22）は，この場合，必要条件でなければならない．そして，それらの平衡条件が満たされるなら，平衡の式（15）または（23）の一般的な式は，

$$M_1 \Sigma \delta m_1 + M_2 \Sigma \delta m_2 + \cdots\cdots + M_n \Sigma \delta m_n \geqq 0 \tag{31}$$

となる．このことは，式（23）と（27）に関して使われた同様の考察から明らかである．ところで，$\Sigma \delta m_a$, $\Sigma \delta m_b$, $\Sigma \delta m_k$, ……に，式（30）の α, β, $-\kappa$, ……に比例する値を与え，そしてまた，それと同じ値を負に取り，その他の各項で $\Sigma \delta m = 0$ にすることは明らかに可能である．従って，

$$\alpha M_a + \beta M_b + \cdots\cdots - \kappa M_k - \lambda M_l - \cdots\cdots = 0 \tag{32}$$

あるいは，

$$\alpha M_a + \beta M_b + \cdots\cdots = \kappa M_k + \lambda M_l + \cdots\cdots \tag{33}$$

となる．この式は，M を $\mathfrak{S}$ で置き換えれば，式（30）と同じ形で同じ係数を持っていることが分かる．（30）は1つの例だが，r 個の式のいずれに対しても，明らかに，同様の平衡条件が存在しなければならない．それらの平衡条件は，これらの式の $\mathfrak{S}$ を M で置き換えることにより簡単に得られる．これらの条件が満たされるなら，（31）は $\Sigma \delta m_1$, $\Sigma \delta m_2$, ……, $\Sigma \delta m_n$ の可能な値により満たされる．なぜなら，これらの量の値は，これらの値を置き換えた後の式

$$(\Sigma \delta m_1) \mathfrak{S}_1 + (\Sigma \delta m_2) \mathfrak{S}_2 + \cdots\cdots + (\Sigma \delta m_n) \mathfrak{S}_n = 0 \tag{34}$$

を，一次方程式を変形する通常の手順によって，（30）のような r 個の式から導き出すことができるようなものを除いては，不可能だからである．したがって，（31）と（34）との対応と，（33）のような r 個の式と（30）のような r 個の式との対応により，（31）の変化量に任意の可能な値を与えることによって得られる条件は，また，（33）のような r 個の式から導かれる．すなわち，（33）のような r 個の式が満たされるなら条件（31）は満たされる．それで，（33）のような r 個の式は，（19），（20），（22）と共に，一般条件（15）または（23）と同等である．

　与えられた物質系が平衡状態にあり，与えられた体積と，与えられたエネル

ギーまたはエントロピーをもつときのその物質系の状態を決定するために，平衡条件は，n 個の成分物質間の r 個の独立した関係のそれぞれに対応する追加の式を与える．しかし，与えられた物質系の中の物質ついての知識を表す式は，その式から区別して得られる成分物質の量に関係する条件式と同じように，それに対応して数が $n-r$ 個に減少する．

既存のものとは異なる物質系が形成される可能性に関する条件

これまで考察してきた変化は，与えられた物質系の状態のあらゆる可能な微小変化を含んではいない．それで，既に形成された特定の条件は，（我々が仮定してきたようなもの以外の条件式が存在しないとき），平衡にとって常に必要条件ではあるが，必ずしも十分条件ではない．なぜなら，与えられた物質系の異なる部分の状態と組成の微小変化に加えて，はじめに存在していたものとは全く異なる状態と組成をもつ微小の物質系が形成されるかもしれないからである．状態と組成が微小に変化しており，はじめに存在していた物質系の一部とみなすことができないような，変化した状態の物質系全体のそのような部分を，**新しい部分** (new parts) と呼ぼう．これらは，当然，無限に小さい．与えられた物質系の内部に，真空が形成される可能性を特別に考慮するよりも，極度に希薄化された極限の場合を真空とみなす方が便利である．それで，**新しい部分**という言葉は，はじめに存在しなかった場合に形成される真空を含めるために使われる．$D\varepsilon$, $D\eta$, Dv, Dm_1, Dm_2, ……, Dm_n を，このような新しい部分のいずれかのエネルギー，エントロピー，体積の微小量を表すために使用する．今のところ，成分物質 S_1, S_2, ……, S_n は，はじめに存在している与えられた物質系の（実際のあるいは可能な）独立な可変成分 (variable component) を含むけでなく，形成される可能性を考慮しなければならないすべての新しい部分の成分を含むように取らねばならない．記号 δ は，以前のように，状態と組成が微小に変化しているだけの部分に関係する量の，微小変化を表すために使用する．そして，区別するために，それらを**元の部分** (original parts) と呼ぶ．この言葉には，真空が最初に存在するなら，その系を囲んでいる包壁の中にそのような真空を含んでいる．与えられた物質系は，いくらでも多くの部分に分けることができるし，また最初の境界が任意だけではなく，

第三論文　不均一物質の平衡について

系の状態が変化する間に，これらの境界が動くことも任意である．それで，元の部分と呼ぶものを，初め均一でそのまま存続し，系全体を初めに構成していたと定義できるだろう．

　系全体のエネルギーの変化量の最も一般的な値は，明らかに

$$\Sigma\delta\varepsilon + \Sigma D\varepsilon \tag{35}$$

である．ここで，第1項の和は元の部分全体に関係し，第2項の和は新しい部分に関係している（この問題を議論する間，Σ に続く文字 δ と D は，和が元の部分に関係するのか，または新しい部分に関係するのか，十分に注意する必要がある）．従って，一般的な平衡条件は，

$$\Sigma\delta\varepsilon + \Sigma D\varepsilon \geqq 0 \tag{36}$$

である．あるいは，$\delta\varepsilon$ を式（12）から得られる値に置き換えれば，

$$\Sigma D\varepsilon + \Sigma(t\delta\eta) - \Sigma(p\delta v) + \Sigma(\mu_1\delta m_1)$$
$$+ \Sigma(\mu_2\delta m_2) + \cdots + \Sigma(\mu_n\delta m_n) \geqq 0 \tag{37}$$

となる．成分物質 $S_1, S_2, \ldots, S_n$ のいずれかを，他の成分物質から形成することができるなら，以前（本論文の84頁参照）のように，そのような関係は，異なる成分物質の単位量の間の式によって表されると仮定する．これらを，以下の r 個の式

$$\left.\begin{array}{l} a_1\mathfrak{S}_1 + a_2\mathfrak{S}_2 + \cdots + a_n\mathfrak{S}_n = 0 \\ b_1\mathfrak{S}_1 + b_2\mathfrak{S}_2 + \cdots + b_n\mathfrak{S}_n = 0 \\ \cdots\cdots \end{array}\right\} r\text{個の式} \tag{38}$$

としよう．条件式は，（成分の運動と組成の自由度に制限がなければ），

$$\Sigma\delta\eta + \Sigma D\eta = 0 \tag{39}$$
$$\Sigma\delta v + \Sigma Dv = 0 \tag{40}$$

であり，

$$\left.\begin{array}{l} h_1(\Sigma\delta m_1 + \Sigma Dm_1) + h_2(\Sigma\delta m_2 + \Sigma Dm_2) + \cdots \\ \qquad + h_n(\Sigma\delta m_n + \Sigma Dm_n) = 0 \\ i_1(\Sigma\delta m_1 + \Sigma Dm_1) + i_2(\Sigma\delta m_2 + \Sigma Dm_2) + \cdots \\ \qquad + i_n(\Sigma\delta m_n + \Sigma Dm_n) = 0 \\ \cdots\cdots \end{array}\right\} \tag{41)[3]}$$

の形をした $n-r$ 個の式である．

さて，ラグランジュの乗数法[4]を使って，一般的な平衡条件（37）の左辺から，$T(\Sigma\delta\eta + \Sigma D\eta) - P(\Sigma\delta v + \Sigma Dv)$ を引こう．T と P は，今のところ値が任意の定数である．残りの条件式に関して，同様の方法で進めてもよいが，別の方法で，同じ結果をより簡単に得ることができる．最初に分かるのは，

$$(\Sigma\delta m_1 + \Sigma Dm_1)\mathfrak{S}_1 + (\Sigma\delta m_2 + \Sigma Dm_2)\mathfrak{S}_2 + \cdots\cdots$$
$$+ (\Sigma\delta m_n + \Sigma Dm_n)\mathfrak{S}_n = 0 \quad (42)$$

となり，記号 $\mathfrak{S}_1, \mathfrak{S}_2, \cdots\cdots, \mathfrak{S}_n$ の中の r 個の値代わりに，式（38）から導き出された他の値に置き換えた値を使うなら，この式は，括弧内の可能な値にも，まったく同じように当てはまることである．（$\mathfrak{S}_1, \mathfrak{S}_2, \cdots\cdots, \mathfrak{S}_n$ は抽象的な量を表してはいないが，それにもかかわらず，一次方程式を解くために必要な演算は，明らかに式（38）に適用できる）．従って，$\mathfrak{S}_1, \mathfrak{S}_2, \cdots\cdots, \mathfrak{S}_n$ の代わりに，式（38）を満たす n 個の値を使うなら，式（42）は成り立つ．$M_1, M_2, \cdots\cdots, M_n$ をそのような値としよう．すなわち，

$$\left.\begin{array}{l} a_1M_1 + a_2M_2 + \cdots\cdots + a_nM_n = 0 \\ b_1M_1 + b_2M_2 + \cdots\cdots + b_nM_n = 0 \\ \cdots\cdots\cdots\cdots \end{array}\right\} r\text{ 個の式} \quad (43)$$

とすれば，そのとき

$$M_1(\Sigma\delta m_1 + \Sigma Dm_1) + M_2(\Sigma\delta m_2 + \Sigma Dm_2) + \cdots\cdots$$
$$+ M_n(\Sigma\delta m_n + \Sigma Dm_n) = 0 \quad (44)$$

となる．この式の $n-r$ 個の定数 $M_1, M_2, \cdots\cdots, M_n$ の値は任意であるが，この式を一般的な平衡条件（37）の左辺から引くと，次のようになる．

$$\Sigma D\varepsilon + \Sigma(t\delta\eta) - \Sigma(p\delta v) + \Sigma(\mu_1\delta m_1)$$
$$+ \cdots\cdots + \Sigma(\mu_n\delta m_n) - T\Sigma\delta\eta + P\Sigma\delta v$$
$$- M_1\Sigma\delta m_1 - \cdots\cdots - M_n\Sigma\delta m_n - T\Sigma D\eta$$
$$+ P\Sigma Dv - M_1\Sigma Dm_1 - \cdots\cdots - M_n\Sigma Dm_n \geqq 0 \quad (45)$$

すなわち，$T, P, M_1, M_2, \cdots\cdots, M_n$ に，（43）と矛盾しない任意の値を割り当てるなら，条件式（39），（40），（41）と矛盾しない系の状態でどのように変化しても（45）が成り立つことは，平衡の必要十分条件であると主張できるだろう．しかし，平衡の場合には，式（43）に反することなく，系の状態および

第三論文　不均一物質の平衡について

系を構成する様々な物質の量のすべての変化に対して，(45) が成り立つような値を T, P, M_1, M_2, ……, M_n に割り当てることは常に可能である．それは，たとえこれらの変化が，条件式 (39)，(40)，(41) に矛盾するとしても可能である．なぜなら，そうすることが不可能なとき，条件式 (39)，(40)，(41) によって必ずしも制限されない系の変化に (45) を適用することで，T, P, M_1, M_2, ……, M_n に関する条件を得ることは可能だからである．ただし，それらの条件のいくつかは，他の条件，あるいは式 (43) に矛盾するかもしれない．これらの条件を，

$$A \geqq 0, \quad B \geqq 0, \quad \cdots\cdots \tag{46}$$

で表そう．ここで，A, B, ……は T, P, M_1, M_2, ……, M_n の一次関数である．そうすれば，これらの条件から，

$$\alpha A + \beta B + \cdots\cdots \geqq 0 \tag{47}$$

の形の単一の条件式を導くことができる．ここで，α, β, ……は正の定数であり，この式 (47) が式 (43) に矛盾しないで成り立つことは不可能である．しかし，(47) の形から明らかであるが，条件 (46) のいずれかのように，この形式を系の特定の変化に適用することによって，この (47) が (45) から直接に得られるかもしれない．(おそらく，条件式 (39)，(40)，(41) によって制限されることはない)．ところで，式 (47) は (43) と矛盾することなく成り立つことはできないので，そもそも，T または P を含むことができないのは明らかである．従って，今述べた ((45) が (47) に変形される) 系の変化においては，

$$\Sigma\delta\eta + \Sigma D\eta = 0 \quad \text{および} \quad \Sigma\delta v + \Sigma Dv = 0$$

となる．それで，条件式 (39) と (40) は満たされる．さらに，同じ理由で，(47) の中の M_1, M_2, ……, M_n の一次の斉次関数は，値が式 (43) によって決定される斉次関数の1つでなければならない．しかし，これらの式の形から明らかなように，そのように決定される値はゼロだけである．従って，式(43) を満たす値に対しては，

$$(\Sigma\delta m_1 + \Sigma Dm_1)M_1 + (\Sigma\delta m_2 + \Sigma Dm_2)M_2$$
$$+ \cdots\cdots + (\Sigma\delta m_n + \Sigma Dm_n)M_n = 0 \tag{48}$$

であり，それ故，式 (38) を満たす $\mathfrak{S}_1$, $\mathfrak{S}_2$, ……, $\mathfrak{S}_n$ の値に対しては，

$$(\Sigma \delta m_1 + \Sigma D m_1)_1 + (\Sigma \delta m_2 + \Sigma D m_2)_2$$
$$+ \cdots\cdots + (\Sigma \delta m_n + \Sigma D m_n)_n = 0 \qquad (49)$$

である．従って，$\mathfrak{S}_1$, $\mathfrak{S}_2$, ……, $\mathfrak{S}_n$ のうちの r 個の値の代わりに，式 (38) から取られた他の値に置き換えるなら，式 (49) は成り立つ．それで，以前のように，$\mathfrak{S}_1$, $\mathfrak{S}_2$, ……, $\mathfrak{S}_n$ を，様々な成分の単位量を表すために使う場合に成り立つ．こうして，括弧内の量の値が条件式 (41) と矛盾しないことを，式 (49) は表していることが分かる．従って，考察している系の変化は，どの条件式にも反してはいない．そして，この変化に対して，式 (43) に矛盾しない T, P, M_1, M_2, ……, M_n のすべての値に対して (45) は成り立たないので，その系の状態は平衡の 1 つではありえない．それ故，式 (43) に矛盾しないような値を，T, P, M_1, M_2, ……, M_n に割り当てることが可能であり，また条件 (45) が条件式 (39), (40), (41) に関わりなく，その系のどのような変化に対しても成り立つことは，平衡の必要条件であり，かつ明らかに十分条件である．

このため，以前定義したように，**元の部分** のそれぞれに対して，
$$t = T, \quad p = P \qquad (50)$$
$$\mu_1 \delta m_1 \geqq M_1 \delta m_1, \quad \mu_2 \delta m_2 \geqq M_2 \delta m_2, \quad \cdots\cdots, \quad \mu_n \delta m_n \geqq M_n \delta m_n \qquad (51)$$
であることと，そして，**新しい部分** のそれぞれに対して，
$$D\varepsilon - TD\eta + PDv - M_1 Dm_1 - M_2 Dm_2 - \cdots\cdots - M_n Dm_n \geqq 0 \qquad (52)$$
であることが必要十分条件である．これらの条件に，式 (43) を加えるなら，T, P, M_1, M_2, ……, M_n を，単純に未知量として消去することができる．

条件 (51) に関して分かるのは，次のことである．つまり，成分物質 S_1 が ′ で区別された与えられた物質系の部分の実際の成分なら，$\delta m_1'$ は正か負のどちらかであり，$\mu_1' = M_1$ となる．しかし，S_1 がその物質系の部分の可能な成分だけなら，$\delta m_1'$ は負の値ではありえず，$\mu_1' \geqq M_1$ となるということである．

式 (50), (51), (43) は，以前，あまり一般的でない手順で得た同じ特殊な平衡条件を表している．残っているのは (52) を議論することである．この式は，周囲の物質とほとんど均一でない様々な状態にある系の中の微小の物質について成り立たなければならない．記号 $D\varepsilon$, $D\eta$, Dv, Dm_1, Dm_2, ……, Dm_n は，エネルギー，エントロピー，そしてこの微小の物質の体積と，それ

第三論文　不均一物質の平衡について

を構成している（**独立な**可変成分である必要はない）とみなされる成分物質 S_1, S_2, ……, S_n の量を表している．この物質系が，これらの成分物質から構成されているとみなすことができる方法が複数あるなら，最も便利なものを選ぶことができる．実際，M_1, M_2, ……, M_n の間に存在する関係から，どんな場合でも同じ結果になる．ところで，$D\varepsilon$, $D\eta$, Dv, Dm_1, Dm_2, ……, Dm_n の値が，同様な組成の大きな均一の物質系の ε, η, v, m_1, m_2, ……, m_n の値と，同じ温度と圧力の値に比例すると仮定すれば，その条件は (52) と同等である．つまり，成分物質 S_1, S_2, ……S_n から形成することが可能な大きな均一の物質系に対して，

$$\varepsilon - T\eta + Pv - M_1 m_1 - M_2 m_2 - \cdots\cdots - M_n m_n \geqq 0 \qquad (53)$$

となる．

　しかし，この最後の変換の妥当性は，かなりの制限なしに認めることはできない．エネルギー，エントロピー，体積と，組成と状態が異なる物質によって囲まれた非常に小さな物質の異なる成分の量の間の関係は，問題にしている物質系が均一の大きな物体の一部を構成しているのと同じであると仮定される．実際，不均一な物質系を区分する面によって決まるエネルギー等の部分を無視すると仮定して議論を始めた．ところで，多くの場合や多くの目的に対して，一般に，物質系が大きな場合には，そのような仮定は完全に当てはまる．しかし，性質や状態が異なる成分物質の中で形成される物質系の場合や，最初に形成されたときには極めて小さい物質系の場合には，同じ仮定は明らかに全く当てはまらない．なぜなら，それらの物質を区分する面がそれらの物質系に比べて極めて大きいと見なさなければならないからである．以下では，物質を区分する面に由来するエネルギー等の部分を含めるために，我々の式に何らかの修正が必要なことを調べてみよう．だが，この修正は，毛管現象の理論では通常の前提であり，次のような前提に立っている．つまり，物質を区分する面の曲率半径が，分子の作用半径と比べて大きいという前提と，さらに，その面により区分されるどちらの物質系に関しても，あらゆる点で（ほとんど）均一でない面での物質の薄層 (lamina) の厚さと比べて厚いという前提である．しかし，そのように修正された式は，物質系を区分する面に関係する項が省略された場合よりはるかに小さい（異なる性質の物質系の中に存在する）物質に対して，

かなり精確に当てはまるだろう．それでも，大きさのすべてが極めて小さい物質に適用した場合には，誤りが全くないわけではない．

　前述のような考察は，既に存在している物質系の間の平衡条件が満たされているとき，それらの既存の物質系とほぼ均一でない物質系の形成に関する平衡の必要十分条件である（52）の妥当性を疑わしいものにするかもしれない．ただし，この式を証明するに当って，結果に影響を及ぼすことが可能な，新しい部分と元の部分の相互作用に関して，見落した量がないことが明らかにされる必要がある．記号 $D\varepsilon$, $D\eta$, Dv, Dm_1, Dm_2, ……, Dm_n に意味を与えることは容易なので，これは明らかに事実である．このような記号によって表される量は，完全に定義されていないことが分かる．まず第一に，新しい部分と元の部分を分けるための，完全に不連続な面の存在を仮定することに正当性はない．それで，区分界面（dividing surface）に与えられる位置はある程度任意である．たとえ物質系を区分する面が決定されたとしても，全エネルギーの一部は２つの物質系の相互作用に依存するので，区分された物質系に起因するエネルギーはある程度任意である．系のエントロピーは，互いにかなり離れた距離では，部分の相互関係には決して依存しないが，おそらく，この場合はエントロピーに関しても同じと考えるべきであろう．ところで，量 $D\varepsilon$, $D\eta$, Dv, Dm_1, Dm_2, ……, Dm_n が，暗に，あるいは別のやり方で，これらの新しい部分の形成に関してなされた仮定のどれにも反しないように定義されるなら，条件（52）は有効である．これらの仮定は次のとおりである．つまり，元の部分のエネルギー，エントロピー，体積等の変化量の間の関係は，新しい部分の近くで影響を受けないという仮定と，少なくとも，これらの量のいずれかが，新しい部分の形成によって決まるか，あるいは影響を受けるのであれば，変化した状態の系のエネルギー，エントロピー，体積等は，様々な部分（元の部分と新しい部分）のエネルギー，エントロピー，体積等の合計によって正確に表されるという仮定である．$D\varepsilon$, $D\eta$, Dv, Dm_1, Dm_2, ……, Dm_n は，これらの条件に反しないように定義されるとしよう．これは様々なやり方でなされる．新しい部分と元の部分を区分する面の位置が，適切な方法で固定されていると仮定しよう．これにより，区分された部分に属する空間と物質が決まる．面の位置が固定されることでエントロピーの分割が決まらないなら，エントロピー

第三論文　不均一物質の平衡について

の分割は任意の適切な方法で決定されると仮定することができるだろう．例えば，元の部分に適用される式（12）が，新しい部分の形成によって成り立たなくならないように，新しい部分の内と外の全エネルギーを分配すると仮定してもよい．あるいは，新しい部分を元の部分から区分する仮想的な面が，新しく形成されたものの近くで影響を受けるすべての物質を含むように置かれると仮定するほうが，より単純だと思われる．そうすれば，元のものとみなされる部分は，一様な**密度のエネルギーとエントロピー**を含めて境界面（bounding surface）まで，最も厳密な意味で均一のままであろう．新しい部分の均一性は重要ではない．なぜなら，その点について何の仮定もしていないからである．**そのように限定された**新しい部分は，発生の最も初期の段階でも，非常に小さいと考えることができるか否かについては疑わしい．しかし，それらの新しい部分がそれほど小さくないなら，新しい部分が式の妥当性に唯一影響を及ぼしうるのは，条件式によって，すなわちその場合の明らかな必然性によって，元の部分のエネルギー，エントロピー，体積等に有限な変化が生じることである．式（12）はその変化には当てはまらないと思われる．しかし，物質系の性質と状態が変わらないなら，式（12）は有限の差については当てはまるだろう（前述の制限の下で式を積分すれば，このことは直ちに明らかになる）．それ故，式（12）は，その物質系の性質と状態が微小に変化するという条件で，有限の差について当てはまる．なぜなら，その差は2つの部分からなると考えられるからである．つまり一番目は物質系の一定の性質と状態に関する部分であり，二番目は非常に小さい部分である．したがって，制限される新しい部分は，我々が得た結果の妥当性を損なうことなく仮定されるとみなすことができる．

　これらの方法のいずれか（あるいは読者が思い浮かべる他の方法）で理解された条件（52）は，完全に定義された意味をもつ．そして，元の部分に関する平衡条件（50），（51），（43）が満たされているとき，条件（52）は，新しい部分の形成に関する平衡の必要十分条件として妥当なものであろう．

　条件（53）については，（50），（51），（43）により，それが常に平衡の十分条件であることを示すことができる．これを証明するために，（50），（51），（43）が満たされ，（52）が満たされていないとき，唯一必要なのは，（53）もまた満たされないことを示すことである．

まず最初に，次の形の式

$$-\varepsilon + T\eta - Pv + M_1 m_1 + M_2 m_2 + \cdots + M_n m_n \qquad (54)$$

が示しているのは，エネルギー，エントロピー，体積，成分の量がそれぞれ ε, η, v, m_1, m_2, ……, m_n の物体が，圧力 P, 温度 T, ポテンシャル M_1, M_2, ……, M_n の媒質中で，（可逆過程により）形成されることで得られる仕事であることが分かる．（媒質は非常に大きいと仮定されるので，物体の形成によってどの部分も，その性質が変化することはほとんどない）．なぜなら，物体が形成された後，媒質と物体の結合エントロピー（joint entroy），結合体積（joint volume），物質の結合量（joint quantity）が，物体が形成される前の媒質のエントロピー，体積，物質の量と同じなら，ε は形成された物体のエネルギーであり，残りの項は（式（12）を媒質に適用することで分かるように）媒質のエネルギーの減少量を表すからである．こう考えることにより，v, T, P, M_1, ……の任意の与えられた有限の値に対して，ε, η, m_1, ……が（与えられた体積を除いて）均一であろうとなかろうと，実際の物体によって決定されるとき，また T, P, M_1, ……が実際の成分物質の温度，圧力，ポテンシャルの値を表していないときでさえ，この式（54）は無限でありえないことは確かである．（成分物質 S_1, S_2, ……, S_n が，議論している平衡系の均一な部分からなるすべての実際の成分であるなら，その部分は，仮定されている媒質の温度，圧力，ポテンシャルをもつ物体の一例を与える）．

さて，考察している物質系の性質と状態が変わらないと仮定して，式（12）を積分すると，任意の均一な物質系に当てはまる式

$$\varepsilon = t\eta - pv + \mu_1 m_1 + \mu_2 m_2 + \cdots + \mu_n m_n \qquad (55)$$

が得られる．従って，(50) と (51) により，元の部分のいずれか1つに対して，

$$\varepsilon - T\eta + Pv - M_1 m_1 - M_2 m_2 - \cdots - M_n m_n = 0 \qquad (56)$$

となる．条件 (52) がすべての可能な新しい部分に関して成り立たない場合，元の部分 O の中に生じる新しい部分を N とすれば，その条件は，N に対して成り立たない．N のようないくつかの非常に小さな物質を含む O のような物質系に適用される式

$$\varepsilon - T\eta + Pv - M_1 m_1 - M_2 m_2 - \cdots - M_n m_n \qquad (57)$$

第三論文 不均一物質の平衡について

の値は負であり，これらの N のような物質の数が増加し，物質系全体の中に，N のような物質以外に，かなり大きな部分も残らなくなるまで，(57) の値が減少することは明らかである．それらはそんなに大きくないことを覚えているだろう．しかし，(54) の値は無限に小さくなることはできないので，その値が限りなく減少することはない．ところで，O のような物質系を完全に排除することにより，あるいは考察している全空間を N のような物質で満たすことにより，(定数 T, P, M_1, M_2, ……, M_n に対する)(57) の最小値が得られるかどうかを調べる必要はない．あるいは，ある特定の混合物がより小さな値を与えるかどうかを調べる必要もない．——つまり，単位体積当りの (57) の可能な最小値が，しかも負の値が，ある均一性をもつ物質系によって実現されることは確かである．条件 (53) を満たしていない新しい部分 N が，2 つの異なる元の部分 O' と O'' の間に生じるなら，議論を本質的に変える必要はない．薄層 (lamina) N によって分けられた，O' と O'' のような物質系からなる物体に対する (57) の値を考えることができる．この値は，薄層の大きさを拡大することによって減少するかもしれない．それは，与えられた体積のなかで，その薄層を畳み込んだ形にすることで可能になる．そして，以前のように，(57) の可能な最小値は均一な物質に対する値であり，それが負であることは明らかである．そのような物質は，単なる理想的な組み合わせではなく，存在が可能な物体であろう．なぜなら，式 (57) は考察している状態におけるこの物質系に対して単位体積当りの可能な最小値をもつので，単位体積に含まれる物質のエネルギーは，同じエントロピーと同じ体積をもつ同じ物質に対する可能な最小値だからである．——それで，非伝導性の容器に閉じ込められているなら，その物質系は不安定ではない平衡状態にある．従って，(50), (51), (43) が満たされているとき，条件 (52) がすべての可能な新しい部分に関して満たされていないなら，条件 (53) を満たしていないような成分物質 S_1, S_2, ……, S_n から形成することが可能な何らかの均一な物体が存在する．

　従って，初めに存在している物質系が条件 (50), (51), (43) を満たし，また，与えられた物質から形成することが可能な，あらゆる均一な物体が条件 (53) を満たすなら平衡が存在する．

　一方，(53) は平衡の必要条件ではない．なぜなら，条件 (52) は (与えら

れたいずれかの物質系の中や間にある非常に小さな形成物に対して）当てはまるが，条件（53）は（与えられた物質から形成されたすべての大きな物質系に対しては）当てはまらないことが，容易に想像できるからである．また，経験によれば，これはまったくよくあることだということを示している．過飽和溶液や過熱水などはよく知られた例である．しかしながら，そのような平衡は**事実上不安定である**．これは次のことを意味している．つまり，厳密に言えば，非常に小さい撹乱や変化は平衡を破壊するには十分ではないかもしれないが，それにもかかわらず，初期の状態における非常に小さな変化は，おそらく我々の能力では全く知覚できないけれども，平衡を破壊するには十分だということである．条件（53）が成り立たない成分物質の小さな部分の存在は，この成分物質が元の均一な物質系の可変成分を形成するとき，この結果が生じるのに十分である．その他の場合，新しい成分物質が形成されるとしても，様々な種類の成分物質が同時に形成されなければならず，その時には，様々な種類の成分物質が初期に存在し，しかもそれらがすぐ近くにあることが必要かもしれない．

　（56）と（53）から，すなわち，与えられた物質系の種々の均一な部分とごくわずかに異なる物体に（53）を適用することにより，直ちに（50）と（51）が得られるのが分かるだろう．したがって，（与えられた物質系の種々の均一な部分に関係する）条件（56）と，そして（与えられた物質から形成することができる物体に関係する）条件（53）は，（43）と共に，常に平衡のための十分条件であり，常に事実上安定な平衡のための必要条件である．また，望むなら，式（43）に関する制限を取り除くこともできる．なぜなら，これらの式を（38）と比較するなら，条件（56）と（53）を任意の物体に適用し，その物体がどのように構成されるかを考察することは，いつも重要なわけでないことが容易に分かるからである．それゆえ，これらの条件を適用するなら，すべての物体は，与えられた物質系の**基本**成分（ultimate component）から構成されると考えることができる．それで，これら以外の成分に関係する（56）と（53）の項は消え，式（43）を考慮する必要はなくなる．基本成分に関係する定数 M_1, M_2, ……, M_n は，T および P と同じく，条件（56）と（53）のみに従う未知の量とみなすことができる．

　平衡の十分条件であり，事実上安定な平衡の必要条件であるこれらの2つの

第三論文　不均一物質の平衡について

条件は，(与えられた物質系の基本成分を，m_1, m_2, ……, m_n が関係する成分物質に選ぶなら)，1つにまとめることができる．つまり，問題にしている物質系の均一な各々の部分に対する式の値は，同じ成分から形成された物体に対しても，同じように小さいので，そのような値を，式 (57) の定数 T, P, M_1, M_2, ……, M_n に与えることは可能である．

与えられた物質系の任意の部分が固体の場合の影響

　平衡が問題となっている均一物質系のどれかが固体であるなら，平衡の規準を適用するにあたって，それら物質系の成分の割合が変わらないとして扱うのが明らかに適切である．それどころか，**割合が可変な複合物**の場合であっても，言い換えれば，考察している固体のそれらと微小に異なる割合で複合している物体の存在可能なときでさえ，それは適切である．(流体の成分が関係している限り，それらの流体を吸収できる固体は，いうまでもなく除外される)．固体が流体と接する面で新しい固体が形成されることにより，固体が増加するのは事実であるが，新しくできた固体は，既に存在している固体と均一ではない．しかし，そのような析出物は，当然，その系の別の部分として (すなわち，**新しい**と呼ぶ部分の1つとして) 扱われる．さらに，割合が可変な複合物からなる均一の固体が流体と接して平衡であり，(組成が可変と考えられる) 固体の実際の成分もまた流体の実際の成分であり，(流体の場合，事実上不安定でない限り，常にそうである) 流体の実際の成分から形成できるすべての物体に関して条件 (53) が満たされているなら，すべての条件は固体に当てはまる．それらの条件は，流体であれば平衡の必要条件である．

　これは前の頁で述べられた原理から直接導かれる．なぜなら，この場合，(57) の値は，基本成分に関して考察された固体または流体に対して決定されたようにゼロであり，また，これらの基本成分から形成できるものが例えどのような物体であろうと，そのような物体に対して負にはならず，そして，これらの条件が，物質系の1つがもつ固体であることとは無関係に平衡の十分条件だからである．しかし，この点が重要であり，おそらくより詳細な考察が必要となる．

　S_a, ……, S_g を固体の実際の成分とし，S_h, ……, S_k を可能な成分 (液体

中では実際の成分として存在する）としよう．さらに，固体の成分の割合が可変と考えると，式（12）により，この物体に対して

$$d\varepsilon' = t'd\eta' - p'dv' + \mu_a'dm_a' + \cdots \cdots \\ + \mu_g'dm_g' + \mu_h'dm_h' + \cdots \cdots + \mu_k'dm_k' \tag{58}$$

が得られる．この式により，ポテンシャル μ_a', ……, μ_k' は完全に決定される．しかし，微分 dm_a', ……, dm_k' は，それらを独立とみなすなら，平衡の規準で要求される意味では，明らかに**可能ではない**変化を表す．それにもかかわらず，それらの変化の間の依存関係を，適切な条件式で表すなら，それらを一般的な平衡の規準に取り入れることができるかもしれない．しかし，単一の独立な可変成分 S_x のみをもつ固体を考えるなら，従来の方法といっそう合致するするだろう．その可変成分の性質は，固体そのもので表される．それで，

$$\delta\varepsilon' = t'\delta\eta' - p'\delta v' + \mu'\delta m_x' \tag{59}$$

と書くことができる．ポテンシャル μ_x' と，式（58）のポテンシャルとの関係については，（58）と（59）を積分すると，

$$\varepsilon' = t'\eta' - p'v' + \mu_a'm_a' + \cdots \cdots + \mu_g'm_g' \tag{60}$$

および

$$\varepsilon' = t'\eta' - p'v' + \mu_x'm_x' \tag{61}$$

とになることが分かる．従って，

$$\mu_x'm_x' = \mu_a'm_a' + \cdots \cdots + \mu_g'm_g' \tag{62}$$

となる．

さて，流体が S_a, ……, S_g と S_h, ……, S_k のほかに，実際の成分 S_l, ……, S_n をもつなら，その流体に対して

$$\delta\varepsilon'' = t''\delta\eta'' - p''\delta v'' + \mu_a''\delta m_a'' + \cdots \cdots + \mu_g''\delta m_g'' \\ + \mu_h''\delta m_h'' + \cdots \cdots + \mu_k''\delta m_k'' + \mu_l''\delta m_l'' + \cdots \cdots + \mu_n''\delta m_n'' \tag{63}$$

と書くことができる．そして，仮定により，

$$m_x'\mathfrak{S} = m_a'\mathfrak{S} + \cdots \cdots + m_g'\mathfrak{S} \tag{64}$$

なので，式（43），（50），（51）は，この場合，定数 T, P, ……を消去して，

$$t' = t'', \quad p' = p'' \tag{65}$$

および

$$m_x'\mu_x'' = m_a'\mu_a'' + \cdots \cdots + m_g'\mu_g'' \tag{66}$$

となる．式（65）と（66）は，固体と流体の間の平衡条件を表しているとみなすことができる．最後の条件もまた，（62）によって，次の式

第三論文　不均一物質の平衡について

$$m_\mathrm{a}'\mu_\mathrm{a}' + \cdots\cdots + m_\mathrm{g}'\mu_\mathrm{g}' = m_\mathrm{a}'\mu_\mathrm{a}'' + \cdots\cdots + m_\mathrm{g}'\mu_\mathrm{g}'' \qquad (67)$$

で表すこととができる．

　しかし，条件 (53) が，S_a, ……, S_g と S_h, ……, S_k と S_l, ……, S_n から形成可能なすべての物体に当てはまるなら，そのようなすべての物体に対して，

$$\varepsilon - t''\eta + p''v - \mu_\mathrm{a}''m_\mathrm{a} - \cdots\cdots - \mu_\mathrm{g}''m_\mathrm{g}$$
$$-\mu_\mathrm{h}''m_\mathrm{h} - \cdots\cdots - \mu_\mathrm{k}''m_\mathrm{k} - \mu_\mathrm{l}''m_\mathrm{l} - \cdots\cdots - \mu_\mathrm{n}''m_\mathrm{n} \geqq 0 \qquad (68)$$

と書くことができる．（この式をさまざまな物体へ適用するには，′や″が付いていない文字の値のみが，それが適用される異なる物体によって決定され，′や″が付いている文字の値は，与えられた流体によって既に決定されていることが分かるはずである）．ところで，(60)，(65)，(67) により，この条件の左辺の値は，与えられた状態の固体に適用されるときにはゼロになる．その条件 (68) は，その固体と微小に異なる物体に当てはまらなければならないので，

$$d\varepsilon' - t''d\eta' + p''dv' - \mu_\mathrm{a}''dm_\mathrm{a}' - \cdots\cdots - \mu_\mathrm{g}''dm_\mathrm{g}'$$
$$-\mu_\mathrm{h}''dm_\mathrm{h}' - \cdots\cdots - \mu_\mathrm{k}''dm_\mathrm{k}' \geqq 0 \qquad (69)$$

となるか，あるいは式 (58) と (65) により，

$$(\mu_\mathrm{a}' - \mu_\mathrm{a}'')dm_\mathrm{a}' - \cdots\cdots + (\mu_\mathrm{g}' - \mu_\mathrm{g}'')dm_\mathrm{g}'$$
$$+ (\mu_\mathrm{h}' - \mu_\mathrm{h}'')dm_\mathrm{h}' - \cdots\cdots + (\mu_\mathrm{k}' - \mu_\mathrm{k}'')dm_\mathrm{k}' \geqq 0 \qquad (70)$$

となる．従って，これらの微分はすべて独立なので，

$$\mu_\mathrm{a}' = \mu_\mathrm{a}'', \quad \cdots\cdots, \quad \mu_\mathrm{g}' = \mu_\mathrm{g}'', \quad \mu_\mathrm{h}' \geqq \mu_\mathrm{h}'', \quad \cdots\cdots, \quad \mu_\mathrm{k}' \geqq \mu_\mathrm{k}'' \qquad (71)$$

となり，この式は，(65) により，物質の1つが固体であるという事実を無視した場合に得られる条件と明らかに同じである．

　これまでは固体が均一であると仮定してきた．しかし，いずれの場合でも，上の条件は，固体が流体と接する個々のあらゆる点に対して成り立たなければならないことは明らかである．それゆえ，固体がもつすべての実際の成分に対する温度と圧力とポテンシャルは，固体が流体と接する面の固体において一定の値を持たなければならない．ところで，これらの量は，固体の性質と状態によって決まり，その性質と状態がもつことができる独立した変化の数を超えている．それ故，これらの量のいずれの値にも影響を及ぼすことなく，物体の性質または状態が変化しうるという仮定を不可能として認めないなら，固体が流体と接する面での性質や状態が（連続的に）変化する固体は，独立した可変成

分と同じく，固体の可変成分を含む安定した流体と平衡であることはできないと結論してよいだろう．（しかし，同じ安定した流体との平衡において，流体の可変成分からなり，流体によって完全に決まる性質と状態をもつ有限個の異なる固体が存在することはできるだろう）．[5]

付加条件式の効果

使用してきた条件式は，物質も熱も透さない硬い包壁に閉じ込められた物質にいつでも適用されるので，われわれが基づいてきた特定の平衡条件は，常に平衡の十分条件である．しかし，条件式の数が増えると，その他の点では同じ場合には，平衡の必要条件の数は減少する．それでも，扱ってきた平衡の問題は，すべての場合において求められる方法と，結果の一般的な性質を十分に示すであろう．

与えられた物質系のさまざまな均一の部分の位置は，その他の点では重要でないが，ある特定の条件式の存在を決定することが分かるだろう．たとえば，ある物質が可変成分である系のさまざまな部分が，この物質が成分でない部分によって互いに完全に分離されるなら，この物質の量は，そのように分離された系の各部分に対して不変であり，条件式により容易に表される．その他の条件式は，与えられた物質系に内在する受動的な力（または変化への抵抗）から出てくるかもしれない．次に考えなければならない問題として，異なる性質が原因となる条件式がある．

隔壁の効果（浸透圧の平衡）

与えられた物質系が，以前のように包壁に閉じ込められており，隔壁によって2つの部分に分けられているとする．それらの2つの部分はそれぞれ均一な流体であり，隔壁は両側にかかる大きな圧力を支えることが可能で，いくつかの成分を透すが，他の成分は透さないとする．その場合，条件式は，

$$\delta\eta' + \delta\eta'' = 0 \tag{72}$$

$$\delta v' = 0, \quad \delta v'' = 0 \tag{73}$$

となる．また，隔壁を透ることが不可能な成分に対しては，

$$\delta m_a' = 0, \quad \delta m_a'' = 0, \quad \delta m_b' = 0, \quad \delta m_b'' = 0, \quad \cdots\cdots \tag{74}$$

第三論文　不均一物質の平衡について

となり，透ることが可能な成分に対しては，

$$\delta m_h' + \delta m_h'' = 0, \quad \delta m_i' + \delta m_i'' = 0, \quad \cdots\cdots \quad (75)$$

となる．これらの条件式に関しては，一般的な平衡条件（(15) 参照）により，次の特有な条件が与えられる．つまり，

$$t' = t'' \quad (76)$$

であり，両方の物質が実際の成分であれば，隔壁を透ることが可能な成分に対しては，

$$\mu_h' = \mu_h'', \quad \mu_i' = \mu_i'', \quad \cdots\cdots \quad (77)$$

である．しかし

$$p' = p''$$

でもなく，

$$\mu_a' = \mu_a'', \quad \mu_b' = \mu_b'', \quad \cdots\cdots$$

でもない．

　さらに，隔壁が，ある一定の割合でのみそれらの成分を透すか，または，完全に定まってはいないが，ある一定の条件に従う割合で成分を透すなら，これらの条件は，$\delta m_1'$, $\delta m_2'$, ……の一次方程式で表すことができる．これら一次方程式が分かれば，特定の平衡条件を導きだすのに困難はない．しかし，（各々の側の実際の成分である）S_1, S_2, ……が，a_1, a_2, ……の割合で，（移動速度によって消滅するようなもの以外の抵抗なしに）隔壁を同時に透ることが可能なら，一般的な平衡条件において，a_1, a_2, ……に比例する値が $\delta m_1'$, $\delta m_2'$, ……に対して可能である．$\delta m_1''$, $\delta m_2''$, ……は，負にとられた同じ値をもつので，ある特定の平衡条件に対して，

$$a_1\mu_1' + a_2\mu_2' + \cdots\cdots = a_1\mu_1'' + a_2\mu_2'' + \cdots\cdots \quad (78)$$

が得られる．隔壁を透ることが可能な成分の独立した組み合わせと同じ数だけ，この形の独立した式が明らかに存在する．

　隔壁がいかなる場合でも動かないと仮定するなら，これらの平衡条件は，当然，それぞれの液体の体積が一定に保たれるという仮定に左右されることは決してない．事実，体積が変化すると仮定しても，同じ平衡条件が得られる．この場合，平衡は流体の外側の面に働く力によって保たれなければならないので，これらの力の源がもつエネルギーの変化量は，一般的な平衡条件で表さなけれ

ばならず，

$$\delta\varepsilon' + \delta\varepsilon'' + P'\delta v' + P''\delta v'' \geqq 0 \tag{79}$$

となる．P' と P'' は単位面積当りの外部の力を意味する（(14) 参照）．この条件から，以前のように，同じ内部の平衡条件と，外部の平衡条件

$$p' = P' \text{ および } p'' = P'' \tag{80}$$

を容易に導き出すことができる．

前の段落で，流体の成分に対する隔壁の完全な透過性と絶対的な非透過性を仮定した．すなわち，速度により消滅するようなものを除いて，ある割合の流体の成分が通過するのに抵抗がないと仮定し，そして，他の割合の成分は全く通過することができないと仮定した．これらの条件が，何らかの特定の場合においてどの程度満たされているかは，当然実験によって決定される．

隔壁が n 個の成分をすべて抵抗無しに透すなら，その成分のすべての温度とポテンシャルは，隔壁の両側で同じでなければならない．ところで，容易に納得できるように，n 個の成分をもつ物質系は，性質や状態において，$n+1$ の独立した変化しかできない．それ故，隔壁の一方の側の流体が変化しないなら，他方の側の流体の性質や状態も（一般に）変化することはできない．さらに，圧力は隔壁の両側において同じである必要はない．なぜなら，圧力は温度と n 個のポテンシャルの関数であるが，これらの変数の多価関数（あるいは，いくつかの関数のうちのいずれか）であってもよいからである．しかし，圧力が隔壁の両側で異なっているときには，より小さな圧力の液体は，**事実上不安定**であろう．この用語は，その意味で本論文の 95 頁から 96 頁で使われている．というのは，物質系の性質と状態が変わらないと仮定して積分するなら，式 (12) から明らかなように，

$$\varepsilon'' - t''\eta'' + p''v'' - \mu_1''m_1'' - \mu_2''m_2'' - \cdots - \mu_n''m_n'' = 0 \tag{81}$$

となるからである．従って，

$p' < p''$ で，かつ $t' = t''$, $\mu_1' = \mu_1''$, …… なら，

$$\varepsilon'' - t''\eta'' + p''v'' - \mu_1''m_1'' - \mu_2''m_2'' - \cdots - \mu_n''m_n'' < 0 \tag{82}$$

となる．この関係は，$'$ で示される流体が不安定であることを表している（本論文の 95-96 頁参照）．

しかし，隔壁の透過性に関するどのような仮定とも無関係に，2 つの流体の

第三論文　不均一物質の平衡について

それぞれの性質と状態が，全体にわたって一様とみなしうる場合には，以下の関係が成り立つ．有限または微小の時間内に実際に生じる流体の性質，状態，量の増加を表すために，それらの量を表す変数に記号 D を付けて使用する．それで，2つの物質が受け取る熱は $t'\mathrm{D}\eta' + t''\mathrm{D}\eta''$ を超えることができないので，また，エネルギーの増加は，それらの物質が受け取る熱と行う仕事の差に等しいので，

$$\mathrm{D}\varepsilon' + \mathrm{D}\varepsilon'' \leq t'\mathrm{D}\eta' + t''\mathrm{D}\eta'' - p'\mathrm{D}v' - p''\mathrm{D}v'' \tag{83}$$

である．つまり，(12) により，

$$\mu_1'\mathrm{D}m_1' + \mu_1''\mathrm{D}m_1'' + \mu_2'\mathrm{D}m_2' + \mu_2''\mathrm{D}m_2'' + \cdots \leq 0 \tag{84}$$

あるいは，

$$(\mu_1'' - \mu_1')\mathrm{D}m_1'' + (\mu_2'' - \mu_2')\mathrm{D}m_2'' + \cdots \leq 0 \tag{85}$$

となる．等号 = は，運動が生じない限定的な場合においてのみ成り立つことは明らかである．

基本方程式の定義と性質

われわれが考察してきた平衡の問題を解くことは，与えられた物質系に見られる成分物質の均一な組み合わせに対して，さまざまな成分がもつエネルギー，エントロピー，体積，成分量の間の関係を表す式に依存してきた．そのような式の性質は，実験により決定されなければならない．しかしながら，測定が可能で実際に物理的意味をもつのは，エネルギーの**差**とエントロピーの**差**のみである．それで，これらの量の値はこれまでのところ任意であり，エネルギーとエントロピーが共にゼロである状態を，各々の単一の成分物質に対して独立に選ぶことができる．任意の特定の状態にある任意の複合物体のエネルギーとエントロピーの値も，そのとき定められる．その物体のエネルギーは，それらのエネルギーとエントロピーがゼロの状態から，その物体の成分が複合し，問題にしている状態に移る間に消費された仕事と熱の和である．また，その物体のエントロピーは，その変化をもたらした任意の**可逆**過程に対する積分 $\int \dfrac{dQ}{t}$ の値である（dQ は，熱を受け取った物質に伝えられた熱の要素を表す）．エネルギーとエントロピーの両方を決定する際には，使用されたすべての物体は，

決定に関係するそれらの物体を除いて，その過程の終わりで元の状態に戻っていると考える．ただし，消費された仕事と熱の供給源は例外で，そのような供給源としてのみ使用されなければならない．

しかし，n 個の独立な可変成分を含む均一な物質系の量が変化し，性質または状態が変化しないなら，それらの量 $\varepsilon, \eta, v, m_1, m_2, \ldots\ldots, m_n$ はすべて同じ割合で変化することを，われわれは**先験的**に知っている．従って，与えられた一定の値に対して，これらの量のいずれか1つを除くすべての量の間の関係を，実験から知れば十分である．あるいは，$n+3$ 個の量 $\varepsilon, \eta, v, m_1, m_2, \ldots\ldots, m_n$ の $n+2$ 個の比の間に存在する関係を，実験から知らねばならないと考えてもよいだろう．この考えを明確にするために，これらの比 $\dfrac{\varepsilon}{v}, \dfrac{\eta}{v}, \dfrac{m_1}{v}, \dfrac{m_2}{v}, \ldots\ldots, \dfrac{m_n}{v}$，つまり，成分の個々の密度と，**エネルギー密度とエントロピー密度**と呼ぶ比 $\dfrac{\varepsilon}{v}$ と $\dfrac{\eta}{v}$ を取ることができる．しかし，成分が1つのだけの場合は，3つの変数として $\dfrac{\varepsilon}{m}, \dfrac{\eta}{m}, \dfrac{v}{m}$ を選ぶのがより便利である．いずれにせよ，それは $n+1$ 個の独立な変数の関数であり，その形は実験によって決定しなければならない．

さて，ε が $\eta, v, m_1, m_2, \ldots\ldots, m_n$ の既知の関数であれば，式 (12) より

$$d\varepsilon = td\eta - pdv + \mu_1 dm_1 + \mu_2 dm_2 + \ldots\ldots + \mu_n dm_n \tag{86}$$

である．それで，$t, p, \mu_1, \mu_2, \ldots\ldots, \mu_n$ は同じ変数の関数であり，微分により元の関数から導くことができる．従って，それらは既知の関数とみなすことができる．これにより，$2n+5$ 個の変数 $\varepsilon, \eta, v, m_1, m_2, \ldots\ldots, m_n, t, p, \mu_1, \mu_2, \ldots\ldots, \mu_n$ の間に，$n+3$ 個の独立な既知の関係が作られる．これらは存在するすべての関係であるが，それは，$2n+5$ 個の変数に対して $n+2$ 個が明らかに独立だからである．ところで，考察している複合物の性質をもつ非常に大きな物質系は，これらの関係に依存する．──**活性傾向**（active tendency）が関係する限り，物質系の形を考慮する必要がない場合には，熱的，力学的，化学的な性質のすべてを一般的に述べることができるだろう．これらの関係のすべてを導き出すことができる単一の式を，問題にしている物質に対する**基本方程式**と呼ぶ．これ以後，固体に対する基本方程式のより一般的な形を考察しよう．そこでは，任意の点での圧力がすべての方向で同じであるという仮定はしない．しかし，等方性の応力のみを受けている物質系の場合は，ε,

第三論文 不均一物質の平衡について

η, v, m_1, m_2, ……, m_n 間の式は基本方程式である．これと同じ性質をもつ他の式がある．[6]

$$\psi = \varepsilon - t\eta \tag{87}$$

とすれば，微分して（86）と比較すると，

$$d\psi = -\eta dt - pdv + \mu_1 dm_1 + \mu_2 dm_2 + \cdots\cdots + \mu_n dm_n \tag{88}$$

となる．ψ が t, v, m_1, m_2, ……, m_n の関数として知られているなら，同じ変数を使って，η, p, μ_1, μ_2, ……, μ_n を見出すことができる．それで，元の式 ψ の代わりに，式（87）からとられた値を使うなら，以前と同じ $2n+5$ 個の変数間の $n+3$ 個の独立な関係を得る．

$$\chi = \varepsilon + pv \tag{89}$$

とすれば，（86）より，

$$d\chi = td\eta + vdp + \mu_1 dm_1 + \mu_2 dm_2 + \cdots\cdots + \mu_n dm_n \tag{90}$$

となる．そこで，χ が η, p, m_1, m_2, ……, m_n の関数なら，同じ変数を使って，t, v, μ_1, μ_2, ……, μ_n を見出すことができる．χ を消去することにより，最初と同じ $2n+5$ 個の変数間の $n+3$ 個の独立な関係が得られる．

$$\zeta = \varepsilon - t\eta + pv \tag{91}$$

とすれば，（86）より，

$$d\zeta = -\eta dt + vdp + \mu_1 dm_1 + \mu_2 dm_2 + \cdots\cdots + \mu_n dm_n \tag{92}$$

となる．それで，ζ が t, p, m_1, m_2, ……, m_n の関数なら，同じ変数を使って，η, v, μ_1, μ_2, ……μ_n を見出すことができる．ζ を消去することにより，最初と同じ $2n+5$ 個の変数の間の $n+3$ 個の独立な関係を得る．

考察している複合した物質の性質と状態は変わらず，量がゼロから任意の有限の値に変化すると仮定して（86）を積分すれば，

$$\varepsilon = t\eta - pv + \mu_1 m_1 + \mu_2 m_2 + \cdots\cdots + \mu_n m_n \tag{93}$$

が得られる．そして，（87），（89），（91）から，

$$\psi = -pv + \mu_1 m_1 + \mu_2 m_2 + \cdots\cdots + \mu_n m_n \tag{94}$$

$$\chi = t\eta + \mu_1 m_1 + \mu_2 m_2 + \cdots\cdots + \mu_n m_n \tag{95}$$

$$\zeta = \mu_1 m_1 + \mu_2 m_2 + \cdots\cdots + \mu_n m_n \tag{96}$$

となる．最後の3つの式も，同様に，（88），（90），（92）を積分することにより直接得られる．

最も一般的なやり方で (93) を微分し，結果を (86) と比較すれば，

$$-vdp + \eta dt + m_1 d\mu_1 + m_2 d\mu_2 + \cdots\cdots + m_n d\mu_n = 0 \qquad (97)$$

あるいは，

$$dp = \frac{h}{v}dt + \frac{m_1}{v}d\mu_1 + \frac{m_2}{v}d\mu_2 + \cdots\cdots + \frac{m_n}{v}d\mu_n \qquad (98)$$

が得られる．

それ故，$n+2$ 個の量 $t, p, \mu_1, \mu_2, \cdots\cdots, \mu_n$ の間に関係があり，それが分かっていれば，これらの量を使って，$n+2$ 個の量 $\eta, v, m_1, m_2, \cdots\cdots, m_n$ の割合を見出すことができる．(93) によって，これは，最初と同じように $2n+5$ 個の変数の間に $n+3$ 個の独立な関係を作る．

従って，次の量

$$\varepsilon, \eta, v, m_1, m_2, \cdots\cdots, m_n \qquad (99)$$

または

$$\psi, t, v, m_1, m_2, \cdots\cdots, m_n \qquad (100)$$

または

$$\chi, \eta, p, m_1, m_2, \cdots\cdots, m_n \qquad (101)$$

または

$$\zeta, t, p, m_1, m_2, \cdots\cdots, m_n, \qquad (102)$$

または

$$t, p, \mu_1, \mu_2, \cdots\cdots, \mu_n, \qquad (103)$$

の間に成り立つどのような式も基本方程式であり，それらの式は他のものと全く同等である[7]．組成においても，量においても，また熱力学的状態においても（一般に）変化が可能であり，下付きの数字で示される n 個の独立な可変成分からなる（ただし，n=1 の場合も，物体の組成が可変でない場合も含む），任意の均一な物質系があるとする．そのような物質系が何であれ，それに対して，上の変数の組のいずれかで示されている量の間に成り立つ関係が存在する．それが分かれば，**一般的**な原理とそれらの関係だけを使って，そのような均一な物質系に対して，量 $\varepsilon, \psi, \chi, \zeta, \eta, v, m_1, m_2, \cdots\cdots m_n, t, p, \mu_1, \mu_2, \cdots\cdots \mu_n$ の間に存在するすべての関係を導き出すことができる．ψ, χ, ζ を定義する式のほかに，1つの限定された式があることが分かるだろう．それは (93) であり，基本方程式とは無関係にこれらの量の間に存在する．

もちろん，同じ性質をもつ他の組の量が付け加えられるかもしれない．(100), (101), (102) の組は，量 ψ, χ, ζ がもつ重要な性質のために挙げられている．それは，(86) に類似した式 (88), (90), (92) は，便利なポテンシャルの定義，すなわち，

第三論文　不均一物質の平衡について

$$\mu_1 = \left(\frac{d\varepsilon}{dm_1}\right)_{\eta,v,m} = \left(\frac{d\psi}{dm_1}\right)_{t,v,m} = \left(\frac{d\chi}{dm_1}\right)_{\eta,p,m} = \left(\frac{d\zeta}{dm_1}\right)_{t,p,m} \qquad (104)$$

などを与えるからである．ここで，下付き添字は，微分のとき一定に保たれる量を表しており，下付き添字 m は，分母の文字以外の全ての文字 m_1, m_2, ……, m_n を一括して簡単に示すために書かれている．(103) の量は，考察している物質系の量とは全く無関係であり，それらの量は，一般に，平衡にある隣接する物質系と同じ値を持たねばならないことが分かるであろう．

量 ψ, χ, ζ について

量 ψ は，任意の均一な物質系に対して，次の式
$$\psi = \varepsilon - t\eta \qquad (105)$$
で定義されている．この定義は，全体にわたって一様な温度をもつ，どのような任意の物質系にも拡張できる．

同じ温度の系の 2 つの状態の差を取ると，
$$\psi' - \psi'' = \varepsilon' - \varepsilon'' - t(\eta' - \eta'') \qquad (106)$$
となる．この系が，温度が変化することなく，1 番目の状態から 2 番目の状態に可逆的に移ったと仮定し，系が行った仕事を W，系が受け取った熱を Q とすれば，
$$\varepsilon' - \varepsilon'' = W - Q \qquad (107)$$
および，
$$t(\eta' - \eta'') = Q \qquad (108)$$
となる．それ故，
$$\psi' - \psi'' = W \qquad (109)$$
となり，温度が一定に保たれた系の状態おける無限小の可逆変化に対して，
$$-d\psi = dW \qquad (110)$$
と書くことができる．

従って，$-\psi$ は温度が一定の系の力関数（force function）であり，同様に，$-\varepsilon$ はエントロピーが一定の系の力関数である．つまり，ψ が温度の関数であり，かつ空間における物質の分布を表す変数の関数と考えるなら，あらゆる異なる値の温度に対して，系がその特定の温度に保たれる場合，$-\psi$ はその系が必要

とする異なった力関数である．

このことから，系がいたるところで一様な温度である場合の，平衡に対する必要かつ十分な付加条件は，
$$(\delta\psi)_t \geqq 0 \tag{111}{}^{8)}$$
で表される．

146 温度が不変の可逆過程によって，ψ' と ψ'' に関係するある状態から他の状態に系を移すことができないとする．その場合，使われた唯一の熱源または冷熱源が，最初の状態または最後の状態において系と同じ温度なら，W および Q が関係する可逆過程において，系の温度は一定に保たれる．このことは，(107)，(108)，(109) の妥当性にとって必要でないことが分かる．どのような外部の物体であろうと，その過程の終わりで元の状態に戻るなら，可逆の条件に影響を与えない何らかの方法で，外部の物体をその過程で使用することができるだろう．また，熱の使用に関する制限も，熱を供給した熱源に戻される熱には適用されない．

条件 (111) と (2) が，与えられた状態における温度が全体にわたって一様な系に適用されるとき，それらの条件が同等であることを直接示すことは興味深いかもしれない．

(2) を満たさないような系の状態において何らかの変化があるなら，これらの変化に対して，
$$\delta\varepsilon < 0 \text{ かつ } \delta\eta = 0$$
である．さまざまな状態にある系の温度が一様でない場合，エネルギーが変わることなく，高温の部分から低温の部分に熱が移動すると仮定すれば，明らかにエントロピーは増加する．そして，エネルギー $\varepsilon + \delta\varepsilon$ に対して最大のエントロピーをもつ状態は，当然温度が一様な状態である．なぜなら，(元の状態からの変化とみなされる) この状態は，
$$\delta\varepsilon < 0 \text{ かつ } \delta\eta > 0$$
だからである．それ故，系を冷却することによりエネルギーとエントロピーの両方を減少させることができるので，(元の状態の変化とみなされる)
$$\delta\varepsilon < 0 \text{ かつ } \delta\eta = 0$$
である温度が一様な状態が存在しなければならない．このことから，最初に温

第三論文　不均一物質の平衡について

度が一様な系に対して，温度の一様性を妨げないように変化を制限するなら，条件（2）は変わらないと結論できる．

そこで，温度が一様な状態だけに注目すれば，(105) を微分することにより，

$$\delta\varepsilon - t\delta\eta = \delta\psi + \eta\delta t \tag{112}$$

が得られる．ところで，$\delta\eta$ も δt も値がゼロでない系において，（加熱あるいは冷却によって生じる）変化が明らかに存在する．その系に対して，

$$\delta\varepsilon - t\delta\eta = 0 \text{ であり，従って} \delta\psi + \eta\delta t = 0 \tag{113}$$

である．この考察は，条件（2）が

$$\delta\varepsilon - t\delta\eta \geqq 0 \tag{114}$$

と同等であること，条件 (111) が

$$\delta\psi + \eta\delta t \geqq 0 \tag{115}$$

と同等であること，そして (112) によって最後の 2 つの条件 (114) と (115) が同等であることを示すのに十分である．

本論文の 76 頁から 100 頁にわたって考察したような場合においては，系を構成する物質の形と位置は重要ではない．しかし，温度と圧力の一様性は平衡にとって常に必要なものである．これらの一様性が満たされているとき，残りの条件は，本論文の 99 頁から 100 頁で均一な物質系に対して定義された関数 ζ を用いて便利な形で表すことができる．ここでは，ζ を一様な温度と圧力の任意の物質系に対して，同じ式

$$\zeta = \varepsilon - tn + pv \tag{116}$$

で定義する．そのような物質系に対する（内部の）平衡の条件は，

$$(\delta\zeta)_{t,\,p} \geqq 0 \tag{117}$$

である．この条件が (2) と同等であることは，(111) に関してなされたような考察から，容易に明らかになる．

それ故，組成が等しい隣接する 2 つの物質の平衡にとって必要なのは，それらの等しい量の 2 つの物質に対して決定される ζ の値が等しいことである．あるいは，隣接する 3 つの物質の 1 つが他の 2 つから形成することができる場合，平衡にとって必要なのは，任意の量の一番目の物質に対する ζ の値が，同じ物質を共に含む二番目と三番目の物質に対する ζ の値の和に等しいことである．従って，水蒸気と塩の結晶に接する水の部分 a と塩の部分 b から成る液体の

平衡にとって必要なのは，溶液の量 $a+b$ に対する ζ の値が，蒸気の量 a と塩の量 b に関する ζ の値の和に等しいことである．同様なことが，より複雑な場合においても成り立つ．本論文の 90 頁から 91 頁で与えられた特定の平衡条件から，これらの条件を容易に導き出せるだろう．

　同様なやり方で，χ の定義を，いたるところ同じ圧力の物質や，あるいは複数の物質からなる複合物に拡張できる．エネルギーに ε，全体の体積に v を用い，以前のように置けば，

$$\chi = \varepsilon + pv \tag{118}$$

となる．圧力が不変の過程において，複合物が外部の熱源から受け取る熱を Q で表し，系の最初と最後の状態を $'$ と $''$ で区別するなら，

$$\chi'' - \chi' = \varepsilon'' - \varepsilon' + p(v'' - v') = Q \tag{119}$$

が得られる．従って，この関数は，（ちょうど，エネルギーを定積熱関数と呼ぶように）**定圧熱関数**と呼ぶことができるだろう．その関数の減少量は，圧力が不変の全ての場合において，その系によって与えられた熱に相当する．熱を放出しないすべての化学的作用の場合には χ の値は不変である．

ポテンシャル

　ポテンシャル μ_1, μ_2, …… の定義においては，均一な物質系のエネルギーは，エントロピー，体積，そしてそれを構成する様々な成分物質の量の関数とみなされた．さらに，これらの成分物質の 1 つに対するポテンシャルは，その成分物質の量を表す変数に対して取られたエネルギーの微分係数として定義された．ところで，与えられた物質系が様々な成分物質から構成されていると考えるのはある程度任意なので，その物質系のエネルギーは，成分物質の量を表す変数の様々な異なる組の関数と考えることができる．それで，上で述べた定義では，その物質系の構成のされ方が決定するまで，与えられた物質系の中の成分物質のポテンシャルの値も決まらないように思われるかもしれない．例えば，結晶水を含む塩を水に溶かすことによって得られる溶液があるとすれば，m_s 重量単位の水和物と m_w 重量単位の水，あるいは m_s 重量単位の無水塩と m_w 重量単位の水からなる液体を考えることができる．m_s と m_s の値は等しくなく，ま

た m_w と m_w の値も等しくないことが分かるだろう．それ故，水和物と水から構成されていると考えられる与えられた液体中の水に対するポテンシャル，すなわち，

$$\left(\frac{d\varepsilon}{dm_w}\right)_{\eta,v,m_s}$$

は，無水塩と水から構成されていると考えられる同じ液体中の水に対するポテンシャル，すなわち

$$\left(\frac{d\varepsilon}{dm_w}\right)_{\eta,v,m_s}$$

とは異なっていると思われる．それにもかかわらず，この2つの式の値は同じである．なぜなら，たとえ m_w が m_w と等しくないとしても，dm_w は dm_w と等しいと仮定できるからである．さらに，2つの分数の分子もまた等しい．なぜなら，その液体のエントロピーと体積を変化させることなく，dm_w または dm_w の量の水を加えるとき，それらはそれぞれ，液体のエネルギーの増加を表すからである．同様の考察は，まったくそのまま，他の場合にも当てはまる．

事実，考察している均一な物質系の成分として，特定の成分物質の組のどれを選ぶかに関係なく，ポテンシャルを定義することができる．

定義：物質系が均一のままで，エントロピーと体積を一定に保ちながら，微小量の成分物質が均一の物質系に加えられたと仮定する．そうすると，加えられた成分物質の量で割った物質系のエネルギーの増加は，考察している物質系の成分物質に対する**ポテンシャル**である．（この定義のために，任意の化学元素や，あるいは与えられた割合の元素からなる化合物は，均一の物体として単独で存在しうるか否かにかかわらず，1つの成分物質とみなすことができる）．

上記の定義において，明らかに，エントロピー，体積，エネルギーの代わりに，それぞれ，温度，体積，関数 ψ，またはエントロピー，圧力，関数 χ，または温度，圧力，関数 ζ で置き換えることができる（式（104）を参照）．

従って，同じ均一な物質系において，未定の数の成分物質に対するポテンシャルを区別することができ，それらの成分物質の各々は完全に決まった値を持つ．

同じ均一な物質系の中の様々な成分物質に対するポテンシャルの間には，これらの成分物質の単位量の間に同じ式が存在する．つまり，物質 S_a, S_b,

……, S_k, S_l, ……が任意の与えられた均一の物質系の成分であり，そして，

$$\alpha S_a + \beta S_b + \cdots = \kappa S_k + \lambda S_l + \cdots \qquad (120)$$

であるとする．ここで，S_a, S_b, ……, S_k, S_l, ……は，いくつかの成分物質の単位量を表しており，α, β, ……, κ, λ, ……は数を表しているとする．そのとき，μ_a, μ_b, ……, μ_k, μ_l, ……が，均一な物質系の中の成分物質のポテンシャルを表すなら，

$$\alpha\mu_a + \beta\mu_b + \cdots = \kappa\mu_k + \lambda\mu_l + \cdots \qquad (121)$$

が成り立つ．これを示すために，考察している物質系が非常に大きいと仮定しよう．そうすれば，(121)の左辺は，(120)の左辺で表されている物質を加えることで生じる物質系のエネルギーの増加を表す．そして，(121)の右辺は，(120)の右辺で表されている物質を加えることで生じる同じ物質系のエネルギーの増加を表す．物質系のエントロピーと体積は，いずれの場合も不変のままである．従って，(120)の両辺は，種類と量が同じ物質を表すので，(121)の両辺は等しくなければならない．

しかし，式(120)は，**考察している物質系**の中で示されている成分物質が同等であることを示すためのものであり，単に化学的な同一性を示すものではないことを理解しなければならない．言い換えれば，考察している物質系のなかには，(120)の一方の辺によって表されている成分物質が，他方の辺によって表されているそれらの成分物質に移るのを妨げる受動的な抵抗は存在しないことが仮定されている．例えば，(常温で)水蒸気と自由水素と自由酸素からなる混合物に関して，

$$9 S_{Aq} = 1 S_H + 8 S_O$$

と書くことはできない．むしろ，水は独立した成分物質として取り扱われるべきであり，水のポテンシャルと水素と酸素のポテンシャルの間に，必然的な関係は存在しない．

式(43)と(51)によって表される関係(平衡状態にある物質系の様々な部分の実際の成分に対するポテンシャルの間の本質的な関係)は，単に次のようなものであることが分かるだろう．つまり，(121)によって，それらのポテンシャルが関係する全ての成分物質を可変成分として含む，均一な物質系の同じポテンシャルの間に必然的に存在する関係だということである．

第三論文　不均一物質の平衡について

組成が不変な物体の場合，単一成分に対するポテンシャルは，

$$\zeta = \mu m \tag{122}$$

から明らかなように，1単位量の物体に対するζの値に等しい．この場合，(96) はこの簡単な形の式になる．従って，n = 1 のとき，(102) の組の各量の間の基本方程式と，(103) の組の各量の間の基本方程式は，簡単な置き換えによって，互いに他から導き出すことができる（105-106頁参照）．しかし，この唯一の例外を除き，(99) から (103) までの組のいずれかひとつの組の各量の間の式は，別の組の各量の間の式から，微分しないで導き出すことはできない．

また，組成が可変な物体の場合でも，1つの成分を除いて，すべての成分の量がゼロになるとき，ゼロにならなかった成分に対するポテンシャルは，1単位量の物体に対するζの値に等しい．物体を構成する物質を成分の1つとして選ぶことにより，物体の任意の与えられた組成に対して，そうすることができる．それで，1単位量の物体に対するζの値は，常にポテンシャルと考えよい．それ故，本論文の109頁から110頁で与えられた隣接する物質に対するζの値の間の関係は，ポテンシャルの間の関係とみなすことができる．

次の2つの命題は，時にはポテンシャルの便利な定義を与える．

任意の均一な物質系の中の任意の成分物質に対するポテンシャルは，単位量の成分物質を，エネルギーとエントロピーの両方がゼロの状態から，可逆過程によって均一の物質系と結合させるのに必要な力学的な仕事の量に等しい．なお，その物質系は，過程の終了時に元の体積でなければならず，また，どの部分もほとんど変化がないほど大きいと仮定される．その過程で使用される他のすべての物体は，仕事の供給に使用された物体を除いて，過程の終了時に元の状態に戻らなければならない．仕事の供給に使用された物体は，仕事の供給源としてのみ使用されなければならない．なぜなら，可逆過程では，他の物体のエントロピーが変化しないとき，成分物質と物質系を合わせた全体のエントロピーは変化しないからである．しかし，その成分物質の元のエントロピーはゼロである．従って，物質系のエントロピーは，成分物質を加えても変化することはない．また，消費された仕事は，成分物質を加えることによる物質系のエネルギーの増加に等しく，その増加は，本論文の111頁の定義により，問題に

しているポテンシャルに等しい．

　任意の均一な物質系の中の任意の成分物質に対するポテンシャルは，単位量の成分物質を，$\psi=0$ かつ与えられた物質系と同じ温度の状態から，可逆過程によってこの物質系と結合させるのに必要な仕事に等しい．なお，物質系は過程の終了時に最初と同じ体積と温度でなければならず，また，どの部分もほとんど変化がないほど大きいと仮定される．与えられた物質系の温度の熱源（souce of heat）または冷熱源（source of cold）は許されるが，この例外を除いて，他の物体は以前と同じ条件でのみ使用されなければならない．このことは，結合された物質系と成分物質に，式（109）を適用することで示される．

　2番目の命題により，ポテンシャルの値が，各々の基本的な成分物質のエネルギーとエントロピーの定義に含まれている任意の定数によって受ける影響について，まったく容易に知ることができる．なぜなら，成分物質は，$\psi=0$ でかつ与えられた物質系の温度と同じ状態から，先ず，同じ温度のある特定の状態に移り，次いで，与えられた物質系と結合すると推測できるからである．過程の最初の部分で消費される仕事は，明らかに，特定の状態における単位量の成分物質に対する ψ の値によって表される．これを ψ' で表し，問題にしているポテンシャルを μ で表し，そして，単位量の成分物質が，前述のように，特定の状態から与えられた物質系と結合する間に消費される仕事を W で表すとしよう．そうすると，

$$\mu = \psi' + W \tag{123}$$

となる．ところで，$\varepsilon=0$ かつ $\eta=0$ に対する成分物質の状態は任意なので，あらゆる可能な状態の単位量の成分物質のエネルギーを任意の定数 C だけ，そしてあらゆる可能な状態の成分物質のエントロピーを任意の定数 K だけ，同時に増加させることができる．その時，ψ あるいは $\varepsilon - t\eta$ の値は，任意の状態に対して $C - tK$ だけ増加する．t はその状態の温度を表している．これを (123) の ψ' に適用し，この式の最後の項がこれらの定数の値とは無関係なことが分かれば，ポテンシャルは同じ量 $C - tK$ だけ増加することが分かる．t はポテンシャルが決定される物質系の温度である．

第三論文　不均一物質の平衡について

物質の共存相について

　任意の組の成分物質から形成することができる種々の均一な物体を考察するには，その物体の量や形に関係なく，もっぱら，そのような物体の組成や熱力学的状態だけを表す用語があれば便利である．組成や状態が異なる物体は，考察している物質の**相**（phase）が異なるといい，量と形だけが異なるすべての物体は，相が同一の異なる物体とみなされる．変化を妨げる受動的な抵抗に依存しない平衡状態において，相が面を境界として共に存在できるとき，それらの相は**共存する**という．

　ひとつの均一な物体が n 個の独立な可変成分をもつなら，その物体の相は明らかに $n+1$ の独立した変化が可能である．r 個の共存相からなる系の各々が，同じ n 個の独立な可変成分をもつなら，その系は $n+2-r$ の相の変化が可能である．なぜなら，実際の成分の温度と圧力とポテンシャルは，異なる相で同じ値をもち，これらの量の変化は，(97) によって，存在する異なる相と同じ数の条件に従うからである．従って，これらの量の値の独立な変化の数は，つまり，その系の相の独立な変化の数は $n+2-r$ である．

　あるいは，考察している r 個の物体が，同じ独立な可変成分をもっていないときでも，全体として r 個の物体がもつ独立な可変成分の数を n で表すなら，その系が取ることのできる相の独立した変化の数は，やはり，$n+2-r$ となる．この場合，n 個の成分物質より多くのポテンシャルを考える必要がある．これらのポテンシャルの数を $n+h$ としよう．以前のように，(97) により，温度と圧力と $n+h$ 個のポテンシャルの間に r 個の関係があり，また，(43) と (51) により，これらのポテンシャルの間には，異なる成分物質の単位量の間の関係と同じ形の r 個の関係がある．

　従って，$r=n+2$ なら，（共存している）相の変化は不可能である．r が $n+2$ を超える可能性は決してないと思われる．$n=1$ で $r=3$ の例は，共存する固体と液体，そして組成が不変の成分物質からなる気体に見られる．硫黄やいくつかの他の単体の場合には，3つ組の共存相より多く存在することは不可能ではないと思われる．しかし，単体からなる4つの共存相が存在することは全く

ありえない．$n=2$ で $r=4$ の例は，水蒸気と接している塩の水溶液と，2種類の異なる塩の結晶とにおいて見られる．

$n+1$ 個の共存相について

さて，$n+1$ 個の共存相からなる系の温度と圧力の変数間の関係を表す微分方程式を見出そう（n は，以前と同じく，系全体としての独立な可変成分の数を表している）．

この場合，(97) の一般的な形（共存相のそれぞれに対して1つ）の $n+1$ 個の式があるが，その式の量 η, v, m_1, m_2, …… にアクセント記号を付けて異なる相に関連させて区別することができる．しかし，t と p はそれぞれ全体にわたって同じ値をもち，これら t と p のそれぞれが異なる式に存在する限り，同じことが μ_1, μ_2, …… にも当てはまる．これらのポテンシャルの総数が $n+h$ なら，ポテンシャルが関係する各成分物質の単位量の間の独立 h 個の関係に対応して，それらの間に h 個の独立な関係が存在する．そして，その関係を使って，ポテンシャルの h 個の変化をそれらが存在する (97) の形の式から消去することができる．

それらの式の1つを，

$$v'dp = \eta'dt + m_a'd\mu_a + m_b'd\mu_b + \cdots \cdots \quad (124)$$

とし，提示された消去により，この式を

$$v'dp = \eta'dt + A_1'd\mu_1 + A_2'd\mu_2 + \cdots\cdots + A_n'd\mu_n \quad (125)$$

としよう．(124) の μ_a は，例えば，考察される物質系の中の成分物質 S_a に対するポテンシャルを表すが，S_a は，成分物質 S_1, S_2, …… のどれかと同じかもしれないし，そうでないかもしれない．だが，(125) のポテンシャルは成分物質 S_1, S_2, …… に関係している．ところで，消去により，ポテンシャル間の式は，対応している各成分物質からなる単位量の間に存在するそれらの式に（式 (38)，(43)，(51) と比較して）類似しているので，$\mathfrak{S}_a$, $\mathfrak{S}_b$, …… や $\mathfrak{S}_1$, $\mathfrak{S}_2$, …… によってそれらの成分物質の単位量を表すなら，また，

$$m_a'\mathfrak{S}_a + m_b'\mathfrak{S}_b + \cdots\cdots = A_1'\mathfrak{S}_1 + A_2'\mathfrak{S}_2 + \cdots\cdots + A_n'\mathfrak{S}_n \quad (126)$$

でなければならない．しかし，この式の左辺は，式 (124) と (125) が関係する物体の中の物質を（種類と量で）表している．同じことが，右辺にも当ては

第三論文 不均一物質の平衡について

まるはずなので，同じこの物体は，量 A_1' の成分物質 S_1，量 A_2' の成分物質 S_2，……から構成されているとみなすことができる．従って，一般的な用法に従って，(125) の A_1', A_2', …… に対して m_1', m_2', …… と書くと，

$$v'dp = \eta'dt + m_1'd\mu_1 + m_2'd\mu_2 + \cdots\cdots + m_n'd\mu_n \tag{127}$$

となる．しかし，この式の m_1', m_2', …… が関係している成分は，必ずしも独立に変化するわけではないことに留意しなければならない．なぜなら，それらの成分は (97) と (124) の中の同様の記号が関係する成分だからである．$n+1$ 個の式の残りは，類似した形，すなわち，

$$v''dp = \eta''dt + m_1''d\mu_1 + m_2''d\mu_2 + \cdots + m_n''d\mu_n \tag{128}$$
$$\cdots\cdots\cdots\cdots\cdots$$

になる．

これらの式から $d\mu_1$, $d\mu_2$, ……, $d\mu_n$ を消去すると，

$$\begin{vmatrix} v' & m_1' & m_2' & \cdots & m_n' \\ v'' & m_1'' & m_2'' & \cdots & m_n'' \\ v''' & m_1''' & m_2''' & \cdots & m_n''' \\ \cdot & \cdot & \cdot & \cdots & \cdot \\ \cdot & \cdot & \cdot & \cdots & \cdot \\ \cdot & \cdot & \cdot & \cdots & \cdot \end{vmatrix} dp = \begin{vmatrix} \eta' & m_1' & m_2' & \cdots & m_n' \\ \eta'' & m_1'' & m_2'' & \cdots & m_n'' \\ \eta''' & m_1''' & m_2''' & \cdots & m_n''' \\ \cdot & \cdot & \cdot & \cdots & \cdot \\ \cdot & \cdot & \cdot & \cdots & \cdot \\ \cdot & \cdot & \cdot & \cdots & \cdot \end{vmatrix} dt \tag{129}$$

が得られる．この式では，v', v'', …… を 1 に等しくすることができる．また，m_1', m_2', m_1'', …… は異なる相のそれぞれの成分密度を表わし，η', η'', …… はエントロピー密度を表す．

$n = 1$ のとき，

$$(m''v' - m'v'')\,dp = (m''\eta' - m'\eta'')\,dt \tag{130}$$

である．あるいは，$m' = 1$ かつ $m'' = 1$ とするなら，通常の式

$$\frac{dp}{dt} = \frac{\eta' - \eta''}{(v' - v'')} = \frac{Q}{t(v'' - v')} \tag{131}$$

が得られる．上の式の Q は，温度と圧力が変化することなくある状態から他の状態に移るときに，単位量の成分物質が吸収する熱を表している．

共存相の数が $n+1$ より少ない場合について

　$n>1$ のとき，すべての成分物質 S_1, S_2, ……, S_n の量が２つの共存相で比例しているなら，これらの相に関係する (127) と (128) の形の２つの式は，全てのポテンシャルの変化を消去するのに十分である．事実，それぞれの相に対する基本方程式が知られているなら，２つの相が共存する条件は，m_1', m_2', ……, m_n' の $n-1$ 個の比と，m_1'', m_2'', ……, m_n'' の $n-1$ 個の比が等しいという条件と共に，t の関数として p を決定するのに十分である．この場合の微分方程式は (130) の形で表すことが可能で，m' と m'' は，成分のどれかの量，あるいは，それらが関係する物体中の物質の全体量のいずれかを表す．それぞれの物体中の物質の全体量が１なら，式 (131) もまた，この場合に成り立つ．しかし，この場合，以前とは異なり，ある１つの状態から他の状態へ移るときに熱 Q を吸収する物質と，その式の別の記号が関係する物質は，量においては同じだが，異なる温度と圧力においては，一般に本質的に同じではない．それでも，その場合しばしば起こるのは，相の１つは，特に結晶体のときには，本質的に組成が変わらないことであり，またこの場合，(131) の中の記号が関係する物質は，温度と圧力によって変化しないということである．

　$n=2$ の場合，２つの共存相は，温度が一定のとき，相において１つだけ変化が可能である．しかし，この場合，$m_1':m_2'=m_1'':m_2''$ のとき (130) が成り立つので，一定の温度に対して２つの相の組成が等しいとき，一般に，圧力は極大か極小である．同様に，２つの共存相の温度は，２つの相の組成が等しいとき，一般に，一定の圧力に対して極大か極小である．それ故，２つの共存相の組成が等しい t と p が対をなす一連の値は，共存相ではない t と p が対をなす一連の値を，２つの共存相からなる組が２つ存在する場合の一連の値から分ける．このことは，液体が発生する蒸気に接しているか，あるいは，その液体のなかで形成される固体に接している２つの独立な可変成分をもつ液体に適用できる．

　$n=3$ のときには，３つの共存相に対して (127) の形の式が３つあり，その式から，次の

第三論文　不均一物質の平衡について

$$\begin{vmatrix} v' & m_1' & m_2' \\ v'' & m_1'' & m_2'' \\ v''' & m_1''' & m_2''' \end{vmatrix} dp = \begin{vmatrix} \eta' & m_1' & m_2' \\ \eta'' & m_1'' & m_2'' \\ \eta''' & m_1''' & m_2''' \end{vmatrix} dt + \begin{vmatrix} m_1' & m_2' & m_3' \\ m_1'' & m_2'' & m_3'' \\ m_1''' & m_2''' & m_3''' \end{vmatrix} d\mu_3 \quad (132)$$

が得られる．ところで，3つの相のうちの1つの組成が，他の2つを組み合わせて構成できる場合には，これらの行列式の最後の値はゼロである．それ故，共存相の組成に関する上記の条件が満たされるとき，一般に，3つの共存相の圧力は一定の温度に対して極大または極小であり，温度は一定の圧力に対して極大または極小である．その条件を満たす t と p が対をなす一連の値は，3つの共存相がもつことのできない t と p が対をなす一連の値を，3つの共存相からなる組が2つ存在する場合の一連の値から分ける．上で述べたことは，より大きな n の値に拡張することが可能で，2つの独立な可変成分をもつ溶媒中に，$n-2$ 個の異なる固体が飽和している溶液の沸点と圧力により例証される．

基本方程式によって示される均一流体の内的安定性

さて，熱を伝えず，流体のすべての成分を透さない固い包壁に閉じ込められている流体の安定性を考察しよう．その流体は，以前その用語を使った意味で，最初は均一，つまり，流体全体にわたってあらゆる点で一様と仮定される．S_1, S_2, ……, S_n を流体の**基本**成分としよう．そうすれば，S_1, S_2, ……, S_n からなる流体で作ることができるあらゆる物体について，ただ1つの方法で考察できる．そのような物体中のこれらの成分物質の量を m_1, m_2, ……, m_n で表し，エネルギー，エントロピー，体積を ε, η, v, で表そう．S_1, S_2, ……, S_n で構成された物質に対する基本方程式が完全に決定されるなら，均一な物体に対するこれらの変数が同時にもつ値の可能な全ての組を与える．

さて，定数 T, P, M_1, M_2, ……, M_n に，次の式

$$\varepsilon - T\eta + Pv - M_1 m_1 - M_2 m_2 - \cdots - M_n m_n \quad (133)$$

の値が与えられた流体に対してゼロになり，同じ成分からなるあらゆる他の相，言い換えれば，与えられた（ただし，完全に S_1, S_2, ……, S_n で構成されている）流体に関して，性質と状態が異なっているあらゆる均一な物体[9]に対

して正になるような値を代入することが可能なら，与えられた流体の状態は安定である．

なぜなら，与えられた物質系の任意の状態において，その物質系が均一であろうとなかろうと，あるいは液体であろうと，式 (133) の値がその物質系の任意の均一部分に対して負でないなら，物質系全体に対する値は負になることはないからである．また，その値が，与えられた状態において，その物質系と相が異なる均一な部分に対してゼロでありえないなら，その値は，物質系全体が与えられた状態にあるときを除けば，物質系全体に対してゼロにはならないからである．従って，仮定された場合では，物質系の与えられた状態以外のどのような状態に対しても，この式の値は正である．（この結論が，複合した物質系を，あたかもそれが大きな均一な物質系の部分であったかのように，エネルギーやエントロピー等に関して同じ性質をもつ均一な部分から構成されているとみなすことが，必ずしも正しいわけではないという事実によって無効になることはありえない．このことは，本論文の 93 頁から 96 頁で示したそれらに類似した考察から容易に分かる．）それで，考察している物質系に対する式 (133) の値が，他の状態のときよりも，与えられた状態のときのほうが小さいなら，与えられた状態における物質系のエネルギーは，同じエントロピーと体積をもつその他の状態よりも小さくなければならない．従って，与えられた状態は安定している (71-72 頁参照)．

さらに，与えられた流体に対して式 (133) の値がゼロであり，また，同じ成分からなる任意の相に対して負でない値を，(133) の中の定数に代入することが可能なら，与えられた状態は明らかに不安定ではない (71-72 頁参照)．与えられた体積と与えられたエントロピーをもつ与えられた物質が，式 (133) の値はすべてゼロであるが，与えられた状態の物質系と相がすべて同じとは限らない均一な部分から構成できなければ，その状態は安定である．（そのような部分からなる物質系は，95 頁から 97 頁で既に見たように平衡状態である）．この場合，均一な部分を分割する面に関係した量を無視するなら，与えられた状態を中立平衡の 1 つとみなさなければならない．しかし，これらの均一な部分に関しては，明らかに全て異なる相と考えることが可能で，以下の条件を満たさなければならない．（異なる部分に関係する文字はアクセント記号を付け

第三論文　不均一物質の平衡について

て区別し，アクセント記号が付いていない文字は物質系全体を表す）．

$$\left.\begin{array}{l}\eta' + \eta'' + \cdots\cdots = \eta \\ v' + v'' + \cdots\cdots = v \\ m_1' + m_1'' + \cdots\cdots = m_1 \\ m_2' + m_2'' + \cdots\cdots = m_2 \\ \cdots\cdots\cdots\end{array}\right\} \quad (134)$$

ところで，η, v, m_1, m_2, ……の値は，与えられた状態にある流体全体によって決まり，$\dfrac{\eta'}{v'}$, $\dfrac{\eta''}{v''}$, ……, $\dfrac{m_1'}{v'}$, $\dfrac{m_1''}{v''}$, ……, $\dfrac{m_2'}{v'}$, $\dfrac{m_2''}{v''}$, ……の値は，さまざまな部分の相によって決まる．しかし，これらの部分の相は，明らかに，与えられた流体の相によって決まる．これらの部分の相は，事実，流体の相がその1つである共存相の組全体を形成する．それ故，(134)を，v', v'', ……の間の $n+2$ 個の一次方程式と考えることができる．（また，v', v'', ……の値は，それらのいずれもが負ではありえないという条件が必要である）．ところで，これらの式の1つの解は，流体がもつ特定の状態を与えなければならない．そして，異なる均一の部分の数，すなわち異なる共存相の数が $n+2$ より大きい場合を除いて，それらの式が他の解をもつ可能性は期待できない．これが，そのような場合である可能性はありそうにないことをすでにみてきた（115-116頁）．

しかしながら，((133)の値が与えられた流体に対してゼロであり，成分物質に対して負でないように各定数が決められる場合），(133)の値がゼロとなる与えられた流体以外のものが存在するなら，ある意味で，無限に大きな流体の物質系は，成分物質の形成に関して中立平衡にあると言えるかもしれない．なぜなら，そのような形成物が再び吸収される傾向は，それを形成する物質系が大きくなるにつれて，限りなく減少するからである．

物質 S_1, S_2, ……, S_n がすべて与えられた物質系の独立な可変成分の場合，(133)の値が，与えられた物質系に対してゼロであり，同じ成分のどの相に対しても負でないという条件は，定数 T, P, M_1, M_2, ……, M_n が，与えられた物質系の温度，圧力，そしていくつかのポテンシャルに等しいときにのみ満たされるということは，(86)から明らかである．これらの値を定数とするなら，式(133)は与えられた物質系に対して必然的にゼロの値をとる．そして，

その値が他のすべての相に対して正であるかどうかを調べるだけでよい．しかし，S_1, S_2, ……, S_n が，与えられた物質系のすべての独立な可変成分とは限らないときには，(133) の定数に与えるのに必要な値を，与えられた物質系の性質から完全に決定することはできない．しかし，T と P は与えられた物質系の温度と圧力に等しくなければならない．また，M_1, M_2, ……, M_n を，与えられた物質系のポテンシャルと関連付ける式を，それが含む独立な可変成分と同じ数だけ得るのは容易である．

　(133) の値が与えられた流体に対してゼロであり，同じ成分からなる任意の相に対してゼロまたは正のいずれかであるような値を，(133) の定数に代入することができない場合，変化に対する受動的抵抗なしに平衡が存在するなら，その平衡は，異なる性質の物質によって囲まれた小さな物質に特有な性質によるものであり，基本方程式によって示されない性質によるものであることは既に見てきた (91-97 頁)．この場合，無限に大きな流体の小さな部分に限定された初期の撹乱が，最終的にそれほど小さくない程度の状態の変化を，物質系全体にわたって引き起こす全ての場合を包含するように，不安定という用語を拡張するなら，流体は必然的に不安定である．基本方程式によって示されるような安定性の議論において，この意味でその用語を使うことは便利であろう．[10]

160　T と P に与えられた任意の正の値，および M_1, M_2, ……, M_n に与えられた任意の値に対して，式 (133) が成分 S_1, S_2, ……, S_n の任意の相に対して負の値をとりうるかどうかを決定する際に，そして，それができない場合，安定性が問題になっているそれ以外の相に対してゼロの値をとりうるかどうかを決定する際に，その温度 T と圧力 P をもつ相を考慮することだけが必要である．なぜなら，m_1, m_2, ……, m_n のいずれかの値によって示される物質からなる物質系が，この温度と圧力において，(均一な状態かも知れないし，そうでないかもしれないが) 少なくとも，不安定ではない平衡状態の 1 つと仮定してよいからである．そのような状態に対して，$\varepsilon - T\eta + Pv$ の値が，同じ物質の他のどのような状態に対しても，同じくらい小さくなければならないことを簡単に示すことができる．それ故，同じことが (133) の値にも当てはまる．従って，この式がどのような物質系に対しても負の値をもつことができるなら，

(133) は，その温度 T と圧力 P において，その物質系に対して負の値をとる．そして，この物質系が均一でないなら，(133) の値は，均一な部分の少なくとも 1 つに対して負でなければならない．それでまた，(133) が成分のどの相に対しても負の値をとることができないなら，(133) が値ゼロをとるどの相も，その温度 T と圧力 P をもたなければならない．

同じことが，$T=0$ かつ $P=0$ のような限定的な場合にも成り立たなければならないことを簡単に示すことができる．P が負の値に対しては，真空に対する値が Pv なので，(133) は常に負の値をとることができる．

温度が T で圧力が P の任意の物体に対しては，(133) は (91) により，

$$\zeta - M_1 m_1 - M_2 m_2 - \cdots - M_n m_n \qquad (135)$$

の形に変えることができる．

既に (93-95 頁) で見たように，(133) のような式は，T, P, M_1, M_2, ……, M_n および v が任意の有限な値をとる場合には，現実の物体に適用されるとき，負の無限大の値をとることはできない．それ故，(133) が，成分 S_1, S_2, ……, S_n の任意の相に対して負の値をとりうるかどうか，もしそうでなければ，安定性が問題となっている相以外の相に対しても値がゼロでありうるかどうかを決定する際には，(133) が v の一定値に対してとりうる極小値だけを考察しなければならない．この値を与えるどのような物体も，一定の体積に対して，

$$d\varepsilon - Td\eta - M_1 dm_1 - M_2 dm_2 - \cdots - M_n dm_n \geqq 0 \qquad (136)$$

でなければならない．あるいは，式 (86) からとられた $d\varepsilon$ の値を代入し，その物体に対しては下付き添字 a, ……, g を使用し，可能な成分に関係する物体に対しては下付き添字 h, ……, k を使用するなら，

$$td\eta + \mu_a dm_a + \cdots + \mu_g dm_g + \mu_h dm_h + \cdots + \mu_k dm_k$$
$$- Td\eta - M_1 dm_1 - M_2 dm_2 - \cdots - M_n dm_n \geqq 0 \qquad (137)$$

でなければならない．つまり，その物体の温度は T に等しくなければならず，その成分のポテンシャルは，その物体がポテンシャル M_1, M_2, ……, M_n をもつ物体と接し，かつ平衡であるかのように，同じ条件を満たさなければならない．従って，μ_a, ……, μ_g と M_1, ……, M_n の間に，対応する単位量の成分物質の間にあるのと同じ関係が存在しなければならない．それで，

$$m_a\mu_a + \cdots\cdots + m_g\mu_g = m_1M_1 + \cdots\cdots + m_nM_n \tag{138}$$

となる．また (93) により，

$$\varepsilon = t\eta - pv + \mu_a m_a + \cdots\cdots + \mu_g m_g \tag{139}$$

となる．(133) は，(それが単位体積当りの最小値をもつ物体もしくは複数の物体に対して)，

$$(P-p)v \tag{140}$$

となり，その値は，

$$P-p \tag{141}$$

の値が正かゼロか負であるかに応じて正かゼロか負になる．

　それ故，すべての基本成分が独立に変化することが可能な流体の安定性に関する条件は，非常に単純な式であることが許される．その流体の圧力が，実際の成分に対して同じ温度と同じ値のポテンシャルをもつ，同じ成分からなる他の相の圧力よりも大きいなら，その流体は共存相が存在しなくても安定している．そして，その流体の圧力が，そのような他の相の圧力ほど高くないなら，その相は不安定である．また，流体の圧力が，そのような他の相の圧力と同じくらい高いが，しかし他のすべての圧力より高くないなら，その流体は，確かに不安定ではない．そして，その流体は，(熱と全ての種類の物質を透さない固い包壁に閉じ込められているとき)ほぼ確実に安定している．しかし，その流体は，その他の相が同じ圧力をもつ相からなる共存相の組の１つである．

　最後の２頁にわたる考察は，流体の安定性に関する判定規準を単純化することにより，実際に存在する物体に当てはまる．しかし，基本方程式として何らかの式を任意に作成し，その式よって与えられた性質をもつ流体が安定かどうかを問題にするなら，最後に与えられた安定性の判定規準は不十分である．なぜなら，我々の仮定のいくつかは，その式を満たさないからである．とはいえ，その判定規準は，最初に与えたように，全ての場合において十分条件である (118-122 頁)．

相の連続的変化についての安定性

　任意の物質系において起こりうる変化を考察する際に，存在している相の微小変化と，全く新しい相の形成とを区別する機会が既にあった．流体相は，前

第三論文　不均一物質の平衡について

者のような微小変化に関しては安定であり，後者のような全く新しい相の形成に関しては不安定である．この場合，不連続な変化が生じるのを妨げる性質により，液体相が存在し続けることは可能である．しかし，連続的な変化に関して不安定な相は，変化に対する受動的な抵抗の結果を除けば，大きな規模で存在し続けることは明らかに不可能である．ここで，連続的な変化に関する相の安定性の条件，あるいは隣接する相に関する安定性と呼ぶこともできる条件について考察しよう．安定性を問題にしている相とほとんど同じ相にのみ式 (133) が適用できることを除いて，以前と同じ一般的な判定規準を使うことができる．この場合，考察しなければならない成分物質は，流体の独立な可変成分に限定され，定数 M_1, M_2, ……は，与えられた流体におけるこれらの成分のポテンシャルの値を持たねばならない．こうして，(133) の定数は完全に決定され，与えられた相に対する式の値は必ずゼロになる．相の微小変化に対して (133) が負の値をとることが可能なら，その流体は不安定である．しかし，相のあらゆる微小変化に対して (133) の値が正になるなら，その流体は安定である．唯一残っている場合，つまり (133) の値を変えることなく，その相を変化させることが可能な場合が存在することはほとんどありえない．このような場合，関係する相は共存する隣接相をもっている．それで，共存する隣接相なしで，(連続的な変化に関する) 安定性の条件を議論することで十分である．

この条件は，簡潔に安定性の条件と呼ばれるが，次の式で表すことができる．

$$\varepsilon''-t'\eta''+p'v''-\mu_1'm_1''- \cdots\cdots -\mu_n'm_n'' > 0 \qquad (142)$$

問題になっている相の安定性に関係する量は，$'$ で区別し，他の相に関係する量は $''$ で区別する．この条件は，(93) により，

$$\begin{aligned}\varepsilon''-t'\eta''+p'v''-\mu_1'm_1''- &\cdots\cdots -\mu_n'm_n'' \\ -\varepsilon'+t'\eta'-p'v'+\mu_1'm_1'+ &\cdots\cdots +\mu_n'm_n' > 0\end{aligned} \qquad (143)$$

および，

$$\begin{aligned}-t'\eta''+p'v''-\mu_1'm_1''- &\cdots\cdots -\mu_n'm_n'' \\ +t''\eta''-p''v''+\mu_1''m_1''+ &\cdots\cdots +\mu_n''m_n'' > 0\end{aligned} \qquad (144)$$

に等しい．

条件 (143) は，より簡単な形で次のように表すことができる．

$$\Delta\varepsilon > t\Delta\eta - p\Delta v + \mu_1\Delta m_1 + \cdots\cdots + \mu_n\Delta m_n \qquad (145)$$

ただし，記号 Δ を使うのは，その条件を，無限少の差に関係するにもかかわらず，2次以上の無限小量を無視する微分方程式に関する通常の慣習にしたがって解釈するのではなく，有限の差の間の式のように，**厳密**に表わさなければならないことを示すためである．事実，（厳密に表わされた）(145) のような条件が無限少の差に対して満たされる場合には，有限の差でも成り立つ限界を定めることが可能でなければならない．しかし，その条件は，$\Delta\eta$，Δv，Δm_1，……，Δm_n の任意の値に適用されるのではなく，相の変化によって決定されるような条件だけに適用されることに留意しなければならない．（変数の値を決定する物体の量だけが変化し，相は変化しない場合には，(145) の左辺の値は明らかにゼロになる）．v を一定にすることにより $-p\Delta v$ の項はなくなり，この限界を取り除くことができる．それで，定数 v で (145) を割ると，条件は

$$\Delta\frac{\varepsilon}{v} > t\Delta\frac{\eta}{v} + \mu_1\Delta\frac{m_1}{v} + \cdots\cdots + \mu_n\Delta\frac{m_n}{v} \tag{146}$$

となる．この式では v を定数とみなす必要はない．(86) から

$$d\frac{\varepsilon}{v} = td\frac{\eta}{v} + \mu_1 d\frac{m_1}{v} + \cdots\cdots + \mu_n d\frac{m_n}{v} \tag{147}$$

が得られる．それで，**連続的な変化に関する相の安定性は，1次の微分係数に関する必要条件が満たされるなら，エントロピー密度およびいくつかの成分密度の関数とみなされるエネルギー密度の2次以上の微分係数に関して同じ条件に依存し，それによりエネルギー密度は極小になることが分かる．** $n=1$ のとき，(145) の v を一定と考えるより，m を一定と考える方がより便利かもしれない．m を一定と考えると，相の安定性は，1次の微分係数に関する必要条件が満たされるなら，エントロピーおよび体積の関数とみなされる単位質量のエネルギーの2次以上の微分係数に関する同じ条件によって決まり，それによりエネルギーは極小になることが分かる．

式 (144) は t'，p'，……が関係する相の安定性についての条件を表している．しかし，(144) が，与えられた限界内で，あるいは場合によっては一般的に，任意の2つの微小に異なる相について成り立つことは，ある特定の物質からなる全ての相，または同じ限界内の全ての相の安定性についての必要十分条件であることは明らかである．したがって，安定性をそのように**集団的**に決定する

第三論文　不均一物質の平衡について

目的のために，比較される 2 つの状態間の区別を無視して，その条件を，
$$-\eta \Delta t + v \Delta p - m_1 \Delta \mu_1 - \cdots - m_n \Delta \mu_n > 0 \tag{148}$$

または，
$$\Delta p > \frac{\eta}{v} \Delta t + \frac{m_1}{v} \Delta \mu_1 + \cdots + \frac{m_n}{v} \Delta \mu_n \tag{149}$$

と書くことができる．(98) と比較すると，1 次の微分係数に関する必要条件が満たされるなら，任意の与えられた限界内で，同じ条件が，温度およびいくつかのポテンシャルの関数とみなされる圧力の 2 次以上の微分係数に関して満たされ，それにより圧力が極小になることが，そのような限界内で，すべての相の連続的な変化に関する安定性の必要十分条件であることが分かる．

式 (87) と (94) により，条件 (142) は次の形
$$\psi'' + t''\eta'' + p'v'' - \mu_1'm_1'' - \cdots - \mu_n'm_n''$$
$$-\psi' - t'\eta'' - p'v' + \mu_1'm_1' + \cdots + \mu_n'm_n' > 0 \tag{150}$$

になる．任意の与えられた限界内での全ての相の安定性に対して，同じ限界内で，この条件 (150) が，微小に異なる 2 つの相において成り立つことが必要十分条件である．これにより，明らかに，$v' = v''$, $m_1' = m_1''$, ……, $m_n' = m_n''$ のとき，
$$\psi'' - \psi' + (t'' - t')\eta'' > 0 \tag{151}$$

となり，$t' = t''$ のとき，
$$\psi'' + p'v'' - \mu_1'm_1'' + \cdots + \mu_n'm_n''$$
$$-\psi' - p'v' + \mu_1'm_1' + \cdots + \mu_n'm_n' > 0 \tag{152}$$

となる．これらの条件は，
$$[\Delta \psi + \eta \Delta t]_{v,\,m} < 0 \tag{153}$$
$$[\Delta \psi + p \Delta v - \mu_1 \Delta m_1 - \cdots - \mu_n \Delta m_n]_t > 0 \tag{154}$$

の形に書くことができる．ここで，下付き添字は一定とみなされる量を表し，m は m_1, ……, m_n の全ての量を一括して表している．これらの条件が，任意の与えられた限界内で成り立つなら，(150) は，同じ限界内で微小に異なる任意の 2 つの相についても成り立つ．これを証明するために，
$$t''' = t' \tag{155}$$

および，
$$v''' = v'',\ m_1''' = m_1'',\ \cdots,\ m_n''' = m_n'' \tag{156}$$

によって決まる 3 番目の相を考えよう．さて，(153) により，

$$\psi'''-\psi''+(t'''-t'')\eta'' < 0 \tag{157}$$

となり，(150) により，

$$\psi'''+p'v'''-\mu_1'm_1'''-\cdots -\mu_n'm_n'''$$
$$-\psi'-p'v'+\mu_1'm_1'-\cdots +\mu_n'm_n' > 0 \tag{158}$$

となる．それ故，(155) と (156) により，

$$\psi'''+t''\eta''+p'v'''-\mu_1'm_1'''-\cdots -\mu_n'm_n'''$$
$$-\psi'-t'''\eta''-p'v'+\mu_1'm_1'-\cdots +\mu_n'm_n' > 0 \tag{159}$$

となる．この式は，(150) と同等である．従って，任意の与えられた限界内での相に関する条件 (153) と (154) は，それらの限界内での全ての相の安定性に対して必要十分条件である．(153) により組成と体積が不変とみなされる物体の熱的安定性の条件が与えられ，(154) により温度が一定に保たれるとみなされる物体の力学的および化学的安定性の条件が与えられることが分かる．式 (88) と比較して，$\frac{d^2\psi}{dt^2} < 0$，すなわち，$\frac{d\eta}{dt}$ または $t\frac{d\eta}{dt}$（定積比熱）が正なら，条件 (158) は満たされる．$n=1$ のとき，すなわち，物体の組成が変わらないとき，m を一定とみなすなら，条件 (154) は明らかに変わらない．それで，条件 (154) は，

$$[\Delta\psi+p\Delta v]_{t, m} > 0 \tag{160}$$

と書ける．この条件は，$\frac{d^2\psi}{dv^2} > 0$，すなわち，$-\frac{dp}{dv}$，または $-v\frac{dp}{dv}$（一定温度に対する弾性率）が正であるなら，明らかに満たされる．しかし，$n>1$ のときには，v を一定にすることで，(154) はより対称的に簡略化して表すことができる．

さらに，(91) と (96) により，条件 (142) は，

$$\zeta''+t''\eta''-p''v''-\mu_1'm_1''-\cdots -\mu_n'm_n''$$
$$-\zeta'-t'\eta'+p'v'+\mu_1'm_1'-\cdots +\mu_n'm_n' > 0 \tag{161}$$

の形にすることができる．したがって，任意の与えられた限界内の全ての相の安定性に対して，同じ限界内で，

$$[\Delta\zeta+\eta\Delta t-v\Delta p]_m < 0 \tag{162}$$

かつ

$$[\Delta\zeta-\mu_1\Delta m_1-\cdots -\mu_n\Delta m_n]_{t, p} > 0 \tag{163}$$

であることが必要十分条件である．これは，(153) と (154) で用いた方法で容易に証明できる．これらの式のうち，一番目の式は組成が変わらない物体に

第三論文　不均一物質の平衡について

対する熱的安定性条件と力学的安定性条件を表しており，二番目の式は一定の温度と圧力を保つ物体に対する化学的安定性の条件を表している．$n=1$ であれば，二番目の条件は無くなり，この場合 $\zeta=m\mu$ なので，条件（162）は（148）と一致する．

　前述の議論は，基本方程式のいくつかの主要な式に対する，連続的な変化に関する安定性の一般条件の関係を説明するために役立つ．条件（146），（149），（152），（162），（163）の各々は，一般に，いくつかの特有な安定性の条件を含んでいることは明らかである．ここでは，後者に注目する．次式

$$\Phi = \varepsilon - t'\eta + p'v - \mu_1' m_1 - \cdots\cdots - \mu_n' m_n \qquad (164)$$

で，′が付いた文字はある1つの相に関係し，′が付いていない文字はもう1つの相に関係するとしよう．（142）により，第1の相に関係する量の一定値と v の一定値に対して，第2の相が第1の相と一致するとき，Φ の値が極小になることが，第1の相の安定性の必要十分条件である．（164）を微分し，（86）によって，

$$\begin{aligned}
d\Phi = (t-t')d\eta - (p-p')dv \\
+ (\mu_1-\mu_1')dm_1 + \cdots\cdots + (\mu_n-\mu_n')dm_n
\end{aligned} \qquad (165)$$

が得られる．従って，上の条件により，v, m_1, ……, m_n が，これらの文字に ′ を付けて示される一定値をもつとみなすなら，可変な相が不変な相とほとんど違わないとき，t は η の増加関数であることが必要である．しかし，不変な相は，安定性の限界内で，どの相であってもよいので，t は v, m_1, ……, m_n のどの一定値に対しても，（これらの限界内で）η の増加関数でなければならない．この条件は，

$$\left(\frac{\Delta t}{\Delta \eta}\right)_{v,\ m_1,\ \ldots,\ m_n} > 0 \qquad (166)$$

と書くことができる．この条件が満たされるとき，Φ の値は，v, m_1, ……, m_n の与えられた任意の値に対して，$t=t'$ のとき極小である．従って，Φ の値に関係する安定性の一般条件を適用するに当って，$t=t'$ に対する相を考察するだけでよい．

　さらに，（165）から分かるように，t, v, m_2, ……, m_n が，これらの文字に ′ を付けることによって示される一定値をもつとみなすなら，可変な相が不

変な相とほとんど違わないとき，一般条件により，μ_1 は m_1 の増加関数であることが必要である．しかし，不変な相は，安定性の限界内で，どの相であってもよいので，μ_1 は t, v, m_2, ……, m_n の任意の一定値に対して，（これらの限界内で）m_1 の増加関数でなければならない．つまり，

$$\left(\frac{\Delta\mu_1}{\Delta m_1}\right)_{t,\ v,\ m_2,\ \ldots,\ m_n} > 0 \tag{167}$$

である．(166) と同様に，この条件が満たされるとき，v, m_2, ……, m_n の任意の一定値に対して，$t=t'$ および $\mu_1=\mu_1'$ のとき，$\varPhi$ は極小値をもつ．それで，安定性の条件を適用するに当って，$t=t'$ および $\mu_1=\mu_1'$ の相を考察することだけが必要である．

このようにして，次の特定の安定性の条件を得ることができる．

$$\left(\frac{\Delta\mu_2}{\Delta m_2}\right)_{t,\ v,\ \mu_1,\ m_3,\ \ldots m_n} > 0 \tag{168}$$

$$\cdots\cdots\cdots\cdots$$

$$\left(\frac{\Delta\mu_n}{\Delta m_n}\right)_{t,\ v,\ \mu_1,\ \ldots \mu_{n-1}} > 0 \tag{169}$$

(166) から (169) までの $n+1$ 個の条件すべてが満たされるとき，v の任意の一定値に対して，可変な相の温度とポテンシャルが，不変な相の温度とポテンシャルに等しいとき，$\varPhi$ の値は極小である．そのとき，圧力は等しく，相は完全に同じである．それ故，上記の特定の条件が満たされるとき，安定性の一般条件は完全に満たされる．

これらの特定の条件を導き出した方法から，t, μ_1, ……, μ_n を同じ方法で置き替えるのであれば，なんらかの方法で，それらの式のなかで η, m_1, ……, m_n を置き替えることができるのは明らかである．このようにして，安定性に対する必要十分条件の $n+1$ 個の異なる組が得られる．考察しているいくつかの相において，エントロピーまたは成分量の1つがゼロの場合は除き，量 v はこれらの異なる組のリストの一番目に入り，$-p$ は二番目に入る．また，その成分量が一定であるという条件により，相の変化に制限が生じる．その条件は，$\varPhi$ の極小値に関係する安定性の一般条件について述べた体積が一定であるという条件に代えることはできない．

第三論文　不均一物質の平衡について

これらの特定の条件のすべてを，一括して，より明確に示すためには，条件 (144) が，従って，′と″とを入れ替えることで得られる条件もまた，安定性の限界内で，微小に異なる2つの相について成り立たなければならないことが分かる．これらの2つの条件を組み合わせて，

$$(t''-t')(\eta''-\eta')-(p''-p')(v''-v')$$
$$+(\mu_1''-\mu_1')(m_1''-m_1')+\cdots\cdots+(\mu_n''-\mu_n')(m_n''-m_n')>0 \quad (170)$$

が得られる．これは，より簡単に，

$$\Delta t \Delta \eta - \Delta p \Delta v + \Delta \mu_1 \Delta m_1 + \cdots\cdots + \Delta \mu_n \Delta m_n > 0 \quad (171)$$

と書ける．この式は，安定の限界内で，微小に異なる2つの相について成り立たなければならない．さらに，1つの項を除くすべての項の Δ で示される差の1つにゼロの値を与えるが，しかし相が完全に同じになるほどはでないなら，反対の符号をもつ Δp および Δv の場合を除き，残っている項の2つの差の値は同じ符号をもつ．(両方の相の状態が安定しているなら，これは安定の限界においても成り立つ)．従って，(171) の任意の項の（記号 Δ の後に）ある2つの量のどちらか1つは，安定の限界内において，もう1つの量の増加関数である．――その逆が成り立つ p と v は除く．――その場合，他の各々の項に見られる量の1つは一定とみなされるが，相が同じになるようなものではない．

(166) から (169) までの Δ の代わりに d と書くなら，いつでも安定性に対する十分条件が得られる．また，≧を＞で置き換えるなら，安定性に対する必要条件が得られる．$\eta, v, m_1, \cdots\cdots, m_n$ を独立変数とみなすとき，これらの条件がとる式について考察しよう．$dv=0$ のとき，

$$\left.\begin{array}{l} dt = \dfrac{dt}{d\eta}d\eta + \dfrac{dt}{dm_1}dm_1 + \cdots\cdots + \dfrac{dt}{dm_n}dm_n \\[2pt] d\mu_1 = \dfrac{d\mu_1}{d\eta}d\eta + \dfrac{d\mu_1}{dm_1}dm_1 + \cdots + \dfrac{d\mu_1}{dm_n}dm_n \\[2pt] \cdots\cdots\cdots\cdots\cdots\cdots\cdots\cdots\cdots\cdots\cdots\cdots\cdots\cdots\cdots \\[2pt] d\mu_n = \dfrac{d\mu_n}{d\eta}d\eta + \dfrac{d\mu_1}{dm_1}dm_1 + \cdots + \dfrac{d\mu_n}{dm_n}dm_n \end{array}\right\} \quad (172)$$

が得られる．次の $n+1$ 次の行列式，

$$\begin{vmatrix} \dfrac{d^2\varepsilon}{d\eta^2} & \dfrac{d^2\varepsilon}{dm_1 d\eta} & \cdots\cdots & \dfrac{d^2\varepsilon}{dm_n d\eta} \\ \dfrac{d^2\varepsilon}{d\eta dm_1} & \dfrac{d^2\varepsilon}{dm_1^2} & \cdots\cdots & \dfrac{d^2\varepsilon}{dm_1 dm_n} \\ \cdot & \cdot & \cdots\cdots & \cdot \\ \dfrac{d^2\varepsilon}{d\eta dm_n} & \dfrac{d^2\varepsilon}{dm_1 dm_n} & \cdots\cdots & \dfrac{d^2\varepsilon}{dm_n^2} \end{vmatrix} \qquad (173)$$

を R_{n+1} と書くとしよう. この行列式（173）の要素は,（86）により式（172）の係数と同じである. そして, この行列式の最後の行と列を消去して得られる小行列式と, 引き続き得られる小行列式の最後の列と行を消去して R_n, R_{n-1}, ……が得られ, 最後に残った要素として R_1 が得られる. それから, dt, $d\mu_1$, ……, $d\mu_{n-1}$, dv のすべての値がゼロなら,（172）より

$$R_n d\mu_n = R_{n+1} dm_n \qquad (174)$$

が得られる. すなわち,

$$\left(\dfrac{d\mu_n}{dm_n}\right)_{t, v, \mu_1, \cdots\cdots \mu_{n-1}} = \dfrac{R_{n+1}}{R_n} \qquad (175)$$

となる. 同様にして,

$$\left.\begin{array}{l} \left(\dfrac{d\mu_{n-1}}{dm_{n-1}}\right)_{t, v, \mu_1, \cdots\cdots \mu_{n-2}, m_n} = \dfrac{R_n}{R_{n-1}} \\ \cdots\cdots\cdots\cdots\cdots\cdots\cdots\cdots\cdots\cdots\cdots\cdots\cdots\cdots\cdots \end{array}\right\} \qquad (176)$$

が得られる. 従って,（166）から（169）までの Δ の代わりに d と書くことで得られる条件は,（176）と同等である. つまり, 上で述べたように, それから得られた n 個の小行列式と, 最後に残った要素 $\dfrac{d^2\varepsilon}{d\eta^2}$ を用いて上で与えられた行列式はまさに正である. この条件が満たされるどの相も安定であり, これらの量のどれかが負の値をもつ相は安定ではない. しかし, 何らかの方法で,（t, μ_1, ……, μ_n の置き換えに対応させて）η, m_1, ……, m_n を置き換えるなら, 条件（166）から（169）までの有効性は維持されるであろう. それ故, 行列式の対応する行で, 連続する列を消去する順序は重要ではない. 従って, 行列式（173）の対応する行と列を消去して作られる小行列式のいずれも, そして対角要素のいずれも, 安定な相に対して負ではありえない.

第三論文 不均一物質の平衡について

次に，連続的な変化に関する**安定の限界**（すなわち，安定な相を不安定な相から分ける限界）を特徴付ける条件を考察しよう。[11] ここで，明らかに，(166) から (169) までの条件のひとつは成り立たなくなるはずである．従って，これらの条件の左辺の Δ を d に変えて作られる微分係数のひとつは，その値がゼロでなければならない．（少なくとも，下付き添字で示された条件の下で少しでもその相の変化が可能な場合に限れば，極限でゼロになるのは，微分係数の分子であって分母ではないことは，分母がいずれの場合も，連続的に進行する変化が必然的に可能な量の微分であること考えれば明らかである）．同じことが，η, m_1, ……, m_n を何らかの方法で置き換え，同時に t, μ_1, ……, μ_n を同じ方法で置き換えることにより，これらから得られた微分係数の組についても成り立つ．しかし，これよりもっと明確な結果を得ることができるかもしれない．

η または t, m_1 または μ_1 に，……，m_{n-1} または μ_{n-1} に，そして v に，′が付いた文字で示される一定値を与えるとしよう．そうすると，(165) より，

$$d\Phi = (\mu_n - \mu_n{'})dm_n \tag{177}$$

となる．ところで，近似的に，

$$\mu_n - \mu_n{'} = \left(\frac{d\mu_n}{dm_n}\right)'(m_n - m_n{'}) \tag{178}$$

が成り立つ．微分係数は，上で述べた一定値をある特定の変数に割り当てるやり方に従って解釈し，そして，その値は，′の付いた文字が示す相に対して決められる．従って，

$$d\Phi = \left(\frac{d\mu_n}{dm_n}\right)'(m_n - m_n{'})dm_n \tag{179}$$

および

$$\Phi = \frac{1}{2}\left(\frac{d\mu_n}{dm_n}\right)'(m_n - m_n{'})^2 \tag{180}$$

となる．最後の式で無視された量は，明らかに $(m_n - m_n{'})^3$ と同じ次数である．ところで，当然，Φ のこの値は η または t を一定にすることによって異なり，そして，m_1 または μ_1, ……を一定にすることによって異なる（微分係数は異なる意味をもつ）．しかし，安定の限界内で，t, p, μ_1, ……, μ_{n-1} が，これ

らの文字に ′ をつけて表される値を持つとき，m_n および v の任意の一定値に対して，$\varPhi$ の値は極小となる．それで，微分係数の値は，残りの一定量に関して，上で述べた仮定のどれか他のものを採用するときと同じように，これらの変数にこれらの一定値を与えるときには，少なくとも小さくなる．これらの関係のすべてにおいて，同じ方法で $t, \mu_1, \cdots\cdots, \mu_n$ を置き換えるのであれば，どのような方法によろうと $\eta, m_1, \cdots\cdots, m_n$ を置き換えすることは可能である．それで次のようになる．安定の限界内で，次の微分係数

$$\frac{dt}{d\eta}, \quad \frac{d\mu_1}{dm}, \quad \cdots\cdots, \quad \frac{d\mu_n}{dm} \qquad (181)$$

のいずれか1つに対して，微分において一定に保たれる量として，v と共に，他の微分係数の分子の記号 d の後の量を選ぶとする．そのとき，そのようにして決定された微分係数の値は，少なくとも，微分において1つ以上の定数は分母から取られ，定数の1つは常に各々の微分係数から取られ，v は以前のように一定であるときと，少なくとも同じように小さい．

さて，これらの方法で決定されたこれらの微分係数のいずれも，安定の限界内で負の値をとることはできず，それらの微分係数のいくつかは，その限界で値がゼロでなければならないことは知られている．したがって，ちょうど確立された関係によって，他の微分係数の分子に現れる量を，v と共に一定と考えることにより決まるこれらの微分係数の少なくとも1つは，ゼロの値をとる．しかし，そのような微分係数の1つがゼロの値をとるなら，それらのすべては，一般に同じ値を持つ．なぜなら，例えば，

$$\left(\frac{d\mu_n}{dm_n}\right)_{t, v, \mu_1, \dots \mu_{n-1}} \qquad (182)$$

がゼロの値をとるなら，（2次以上の無限少量を無視するなら）温度やポテンシャルを変えることなく，従って，(98) により圧力を変えることなく，成分 S_n の密度を変えることができるからである．すなわち，量 $t, p, \mu_1, \cdots\cdots,$ μ_n のどれも変えることなく，相を変えることができる．（言い換えれば，安定の限界に隣接する相は，中立平衡に特有な関係を**近似的**に示す）．さて，相のこの変化は，1つの成分の密度を変えるが，一般に，その他の成分の密度とエントロピーの密度も変えるであろう．従って，v と共にその他の微分係数の分

第三論文　不均一物質の平衡について

子の量の各々を一定に取ることによって，(182) の類比の後で形成される，すなわち，(181) の中の微分係数から形成されるその他のすべての微分係数は，一般に，安定の限界でゼロになる．そして，安定の限界を特徴付ける関係は，一般に，これらの微分係数のいずれか 1 つをゼロと置くことにより表すことができる．そのような式は，基本方程式が知られるとき，基本方程式の独立変数間の式の形に変えることができる．

さらに，行列式 (173) は，(166) から (169) までの左辺の Δ を d と書くことにより得られる微分係数の積に等しいので，安定の限界の式は，この行列式をゼロと置くことで表される．このように表された微分方程式の形は，記号 η, m_1, ……, m_n を入れ替えても変わらない．しかし，微分方程式の形は，これらの記号のどれか 1 つを v で置き換えることで変わるが，v と置き換わった量が，その式が適用されるどの相においてもゼロでない場合にはいつでも許される．

式 (182) をゼロと置くことによって形成される条件は，明らかに，

$$\left[\frac{d\mu_n}{d\dfrac{m_n}{v}}\right]_{t, \mu_1, \ldots \mu_{n-1}} = 0 \tag{183}$$

と同等である．すなわち，

$$\left[\frac{d\dfrac{m_n}{v}}{d\mu_n}\right]_{t, \mu_1, \ldots \mu_{n-1}} = \infty \tag{184}$$

と同等である．あるいは，(98) により，t, μ_1, ……, μ_n を独立変数とみなせば，

$$\left(\frac{d^2p}{d\mu_n^2}\right) = \infty \tag{185}$$

である．同様にして，

$$\frac{d^2p}{dt^2} = \infty, \quad \frac{d^2p}{d\mu_1^2} = \infty, \quad \ldots\ldots, \quad \frac{d^2p}{d\mu_{n-1}^2} = \infty \tag{186}$$

が得られる．これらの式 (185) と (186) のどれか 1 つは，一般に，安定の限界の式とみなすことができる．これらの式の少なくとも 1 つは，その限界でのあらゆる相において成り立つことは確かである．

幾何学的表示

表示された物体の組成が一定な曲面

　第二論文で，一定の組成からなる成分物質の熱力学的性質を面で表示する方法について述べた．一定量の成分物質の体積，エントロピー，エネルギーは，直交座標で表される．この方法は，102頁から107頁で述べた最初の基本方程式に相当する．組成が一定成分物質に対する他の種類の基本方程式にも，類似した幾何学的方法を適用できると思われる．従って，m を一定にすれば，(99)から(103)までの組のいずれの変数も3つに減少し，直交座標で表すことができる．しかし，すでに（原論文の150頁）でみたように，最後の2つの組は，本質的に $n=1$ の場合と同じなので，4つの異なる表示法が与えられるだけである．

　上で述べた一番目の表示法は，特に，理論的な議論をするには確かに優れている．しかし，2つの座標によって表される性質が，成分物質のさまざまな状態を識別して記述するのに最も役に立つような方法を選択するほうが，しばしば，より有利なことがある．この条件は，他の性質によるよりも，おそらく，温度と圧力によって満たされる．温度と圧力を2つの座標で表し，ポテンシャルを三番目の座標で表わそう（105-106頁参照）．平衡の一般理論において，これらの3つの量の間には，最も緊密な類似性があることを見落としてはならない．（同様な類似性は，体積，エントロピー，エネルギーの間にも存在する）．m に定数1を与えるなら，三番目の座標は ζ を表し，これはそのとき μ に等しくなる．

　2つの方法を比べると分かるように，一方は

$$v = x, \quad \eta = y, \quad \varepsilon = z \tag{187}$$

$$p = \frac{dz}{dx}, \quad t = \frac{dz}{dy}, \quad \mu = \zeta = z - \frac{dz}{dx}x - \frac{dz}{dy}y \tag{188}$$

であり，他方は

第三論文 不均一物質の平衡について

$$t=x, \quad p=y, \quad \mu=\zeta=z \tag{189}$$

$$\eta=-\frac{dz}{dx}, \quad v=\frac{dz}{dy}, \quad \varepsilon=z-\frac{dz}{dx}x-\frac{dz}{dy}y \tag{190}$$

である．ところで，$\frac{dz}{dx}$ と $\frac{dz}{dy}$ は，明らかに接平面の傾きによって決まり，$z-\frac{dz}{dx}x-\frac{dz}{dy}y$ は，接平面が Z 軸で切り取る線分である．従って，2つの方法は，一方では面上の点の位置で表される量が，他方では接平面の位置で表されるという相反関係をもつ．

式（187）と（189）によって定められる曲面は，それらが関係する成分物質の v–η–ε 面と t–p–ζ 面として区別される．

t–p–ζ 面において，曲面の一部が他の曲面を切る線は，一連の対になった共存状態を表す．その面の3つの異なる部分を通る点は，3つで一組になった共存状態を表す．2つずつ取られたこれらの部分面（sheet）の交差によって形成される3本の線は，明らかにそのような点を通る．これらの線を p–t 平面上へ垂直に射影すると，J. Thomson 教授が最近論じている曲線が得られる．[12] これらの曲線は，三重点の射影に関する空間を，次のように区別される6つの部分に分割する．つまり，$\zeta^{(V)}$, $\zeta^{(L)}$, $\zeta^{(S)}$ を，同じ値の p と t に対して，三重点を通る3枚の部分面によって決まる3つの縦座標を表すとしよう．そのとき，6つの空間の一番目では，

$$\zeta^{(V)}<\zeta^{(L)}<\zeta^{(S)} \tag{191}$$

となり，二番目では，$\zeta^{(L)}=\zeta^{(S)}$ に対する線によって前の空間から分離して，

$$\zeta^{(V)}<\zeta^{(S)}<\zeta^{(L)} \tag{192}$$

となり，三番目では，$\zeta^{(V)}=\zeta^{(S)}$ に対する線によって最後の空間から分離されて，

$$\zeta^{(S)}<\zeta^{(V)}<\zeta^{(L)} \tag{193}$$

となり，以下四番目では， $\zeta^{(S)}<\zeta^{(L)}<\zeta^{(V)}$ （194）

五番目では， $\zeta^{(L)}<\zeta^{(S)}<\zeta^{(V)}$ （195）

六番目では， $\zeta^{(L)}<\zeta^{(V)}<\zeta^{(S)}$ （196）

となる．ζ に極小値を与える部分面は，いずれの場合でも，物質の安定状態を表す．このことから，三重点の射影の周りを通過する際に，共存する安定な状態と共存する不安定な状態を表わす線を交互に通過することは明らかである．

しかし，ζ の中間の値で表される状態は，最も高い値で表される状態に比べて**相対的**に安定な状態と呼ぶことができる．差 $\zeta^{(L)} - \zeta^{(V)}$，……は，これらの量が関係する 1 つの状態から他の状態へ，それらの 2 つの状態と同じ温度と圧力をもつ媒質中で，可逆過程によって物質を運ぶことで得られる仕事量を表す．そのような過程を図示するために，温度軸に垂直な平面が，2 つの状態を表す点を通過すると仮定しよう．この平面は，一般に，記号 (L) と (V) が表わす 2 枚の部分面によって作られる二重線を切断する．その平面と 2 枚の部分面の交点で，このようにして決められた二重点と，過程の最初と最後の状態を表す点とが接続し，それにより，それらの状態の間の物体に対して**可逆的な経路**が形成される．

どのような状態でも，その安定性を示す幾何学的関係は，本論文の 156 頁以下で述べられた原理を，単一成分のみの場合に適用することにより簡単に得られる．安定性の規準である式 (133) は，簡単に，

$$\varepsilon - t'\eta + p'v - \mu'm \tag{197}$$

で表せる．ここで，$'$ の付いた文字は，安定性が問題になっている状態に関係しており，$'$ の付いていない文字は，それ以外の状態に関係している．各々の状態における物質量を 1 とするなら，(197) は，(91) と (96) により，

$$\zeta - \zeta' + (t - t')\eta - (p - p')v \tag{198}$$

となる．明らかにこれは，ζ 軸に平行に測られた点 (t, p, ζ) と接平面より下の点 (t', p', ζ') までの距離を表している．それ故，他のすべての状態に対する接平面が，任意の与えられた状態を表す点より上を通るなら，与えられた状態は安定である．接平面のいずれかが，与えられた状態を表す点より下を通るなら，その状態は不安定である．しかし，いつもこれらの接平面を考慮することが必要というわけではない．なぜなら，本論文の 122 頁から 123 頁で見たように，（どのような実在する成分物質の場合でも），圧力が負のときを除いて，任意の与えられた温度と圧力に対して，不安定でない状態が，少なくとも 1 つは存在すると考えられるからである．従って，面 $p = 0$ の正の側の面の点で表される状態は，t と p が同じ値をもち，ζ がより小さい値をもつときにのみ不安定になる．これまで述べたことから，曲面が（ζ が測られた方向において）上向きに二重に凸のところでは，隣接した状態に関して安定であることがわか

る．これはまた，(162) から直接導ける．しかし，曲面が主曲率のどちらにおいても上向きに凹のところでは，表される状態は，隣接する状態に関して不安定である．

　成分物質の数が2つ以上のときには，基本方程式を単一の曲面で表すことは不可能である．従って，無数の曲面で表わす方法を考えなければならない．既に述べた方法のどちらか一方を自然に拡張することにより，組成が一定の物体に対して，すべてが v-η-ε 面であるか，あるいは t-p-ζ 面であるような一連の曲面が得られる．ひとつの曲面からもうひとつの曲面に移るにつれて，成分の割合は変化する．しかし，温度や圧力が変化することなく，2つあるいは3つの成分からなる混合物によって示される性質を同時に表示するために，より便利なように，各々の曲面において量 t または p の一方あるいは両方を一定にすることができる．

表示された物体の組成が可変で温度と圧力が一定な曲面と曲線

　3つの成分があるとき，X-Y 平面における点の位置は，物体の組成を最も単純に，おそらく次のように表わすことができる．その物体は，量 m_1, m_2, m_3 の成分物質 S_1, S_2, S_3 で構成され，$m_1+m_2+m_3$ の値は1である．同一直線上にない平面上の任意の3つの点を P_1, P_2, P_3 とする．m_1, m_2, m_3 に等しい量の物質が，これらの3つの点に置かれると仮定すれば，これらの物質の重心により，これらの量の値を表す点が決まる．その三角形が正三角形で，高さが1なら，3つの辺からその点までの距離は数値的には m_1, m_2, m_3 に等しい．いま，与えられた温度と圧力の成分がもつすべての可能な相に対して，その相の組成を表す X-Y 平面の点から，Z 軸に平行に測られ，($m_1+m_2+m_3=1$ のときの) ζ の値を表す距離を測定するなら，このようにして決定された点は，考察している成分物質の m_1-m_2-m_3-ζ 面，簡単に m-ζ 面として表わされる曲面を，与えられた温度と圧力に対して形成する．同様にして，2成分物質だけのときは，X-Z 平面で想定する曲線が得られる．そのとき，y 座標は温度または圧力を表す．しかし，温度と圧力によって変化する曲面または曲線とみなされる．n=3 に対する m-ζ 面，あるいは n=2 に対する m-ζ 曲線の性質を考察することに限定する．

(96) と (92) により，

$$\zeta = \mu_1 m_1 + \mu_2 m_2 + \mu_3 m_3$$

であり，（一定の温度と圧力に対しては）

$$d\zeta = \mu_1 dm_1 + \mu_2 dm_2 + \mu_3 dm_3$$

である．それで，これらの記号が関係する点の接平面を想定し，ζ' でその平面の任意の点の縦座標を表し，m_1'，m_2'，m_3' で三角形 $P_1P_2P_3$ の 3 辺からのこの縦座標の足の距離を表すなら，

$$\zeta' = \mu_1 m_1' + \mu_2 m_2' + \mu_3 m_3' \tag{199}$$

を容易に得ることができる．これは，接平面の式とみなすことができる．従って，P_1, P_2, P_3 におけるこの平面に対する縦座標は，それぞれポテンシャル μ_1, μ_2, μ_3 に等しい．また一般に，接平面における任意の点に対する縦座標は，組成が縦座標の位置によって示される成分物質の（接点で表される相における）ポテンシャルに等しい（本論文の 149 頁参照）．S_1, S_2, S_3 から形成される物体のなかには，組成の変化が不可能か，一種類の変化だけが可能なものがいくつか存在する．これらは，鉛直平面におけるただ 1 つの点と曲線によって表される．これらの曲線の 1 つに接する平面のうち，ただ 1 つの線のみが固定され，それにより，2 つだけが独立している一連のポテンシャルが決まる．個々の点で表される相は，ただ 1 つのポテンシャル，すなわち，物体自体の成分物質のポテンシャルだけを決定し，それは ζ に等しい．

　一組の共存相を表す点は，一般に，共通の接平面をもつ．しかし，これらの点の 1 つが，1 つの曲面の部分面の端に位置するときは，その平面がその端に接し，その面の下側を通れば十分である．あるいは，その点がその曲面に属する個々の線の端，あるいは部分面の端の角にあるときは，その平面が，その点とその線が部分面の下側を通るなら十分である．曲面の部分が接平面の下側にないなら，その面の部分が接平面と出会う点は，共存相の安定した（あるいは少なくとも不安定ではない）組を表す．

　考察してきた曲面は，t と p が任意の値をもち，$m_1 + m_2 + m_3 = 1$ のとき，均一の物体に対する ζ と m_1，m_2，m_3 の間の関係を表している．共存相を除き，異なる部分から成る物体に対して，同じ変数間の関係を表す曲面について考察することは，しばしば有用である．これらの物体は，少なくとも隣接した相に

関しては安定であると仮定することができる．そうでなければ興味の対象外である．複合した物体の状態を表す点が，物体の部分の相を表す点に置かれたこれらの部分に等しい質量の重心にあることは明らかである．それで，均一な物体の性質を表す面，それは原曲面と呼ばれるが，平衡状態にあるが均一ではない物体の性質を表す曲面を容易に構成できる．この曲面は，二次曲面または誘導曲面と呼ばれる．この誘導曲面は，一般に，様々な部分あるいは部分面からなる．2つの相の組み合わせを表す部分面は，原曲面上で二重の接平面を回転させることによって形成することができる．つまり，接点によって描かれる曲線の間に存在する連続する位置からなる包絡面の部分は，誘導曲面に属する．原曲面が三重接平面，あるいはより多重の接平面をもつとき，接した点を結んで形成される接平面における三角形，あるいは，接した点のすべてを含む最も小さい凸多角形は誘導曲面に属し，一般的に，3つあるいはそれ以上の相からなる物質系を表す．

　任意の温度と正の圧力に対して，そのように構成された熱力学的曲面全体のなかで，任意に与えられた m_1, m_2, m_3 の値に対して ζ の極小値を与える部分が特に重要である．熱力学的曲面の，この部分の点で表される物質系の状態は，その物質系が物質と熱の両方を透さない硬い包壁に閉じ込められているなら，エネルギーの散逸は不可能である．そして，S_1, S_2, S_3 から任意の割合で構成され，エネルギーの散逸がすでに完了した，任意の物質系の状態も，内部過程に関する限り，(すなわち，上で仮定されたような包壁による制限のもとで)，物質系の温度と圧力に対する m–ζ 面について考察している部分の点で表わされる．従って，曲面のこの部分を，**散逸エネルギー面**として簡単に区別することができる．散逸エネルギー面が，連続した部分面を形成すること，X–Y 平面上で三角形 $P_1P_2P_3$ に一致する射影を形成すること (m–ζ 面を構成する圧力が負であるときを除く，その場合は散逸エネルギー面は存在しない)，そして，上向きの凸面がどこにもないこと，また，散逸エネルギー面が表す状態は決して不安定でないことは明らかである．

　2成分物質に対する m–ζ 線の一般的な性質は，別々に考察する必要がないほど類似している．そこで，いくつかの特殊な場合ついて議論することにより，面と線の両方の用法を図解することに進む．

2成分物質から成る3つの共存相は，図1の点 A，B，C によって表される．ζ は P_1P_2 から上方向に，m_1 は P_2Q_2 から左方向に，m_2 は P_1Q_1 から右方向に測られる．$P_1P_2=1$ と仮定する．これらの点 A, B, C が属する曲線の部分は図に示され，記号 (A), (B), (C) で表される．便宜上，これらを分離曲線 (separate curve) と呼ぶ．しかし，共通の接線 AC から遠く離れた図の部分での，それらの分離曲線の連続可能性に関しては何も示すことはしない．**散逸エネルギー線**は，直線 AC と元の曲線 (A) と (C) の部分を含んでいる．まず，圧力が一定のままで温度が変化するなら，図がどのように変化するかを考察しよう．温度が dt 増加するなら，位置が固定されている縦座標は，$\left(\dfrac{d\zeta}{dt}\right)_{p,\,m} dt$ または $-\eta dt$ 増加する．（容易に分かるように，これは，元の曲線の縦座標と同様に，二次の線 AC の縦座標にも当てはまる）．ところで，曲線 (B) に属するとみなされる点 B によって表される相のエントロピーを η' で表わし，曲線 (A) および曲線 (C) の接線に属するとみなされる点 B によって表される同じ物質の複合した状態のエントロピーを η'' で表わすなら，$t(\eta'-\eta'')$ は，最初の状態から二番目の状態に移行する際に，単位量の物質が生み出す熱を表す．この量が正なら，温度の上昇は，明らかに，曲線 (B) の部分が (A) および (C) の接線よりも下に突き出る原因となるが，散逸エネルギー線の部分を形成することはない．そのとき，この散逸エネルギー線は，3つの曲線 (A), (B), (C) と，(A) および (B) の接線と，(B) および (C) の接線の一部を含む．他方，温度の低下は，完全に，曲線 (B) が (A) と (C) の接線より上にくる原因となる．それで，(B) で表されるようなすべての相は不安定である．$t(\eta'-\eta'')$ が負なら，これらの結果は，温度の逆の変化によって生じる．

温度が一定のままで圧力が変化するときの結果は，完全に類似した方法で見出すことができる．どの縦座標の変化も $\left(\dfrac{d\zeta}{dp}\right)_{t,\,m} dp$ または vdp である．

第三論文　不均一物質の平衡について

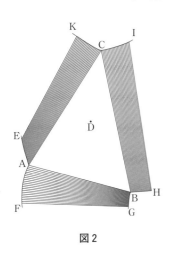

図2

従って，点Bで表される均一相の体積が，AとCで表される相で分割される同じ物質の体積より大きいなら，圧力の増加は，曲線（B）で表されるようなすべての相が不安定であることを示す図を与える．また，圧力の減少は，安定した2組の共存相を示す図を与える．それらの共存相各々のなかで，一方の相は曲線（B）で表されるような相である．体積の関係が仮定されたものと逆の場合は，これらの結果は圧力が逆に変化することよって生じる．

　3成分物質からなる4つの共存相があるとき，区別しなければならない2つの場合がある．一番目は，原曲面が四重接平面と接する点の1つが，他の3つの点を結んで形成される三角形内に存在することであり，二番目は，4つの点を凹角のない四辺形を形成するように結ぶことである．図2は，散逸エネルギー面の一部をなす $X-Y$ 平面上への射影を表す（m_1, m_2, m_3 はその平面で測られる）．そのとき，接点の1つDは，他の3つの点A，B，Cによって形成される三角形のなかに入る．この面は，四重接平面における三角形ABCと，その三角形の頂点で接する原曲面EAF，GBH，ICKの3つの面の部分と，これらの面の各々の対の上で回転する接平面によって形成される3つの可展面の部分を含む．これらの可展面は，図のなかで斜線の付いた面によって表され，それらの斜線は可展面の直線要素の方向を示す．三角形ABC内の点は，点の位置によって完全には決まらない方法で，一般に，3つまたは4つの異なる相の間で物質が分割される物質系を表している．（これらの相の物質の量は，それらが対応する点A，B，C，Dに置かれるなら，それらの重心は物質系全体を表すような点である）．そのような物質系は，一定温度と一定圧力のもとに置かれるなら，中立平衡状態にある．可展面の点は，物質が2つの共存相の間で分割される物質系を表し，その点を通る図に描かれた線の先端によって表される．当然，原曲面の点は均一な物質系を表している．

圧力が変化することなく温度が変化する場合に，散逸エネルギー面の一般的な特徴に及ぼす影響を決定するには，**原曲面**の点Dで表される相から，同じ点で表される相A，B，Cからなる複合した状態へ移る際に，物質系が熱を吸収するか，あるいは発生するかを知らなければならない．最初が熱を吸収する場合なら，温度の上昇により，部分面（D）（すなわち，点Dが属する原曲面の部分面）は，他の3つの部分面に接する平面から分離し，その面の上方に完全に位置を占めるようになる．また，温度の下降により，部分面（D）の部分は，他の部分面に接する平面から突き出ることになる．これらの効果は，均一な状態から上で述べた複合した状態へ移る物質系が熱を発生するときに，温度が逆向きに変化することにより生じる．

同様の方法で，温度が変化することなく圧力が変化する効果を決定するには，Dによって表される均一な相の体積が，相A，B，Cの間で分割される同じ物質の体積よりも大きいか小さいかを知らなければならない．均一な相がより大きな体積をもつなら，圧力の増加は，部分面（D）がその接平面の下に突き出る原因になる．これらの効果は，均一な相がより小さい体積をもつなら，圧力が逆向きに変化することにより生じる．これらすべては，2成分物質について類似した場合に使われたのと全く同じ考察から出てくる．

ところで，部分面（D）が他の部分面に接する平面より上にくるとき，点Dが消滅することを除いて，散逸エネルギー面の一般的な特徴は変わらない．しかし，部分面（D）が他の部分面に接する平面の下方に突き出るとき，散逸エネルギー面は図3で示される形を取る．それは，次の3つの部分を含んでいる．第一は，原曲面の4つの部分面の部分

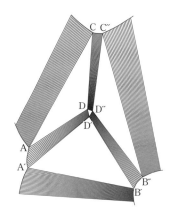

図3

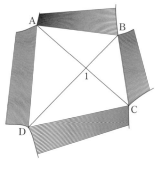

図4

第三論文　不均一物質の平衡について

であり，第二は，2つずつ取られたこれらの部分面上を回転する二重接平面によって形成される6つの可展面の部分であり，そして第三は，3つ取られたこれらの部分面に対する3つの三重接平面の部分である．部分面（D）は常にそれらの3つのうちの1つである．

しかし，4つの共存相を表す四重接平面に接する点が，凸四辺形ABCD（図4）を形成するように結びつけられるとき，散逸エネルギー面は，この四辺形の面と，それに接する原曲面の4つの部分面の一部と，四辺形の四辺に対応する四組のそれらの部分面上で回転する二重接平面によって形成される4つの可展面の部分を含む．散逸エネルギー面上での温度変化の一般的な効果を決定するために，四辺形の対角線の交点の点Iによって表される複合した状態を考えよう．これらの状態（それらはすべて同じ種類で同じ量の物質に関係している）の間には，ひとつは相Aと相Cからなる状態と，もうひとつは相Bと相Dからなる状態がある．ところで，これらの状態の最初のエントロピーが二番目のエントロピーより大きいなら，（すなわち，温度と圧力が一定のままで，最初の状態から二番目の状態へ移行する際に，熱が物体によって供給されるなら），そして，このことを一般性を失うことなく仮定できるなら，圧力が一定のままで温度が上昇することにより，点Iの近傍で，(B)，(D)，(A)と(B)，(D)，(C)の三重接平面は，(A)，(C)，(B)と(A)，(C)，(D)の三重接平面の上にくることになる．従って，散逸エネルギー面は，図5で示される形になり，4つの元の部分面の一部に加えて，2つの平面三角形と5つの可展面が存在する．温度が低下すると，散逸エネルギー面とは異なるが，しかし完全に類似した形状が得られる．この場合，四辺形ABCDは対角線BDに沿って2つの三角形に分かれる．温度が一定に保たれている間に圧力の変化によって生じた結果は，当然，記述されたものに類似している．四重接平面上の点Iで表される2つの状態のエントロピーの差の代わりに，体積の差を考えることにより，圧力の増加と減少の結果を区別することがで

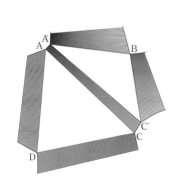

図5

きる.

　原曲面と四重接平面との接点は，孤立した点にあってもよいし，あるいは原曲面に属する曲線にあってもよいことがわかる．それでまた，2成分物質の場合には，三重接線に接する点は，元の曲線に属する孤立した点にあるかもしれない．そのような場合を別個に扱う必要はない．なぜなら，そのような場合に適用されるとき，先に述べた修正が必要なことはまったく明白だからである．この幾何的方法の残りの議論では，一般に，類似の場合において必要な制限をするか，あるいは修正をすることが残されている．

　温度と圧力が同時に変化する場合の必要条件は，3成分からなる4つの共存相，あるいは2成分からなる3つの共存相が可能であるように，純粋に解析的な方法によって既に導き出されている．(式 (129) を参照).

　次に，全く同じ組成の2つの共存相の場合を考えよう．最初は，成分の数が2つのときである．共存相は，各々の組成の変化が可能なら，2つの曲線の接点で表される．曲線のひとつは，一般に，接点を除き他の曲線の上の方にある．従って，温度と圧力が一定のままのとき，一方の相は，不安定になることなく，組成を変化させることはできない．だが，他方の相は，どちらかの成分の割合が増加するなら安定している．温度または圧力を変化させることにより，上にある曲線は，他の曲線の下方に突き出るか，あるいはその曲線の上方に（相対的に）完全に移動することができる．（2つの共存相の体積またはエントロピーを比較することにより，温度または圧力の増加によってどの結果が生じるかを簡単に決めることができる）．それで，2つの共存相が同じ組成をもつ温度と圧力により，そのような共存相が可能な温度と圧力に限界が生じる．温度と圧力についてのこの限界を超えると，二つ組共存相は，以前考察した二つ組および三つ組共存相のように簡単には不安定にはならないが，そのような二つ組共存相は存在しなくなるということが分かる．同じ結果が，既に，118頁に解析的に得られている．しかし，共存相が可能な限界の側では，図6で見られるように，t と p の同じ値に対して2つの二つ

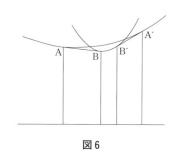

図 6

第三論文　不均一物質の平衡について

組共存相が存在する．曲線 AA′ が蒸気を表し，曲線 BB′ が液体を表すなら，B（で表されている）液体は，蒸気 A と接して存在することが可能で，（同じ温度と圧力において）液体 B′ は，蒸気 A′ に接触して存在することができる．これらの相を組成に関して比較するなら，ある場合には蒸気が特定の成分の液体よりも多く，他の場合にはより少ないことが分かる．従って，これらの液体を沸騰させると，それらの組成への影響は逆になる．一定の圧力の下で沸騰が続くと，液体の組成が互いに近づくので温度は上昇し，曲線がお互いに接するまで，曲線 BB′ は曲線 AA′ の方へ**相対的**に上昇する．そのとき，2つの液体は事実上等しくなり，それらの液体が発生する蒸気もまた等しくなる．それで，蒸気の組成，および単位質量当たりの蒸気の ζ の値は液体と一致する．しかし，（より大きな曲率をもつ）曲線 BB′ が蒸気を表し，AA′ が液体を表すならば，沸騰の影響は液体 A と液体 A′ の組成の違いをより大きくする．この場合，図に示された関係は，（同じ圧力で）曲線が互いに接する温度よりも高い温度で成り立つ．

　3成分物質からなる2つの共存相が同じ組成をもつとき，それらは原曲面の2つの部分面の接点で表される．それらの部分面が接点で交差しないなら，今考察したばかりの場合に非常に似ている．接点以外の上側の部分面は，不安定な相を表す．上側の部分面の部分が下側の部分面を突き抜けるほど，温度あるいは圧力を変化させるなら，2つの部分面上を回転する二重接平面の接点は，それぞれ閉曲線を描く．そして散逸エネルギー面は，環状の可展面によって結び付けられた原曲面の各々の部分面の一部を含む．

　より大きな曲率をもつ部分面が液体を表し，その他の部分面が蒸気を表すな

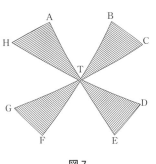

図7

ら，共存する液体と蒸気が同じ組成をもつとき，任意の与えられた圧力に対して最大になり，任意の与えられた温度に対して飽和蒸気圧は最小になる．

　しかし，同じ組成の共存相の温度と圧力に対して構成された2つの部分面が接点で交差するなら，下から見た原曲面全体は，一般に，接点から放射状に広がる4つの凹んだ溝の形

185

をしている．それら溝の各々に対して，可展面は，回転する二重接平面により形成される．接点付近での散逸エネルギー面の異なる部分は，図7で表される．ATBとETFは，原曲面の1つの面の部分で，CTDとGTHは，その他の面の部分である．これらは，可展面BTC，DTE，FTG，HTAによってひとつになる．ところで，原曲面のどちらかの部分面を，温度と圧力を適当に変化させることによって，他の部分面まで相対的に下げることができる．ATBとETFが属する部分面が相対的に下がるなら，散逸エネルギー面のこれらの部分はひとつに統合される．可展面BTCとDTEだけでなく，FTGとHTAもまたそうなる．（線CTD，BTE，ATF，HTGは，Tで互いに分かれ，それぞれ連続する曲線を形成する）．しかし，相対的に下がる原曲面の部分面が，CTDとGTHに属するなら，これらの部分は，可展面BTCおよびATH，そしてまた，DTEおよびFTGと同じように，散逸エネルギー面でひとつになる．

明らかに，これは定圧下にある共存相に対する最も高い温度，または最も低い温度の場合ではない．または，定温下にある共存相に対する最も高い圧力，または最も低い圧力の場合ではない．

興味深いもうひとつの場合は，3つの共存相のうちの1つの組成を，他の2つの相を結合して形成することができるような場合である．この場合，原曲面は，同一の直線上の3つの点で同一の平面に接しなければならない．これらの点が属する原曲面の部分を，部分面（A），（B），（C）で区別し，（C）は中間に位置する部分面を表すとしよう．部分面（C）は，明らかに（A）と（B）によって形成される可展面に接する．（C）は，接点で交わっても，交わらなくてもよい．（C）が接点で交わらないなら，（連続的な変化に関して不安定な状態を示さない限り），可展面上になければならない．そして，散逸エネルギー面は，元の部分面（A）と（B）の部分と，それらに結びついた可展面と，散逸エネルギー面が可展面と出会う部分面（C）の単一の点を含む．ところで，（A）と（B）に形成された可展面の上に（C）がくるように，温度または圧力を変化させるなら，散逸エネルギー面は，部分面（C）の単一の点を取り除

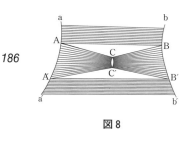

図8

くことによってのみ，その一般的な特徴を変える．しかし，(A) と (B) に形成された可展面を (C) の部分が突き抜けるように，温度または圧力を変化させるなら，散逸エネルギー面は図 8 で示される形をとる．その図には，2 つの平面三角形 ABC および A'B'C'，線 aAA'a' の左側の空間および線 bBB'b' の右側の空間で表される (A) および (B) の各々の部分，そして，ACC'A' と BCC'B' および aABb と a'A'B'b' の対によるこれらの部分面上に形成された可展面が含まれている．最後の 2 つの対は同じ可展面の異なる部分である．

しかし，原曲面が，同じ直線上の同じ平面と接する 3 つの点を持つような温度と圧力に対して構成されているとき，三重接平面に接する点での（中間の位置をもつ）部分面 (C) が，他の部分面 (A) と (B) に形成された可展面と交わるなら，散逸エネルギー面は，この可展面を含まない．しかし，散逸エネルギー面は，(A) と (C)，そして (B) と (C) に形成された 2 つの可展面をもつ 3 つの元の部分面の部分からなる．これらの可展面は，お互いに三重接平面と (C) の接点で出会い，散逸エネルギー面に属するこの部分面の一部を 2 つの部分に分割する．ところで，部分面 (C) が，(A) と (B) に形成された可展面に相対的に下降するように，温度または圧力を変化させるなら，散逸エネルギー面の一般的な特徴の唯一の変化は，(A) および (C)，そして (B) および (C) に形成された可展面が互いに分離することであり，部分面 (C) の 2 つの部分がひとつになることである．しかし，温度または圧力を逆に変化させると，図 9 で描かれるような散逸エネルギー面が得られる．そして，その

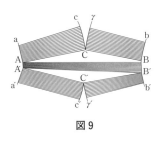

図 9

散逸エネルギー面は，三重接平面に属する 2 つの平面三角形 ABC および A'B'C'，線 aAA'a' の左側の部分面 (A) の部分，線 bBB'b' の右側の部分面 (B) の部分，部分面 (C) の分離した 2 つの部分 cCγ と c'C'γ'，(A) および (C) に形成された可展面の分離した 2 つの部分 aACc と a'A'C'c'，(B) および (C) に形成された可展面が分離した 2 つの部分 bBCγ と b'B'C'γ'，(A) および (B) に形成された可展面の部分 A'ABB' を含む．

3 つの共存相の組成が，1 つの組成を他の 2 つの組成を組み合わせることに

よって作ることが可能な場合には，これらの幾何学的な関係から，（一般に）3つの共存相の温度は一定の圧力に対して最も高いかあるいは最も低く，そして，3つの共存相の圧力は一定の温度に対して最も高いかあるいは最も低いことが分かる．この結果は，原論文の156頁で解析的に得られている．

　上記の例は，m–ζ面と曲線の使い方を説明するのに十分である．散逸エネルギー面の性質が示す物理的な特性は，言葉で表すより図で示す方が，多くの場合はるかに明確に示されるが，たまにしか言及されてこなかった．散逸エネルギー面のさまざまな異なる部分を分割する線についての知識と，**X–Y平面へ射影される**可展面の直線要素の方向についての知識は，空間におけるm–ζ面の形状についての知識がなくても，成分物質の結合と分離，そして，それらの集合状態の変化を，（結果として生じる物質系の組成と量に関して）決定するのに十分である．そのことは，そのような変化が受動的な抵抗により妨げられない限り，射影された線が関係する温度と圧力を成分物質が受けるときに起こる．

臨界相

　同じ成分物質からなる2つの共存する状態の変化は，場合によっては，共存する状態に違いが無くなる最終状態の近くで一方向に限定されることが，実験により確認されている．[13)] この状態は，**臨界状態**と呼ばれる．類似した性質は，温度または圧力が変わることなく組成の変化が可能な複合物によって明確に示すことができる．それは次のよう考えることができるからである．任意の与えられた温度と圧力において，aとbが2種類の共存相に対する比の値であるとし，2種類の液体が，aより小さく，bよりいくらか大きい，ある比$m_1 : m_2$で安定した混合物を形成することができるとする．一方，2種類の液体のうちのどちらも，三番目の液体とすべての割合で安定した混合物を形成することが可能であり，量の少ない一番目と二番目の液体は，量の多い三番目の液体と直ちに合わさって，安定した混合物を形成することができるとする．その場合，容易に分かるように，3種類の液体からなる2つの共存する混合物は，温度と圧力は同じままで，三番目の液体の量が存在しない初期の相から，2つの相に

第三論文　不均一物質の平衡について

違いが無くなる最終の相に組成が変化する．

　一般に，**臨界相**を，共存相の間に違いが無くなる相と定義できる．共存相が，連続的な変化において安定であると仮定することはできるだろう．なぜなら，幾つかの点で類似した関係が，連続的な変化に関して不安定な相について成り立つと考えることはできるかもしれないが，そのような場合について議論することに関心はないからである．しかし，共存相と臨界相が，臨界相と隣接相とは全く異なる相の形成が可能なことに関してのみ不安定であるなら，そのような変化を生じやすいことが，臨界相と隣接相との間の関係に全く影響を与えることはないし，これらの関係についての理論的な議論において考察する必要はない．ただし，そのことにより，考察している相を実験で実現することが妨げられるかも知れない．簡単のために，以下の議論では，臨界相の近傍にある相が，臨界相の近傍のものと全く異なる相の形成に関してのみ不安定であるなら，一般に，その相を安定と呼ぶ．

　まず最初に，臨界相が（その状態を維持している間に）もつことができる独立な変数の数を考察しよう．独立可変成分の数を n で表すなら，一対の共存相は n 個の独立な変数が可能であり，その共存相は，量 $t, p, \mu_1, \mu_2, \ldots\ldots, \mu_n$ のうちの n 個の変数で表される．ある臨界相に対して，それら n 個の独立な変数がもつ一定の値を $n-1$ 個の量に与えることにより，これらの変数を限定すると，臨界相で終わる対の共存相の一次系列（linear series）[14] が得られる．今，これらの $n-1$ 個の量の値を無限小に変化させると，一定とみなされる値の新しい組に対して，対の共存相の新しい一次系列が得られる．ところで，一番目の系列の相のそれぞれの対に関して，一番目の対とわずかに異なる二番目の系列のなかに相の対がなければならない．**その逆も同様**である．従って，共存相の二番目の系列は，一番目とは異なるが，わずかに異なる臨界相で終わらなければならない．従って，臨界相によって決定されるような，量 $t, p, \mu_1, \mu_2, \ldots\ldots, \mu_n$ のうちの $n-1$ 個の値のどれかを任意に変えるなら，変えられた値の組ごとにひとつの，そしてたったひとつの臨界相が得られる．すなわち，臨界相は $n-1$ 個の独立な変数が可能である．

　量 $t, p, \mu_1, \mu_2, \ldots\ldots, \mu_n$ は2つの共存相で同じ値をもつが，量 $\eta, v, m_1, m_2, \ldots\ldots, m_n$ の比は，一般に2つの相で異なる．あるいは，便宜上，（一般

性が失われないないことが必要であるが）等しい体積の2つの相を比較するなら，量 η, m_1, m_2, ……, m_n は，一般に2つの共存相で異なる値を持つ．これを臨界相に限りなく近い共存相に適用し，量 t, p, μ_1, μ_2, ……, μ_n の n 個の値を（vと同じく）一定とみなせば，その他のどちらかの変化は，量 η, m_1, m_2, ……, m_n の変化と比べて，限りなく小さいだろう．この条件は，

$$\left(\frac{d\mu_n}{dm_n} \right)_{t, v, \mu_1, \mu_2, \ldots \mu_{n-1}} = 0 \tag{200}$$

の形で書くことが可能だが，本論文の 134 頁から 135 頁で見たように，連続的な変化に関して不安定な相から安定な相を分ける境界を特徴付けている．

　事実，量 μ_1, μ_2, ……, μ_{n-1} に，一対の共存相によって決まる一定の値を与え，そして，$\frac{m_n}{v}$ に，これらの共存相内でもつ，より小さい値からより大きい値へと増加する一連の値を与えるなら，共存相を結びつける相の一次系列が決まる．μ_n は，——2つの共存相において同一の値を持つが，しかしその一次系列全体で同一な値ではない（というのは，理論的に不可能だが，もしそうなら，すべてのこれらの相は共存する）ので，——また v を一定と仮定しても，$\frac{m_n}{v}$ であるか，あるいは m_n の減少関数でなければならない．従って，その一次系列は，連続的な変化に関して不安定な相を含まねばならない（原論文の 168 頁参照）．そして，そのような一対の共存相は，任意の臨界相に限りなく近づけることができるので，（連続的な変化に関して）不安定な相は，この一対の共存相に限りなく近づくに違いない．

190　臨界相は，不連続的な変化に関して成り立つような安定性に類似した性質を持っている．なぜなら，共存相をもつすべての安定した相は，安定相と不安定相を分ける境界にあるので，同じことが，どのような安定した臨界相にも当てはまらなければならないからである．（臨界相が特定の種類の不連続的な変化に関して不安定になりがちであることを無視するなら，同じことが，不連続的な変化に関して不安定な臨界相についてもいえる．）

　t, p, μ_1, μ_2, ……, μ_n のうちの n 個の量に，それらの量が任意の対においてもつ一定の値を与えることで決定される一次系列の相は，共存相の間の部分の不安定相からなる．しかし，これらの相をどちらかの方向で超えた部分では，それは安定相からなる．それで，量 t, p, μ_1, μ_2, ……, μ_n のうちの n 個が

第三論文　不均一物質の平衡について

一定を保つような方法で臨界相が変化させられるなら，臨界相は連続と不連続の両方に関して安定を維持するだろう．従って，t, p, μ_1, μ_2, ……, μ_{n-1} が任意の臨界相によって決まる一定の値をもつとき，μ_n は m_n の増加関数である．しかし，式（200）は臨界相において成り立つので，以下の条件もまたその相で成り立つ．

$$\left(\frac{d^2\mu_n}{dm_n^2}\right)_{t,\ v,\ \mu_1,\ \ldots\mu_{n-1}} = 0 \tag{201}$$

$$\left(\frac{d^3\mu_n}{dm_n^3}\right)_{t,\ v,\ \mu_1,\ \ldots\mu_{n-1}} \geqq 0 \tag{202}$$

最後の条件（202）で等号が成り立つなら，より高次の微分係数に関係する付加条件が満たされなければならない．

式（200）と（201）は，一般に，臨界相の式と呼ばれる．臨界相は n−1 個の独立変数をもつことができるので，この特性をもつ独立な式が2つだけ存在することは明らかである．

しかしながら，式（200）が臨界相によって常に満たされることは，絶対に確実なわけではない．なぜなら，式（200）の微分係数の分母は，指示された量が一定の相の微小変化に対して微分係数の分子と同様にゼロになることが可能だからである．そのような場合，別の成分物質に適用するために，あるいは，(連続的な変化に関係する安定性の限界を特徴付けるものとして原論文の171頁で述べたように)，同様な一般的な形式のもう1つの微分係数を用いるために，下付添え字 n を仮定し，(201) と (202) においてそれに対応する変更をおこなう．そのように構成されたいくつかの式が，間違ってはいないことは確かである．しかし，完全に厳密な方法のためには，独立変数として η, v, m_1, m_2, ……, m_n を使用することに利点がある．それで，量 t, μ_1, μ_2, ……, μ_n のどれも変わることなく相が変化する条件は，次の式

$$R_{n+1} = 0 \tag{203}$$

で表される．ここで，R_{n+1} は原論文の169頁と同じ行列式を意味する．臨界相に特有な2番目の式を得るために，量 t, μ_1, μ_2, ……, μ_n のうちの n 個の量が一定のままで，臨界状態の相を変化させるとき，その臨界状態の相は不安定にはならないので，一定の体積に対する R_{n+1} の微分，すなわち，

$$\frac{dR_{n+1}}{d\eta}d\eta + \frac{dR_{n+1}}{dm_1}dm_1 + \cdots + \frac{dR_{n+1}}{dm_n}dm_n \qquad (204)$$

は，(172) のうちの n 個の式が満たされるとき，負にはならないことが分かる．どちらの式も正の値を持つことはできない．なぜなら，その値が $d\eta$, dm_1, ……の符号の変化によって負になるかもしれないからである．従って，式 (172) のうちの n 個の式が満たされるなら，式 (204) はゼロになる．これは，次の式

$$S = 0 \qquad (205)$$

で表すことができる．ここで，S は，1つの行を除いて，R_{n+1} と同じ要素の行列式を表しており，その行には，(204) の微分係数が入る．この置き換えがなされるどの行においても，式 (205) は，(203) と同じくすべての臨界相について例外なく当てはまる．

t, p, m_1, m_2, ……, m_n を独立な変数とし，次の行列式

$$\begin{vmatrix} \dfrac{d^2\zeta}{dm_1^2} & \dfrac{d^2\zeta}{dm_2 dm_1} & \cdots & \dfrac{d^2\zeta}{dm_{n-1} dm_1} \\ \dfrac{d^2\zeta}{dm_1 dm_2} & \dfrac{d^2\zeta}{dm_2^2} & \cdots & \dfrac{d^2\zeta}{dm_{n-1} dm_2} \\ \cdot & \cdot & \cdots & \cdot \\ \dfrac{d^2\zeta}{dm_1 dm_{n-1}} & \dfrac{d^2\zeta}{dm_2 dm_{n-1}} & \cdots & \dfrac{d^2\zeta}{dm_{n-1}^2} \end{vmatrix} \qquad (206)$$

を U と書き，任意の行の要素を，

$$\frac{dU}{dm_1}, \quad \frac{dU}{dm_2}, \quad \cdots, \quad \frac{dU}{dm_{n-1}} \qquad (207)$$

で置き換えることによって作られる行列を V と書けば，臨界相の式は

$$U = 0, \quad V = 0 \qquad (208)$$

となる．

臨界相の定義から，そのような相における物質系の状態の微小変化は，散逸エネルギーの状態（すなわち，内部過程によるエネルギーの散逸が完了した状態）のままであれば，その物質系は均一でなくなるという結果が直ちに得られる．この点で，臨界相はひとつの共存相をもつ相に似ている．しかし，その臨

第三論文 不均一物質の平衡について

界相は,物質系が均一でなくなるときに分離する2つの部分が,互いに,そして元の相ともほとんど違いのないような相とは異なり,また,一般に,それらの部分のどちらも無限小ではない相とも異なる.$d\eta$, dv, dm_1, dm_2, ……, dm_n の値で決まる物質系の変化を考える場合,問題にしている変化は,次の式

$$\frac{dR_{n+1}}{d\eta}d\eta + \frac{dR_{n+1}}{dv}dv + \frac{dR_{n+1}}{dm_1}dm_1 + \cdots\cdots + \frac{dR_{n+1}}{dm_n}dm_n \qquad (209)$$

が負の値をとるときにはいつでも,物質系が均一でなくなることは明らかである.なぜなら,その物質系が均一を維持するなら,R_{n+1} が負になるので,物質系は不安定になるからである.従って,一般に,このようにして決まるどのような変化も,あるいは,($d\eta$, dv, dm_1, dm_2, ……, dm_n に,負に取った同じ値を与えることによって決まる)その逆の変化も,その物質系が均一でなくなる原因となる.$d\eta$, dv, dm_1, dm_2, ……, dm_n に関して満たすべき条件は,上で述べた変化であろうとその逆であろうと,そのどちらも,その物質系の均一性を保つように,上の式 (209) をゼロとすることで表される.

しかし,(散逸エネルギー状態が保たれると仮定した)物質系の状態の変化が,微分 dt, dp, $d\mu_1$, $d\mu_2$, ……, $d\mu_n$ のうちのn+1個の任意の値によって決まると考えるなら,事実は全く異なるだろう.なぜなら,その物質系が均一でなくなるなら,それは2つの共存相から成り,これらに適用されるので,量 t, p, μ_1, μ_2, ……, μ_n のうちのn個のみが独立変数だからである.従って,これらの量のうちのn+1個の任意の変数に対して,その物質系は,一般に均一を保つに違いない.

しかし,物質系が散逸エネルギーの状態を保つと仮定する代わりに,その物質系が均一を保つと仮定するなら,上の微分のうちのn+1個のある特定の値に対応する,3つの異なる相が存在することを容易に示すことができる.そのうちの1つの相は連続的な変化と不連続的な変化の両方に関して安定であり,もう1つの相は連続的な変化に関しては安定で,不連続的な変化に関しては不安定である.そして,三番目の相は両方に関して不安定である.

しかしながら,一般に,p, t, μ_1, μ_2, ……, μ_n のうちのn個の量が,ある

いは，これらの量のn個の任意の関数が，臨界相におけるのと同じ一定の値をもつなら，こうして決定される相の一次系列は，臨界相の近傍で安定である．しかし，n個より少ないこれらの量，またはそれと同じ量に η, v, m_1, m_2, ……, m_n のいくつかの量を合わせた量の関数が臨界相で同じ値をもつなら，あるいは量 η, v, m_1, m_2, ……, m_n の任意の関数が臨界相で同じ値をもつなら，相の一次系列を決定するために，そのような一連の相における R_{n+1} の微分は，一般に，臨界相でゼロにはならない．それで，一般に，その系列の部分は不安定である．

　これらの関係を，n＝1とn＝2の場合に分けて考察することで説明できるだろう．もし，成分が変わらない物質系が臨界状態にあるなら，その体積を一定に保つことができる．そして，そのエントロピーを変化させることにより（すなわち，熱を加えたり取り去ったりして，おそらく後者の熱を取り去ることにより），均一性は維持できなくなる．しかし，圧力を一定に保つなら，いかなる熱作用によっても均一性は維持される．あるいは，温度を一定に保つなら，いかなる力学的作用によっても均一性は維持される．

　2つの独立な可変成分からなる物質系が臨界相にあるとき，そして，体積または圧力のどちらかが一定に保たれるとき，エントロピーまたは温度を変化させることにより均一性は失われる．あるいは，エントロピーまたは温度のどちらかが一定に保たれるなら，体積または圧力を変化させることにより均一性は失われる．これら両方の場合において，成分量は変わらないと仮定される．しかし，温度と圧力の量が一定に保たれると仮定するなら，その物質系の均一性は維持されるが，成分の割合は変化する．あるいは，物質系が2つの共存相から成り，それらのうちのひとつが独立に変化する2つの成分からなる臨界相であり，その物質系の温度または圧力のどちらかが一定に保たれるとする．そのとき，力学的または熱的方法によるか，あるいは成分量を変化させることによって，物質系全体に3つの共存相が生じるように，その臨界相を一対の共存相に変えることは不可能である．この段落と前の段落で述べたことは，微小変化にのみ関係している．[15]

1つの成分の量が非常に少ない場合のポテンシャルの値

式（97）の t, p, m_1 を一定にして，2つの独立な可変成分 S_1 と S_2 からなる均一な物質系に適用するなら，

$$m_1 \left(\frac{d\mu_1}{dm_2} \right)_{t,\ p,\ m_1} + m_2 \left(\frac{d\mu_2}{dm_2} \right)_{t,\ p,\ m_1} = 0 \tag{210}$$

が得られる．従って，$m_2 = 0$ に対して，

$$\left(\frac{d\mu_1}{dm_2} \right)_{t,\ p,\ m_1} = 0 \tag{211}$$

あるいは

$$\left(\frac{d\mu_2}{dm_2} \right)_{t,\ p,\ m_1} = \infty \tag{212}$$

となる．

さて，考察している物質系の組成がどのようなものであろうと，その物質系が成分物質 S_1 だけからなり，他の可変成分 S_2 に関しては $m_2 = 0$ となるように，成分物質を選ぶことは常に可能である．しかし，式（212）は，そのように適用すると，**一般には**成り立たない．なぜなら，(212) のように，任意の与えられた物質系に対する微分係数の値は，成分物質 S_2（m_2 と μ_2 は S_2 に関係している）が決まるとき，その他の成分とみなすことができる特定の成分物質に無関係なことは，（110-112 頁でポテンシャルに関してなされたように）簡単に示すことができるからである．それで，式（212）が，S_1 で示される成分物質が他の成分物質に関して $m_2 = 0$ となるように選ばれるときに成り立つなら，(212) はそのような制限なしに成り立たなければならない．しかし，これは，一般的にそうではない．

実際，式（211）が連続的な変化に関して安定などのような相においても成り立ち，また，m_2 **が正の値はもちろん，負の値も取り得るなら**，$m_2 = 0$ においても成り立つことを，直接に証明することは容易である．なぜなら，(171) により，その種の安定性を持つどのような相においても，t, p, m_2 が一定とみなされるときには，μ_1 は m_1 の増加関数だからである．それで，物質系全体

が S_1 から成るとき，すなわち $m_2=0$ のとき，μ_1 は極大値をとるだろう．従って，m_2 が正の値はもちろん，負の値も取り得るなら，式（211）は $m_2=0$ に対して成り立たなければならない．（これは，また，m-ζ 線のポテンシャルの幾何学的表示から明らかである．140 頁参照）．

しかし，m_2 が正の値しか取り得ないなら，先ほどの考察から，（211）の微分係数の値は正ではありえないことだけが結論できる．そしてまた，この場合，つまり，m_2 の増加が，問題にしている物質系に，それ以前には含まれなかった成分物質を，その物質系に加えることを示している場合の物理的意味を考察しても，（211）の微分係数が一般にゼロの値を持つと仮定するいかなる理由も見いだせない．これらの考えを明確にするために，S_1 が水を，S_2 が塩（無水塩であっても，ある特定の水和物であってもよい）を表すと仮定しよう．蒸気または氷との平衡が可能な状態で水に塩を加えると，同じ温度と圧力においてそのような平衡の可能性は失われる．その液体は，氷を融解するか，または蒸気を凝縮させる．これは，そのような状況の下で，その液体との接触によって起こる．このことは，温度と圧力が一定に保たれるときに，塩の添加によって μ_1（液体中の水に対するポテンシャル）が減少することを示す．ところで，水に対するポテンシャルの減少と添加される塩の量との比が，この量でゼロになると考える**アプリオリ**な理由は無いと思われる．むしろ，少量の塩に対するこの種の効果は，その原因に比例すると考えるべきである．言い換えれば，（211）の微分係数は m_2 の無限小の値に対して有限の負の値を持つということである．これが，数多くの塩の水溶液に関する場合であるということは，そのような溶液によって生じる蒸気圧についての Wüllner の実験[16]と，それらの溶液のなかで氷が形成される温度についての Rüdorff の実験[17]で明白に示されている．そして，それに反する場合が多数あるという実験的な証拠が無い限り，m_2 の値がゼロであって負の値ではないとき，（211）の微分係数は有限の負の値をもち，従って式（212）は正しいということを，**一般的**な法則とみなすのは不合理なことではないと思われる．しかし，これを，m_2 が負の値を取り得る場合と，注意深く区別しなければならない．それは，水への塩の溶解によっても説明できる．この目的のために，S_1 が結晶化しうる塩の水和物を表し，S_2 が水を表すとしよう．そして，完全に S_1 から成り，S_1 の結晶と平衡にある

ような温度と圧力の液体を考えよう．そのような液体では，水の量の増加または減少は，同じように S_1 の結晶を溶かし，(211) の微分係数が $m_2 = 0$ の液体の特定の相でゼロになることが必要である．

m_2 が負の値を取ることができない場合に戻り，S_1 と S_2 によって表される物質に関してその他の制約なしに，任意の一定の温度と圧力に対する μ_2 と $\dfrac{m_2}{m_1}$ との間の関係と，(211) の微分係数が $m_2 = 0$ のときと同じ一定の値を持つとみなすことができるような，非常に小さな $\dfrac{m_2}{m_1}$ の値に対する μ_2 と $\dfrac{m_2}{m_1}$ との間の関係についての検討をしよう．ここで，t, p, m_1 の値は変わらないとする．微分係数のこの値を，$-\dfrac{A}{m_1}$ で表わすなら，A の値は正であり，m_1 とは無関係である．それで，$\dfrac{m_2}{m_1}$ の小さな値に対して，(210) により，近似的に

$$m_2\left(\frac{d\mu_2}{dm_2}\right)_{t,\ p,\ m_1} = A \tag{213}$$

すなわち，

$$\left(\frac{d\mu_2}{d\log m_2}\right)_{t,\ p,\ m_1} = A \tag{214}$$

となる．この式を積分の形

$$\mu_2 = A\log\frac{Bm_2}{m_1} \tag{215}$$

で書くなら，A と同様に B は，温度と圧力だけに依存する正の値をもつ．この式は，m_2 の値が m_1 に比べて非常に小さい場合にのみ適用されるので，温度と圧力が一定のとき，$\dfrac{m_1}{v}$ を一定とみなし，

$$\mu_2 = A\log\frac{Cm_2}{v} \tag{216}$$

と書くことができる．ここで，C は温度と圧力にのみ依存する正の量を表している．

これまでのところ，物体の組成が2つの成分の割合に関してのみ変化すると考えている．しかし，物体の組成について，その他の変化が可能と考えるなら，その議論はいかなる点でも価値がなくなるわけではない．この場合，量 A と C は温度と圧力だけの関数ではなく，S_2 とともにその物体を構成する成分物質の組成を表す量の関数でもある．S_2 を除く成分のいずれかの量が（他の量

と比較して）非常に少ないなら，μ_2 の値と，従って A と C の値が，これらの成分が無い場合とほぼ同じと仮定するのは，理にかなっているように思われる．

197 　従って，任意の物体の独立な可変成分が S_a, ……, S_g および S_h, ……, S_k であり，後者の量が前者の量に比べて非常に少なく，また負の値をとらないなら，S_h, ……, S_k に対するポテンシャルの値を，次の形の式

$$\mu_h = A_h \log \frac{C_h m_h}{v} \qquad (217)$$

$$\cdots\cdots\cdots\cdots\cdots\cdots$$

$$\mu_k = A_k \log \frac{C_k m_k}{v} \qquad (218)$$

によって近似的に表すことができる（当然，なされた仮定の不確実要素に左右される）．ここで，A_h, C_h, ……, A_k, C_k は，温度，圧力，および量 m_a, ……, m_g の比の関数を表す．

　今後，気体の性質を考察するとき，これらの式は，非常に多くの事例で，実験により実証されることが分かる．それで，それらの式が，ポテンシャルの限界値に関する一般法則を表していると信じるかなりの理由がある．[18]

物体の分子構造に関するいくつかの問題点について

　物体内で独立変数とみなすことが必要な関与成分（proximate component）の数が，その物体の基本組成（ultimate composition）を表すのに十分な成分の数を超えることはまれなことではない．そのような事例は，例えば，本論文の 78 頁から 79 頁で述べたような，常温での水蒸気と自由水素と自由酸素の混合物に関する場合である．この場合は，気体状態の物質系の 3 種類の分子，つまり，水素分子，酸素分子，そして水素分子と酸素分子が化合した分子の存在により説明される．他には，本質的には原理において同じだが，様々な種類の

198 もっと多くの数の，組成が異なる分子が考えられる．これらの分子の間の関係はより複雑になっているかもしれない．その他の場合は，それらの分子が含む物質の量は異なるが，物質の種類においても，異なる種類の物質の割合においても違いのない分子によって説明される．更にその他の場合として，様々な種

第三論文　不均一物質の平衡について

類の分子があると考えられる．それらの分子は，それらが含む物質の種類も量も違いはないが，ただ，それら分子の構成のされ方だけが異なっている．言及された場合で本質的なことは，ある種類の分子，または数種類の分子の特定の数が，それらの分子が集団として含む物質の種類と量に関して，ある他の種類の分子，またはいくつかの他の種類の分子の特定の数と同等なことである．今のところ，考察している物体内で，前者が後者に変わることは決してないし，後者が前者に変わることもない．しかし，変化が一定の限界を越えないという条件で，異なる種類の分子の数の割合は変化するかもしれないし，あるいは，他の点で物体の組成は変化するかもしれないし，あるいは温度および圧力，または他の2つの適切な変数によって表される熱力学的状態は変化するかもしれない．このように，上で与えられた例では，その温度はある限界を越えて上昇することはありえない．あるいは，水素と酸素の分子は水の分子に変わるかもしれない．

　分子の構造のそのような違いから生じる物体の違いは，同じ物質を含む物体内において，そして，例えば，圧力と温度によって決まる同じ熱力学的状態において，連続的に変化することが可能である．それは，異なる種類の分子の数が変化するからである．従って，これらの違いは，分子が結合して巨視的な物質が形成される仕方に依存する違いとは区別される．後者の巨視的な物質の形成は，基本方程式の変数の数を増加させることはない．しかし，それらは，時には，その関数が独立変数の一組の値に対して異なる値をとり得る原因となる．なぜなら，例えば，同じ値の t, p, m_1, m_2, ……, m_n に対して ζ が幾つかの異なる値をとるとき，おそらく，1つは気体に対して，1つは液体に対して，1つは非晶質の固体に対して，その他は様々な種類の結晶に対して，そして，それらのすべては，上で述べた独立変数の一定の値に対して不変だからである．

　しかし，分子の構造の違いが，熱力学的状態を表す2つの変数をもつ物体の異なる種類の物質によって完全に決まるときには，次のことを認めなければならない．つまり，これらの違いは，基本方程式の変数の数のいかなる増加にも関係しないということである．例えば，まさに考察していることだが，異なる種類の分子の数が，温度と圧力，そして存在する水素と酸素の全体量で完全に決まる点に，水蒸気と自由水素と自由酸素の混合物の温度を上昇させるなら，

そのような物質系の基本方程式には，少なくとも4つの独立変数が必要である．それは，まさに今述べた4つの量かもしれない．水蒸気の形で現に存在している物質のある特定の部分に関する事実は，もちろん，ζと独立変数の間の関係についての性質を決める事実のひとつであり，それは基本方程式で表される．

しかし，最初に考察した場合においては，異なる種類の分子の量は，温度と圧力，そして基本成分の分析（ultimate analysis）によって決定される物体内の異なる種類の物質の量によっては**決定されず**，基本方程式の中にみられるそれらの成分の量やポテンシャルは，その物体の関与成分の分析（proximate analysis）によって決定されるものでなければならない．それで，それらの量の変化は，その物体の熱力学的状態に関係する2つの変化と共に，その物体が可能なすべての変化を含んでいる．[19)] そのような場合，特別な困難は生じない．つまり，関与成分がそれ以上減少するか，または形質転換することがなければ，ある特定の領域の実験が関係している限り，そのような物体の物理的化学的性質において実際何の問題もない．それにもかかわらず，関係する種類の物質の種々の相の間には，基本方程式を満たす変数の値の異なる組によって表される，特別な注意を払う価値がある特定の組がある．これらは，その物体の基本成分の分析によって決まるが，同じエネルギーと体積をもつ同じ物質に対して，エントロピーが極大値をもつ相である．考えを明確にするために，関与成分を $S_1, \ldots, S_n$ とし，基本成分を $S_a, \ldots, S_h$ とし，関与成分の量を $m_1, \ldots, m_n$ で表し，基本成分の量を $m_a, \ldots, m_h$ で表すとしよう．$m_a, \ldots, m_h$ は $m_1, \ldots, m_n$ の一次同次関数であり，成分物質 $S_1, \ldots, S_n$ の間の関係は，これらの成分物質の単位量の間の一次同次方程式で表され，数の上では関与成分の数と基本成分の数の差に等しいことは明らかである．問題の相は，η が一定の値 $\varepsilon, v, m_a, \ldots, m_h$ に対して極大であり，ε が一定の値 $\eta, v, m_a, \ldots, m_h$ に対して極小であるか，または ζ が一定の値 $t, p, m_a, \ldots, m_h$ に対して極小である．この条件を満たす相は，（$m_1, \ldots, m_n$ または $\mu_1, \ldots, \mu_n$ を含む）基本方程式が知られているとき容易に決定される．実際，容易に分かるように，成分物質の単位量の間の基本成分の分析において同等なことを表す式のなかで，対応する成分物質の単位量を示す記号を $\mu_1, \ldots, \mu_n$ で置き換えることにより，これらの相を決定する条件を表すことができる．

第三論文　不均一物質の平衡について

　これらの相を，我々が考察している種類の変化に関連して，散逸エネルギー相と呼ぶことができる．以前，類似した用語を異なる種類の変化に関連して使用しているが，それでも，ある意味で完全に類似しており，混乱を引き起こすことはない．
　そのような相の状態にある現実の物質系の中の m_1, ……, m_n の値を変えることができないことは，これらの相の特徴である．一方，他の系のエネルギーが減少するか，またはエントロピーが増加することがなければ，物質系を構成している物質だけではなく，その物質系の体積も変わらない．それで，その物質系が大きいなら，小さな物体の作用であれ，1 回きりの電気火花であれ，あるいは発生する結果にどのようにしても釣り合わない原因であれ，物質系の平衡は少しも乱されない．しかし，その物質系の温度と圧力に関連して取られた関与成分の割合が，散逸エネルギー相を形成するほどではないとき，極めて小さな物体が接触することにより，その物質系に大きな変化を引き起こす可能性はある．実際，そのような接触によって生じる変化は，散逸エネルギー相が形成されることによってのみ制限されることが可能である．そのような結果は，最初の流体のなかに存在するすべての種類の分子（あるいは少なくとも，他の種類の分子のなかにも存在する同じ種類の物質を含むそれらのすべて）を含む，もうひとつの流体との接触によって，おそらく流体のなかで生じる．しかし，そのもう一つの流体は，様々な種類の分子の量が，流体の基本組成と温度と圧力で完全に決まる最初の流体とは異なる．あるいは，その流体の分子状態に関係なく述べるなら，考察された結果は，もうひとつの流体との接触によって引き起こされることは疑いなく，その流体は，最初のすべての関与成分 S_1, ……, S_n（あるいは，それらの基本成分の分析に関して同等の関係が存在するそれらのすべての成分）を，独立に，そして受動的な抵抗もなく吸収する．しかし，その相は，その温度と圧力そして基本組成によって，（少なくとも，上で述べた特定の成分物質に関して）完全に決まる．成分物質 S_1, ……, S_n が独立に受動的な抵抗もなく吸収されることにより，吸収する物体がそれらの成分物質を含む別の物体と平衡状態にあるとき，これらの物体内での**無限小の変化**によって，これらの成分物質の全てを，どちらの方向にも独立してやりとりすることが可能である．当然，上で述べたことに対する例外は，問題にしてい

る結果がいくつかの他の種類の変化の発生により妨げられる場合にぴたりと当てはまる．言い換えれば，2つの物体は，述べてきた性質を保ちながら接触を維持することができると考えられる．

触媒作用という用語は，考察しているような作用に適用されている．1つの物体が，もう1つの物体を散逸エネルギー相に変える性質をもっているとき，2つの物体の割合に関係する制限なしに，ある種の分子変化に関して，一番目の物体を二番目の物体および考察される種類の分子変化に関して，**完全な触媒**と呼ぶことができる．

分子変化が，均一な物体のなかでゆっくりと起こる幾つかの場合には，温度と圧力が一定に保たれる物質系が，最終的に，その温度と圧力と基本成分の量で完全に決まる平衡状態になることは，不可能ではないと思われる．だが一方，その物質系が通過する様々な過渡的な状態は，（その状態は，今述べた量では完全には決まらないことは明らかだが）その温度と圧力をもつある関与成分の量により完全に決定することが可能である．そして，その物質系の物質を，近似的な可逆過程によって，永続する状態からこれらの様々な過渡的な状態に導くことができるだろう．そのような場合，過渡的にしろ，永続的にしろ，可能な全ての相に関する基本方程式を作ることができる．そしてまた，それとは別の，重要でより少数の独立変数を含む基本方程式を作ることもできる．この基本方程式は，平衡の最終の相にだけ関係する．最終の相は，（分子変化に関する）散逸エネルギー相であり，基本方程式のより一般的な形が知られるなら，それから，これらの永続する相のみの基本方程式を導くことは容易であろう．

さて，理論的に考察されたこれらの関係は，分子変化の速さとは無関係である．それで，そのような過渡的な相を区別できない場合には，それらの相は，それでもまだ理論的な意義をもちうるのかどうか，という疑問が必然的に生じる．もしそうなら，この観点からその問題を考察することは，そのような過渡的な相を区別できない場合，基本成分に関する基本方程式の形を見出す上で役立つかもしれない．そのような基本方程式は，実験による実証が可能な物体のすべての性質を表すために必要な唯一の式である．こうして，物体の相がその温度と圧力をもつn個の独立な可変成分の量によって完全に決まると仮定され，また，その物体がより大きな数n'の関与成分から構成されており，従ってそ

第三論文　不均一物質の平衡について

れらの成分は，（温度と圧力が一定に保たれる間は）独立な可変成分ではないと考える理由がある．そのときには，その物体の基本方程式が，n′ 個の関与成分と n 個の基本成分に類似した複合物の散逸エネルギー相についての式と同じような形をとることは，全く可能だと思われる．その式では，関与成分は，（温度と圧力が変化することなく）独立に変化することが可能である．そして，そのようなことが判明した場合，その事実は，物体の関与する構造に関して示唆を与えるものとして興味深い．

　そのような考察は，特に次のような全く一般的な場合に適用できるように思われる．つまり，第一の場合は，一定とみなされるある特定の温度と圧力の下で，物質系を構成しているある特定の関与成分の量が独立に変化することが可能な場合である．第二の場合は，これらの変化により生じる相の全ては，それらの性質が永続する一方で，同じく一定とみなされる他の温度と圧力の下で，これらの関与成分の量が独立に変化することが不可能な場合である．そして第三の場合は，その相を，その温度と圧力をもつ基本成分の量により完全に定義することができる場合である．ある中間の温度と圧力の下で，中間の性質の関与成分の独立性に関する条件が存在するかもしれない．そこでは，関与成分の量は，永続的だけではなく本質的に過渡的でもあるような，すべての相を考えるときには独立に変化する．しかし，そこでは，これらの関与成分の量は，永続する相のみを考えるときには独立に変化しない．ところで，散逸エネルギー状態にある物体が，上で述べた 3 つの状態の 1 つからもう 1 つへ移ることが，状態のなんらかの不連続な変化となんらかの必然的な関係をもつ，ということを信じる理由は無い．従って，m_1, m_2, ……, m_n と μ_1, μ_2, ……, μ_n が，常に物体の基本成分に関係していると解するなら，これらの状態の 1 つをもう 1 つの状態と分ける境界を通過しても，本論文の 106 頁の（99）から（103）において列挙された量のいくつかの値に，どのような不連続な変化も生じさせることはない．従って，上で述べられた異なる状態にある物質系が，異なる基本方程式（この式を，本論文 106 頁で記述された 5 種類のうちのどれか 1 つだと考えることができる）をもつとみなすなら，これらの式は，それらの状態を分ける境界において，それらの式のすべての変数の値だけでなく，これらの変数を含む一次の微分係数のすべてにも一致する．これらの関係は，基本成分の量

が一定の物質系に対する t, p, ζ の値を直交座標で表すと仮定することにより説明できる．そのような物質系の関与組成（proximate composition）が t と p によって決まらない場合には，ζ の値はこれらの変数によって決まらない．そして，関係する t, p, ζ の値を表す点は立体を形成する．この立体は，ζ が測られる方向とは反対の方向で，散逸エネルギー相を表す面と境を接している．その図形のある部分では，このように表された相の全ては永続的であり，もう1つの部分では，境を接している面における相のみが永続的である．そして，三番目の部分では，（存在が実験的に実証できるいくつかの相に対して）ただ1つの面を除いて，そのような立体図形は存在しない．この面は，上で述べた図形の部分の散逸エネルギー相を表す境界面と共に，述べてきた図形の異なる部分を分ける境界で，その法線の方向に関して不連続ではない，連続した部分面を形成する．（実際，液体や気体などの状態を表す異なる部分面が存在するであろうが，これらの種類のひとつの状態に考察を限定するなら，その場合はこれまで述べてきた通りである）．

　これ以後，気体の基本方程式の議論において，（物体の関与組成が依存する分子変化に関する）散逸エネルギー相の基本方程式を，より一般的な形の基本方程式から導出する例を示そう．

重力の影響下での不均一な物質系の平衡条件

　さて，重力の影響を受けている，様々な種類の物質からなる物質系の平衡条件を調べよう．物質や熱を通さない固定された包壁に閉じ込められた物質系を考えるのが便利であろう．また，他の点では，重力に関することを除いて，77頁と同じ仮定をするのが都合がよい．ところで，その物質系のエネルギーは，1つは本来備わった性質と状態に依存するエネルギーと，もう1つは空間での位置に依存するエネルギーの2つの部分からなる．Dm を物質系の要素，$D\varepsilon$ を要素の内部エネルギー，h を定められた水平面からの高さ，g を重力の加速度を示しているとしよう．そうすると，（知覚できるほど大きな運動がないときの）物質系の全エネルギーは，次の式

$$\int D\varepsilon + \int gh Dm \tag{219}$$

第三論文　不均一物質の平衡について

で表せる．ここで，積分は物質系の要素をすべて含む．そして，一般的な平衡条件は，

$$\delta \int D\varepsilon + \delta \int ghDm \geq 0 \qquad (220)$$

となり，その変化は，ある特定の条件式に従う．これらは，物質系全体のエントロピーが一定であること，物質系全体の境界となっている面が定まっていること，そして各成分物質の全体量が一定であることを表さなければならない．その他の条件式は存在せず，独立な可変成分が物質系全体にわたって同じだと仮定しよう．そして，初めに，物質系の初期状態を定める量が微小に変化することで表される変化に関する平衡条件について考察することだけに限定しよう．ただし，同じ近傍に最初から存在していたものとは全く異なる微小な物質が，どこかの場所で形成される可能性は考慮しない．

　$D\eta$, Dv, Dm_1, ……, Dm_n は，要素 Dm のエントロピー，体積，そして様々な成分を含む量を表すとしよう．そうすると，

$$Dm = Dm_1 + \cdots + Dm_n \qquad (221)$$

そして

$$\delta Dm = \delta Dm_1 + \cdots\cdots + \delta Dm_n \qquad (222)$$

となる．また，式（12）より，

$$\delta D\varepsilon = t\delta D\eta - p\delta Dv + \mu_1 \delta Dm_1 + \cdots\cdots + \mu_n \delta Dm_n \qquad (223)$$

となる．これらの式により，一般的な平衡条件は，次の式

$$\int t\delta D\eta - \int p\delta Dv + \int \mu_1 \delta Dm_1 + \cdots\cdots + \int \mu_n \delta Dm_n \\ + \int g\delta hDm + \int gh\delta Dm_1 + \cdots\cdots + \int gh\delta Dm_n \geq 0 \qquad (224)$$

となる．ところで，異なる条件式は，この条件の異なる部分に影響することが分かるので，それぞれ，
$\int \delta D\eta = 0$ のときには，

$$\int t\delta D\eta \geq 0 \qquad (225)$$
$$-\int p\delta Dv + \int g\delta hDm \geq 0 \qquad (226)$$

となり，境界面が変化しないなら，

$$\left.\begin{array}{l} \int \delta Dm_1 = 0 \text{ のとき,} \int \mu_1 \delta Dm_1 + \int gh\delta Dm_1 \geq 0 \\ \cdots\cdots\cdots\cdots\cdots\cdots\cdots\cdots\cdots\cdots\cdots\cdots\cdots\cdots\cdots\cdots\cdots\cdots\cdots \\ \int \delta Dm_n = 0 \text{ のとき,} \int \mu_n \delta Dm_n + \int gh\delta Dm_n \geq 0 \end{array}\right\} \qquad (227)$$

でなければならないことが分かる．

（225）から，熱平衡の条件
$$t = 一定 \tag{228}$$
が導ける．

条件（226）は，明らかに，普通の力学的平衡条件であり，通常のどの方法によっても形を変えることができる．例えば，その式を，物質系の外側の面か，さもなければ形の決まっていない外側の面で両端が終端になっている，非常に細い管の中で縦方向に起こるような運動に適用することができる．管の一方の端と，変化が可能な位置の横断面の間の管の部分に含まれる物質の質量を m で，体積を v で表すなら，その条件は，
$$-\int p\delta dv + \int g\delta h dm \geqq 0 \tag{229}$$
の形を取る．ここで，積分は管の体積全体わたってとられる．管の端での運動は不可能なので，
$$\int p\delta dv + \int \delta v dp = \int d(p\delta v) = 0 \tag{230}$$
となる．さらに，γ によって流体の密度を表すなら，
$$\int g\delta h dm = \int g \frac{dh}{dv} \delta v \gamma dv = \int g\gamma \delta v dh \tag{231}$$
となる．これらの式により，条件（229）は，次の式
$$\int \delta v (dp + g\gamma dh) \geqq 0 \tag{232}$$
に変形することができる．従って，δv の値は任意なので，
$$dp = -g\gamma dh \tag{233}$$
であり，管の中の任意の点で成り立つ．微分は，その任意の点で管の縦方向に対してなされる．従って，管の形状は決まっていないので，この式は，物質系全体で，制限なしに成り立たなければならない．圧力は高さのみの関数であり，密度はこの関数の一次導関数を $-g$ で割ったものに等しいことは明らかである．

条件（227）は，化学平衡の特徴をすべて含んでいる．これらの条件を満たすために，

第三論文　不均一物質の平衡について

$$\left.\begin{array}{c}\mu_1+gh=\text{一定}\\ \cdots\cdots\cdots\cdots\cdots\\ \mu_n+gh=\text{一定}\end{array}\right\} \quad (234)$$

であることが必要十分条件である．記号 $\mu_1, \cdots, \mu_n$ は，それぞれの成分のポテンシャルと呼んでいる量を表す．これらの量は，物質系のいずれの点においても，その点のまわりの物質の性質と状態によって完全に決まる．必要な場合は，成分のポテンシャルを**内部**ポテンシャルとして区別すれば，これらの量と重力のポテンシャルの間の混乱をすべて避けることができる．式（234）で表される関係は次のようになる．

流体が重力の影響下で平衡にあるとき，またいたるところで独立に変化することが可能な同じ成分をもつとき，それぞれの成分に対する内部ポテンシャルは，どのような与えられた高さにおいても一定であり，高さが上がると一様に減少する．単位量の物質が高い位置から低い位置に下がるとき，2つの異なる位置での任意の成分の内部ポテンシャルの値の差は，重力によってなされる仕事に等しい．

式（228），（233），（234）で表される条件は，平衡のための必要十分条件である．ただし，物質が形成される点のまわりに以前から存在したものとは，相がほとんど同じでない物質系が形成される可能性に関しては除く．任意の点でそのような物質が形成される可能性は，重力の作用とは明らかに関係がなく，その点のまわりの物質の相によって完全に決まる．これに関する平衡条件は，本論文の 90 頁から 97 頁にかけて議論した．

しかし，式（228），（233），（234）は完全に独立した式ではない．なぜなら，不連続面（すなわち，物質系の隣接した要素の相がある程度異なる面）が存在しないどのような物質系に関しても，これらの式の1つは，他の式から導かれるからである．こうして，(228) と (234) により，相の連続的な変化において成り立つ (97) から，

$$vdp = -g(m_1 + \cdots + m_n)dh \quad (235)$$

あるいは，
$$dp = -g\gamma dh \quad (236)$$

が得られる．従って，これらの式は，式（228）と（234）を満たすどのような

206

物質系においても成り立ち，また，不連続面が存在しないどのような物質系においても成り立つ．しかし，式（233）で表される平衡条件は，不連続面に関して例外はない．従って，そのような不連続面が存在するどのような物質系においても，式（228）と（234）で表される関係に加えて，これらの不連続面において不連続な圧力の変化がないことが，平衡のために必要である．

我々が見出した特別な平衡条件のこの付加条件は，相があらゆるところで連続的な物質系に適用されるとき，変化可能な体積要素の位置と大きさが変化するという事実による．一方，これらの要素に最初から含まれている物質は，それらの要素に限定されるとは考えられていない．ところで，系の状態が変化するとき，異なる成分は異なる方向に動くかもしれないので，同じ物質を常に含むように体積要素を定義することは，明らかに不可能である．それで，体積要素に含まれる物質は変化すると考えなければならない．従って，これらの要素を空間に固定することが許されるであろう．与えられた物質系が不連続面を持たないなら，これは最も単純なやり方であろう．しかし，幾つかの不連続面が存在するなら，固定された体積要素の相の微小な変化によるだけでなく，不連続面の運動によっても，与えられた物質系の状態が変化することは可能であろう．従って，一般的な平衡条件に，これらの不連続面のまわりの体積要素の不連続な変化に関係する項——つまり，これらの要素が運動可能と考えるなら無効になる必要性——を付け加えることが必要だろう．なぜなら，各々の要素は，不連続面の同じ側に常に残るからである．

体積要素が固定されているとみなされる先の問題を扱う方法

体積要素の位置と大きさが固定されているとみなすなら，特有な平衡条件がいかにして得られるかを詳しく見ることと，そして，各々の体積要素の相の微小な変化だけでなく，有限な変化の可能性について考えることは興味深い．記号 δ を相のそのような有限の差によって決まる差を定義するために使うなら，物質系全体の内的エネルギーの変化を，次の式

$$\int \delta D\varepsilon + \int \varDelta D\varepsilon \tag{237}$$

で表すことができる．最初の積分は微小に変化するすべての要素についてなされ，2番目の積分は有限な変化をするそれらのすべての要素についてなされる．

第三論文　不均一物質の平衡について

両方の積分は，物質系全体になされるとみなすことは**可能である**．しかし，それらの値は，言及した部分を除いてゼロとなるだろう．

　重力の方向と大きさは一定とみなすことができるほど小さいので，物質系の考察だけに限定したくないなら，Υ を重力のポテンシャルを表すために使い，重力によるエネルギー部分の変化を，次の式

$$-\int \Upsilon \delta Dm - \int \Upsilon \Delta Dm \tag{238}$$

で表すことができる．

　それで，一般的な平衡条件として，

$$\int \delta D\varepsilon + \int \Delta D\varepsilon - \int \Upsilon \delta Dm - \int \Upsilon \Delta Dm \geq 0 \tag{239}$$

が得られ，条件式は，

$$\int \delta D\eta + \int \Delta D\eta = 0 \tag{240}$$

$$\left. \begin{array}{c} \int \delta Dm_1 + \int \Delta Dm_1 = 0 \\ \cdots\cdots\cdots\cdots\cdots\cdots\cdots \\ \int \delta Dm_n + \int \Delta Dm_n = 0 \end{array} \right\} \tag{241}$$

となる．これらの式の各々に未定定数を掛けて，条件（239）から引くことにより，これらの条件式から独立した平衡条件が得られる．これらの未定定数を $T, M_1, \ldots, M_n$ で表すなら，項を整理した後，

$$\int \overline{\delta D\varepsilon - \Upsilon \delta Dm - T\delta D\eta - M_1 \delta Dm_1 - \cdots - M_n \delta Dm_n}$$
$$+ \int \overline{\Delta D\varepsilon - \Upsilon \Delta Dm - T\Delta D\eta - M_1 \Delta Dm_1 - \cdots - M_n \Delta Dm_n} \geq 0 \tag{242}$$

が得られる．この条件における微小な変化と有限な変化は，条件式（240）と（241）から独立しており，各々の要素に対する $D\varepsilon, D\eta, Dm_1, \ldots, Dm_n$ の様々な値は，相の特定の変化によって決まる．しかし，同じ要素の相が，有限な変化と微小な変化の両方を生じることはないので，

$$\delta D\varepsilon - \Upsilon \delta Dm - T\delta D\eta - M_1 \delta Dm_1 - \cdots - M_n \delta Dm_n \geq 0 \tag{243}$$

と

$$\Delta D\varepsilon - \Upsilon \Delta Dm - T\Delta D\eta - M_1 \Delta Dm_1 - \cdots - M_n \delta Dm_n \geq 0 \tag{244}$$

が得られる．

　式（12）と必要な関係（222）より，これらの条件の最初の式（243）は，

$$(t-T)\delta D\eta + (\mu_1 - \Upsilon - M_1)\ \delta Dm_1 + \cdots\cdots$$
$$+ (\mu_n - \Upsilon - M_n)\ \delta Dm_n \geqq 0 \quad (245)$$

となる．そのための必要十分条件は，

$$t = T \quad (246)$$

$$\left.\begin{array}{c}\mu_1 - \Upsilon = M_1 \\ \cdots\cdots\cdots\cdots \\ \mu_n - \Upsilon = M_n\end{array}\right\} \quad (247)^{20)}$$

である．

209　条件（244）は，次の式

$$\Delta D\varepsilon - T\Delta D\eta - (\Upsilon + M_1)\ \Delta Dm_1 - \cdots\cdots - (\Upsilon + M_n)\ \Delta Dm_n \geqq 0 \quad (248)$$

となり，また，（246）と（247）より，

$$\Delta D\varepsilon - t\Delta D\eta - \mu_1 \Delta Dm_1 - \cdots\cdots - \mu_n \Delta Dm_n \geqq 0 \quad (249)$$

となる．相の変化後に確定した値を，′で区別するなら，この条件は次のように書くことができる．

$$D\varepsilon' - tD\eta' - \mu_1 \Delta Dm_1 - \cdots\cdots - \mu_n Dm_n'$$
$$- D\varepsilon + tD\eta + \mu_1 Dm_1 + \cdots\cdots + \mu_n Dm_n \geqq 0 \quad (250)$$

そして，（93）より，

$$D\varepsilon' - tD\eta' - \mu_1 Dm_1' - \cdots\cdots - \mu_n Dm_n' + pDv \geqq 0 \quad (251)$$

となる．

さて，体積要素 Dv が不連続面に接しているなら，$D\varepsilon'$, $D\eta'$, Dm_1', ……, Dm_n' は，不連続面の別の側面に存在する相によって（同じ体積要素に対して）決まるとしよう．t, μ_1, ……, μ_n はこの不連続面の両側で同じ値をもつので，条件は（93）により，

$$-p'Dv + pDv \geqq 0 \quad (252)$$

となる．つまり，不連続面の一方の側の圧力が，他方の側の圧力より大きくてはならない．

より一般的には，（251）は，任意の点で相が不連続に変化する可能性についての平衡条件を表す．$Dv' = Dv$ なので，その平衡条件はさらに，

$$D\varepsilon' - tD\eta' + pDv' - \mu_1 Dm_1' - \cdots\cdots - \mu_n Dm_n' \geqq 0 \quad (253)$$

と書くことができる．この式は，t, p, μ_1, ……, μ_n が物質系の任意の点により決まる値をもち，$D\varepsilon'$, $D\eta'$, Dv', Dm_1', ……, Dm_n' がその物質系を構成する成分物質の可能な相により決まる値をもつときに成り立つ．しかしながら，その条件の応用は，本書の90頁から97頁で考察された制限に従う．温度が値 t で，ポテンシャルが値 μ_1, ……, μ_n の相によって，$D\varepsilon'$, $D\eta'$, Dm_1', ……, Dm_n' が決まるとき，t, μ_1, ……, μ_n と Dv' の一定の値に対して，(253) の左辺が可能な極小値をもつことは，(本論文の122-124頁で見たように)，簡単に示すことができる．従って，そのような相に適用されるような条件を考察することで十分であろう．そのような場合，(93) により

$$p - p' \geqq 0 \qquad (254)$$

となる．つまり，任意の点の圧力は，同じ成分の任意の相の圧力と同じ大きさでなければならない．それにより，温度とポテンシャルはその点で同じ値をもつ．また，圧力が式 (246) と (247) に矛盾しない大きさでなければならないということにより，この条件を表すことが可能である．上で述べた式を伴うこの条件は，常に平衡に対する十分条件である．その条件が満たされないとき，たとえ平衡が存続するとしても，その平衡は少なくとも事実上不安定であろう．

　それゆえ，流体からなる物質系の任意の点の相は，重力の影響のもとで（この力が外部の物体によるものであろうと，物質系自身によるものであろうと）安定平衡にあり，いたるところ同じ独立な可変成分からなり，任意の他の点の相と，2つの点に対する重力ポテンシャルの値の差によって完全に決まる．

理想気体と混合気体の基本方程式

　完全気体または理想気体の一定量に対し，体積と圧力の積は温度に比例し，エネルギーの変化は温度の変化に比例している．このような気体の単位量に対して，次のように書くことができる．

$$pv = a\,t,$$
$$d\varepsilon = c\,dt,$$

ここに，a と c は定数を表す．後者を積分することで次式を得る．

$$\varepsilon = c\,t + E,$$

ここで，E も定数を表す．これらの式によって得られた t と p を (11) に代入すれば，次式を得る．

$$d\varepsilon = \frac{\varepsilon - E}{c} d\eta - \frac{a}{v} \frac{\varepsilon - E}{c} dv,$$

または，

$$c \frac{d\varepsilon}{\varepsilon - E} = d\eta - a \frac{dv}{v}.$$

この式の積分は次の形に書くことができる．

$$c \log \frac{\varepsilon - E}{c} = \eta - a \log v - H,$$

ここに，H は四番目の定数を表す．E は $t=0$ における単位量の気体のエネルギーを表す；H は $t=1$ 及び $v=1$ におけるその気体のエントロピーを表す；a もやはり $t=1$ 及び $v=1$ におけるその気体の圧力，あるいは，$t=1$ 及び $p=1$ におけるその気体の体積を表す；c はその気体の定積比熱を表すと考えることができる．もし，ε, η, v に対し，それぞれ $\frac{\varepsilon}{m}, \frac{\eta}{m}, \frac{v}{m}$ と置き換えれば，この式の適用を，各定数の値を変えることなく，気体の任意の量に拡張することができる．これは次式を与える．

$$c \log \frac{\varepsilon - Em}{cm} = \frac{\eta}{m} - H + a \log \frac{m}{v}. \tag{255}$$

これは，一定の組成の理想気体に対する基本方程式（103-107 頁参照）である．気体を構成する物質の様々な物性が，ある別の構成もしくは組成を取ると考える必要がなく，単に問題となっている気体（純物質の状態にある）を構成していると考えさえすればよいなら，一般性を損なうことなく，E や H の値にゼロ，あるいは他の任意の値を与えてもよいことが見て取れるであろう．しかし，われわれの研究範囲がこのように限定されていない場合には，一つの物質が取る幾つかのほかの構成に関して，$\varepsilon = 0$ 及び $\eta = 0$ の気体物質の状態を決定した方がよいかもしれない．あるいは，物質が混合物であれば，$\varepsilon = 0$ 及び $\eta = 0$ である気体の組成の状態は，すでに決められているはずである；したがって，定数 E や H の値は，一般に任意であると見なすことはできない．

(255) から，微分することで次式を得る．

$$\frac{c}{\varepsilon - Em} d\varepsilon = \frac{1}{m} d\eta - \frac{a}{v} dv + \left(\frac{cE}{\varepsilon - Em} + \frac{c+a}{m} - \frac{\eta}{m^2} \right) dm, \tag{256}$$

これから，(86) で表された一般的な関係によって，

$$t = \frac{\varepsilon - E}{cm}, \tag{257}$$

$$p = a\frac{\varepsilon - Em}{cv}, \tag{258}$$

$$\mu = E + \frac{\varepsilon - Em}{c\,m^2}(c\,m + a\,m - \eta). \tag{259}$$

式 (87), (255), (257) から ψ, t, v, m との間の基本方程式を得ることができる．ε を消去することで，次式を得る．

$$\psi = Em + cmt - t\eta,$$

および，

$$c \log t = \frac{\eta}{m} - H + a \log \frac{m}{v};$$

更に，η を消去することで，次の基本方程式を得る．

$$\psi = Em + mt\left(c - H - c \log t + a \log \frac{m}{v}\right). \tag{260}$$

この式を微分すると，次式を得る．

$$d\psi = -m\left(H + c \log t + a \log \frac{v}{m}\right)dt - \frac{amt}{v}dv$$
$$+ \left(E + t\left(c + a - H - c \log t + a \log \frac{m}{v}\right)\right)dm; \tag{261}$$

これから，一般式 (88) により，

$$\eta = m\left(H + c \log t + a \log \frac{v}{m}\right), \tag{262}$$

$$p = \frac{amt}{v}, \tag{263}$$

$$\mu = E + t\left(c + a - H - c \log t + a \log \frac{m}{v}\right). \tag{264}$$

(260) から，(87) と (91) によって，

$$\zeta = Em + mt\left(c - H - c \log t + a \log \frac{m}{v}\right) + pv$$

を得る．更に，(263) を使って v を消去すると，次の基本方程式を得ること

ができる．

$$\zeta = Em + mt\left(c + a - H - (c+a)\log t + a\log \frac{p}{a}\right). \quad (265)$$

これから，微分によって，(92) と比較することで，次の式を得ることができる．

$$\eta = m\left(H + (c+a)\log t - a\log \frac{p}{a}\right), \quad (266)$$

$$v = \frac{amt}{p}, \quad (267)$$

$$\mu = E + t\left(c + a - H - (c+a)\log t + a\log \frac{p}{a}\right). \quad (268)$$

最後の式も基本方程式である．これは次の形に書くことができよう．

$$\log \frac{p}{a} = \frac{H - c - a}{a} + \frac{c+a}{a}\log t + \frac{\mu - E}{at}, \quad (269)$$

あるいは，ネーピア（Napier）の対数の底［自然対数の底］を e で表せば，

$$p = ae^{\frac{H-c-a}{a}} t^{\frac{c+a}{a}} e^{\frac{\mu - E}{at}}. \quad (270)$$

χ, μ, p, m との間の基本方程式もまた容易に得ることができる；それは，

$$(c+a)\log \frac{\chi - Em}{(c+a)m} = \frac{\eta}{m} - H + a\log \frac{p}{a}, \quad (271)$$

であり，これは χ について解くことができる．

互いに完全に同等である基本方程式 (255)，(260)，(265)，(270)，及び (271) のどの一つを使っても，理想気体を定義すると考えられる．これらの式のほとんどは異なる定数を用いることで，簡単な形にできることが分かるだろう．例えば，(270) においては，$ae^{\frac{H-c-a}{a}}$ に対し一つの定数を使うことができるし，$\frac{c+a}{a}$ に対しては別の定数を使うことができよう．これらの式は，異なる形の式に存在する定数間の関係が最も明瞭に表すことができるように，上記の形で与えられている．仮に p と m を定数と考えて，(266) を微分して求められる和 $c+a$ は定圧比熱である．[21]

前述の基本方程式は，物質がただ一つの変数（m）によって完全に決められ

第三論文　不均一物質の平衡について

る場合の，**一定組成**の気体に対し全て成り立っている．以下の考察から，各成分組成が変化するような気体の混合物に対し，それに対応する一定組成の気体と同じような基本方程式を得ることができる．

　異なる種類の気体または蒸気を発生する幾つかの液体または固体物質が，発生した気体（気体間の化学作用の場合は除いた）の混合物と，同時に平衡状態にあれば，混合気体における圧力は，種々の液体または固体物質の各気体が，同じ温度で単独に占めることで生じる各気体の圧力の和に等しい．このことは，非常に一般的に，且つ多くの場合に非常に正確な実験的検証を含んだ規則である．ところで，液体または固体のいずれにおいても，その物質が気体の形で生じるその物質のポテンシャルは，液体または固体が混合気体と平衡状態にあるとき，その物質が単独でそれ自体の気体と平衡状態にあるときとほぼ同じ値をもつ．二つの場合における圧力の差は，ポテンシャルの値に或る一定な差をもたらすが，この差は小さく，次の式から推察することができる．

$$\left(\frac{d\mu_1}{dp}\right)_{t,m} = \left(\frac{dv}{dm_1}\right)_{t,p,m}, \qquad (272)$$

この式は（92）なる式から導くことができる．ほとんどの場合に，各液体によって，ほかの物質によって発生した気体のある一定な吸収があるが，そのような吸収が極めて大きい場合には，上記の規則を適用しないことは良く知られているから，われわれが取り扱わねばならない場合には，この現象の効果は，主要な問題ではないと結論できる．もし，これらの現象に起因するポテンシャルの値のわずかな差を無視すれば，この規則は以下のように表現することができる：——

**　異なる種類の気体からなる混合物の圧力は，各気体が混合物と同じ温度で，同じポテンシャルの値をもって，それぞれ単独に存在するときの各気体の圧力の和に等しい．**

　二つの液体が放出する気体の混合物を伴うこれらの液体の平衡について，このように記述される法則の実際的な意義の正確な概念を創るために，いずれの液体も相手の液体が放出した気体を吸収しない場合には，両端が閉じたＷの形に曲げられた一つの長い管を考えることができ，その窪んだ下側部分にそれぞれの液体を入れ，その液体が出す各気体は，これらの液体の上側部分に入る

ようにする．すなわち，管の両端には個々の気体が入り，管の中間部分には混合された気体が入る．このときこれは全体が平衡状態にあると考えることができ，各気体の圧力の差は，液体柱の適当な高さで釣り合っている．さて，どちらの気体のポテンシャルも，**同じ高さなら，混合気体の状態でも別々の気体状態でも同じ値をもつこと**は，166頁から173頁で確立された原則から明らかであり，したがって，われわれが与えた形での規則によれば，混合気体の圧力も，別々の気体状態での圧力の和に等しく，**これらすべての圧力は同じ高さで測られている．**ところで，この規則が確立された実験は，むしろ液体の表面近くの気体に関係している．しかし，これら気体表面における高さの差はかなり大きいかもしれないが，理想気体の法則に該当すると見なすことのできる全ての場合において，気体柱における対応する圧力差は確かに非常に小さくなり，非常に大きい圧力差は許容されない．

もし，理想気体の混合物に上の法則を適用し，異なる種類の気体に関係する各量を下添数によって区別し，下添数を変えることで得られる同様なすべての項の和を Σ_l で表せば，(270) によって次式を得る．

$$p = \Sigma_l \left(a_l e^{\frac{H_l - c_l - a_l}{a_l}} t^{\frac{c_l - a_l}{a_l}} e^{\frac{\mu_l - E_l}{a_l t}} \right). \tag{273}$$

理想混合気体を定義する基本方程式として，この式を暫定的に想定し，その後で，これらから導き出すことのできる性質によって，そのような定義の適合性を正当化することは，理にかなっているだろう．特に，このように定義される理想混合気体が，その成分の組成を一定に保つとき，一定組成の理想気体に対してすでに仮定された性質のすべてをもっていることを示すことが必要になろう；すなわち，上の規則に関して，より厳密に，より詳細に固体と液体を伴うこのような混合気体の平衡を考察することがまた望ましい．

(273) を微分して，(98) と比較することで，

$$\frac{\eta}{v} = \Sigma_l \left(\left(c_l + a_l - \frac{\mu_l - E_l}{t} \right) e^{\frac{H_l - c_l - a_l}{a_l}} t^{\frac{c_l}{a_l}} e^{\frac{\mu_l - E_l}{a_l t}} \right), \tag{274}$$

第三論文　不均一物質の平衡について

$$\left.\begin{array}{l}\dfrac{m_1}{v}=e^{\frac{H_1-c_1-a_1}{a_1}}\,t^{\frac{c_1}{a_1}}\,e^{\frac{\mu_1-E_1}{a_1 t}},\\[6pt]\dfrac{m_2}{v}=e^{\frac{H_2-c_2-a_2}{a_2}}\,t^{\frac{c_2}{a_2}}\,e^{\frac{\mu_2-E_2}{a_2 t}},\\[4pt]\cdots\cdots\cdots\cdots\\\cdots\cdots\cdots\cdots\end{array}\right\} \qquad (275)$$

を得る．温度と，任意の成分の密度，及びその成分のポテンシャルとの間の関係は，他の成分の存在によって影響を受けないことを(275)式は示している．これらはまた，次のようにも書くことができる．

$$\left.\begin{array}{l}\mu_1=E_1+t\left(c_1+a_1-H_1-c_1\log t+a_1\log\dfrac{m_1}{v}\right),\\[4pt]\cdots\cdots\cdots\cdots\\\cdots\cdots\cdots\cdots.\end{array}\right\} \qquad (276)$$

(275)と(276)によって，(273)と(274)からμ_1, μ_2, ……を消去すると，次式を得る．

$$p=\Sigma_l\frac{a_l\,m_l\,t}{v}, \qquad (277)$$

$$\eta=\Sigma_l\left(m_l H_l+m_l c_l\log t+m_l a_l\log\frac{v}{m_l}\right). \qquad (278)$$

混合気体の圧力は，各成分気体が同じ温度で，混合気体と同じ体積で別々に存在するならば，各成分気体がとる圧力の和に等しいという良く知られた原理を，(277)式は表している．(278)式は，混合気体のエントロピーに関して同様な原理を表している．

(276)と(277)から，ψ, t, v, m_1, m_2, ……との間の基本方程式を容易に得ることができる．なぜなら，これらの式から得られたp, μ_1, μ_2, ……の値を(94)に代入することで，

$$\psi=\Sigma_l\left(E_l m_l+m_l t\left(c_l-H_l-c_l\log t+a_l\log\frac{m_l}{v}\right)\right) \qquad (279)$$

を得るからである．

もし種々の成分の割合を一定と見なすならば，次のように書くことで，この

式は簡単にすることができよう．すなわち，

$\Sigma_l m_l$ に対し m,
$\Sigma_l (c_l m_l)$ に対し cm,
$\Sigma_l (a_l m_l)$ に対し am,
$\Sigma_l (E_l m_l)$ に対し Em,

及び $\Sigma_l (H_l m_l - a_l m_l \log m_l)$ に対し $Hm - am \log m$.

このとき，c, a, E, H の値は一定となり，m は気体の全体量を表す．この式 [(279)] がこのように (260) 式の形に導かれたように，その成分の割合が一定に保たれるとき，(273) または (279) で定義されるように，理想混合気体は，われわれが一定組成の理想気体に仮定した全ての性質をもつことは明らかである．混合気体の定積比熱および定圧比熱とその各成分の比熱との間の関係は，次の式によって表される．

$$c = \Sigma_l \frac{m_l c_l}{m}, \tag{280}$$

および
$$c + a = \Sigma_l \frac{m_l (c_l + a_l)}{m}. \tag{281}$$

混合気体の t, v, m_l, μ_l の値が，別々に存在している（m_l と μ_l に関係する）成分 G_l に対し可能であるような値であることを，すでに見てきた．下添字が示す幾つかの量の，そしてこのように別々に存在している気体 G_l に対して決められる量の関連する値を p_l, η_l, ψ_l, ε_l, χ_l, ζ_l で表し，ほかの成分にもこの表し方を拡張すれば，(273)，(274)，(279) によって次式を得る．

$$p = \Sigma_l p_l, \quad \eta = \Sigma_l \eta_l, \quad \psi = \Sigma_l \psi_l; \tag{282}$$

これから，(87)，(89)，(91) によって，

$$\varepsilon = \Sigma_l \varepsilon_l, \quad \chi = \Sigma_l \chi_l, \quad \zeta = \Sigma_l \zeta_l. \tag{283}$$

したがって，混合気体についてのの p, η, ψ, ε, χ, ζ なる量は，任意の成分，その成分の量，その成分のポテンシャル，温度，体積に割り当てられるこれらの量の各部分の間で，あたかもその成分が別々に存在していたかのように，同じ関係が存在するものとする．そのような仕方で，種々の成分に帰属することのできる各部分から構成されていると考えることができる．すべての気体がほかのすべての気体に対し真空としてあるという，この意味に，Dalton の法

第三論文　不均一物質の平衡について

則を理解して置かねばならない．

　これらの関係式が，理想気体ではない気体の混合物に対しても，そして実に，個々の気体の熱力学的性質に関しても何の制限もせずに，矛盾なく成立し得ることは注目すべきことである．これらはすべて，異なる種類の気体からなる混合気体の圧力は，それぞれの気体が同じ温度で，混合気体と同じポテンシャルの値を持ち，それぞれ単独に存在しているときの，各異種気体の圧力の和に等しいという法則の結果である．というのは，p_1, η_1, ε_1, ψ_1, χ_1, ζ_1; p_2, ……；……を，混合気体と同じ体積，同じ温度，同じポテンシャルを持ち，それぞれ単独に存在している異種の各気体に関係するように定義されるとしよう；もし，

$$p = \Sigma_l \, p_l$$

ならば，このとき，　　$\left(\dfrac{dp}{d\mu_1}\right)_{t,\ \mu_2,\ \cdots,\ \mu_n} = \left(\dfrac{dp_l}{d\mu_l}\right)_t$　　　　219

である．したがって(98)により，混合気体中の，そしてp_1, η_1, ……が関係する個々の気体中の，任意の成分気体G_lの量は同じであり，同じ記号m_lで表すことができる．また，

$$\eta = v\left(\dfrac{dp}{dt}\right)_{\mu_1,\ \cdots,\ \mu_n} = v\,\Sigma_l\left(\dfrac{dp_l}{dt}\right)_{\mu_l} = \Sigma_l\,\eta_l;$$

これからまた，(93)〜(96)によって，

$$\varepsilon = \Sigma_l\,\varepsilon_l, \quad \psi = \Sigma_l\,\psi_l, \quad \chi = \Sigma_l\,\chi_l, \quad \zeta = \Sigma_l\,\zeta_l.$$

　混合気体の種々の成分が，混合気体中での量と同じで，混合気体の温度と体積で，それぞれ単独に存在しているとき，そのψなる関数の各値の和に混合気体のψの値が等しいときはいつでも，同じ関係式のすべてがまた成り立っている．なぜなら，p_1, η_1, ε_1, ψ_1, χ_1, ζ_1; p_2, ……；……が，そのように単独に存在する各気体成分に関連すると定義されている場合，次の式を得るからである．

$$\psi = \Sigma_l \psi_l,$$

これから，　　$\left(\dfrac{d\psi}{dm_1}\right)_{t,\ v,\ m} = \left(\dfrac{d\psi_l}{dm_1}\right)_{t,\ v}.$　[22)]

したがって，(88)により，ポテンシャルμ_lは，混合気体において，そして仮

定したように各成分が個々に存在している気体 G_l において，同じ値をもつ．さらに，

$$\eta = -\left(\frac{d\psi}{dt}\right)_{v,\,m} = -\Sigma_l \left(\frac{d\psi_l}{dt}\right)_{v,\,m} = \Sigma_l \eta_l$$

であり，

$$p = -\left(\frac{d\psi}{dv}\right)_{t,\,m} = -\Sigma_l \left(\frac{d\psi_l}{dv}\right)_{t,\,m} = \Sigma_l p_l$$

である．これより

$$\varepsilon = \Sigma_l \varepsilon_l, \qquad \chi = \Sigma_l \chi_l, \qquad \zeta = \Sigma_l \zeta_l.$$

異なる種類の物体が，それらと外部物体との間で仕事または熱のやり取りをせずに混合されるときはいつでも，この混合によって形成された物体のエネルギーは，混合された各物体のエネルギーの和に必ず等しい．理想混合気体の場合には，混合されている気体物質（gas-masses）の初期温度が，（これらの気体物質が全く異なる種類の気体であるか，あるいはその成分の割合だけが異なる混合気体であるかどうかに関らず）［混合気体と］同じ温度である場合，混合後の混合気体の温度もまた同じであるとき，そのときに限り，いま上で述べた条件は満たすことができる．したがって，そのような混合では，混合後の最終的な温度は初めの温度と同じになる．

平衡状態にある理想混合気体の鉛直柱（vertical column）を考え，二つの異なる点でのその成分の一つの密度を，γ_1 と γ_1'，で表わせば，(275) と (234) によって次式を得る．

$$\frac{\gamma_1}{\gamma_1'} = e^{\frac{\mu_1 - \mu_1'}{a_1 t}} = e^{\frac{g(h'-h)}{a_1 t}}. \tag{284}$$

この式から，′［プライム］を付けて区別した量を一定とみなすと，成分のどれか一つの密度と高さとの関係は，その他の成分の存在によって影響されないことが分かる．

一定温度での，あるいは初期及び最終の気体物質および使用される唯一の外部熱源または外部冷熱源の温度が全て同じであるときの，理想混合気体の混合または分離の任意の可逆過程で得られた，または使われた仕事は，初期及び最終の気体物質の ψ の値の合計の差をとることによって求められる．(107, 108

第三論文　不均一物質の平衡について

頁参照）すなわち，この仕事は，異なる種類の成分が各々単独で存在している中で，仕事が求められる実際の過程において，その成分が被る密度の同じ変化を生み出すことで得られたまたは消費された，各仕事量の和に等しいということが，(279) なる式の形から明らかである.[23]

さて，液体と接している気体物質が理想混合気体と見なすことができる場合，異なる種類の気体の存在によって影響を受けるように液体が放出する気体とその液体との平衡についての考察に戻ろう.

まず最初に，液体によって放出された気体の密度は，液体がこれらの付加気体による圧力から何らかの仕方で防御されているとき，液体に吸収されない他の気体の存在によって，影響を受けないことが分かる．これは，液体に対する透過性をもつ隔膜によって，液体と気体物質とを分離することで達成できる．そのとき，その気体の圧力よりも小さな或る一定の圧力で，液体を維持することは容易である．このとき，気体として生じる物質に対する液体中でのポテンシャルは一定に保たれるであろうし，それゆえ，気体における同じ物質のポテンシャルと，気体におけるこの物質の密度，およびそれによる気体の圧力部分とは，この気体のほかの成分によって影響されないだろう．

しかし，気体と液体が通常の環境下で，すなわち，平らな自由表面（free plane surface）で出会うとき，両者の圧力は必然的に同じであり，任意の共通成分 S_1 のポテンシャルの値も同じである．液体の組成と温度は変化しないままで，気体の不溶性成分の密度が変化すると仮定しよう．S_1 の圧力とポテンシャルの増加を，dp と $d\mu_1$ で表せば，(272) によって，

$$d\mu_1 = \left(\frac{d\mu_1}{dp}\right)_{t,m}^{(L)} dp = \left(\frac{dv}{dm_1}\right)_{t,p,m}^{(L)} dp$$

を得る．式に付けられた指標 (L) は，液体に関係することを表している．（このような指標の伴わない式は，気体だけ，もしくは共通の気体と液体を表す.）さらに，気体は理想混合気体であるから，成分 S_1 が同じ温度で単独で存在しているかのように，p_1 と μ_1 との関係も同じである．したがって，(268) により

$$d\mu_1 = a_1 t \, d\log p_1.$$

それゆえ，

$$a_1 t \, d\log p_1 = \left(\frac{dv}{dm_1}\right)_{t,p,m}^{(L)} dp. \tag{285}$$

この式は，右辺の微分係数を一定と見なせば，直ちに積分することができ，非常に良い近似になる．この式を

$$dp_1 = \gamma_1 \left(\frac{dv}{dm_1}\right)^{(L)}_{t,p,m} dp \tag{286}$$

の形に書けば，結果をもっと簡単に得ることができるが，それほど正確ではない．ここに，γ_1 は気体中の成分 S_1 の密度を表している，そしてこの量も一定と見なして積分する．これは

$$p_1 - p_1' = \gamma_1 \left(\frac{dv}{dm_1}\right)^{(L)}_{t,p,m} (p - p') \tag{287}$$

を与え，ここに，p_1' と p' は気体の不溶性成分が全く入っていない場合の p_1 と p の値を表す．$p - p'$ は，p_1 が関係する混合気体の相において，不溶性成分の圧力にほぼ等しいことが分かるだろう．S_1 は気体と液体の唯一の共通成分では必ずしもない．もしほかの成分が存在すれば，それらのいずれかによる気体混合物中の分圧の増加は，下添数（subscript numerals）の最後だけが異っている式によって見出すことができる．

次に，ある程度液体に吸収される気体の効果を考察しよう．したがって，それは厳密に液体の成分と見なさねばならない．二つの成分 S_1 と S_2 の混合気体と，それと同じ二つの成分からなる液体との平衡を，一般的に考察することから始めよう．前述のような記号を用いると，(98)により，一定温度に対して次式を得る．

$$dp = \gamma_1 d\mu_1 + \gamma_2 d\mu_2,$$

及び
$$dp = \gamma_1^{(L)} d\mu_1 + \gamma_2^{(L)} d\mu_2;$$

これより
$$(\gamma_1^{(L)} - \gamma_1) d\mu_1 = (\gamma_2 - \gamma_2^{(L)}) d\mu_2.$$

ところで，この気体が理想気体であれば，

$$d\mu_1 = \frac{a_1 t}{p_1} dp_1 = \frac{dp_1}{\gamma_1}, \quad 及び \quad d\mu_2 = \frac{a_2 t}{p_2} dp_2 = \frac{dp_2}{\gamma_2},$$

したがって，
$$\left(\frac{\gamma_1^{(L)}}{\gamma_1} - 1\right) dp_1 = \left(1 - \frac{\gamma_2^{(L)}}{\gamma_2}\right) dp_2. \tag{288}$$

さて，S_1 がこの液体の主成分で，S_2 が液体に僅かに吸収された気体であると仮定しよう．このような場合には，液体中および気体中における物質 S_2 の

密度の割合は，与えられた温度に対してほぼ一定であることが良く知られている．この定数を A で表せば，

$$\left(\frac{\gamma_1^{(L)}}{\gamma_1} - 1\right) dp_1 = (1-A)\, dp_2 \tag{289}$$

となる．この式を，γ_1 を変数とみなして積分することは容易であるが，p_1 の値の変動（variation）は，必然的に常に非常に小さいので，$\gamma_1^{(L)}$ と同様に γ_1 も定数とみなせば，十分な精度が得られる．したがって，

$$\left(\frac{\gamma_1^{(L)}}{\gamma_1} - 1\right)(p_1 - p_1') = (1-A) p_2 \tag{290}$$

を得る．ここに，p_1' は S_1 から成る純粋な液体の飽和蒸気圧を表す．$A=1$ のとき，気体 S_2 の圧力は，気体 S_1 の圧力または密度に影響されないことが見て取れよう．$A<1$ のとき，気体 S_1 の圧力と密度は，S_2 が無かった場合よりも大きく，$A>1$ のときは，その逆のことが言える．

　液体または固体と平衡状態にある場合の（われわれが仮定してきた定義による）理想混合気体の性質は詳細に展開してきた．というのは，完全気体のもつ性質から，ふつういくらかの偏りが存在するということは，これら［理想混合気体］の性質に関してだけだからである．蒸気で飽和された気体の圧力は，その密度から計算された気体の圧力と，それとは別の仕方で空（カラ）の空間の中に飽和された蒸気の圧力との和よりも，ふつう少し低く与えられるが，その気体が不溶性のとき，われわれの式ではもう少し低くなるので，この点でわれわれの式は，蒸気で飽和された気体の圧力が，上の二つの圧力の和に等しくなるとする規則よりも少し精度を欠くと思われる．しかしながら，関係している量の大きさは，この精度が問題になるほどのものではないことが見て取れよう．

　われわれが採用した Dalton の法則の表現は，一方では，（性質のある部類に関して）混合気体の理論を完全なものにすることには役立つが，任意の固体あるいは液体に関しては何も主張していないことも分かるだろう．しかし，固体または液体との平衡に必要な気体の密度は，その固体または液体によって吸収されない別の気体の存在によって変わらないという通常の法則は，もし**厳密**に解釈するならば，全く容認しがたい固体と液体についての結果を伴うだろう．これを示すために，言及した規則が正しいと仮定しよう．S_1 が気体物質と，

液体物質または固体物質との共通成分を，S_2 が不溶性気体の成分を表すとし，さらに，気体物質に関する量は必要なら指標 (G) で，液体物質または固体質に関する量は指標 (L) で区別しよう．さて，気体が液体または固体と平衡状態にある間に，S_2 の成分を含んでいる量に dm_2 なる増加があるとし，その体積と他の成分を含む量とは，温度と同様に一定を保っているとする．気体物質での S_1 のポテンシャルは，増分

$$\left(\frac{d\mu_1}{dm_2}\right)^{(G)}_{t,v,m} dm_2$$

を受取り，圧力は次の増分を受取る．

$$\left(\frac{dp}{dm_2}\right)^{(G)}_{t,v,m} dm_2.$$

ところで，気体と平衡状態を保っている液体または固体は，μ_1 と p の値において同じ変動 (variations) を受けなければならない．しかし，(272) によって，

$$\left(\frac{d\mu_1}{dp}\right)^{(L)}_{t,m} = \left(\frac{dv}{dm_1}\right)^{(L)}_{t,p,m}.$$

したがって，

$$\left(\frac{dv}{dm_1}\right)^{(L)}_{t,p,m} = \frac{\left(\dfrac{d\mu_1}{dm_2}\right)^{(G)}_{t,v,m}}{\left(\dfrac{dp}{dm_2}\right)^{(G)}_{t,v,m}}.$$

この式の左辺は液体または固体だけに関係し，右辺は気体だけに関係していることが分かるだろう．いまこの同じ気体物質に，いくつかの異なる種類の液体または固体と平衡が可能である，と仮定しよう．したがって，この式の左辺は，このようなすべての液体または固体に対し，同じ値を持たねばならない；これは全く容認し難い．液体または固体が，それが発生する蒸気と全く同一物質であるような，最も簡単な場合には，問題にしている式は，固体または液体の密度の逆数を表すことは明らかである．それ故，固体状態と液体状態における両方の成分の一つと，気体が平衡状態にあるとき（湿潤な気体（moist gas）が氷や水と平衡状態にあるときように），固体と液体は同じ密度を持たねばならないことが必要である．

以上の考察は，われわれが選択した理想混合気体の定義を正当化するのに充

第三論文　不均一物質の平衡について

分と思われる．無論，定義を，(273) なる式によって，あるいは (279) によって，またはこれらの式から導くことのできる他のどんな基本方程式によっても表わされると考えるかどうかは重要ではない．

(255), (265), 及び (271) に対応する理想混合気体の基本方程式は，180 頁に与えた置き換えを逆に使うことで，それらの式から容易に導き出すことができる．その基本方程式は以下のものである．

$$\Sigma_l(c_l\,m_l) \log \frac{\varepsilon - \Sigma_l(E_l\,m_l)}{\Sigma_l(c_l\,m_l)} = \eta + \Sigma_l\left(a_l\,m_l \log \frac{m_l}{v} - H_l\,m_l\right), \quad (291)$$

$$\Sigma_l(c_l\,m_l + a_l\,m_l) \log \frac{\chi - \Sigma_l(E_l\,m_l)}{\Sigma_l(c_l\,m_l + a_l\,m_l)}$$
$$= \eta + \Sigma_l\left(a_l\,m_l \log \frac{p m_l}{\Sigma_l(a_l\,m_l)} - H_l\,m_l\right), \quad (292)$$

$$\zeta = \Sigma_l(E_l\,m_l + m_l\,t(c_l + a_l - H_l))$$
$$- \Sigma_l(c_l\,m_l + a_l\,m_l)\,t \log t + \Sigma_l\left(a_l\,m_l\,t \log \frac{p m_l}{\Sigma_l(a_l\,m_l)}\right). \quad (293)$$

基本方程式 (273), (279), (291), (292), (293) が表す成分は，それ自体で混合気体であり得る．たとえば，二成分系混合気体 (binary gas-mixture) の基本方程式を，水素と空気の混合物に対し，あるいは二つの成分の比が一定であるような任意の三成分系混合気体 (ternary gas-mixture) に対して適用できる．事実，どんな特定な数の成分からなる混合気体にも当てはまる (279) なる式の形は，これらの成分のいくつかの比が一定であるとき，より少ない数の成分からなる混合気体に当てはまる式の形に，容易に導くことができる．必要な置き換えは，180 頁に与えた置き換えと似ている．しかし各成分は，成分が混合によって形成される気体に関して互いに他と全く違っていなければならない．たとえば，成分が酸素と空気である混合気体に (279) 式を適用することはできない．成分として指定された気体に関して，そのような混合気体に対する基本方程式を作ることは，実際には容易である．そのような式は，適当な置き換えによって (279) から導き出すことができよう．しかし，それは，(279) よりもっと複雑な式になってしまう．しかしながら，Dalton の法則に関して，更にこれまでに与えてきた全ての式に関して，**化学化合物**は，その成

分と全く違うものであると見なされるべきである．したがって，水素，酸素，及び水蒸気の混合物は，上に述べた三つの成分をもつ三成分系混合気体と考えるべきである．これは，化合物気体とその成分の量とが，温度または圧力の変化を伴わずに，混合気体中ですべて独立に変動可能であるとき，確かに正しい．これらの量が，そのように独立に変動可能でない場合は，この後で考察しよう．

液体及び固体におけるポテンシャルについての結論

(264)，(268)，(276) のような式は，純粋なあるいは混合した気体のポテンシャルの値が，直接測定可能な量から導き出すことができることによって，気体の理論に限定されない利点をもっている．なぜなら，共存する液体相や気体相に共通する独立な可変成分のポテンシャルが，各々で同じ値を持つので，これらの式は，一般に，気体状態で存在することが可能な任意の独立な可変成分に対するポテンシャルでも，液体に対して，少なくとも近似的に決める方法を与えるからである．けれども，液体の全ての状態が気体相に接して存在できる訳ではないために，液体の成分のどれも揮発性であるとき，その温度と組成を変化させずに，圧力だけの変化によって，蒸気の共存する相の在る状態に導くことは常に可能であり，その状態では，液体の揮発性成分のポテンシャルの値は，蒸気中のこれらの物質の密度から見積ることができる．圧力の変化による液体におけるポテンシャルの変動は，温度の変化もしくは成分の変化に関連する変動に比べて，一般に，全くごく僅かであるし，更に，(272) 式によって容易に見積ることができる．同じ考察は，固体の物質に対するポテンシャルの決定に関して揮発性固体にも当てはまる．

液体におけるポテンシャルを定めるこの方法の応用として，任意の液体相に含まれる気体の量とそのポテンシャルとの間の関係を定めるために，液体による気体の吸収に関する Henry の法則を利用することにしよう．気体と平衡状態にあるような液体を考えよう．そして，$m_1^{(G)}$ はそのような状態として存在している気体の量を，$m_1^{(L)}$ は液体相の中に含まれる同じ物質の量を，μ_1 は気体と液体に共通するこの物質のポテンシャルを，$v^{(G)}$ と $v^{(L)}$ は気体と液体の体積を表すものとする．吸収された気体が液体相の非常に小さな一部分を形成するとき，Henry の法則によって，

第三論文　不均一物質の平衡について

$$\frac{m_1^{(\mathrm{L})}}{v^{(\mathrm{L})}} = A\frac{m_1^{(\mathrm{G})}}{v^{(\mathrm{G})}} \tag{294}$$

を得る．ここに A は温度の関数である；さらに（276）によって，

$$\mu = B + C\log\frac{m_1^{(\mathrm{G})}}{v^{(\mathrm{G})}} \tag{295}$$

である．B と C もまた温度の関数を表している．それゆえ，

$$\mu_1 = B + C\log\frac{m_1^{(\mathrm{L})}}{Av^{(\mathrm{L})}}. \tag{296}$$

この式が，小さな部分の成分の量とポテンシャルとの間の確率的な関係として**先験的な**考察から導き出された（216）と，形において等価であることが（記号の違いを無視すれば）分かるだろう．液体が一度に種々の気体を吸収する場合には，同時に成り立っている（296）の形の種々の式があり，そして，それは（217），（218）なる式と等価であると考えることができる．（216）の A や C なる量は，（217），（218）のそれと対応する量と共に，温度と圧力の関数と見なされたが，液体におけるポテンシャルは圧力の影響をほとんど受けないので，液体の場合のこれら A と C の量は温度だけの関数と見なすことができる．

　（216），（217），（218）なる式に関しては，これらの式が，（264）と（276）によって，混合気体全体の小さな一部だけを形成する成分に対してだけでなく，そのようないかなる制限も付けない部分を形成する成分に対しても，更に，近似的にだけでなくむしろ完全に，理想気体もしくは理想混合気体において成り立っていることを表していることが分かるだろう．この場合，A と C なる量は温度だけの関数であり，これらが関係する特定な成分については除き，気体相の性質にすら依存しないことは注目すべきである．すべての気体物体が，十分に希薄される場合，理想気体の諸法則に近づくと一般に仮定されているので，密度が十分小さいときには，気体物体に対して，これらの式が一般にほぼ有効であると見なすことができよう．気体相の密度が非常に大きく，しかし問題にしている成分の個々の密度が小さいときには，これらの各式は恐らく有効であろう．しかし，A と C の値は，圧力と，あるいはその主成分についての相の組成と，完全に無関係ではないかも知れない．これらの式は，液体中の密度が非常に小さい成分の液体相におけるポテンシャルに対しても，いま見てきたよ

うに，これらの成分が気体状態においても存在し，Henry の法則に従うときはいつでも当てはまるであろう．このことは，これら各式によって表された法則が非常に一般的な応用を持っていることを示しているように思われる．

拡散による気体の混合に基づくエントロピーの増加に関する考察

一定な温度と圧力で，二つの異なる種類の気体が拡散によって混合される場合に生じるエントロピーの増加は，(278) なる式から容易に計算できる．最初，気体の量は，それぞれ全体積の半分ずつ占めているものと仮定しよう．この全体積を V で表せば，エントロピーの増加は，

$$m_1 a_1 \log V + m_2 a_2 \log V - m_1 a_1 \log \frac{V}{2} - m_2 a_2 \log \frac{V}{2},$$

または，
$$(m_1 a_1 + m_2 a_2) \log 2$$

となるだろう．ところで，

$$m_1 a_1 = \frac{pV}{2t}, \quad 及び \quad m_2 a_2 = \frac{pV}{2t}$$

である．したがって，エントロピーの増加は次式で表すことができる．

$$\frac{pV}{t} \log 2. \tag{297}$$

各量が仮定されているような量であれば，混合される気体は異なる種類の気体でなければならないということ以外，この式の値が，関与する気体の種類に依存しないことは注目すべきである．同種の気体から成る二つの物質を接触させるものとすれば，それらも混じり合うだろうが，エントロピーの増加は全くないだろう．だが，この場合の先に述べたことに対して持つ関係については，以下の考察に留意しなければならない．われわれが仮定したように，二種類の気体が拡散によって混合し，全エネルギーが一定を保ち，エントロピーが或る増加を受け取る場合は，外部物体における一定な変化によって，例えば，より暖かい物体からより冷たい物体に或る熱量が移動することによって，この混合気体は分離でき，各々の気体が最初に持っていたと同じ体積と温度に持ってくることができることを意味する．しかし，同じ種類の二つの気体物質が同様な条件の下で混合されるとき，そこにエネルギーまたはエントロピーの変化が全くないという場合，この間に混合された気体が外部物体への変化を伴わずに分

第三論文　不均一物質の平衡について

離することができる，ということを意味しない．それどころか，混合気体を分けることは全く不可能である．われわれは，混合されなかったときと同様に混合された場合も，その気体物質のエネルギー及びエントロピーと呼ぶ．なぜなら，二つの気体物質にいかなる違いも認識し得ないからである．したがって，種類の異なる気体が混合されるとき，系をその初期状態に戻すために外部物体のどのような変化が必要かと問えば，それは，各粒子が或る以前の時刻とほぼ全く同じ位置にあるとする状態ではなく，その実際的な性質において，以前の時刻のものと区別できないとする状態だけを意味している．熱力学の諸問題が関係しているのは，このように不十分に定義された系の状態に対してである．

しかし，同じ種類の気体物質の混合物が，異なる種類の気体物質の混合物と，なぜ違う立場に立脚しているかを，そのような考え方で説明するならば，異なる種類の気体の混合物によるエントロピーの増加が，われわれが仮定したような場合には，各気体の性質に依存しないという事実がかなり重要である．

いま，われわれの式に具体的に表された気体の一般法則の意味を損なわずに，こうした実際に存在する気体以外の他の気体が存在すると仮定しても，そのような二種類の気体間に在る類似性に何ら制約があるとは思えない．しかし，与えられた温度と圧力で，各気体に与えられた体積を一緒にすることによるエントロピーの増加は，これら二種類の気体間の類似性もしくは非類似性の程度に依存しないだろう．また，互いに純粋な状態かもしくは混合状態の気体として存在している間は，効果を示し始める（測定可能な，そして分子的な）すべての性質において全く同一でなければならないが，それらの原子と幾つかのほかの物質の原子との間の引力に関して，すなわち，そのような物質と結合する傾向に関して異なっていなければならない二つの気体の場合を想定することができる．拡散によるそのような気体の混合では，動的に考えられる混合の過程は，エントロピーのどんな増加も無しに起こりうる過程によって，（各原子の正確な経路に関してさえも）その最も微細な細部においても完全に同一であり得るが，しかしエントロピーの増加は起こるだろう．このような点で，エントロピーはエネルギーと著しい対照をなしている．更にまた，このような気体が混合される場合，一度混合された後で混合前の分割されていたと同じ二つの部分に，均一混合気体を分ける場合の不可能性よりも，何ら特別な外的影響も無しに，

気体物質内の分子の通常の動きによって二種類の分子に分ける場合の不可能性の方がより難しいということはない．言い換えれば，エントロピーの非補償的な減少（uncompensated decrease）の不可能性はあり得ないことになると思われる．

理想気体の法則が適用される状態にあるときに，与えられた温度と圧力での与えられた体積中の分子の数は，すべての種類の気体に対して同じであるというようによく確立された気体の分子論の中に，真相は恐らくない．それゆえ，(297) の $\frac{pV}{t}$ なる量は，混合された分子の数によって完全に決められねばならない．そしてそれ故に，エントロピーの増加は，これら分子の数によって決定され，分子の力学的条件や分子の違いの程度には依存しない．

混合された各気体の体積が同じではないとき，および二種類より多くの気体が混合されたとき，この結果は同じ性質を持っている．$v_1, v_2, \ldots\ldots$ によって，異なる種類の気体の初めの体積を表し，V によって前のようにその全体積を表すとすれば，エントロピーの増加は，次の形に書くことができる．

$$\Sigma_l (m_l a_l) \log V - \Sigma_l (m_l a_l \log v_l).$$

さらに，$r_1, r_2, \ldots\ldots$ で種々の異なる種類の気体の分子数を表せば，

$$r_1 = C m_1 a_1, \quad r_2 = C m_2 a_2, \ldots\ldots$$

を得る．ここに C は一つの定数を表す．したがって，

$$v_1 : V :: m_1 a_1 : \Sigma_l (m_l a_l) :: r_1 : \Sigma_l r_l;$$

そして，エントロピーの増加は

$$\frac{\Sigma_l r_l \log \Sigma_l r_l - \Sigma_l (r_l \log r_l)}{C} \tag{298}$$

と書くことができる．

230　化学的に関連している成分をもつ理想混合気体の散逸エネルギー相

さて，関与する成分（proximate component）の数が基本成分（ultimate component）の数を上回っている場合の，理想混合気体の散逸エネルギー相（162-163 頁参照）の考察に移ろう．

最初に，理想混合気体が，関与する成分に対してその単位量が $\mathfrak{G}_1, \mathfrak{G}_2, \mathfrak{G}_3$ で表される気体 G_1, G_2, G_3 を持ち，さらに，基本成分の分析（ultimate analysis）

第三論文　不均一物質の平衡について

において，
$$\mathfrak{G}_3 = \lambda_1 \mathfrak{G}_1 + \lambda_2 \mathfrak{G}_2 \tag{299}$$
であると仮定しよう．λ_1 と λ_2 は $\lambda_1 + \lambda_2 = 1$ となるような正の定数を表す．考察する相は，定エントロピーと定積に対して，さらに基本成分の分析で決められたような G_1 と G_2 の一定量に対して，混合気体のエネルギーが極小値をとるような相である．このような相に対しては，(86) により，基本成分の分析で決定されるような G_1 と G_2 の量に影響を与えないような変分の値に対して，
$$\mu_1 \delta m_1 + \mu_2 \delta m_2 + \mu_3 \delta m_3 \geq 0 \tag{300}$$
である．λ_1, λ_2, -1 に比例する δm_1, δm_2, δm_3 の値，そして，そのような値だけが明らかにこの制限と一致する：したがって，
$$\lambda_1 \mu_1 + \lambda_2 \mu_2 = \mu_3. \tag{301}$$
この式に，(276) の μ_1, μ_2, μ_3 の値を代入すれば，各項を整理した後で，t で割ることによって，
$$\lambda_1 a_1 \log \frac{m_1}{v} + \lambda_2 a_2 \log \frac{m_2}{v} - a_3 \log \frac{m_3}{v} = A + B \log t - \frac{C}{t} \tag{302}$$
を得る．ここに，
$$A = \lambda_1 H_1 + \lambda_2 H_2 - H_3 - \lambda_1 c_1 - \lambda_2 c_2 + c_3 - \lambda_1 a_1 - \lambda_2 a_2 + a_3, \tag{303}$$
$$B = \lambda_1 c_1 + \lambda_2 c_2 - c_3, \tag{304}$$
$$C = \lambda_1 E_1 + \lambda_2 E_2 - E_3. \tag{305}$$

気体 G_3 の単位体積に含まれる気体 G_1 と G_2 の量の（温度と圧力の標準状態の下で決められた）体積を β_1 と β_2 で表せば，
$$\beta_1 = \frac{\lambda_1 a_1}{a_3}, \quad \text{および} \quad \beta_2 = \frac{\lambda_2 a_2}{a_3} \tag{306}$$
を得る．そして，(302) は次の形になる．
$$\log \frac{m_1^{\beta_1} m_2^{\beta_2}}{m_3 v^{\beta_1 + \beta_2 - 1}} = \frac{A}{a_3} + \frac{B}{a_3} \log t - \frac{C}{a_3 t}. \tag{307}$$
さらに，(277) のように
$$pv = (a_1 m_1 + a_2 m_2 + a_3 m_3) t \tag{308}$$
であるから，v を消去することで次式を得る．

$$\log \frac{m_1^{\beta_1} m_2^{\beta_2} p^{\beta_1+\beta_2-1}}{m_3(a_1 m_1 + a_2 m_2 + a_3 m_3)^{\beta_1+\beta_2-1}} = \frac{A}{a_3} + \frac{B'}{a_3}\log t - \frac{C}{a_3 t}, \quad (309)$$

ここに，
$$B' = \lambda_1 c_1 + \lambda_2 c_2 - c_3 + \lambda_1 a_1 + \lambda_2 a_2 - a_3. \quad (310)$$

β_1 と β_2 なる量は常に正であり，1（unity）と簡単な関係を持つこと，更に，気体 G_3 が G_1 と G_2 から凝縮（condensation）を伴うかあるいは伴わずに形成されるかに応じ，$\beta_1+\beta_2-1$ の値が正またはゼロになることが分かる．化合物気体（compound gases）の比熱に対して，しばしば与えられる規則に従って，気体 G_3 の任意の量の定積熱容量が，それが含んでいる気体 G_1 と G_2 なる量の熱容量の和に等しいと仮定すれば，B の値はゼロになるだろう．力学的作用（mechanical action）を伴わずに，気体 G_1 と G_2 から気体 G_3 の単位量を形成する際に発生した熱は，(283) と (257) によって

$$\lambda_1(c_1 t + E_1) + \lambda_2(c_2 t + E_2) - (c_3 t + E_3),$$

または
$$B t + C$$

である．これは比熱についての上の関係が満たされているとき C となる．ともかく，こうして発生した熱量を $a_3 t^2$ で割ったものは，(307) 式の右辺の t に関する微分係数と等しくなる．更に，定圧の下で気体 G_1 と G_2 から気体 G_3 の単位量の形成される際に発生した熱は，

$$B t + C + \lambda_1 a_1 t + \lambda_2 a_2 t - a_3 t = B' t + C,$$

である．これは $a_3 t^2$ を掛けた (309) の右辺の t に関する微分係数に等しい．

$\beta_1+\beta_2=1$ の場合を除き，m_1，m_2，m_3，t の任意に与えられた有限な値（無限小の値は無限大の値と同様に除く）に対して，混合気体が散逸エネルギーの一つの状態にあるものとすることは，そのような有限な値を v に割り当てることが常に可能であるということが，(307) によって分かる．したがって，水素，酸素，水蒸気の混合物を理想混合気体と見なせば，任意に与えられた温度で，これら三つの気体の任意に与えられた量を含んでいる混合物に対して，その温度で混合物が一つの散逸エネルギー状態にある一つの特定な体積が在るだろう．このような状態においては，爆発のような現象は全く不可能であり，プラチナの触媒作用によって水をつくることも全く不可能である．（物質がこの体積以上に膨張するとすれば，触媒の唯一可能な作用は，水をその成分に分解することであろう．）水素または酸素のどちらかの量が水の量と比べかなり少

第三論文 不均一物質の平衡について

ない場合を除き,常温では,散逸エネルギー状態が,われわれの実験的検証の力量を完全に越えているような極端に希薄な状態の一つであることは,実際,事実である.また,きわめて希薄化された状態は,気体のどんな凝縮に対しても余り好ましいものではないこと,散逸エネルギー状態のために必要とする希薄度よりはるかに小さい希薄度で,プラチナの触媒作用が完全に止まってしまうという可能性が非常に高いこと,これらもまた認められることである.しかし,理論的な証明に関しては,そのような非常に希薄な状態は,理想混合気体の諸法則が最も完全に当てはまると想定すべき,まさにその状態である.

しかし,化合物気体 G_3 が,凝縮を伴わずに G_1 と G_2 から形成されているとき(すなわち,$\beta_1+\beta_2=1$ のとき),散逸エネルギー相に対し必要な m_1, m_2, 及び m_3 との間の関係は温度だけで決められることが,(307)式から分かる.

ともかく,(混合気体の基本成分の分析によって決められる)気体 G_1 と G_2 の総量と,そしてまた体積も一定と見なす場合には,もし**体積変化を伴わない** G_3 なる化合物の形成が熱の発生を伴うなら,散逸エネルギー相の中で化合していないように見える G_1 と G_2 の気体量は,温度と共に増えるだろう.また,気体 G_1 と G_2 の総量と,さらにまた,圧力も一定と見なす場合,散逸エネルギー相の中で化合していないように見えるこれらの気体の量は,**定圧下での化合物気体 G_3 の形成**が熱の発生を伴うなら,温度と共に増えるだろう.もし $B=0$(見てきたように特に重要な場合)ならば,体積変化または温度変化を伴わずに,G_1 と G_2 から G_3 の単位量の形成によって得られた熱は C に等しくなる.もしこの量が正であり,更に,気体 G_1 と G_2 の総量,そしてまた体積が有限の値をもつならば,t の無限小の値に対して,m_1 または m_2 のどちらかは無限小の値(散逸エネルギー相に対して)を持たねばならないし,更に,t の無限な値に対して,m_1, m_2, m_3 は(無限小でも無限大でもない)有限な値をもたねばならない.しかし,与えられた有限な値を持つために,体積の代わりに圧力を仮定すれば(別の形の同じ仮定による),t の無限小の値に対して,m_1 または m_2 のいずれかは無限小の値を持たねばならない.さらに,t の無限な値に対しては,$\beta_1+\beta_2$ が 1 に等しいか,または 1 よりも大きいかに応じて,m_3 は有限な値もしくは無限小の値を持たねばならない.

考察したのは三成分系混合気体の場合であるが,われわれの結論はこの点で

容易に一般化することができる．事実，混合気体中の成分気体の数に係らず，これらの成分の間に，基本組成において等価な関係があれば，このような関係は，

$$\lambda_1 \mathfrak{G}_1 + \lambda_2 \mathfrak{G}_2 + \lambda_3 \mathfrak{G}_3 + \cdots = 0 \tag{311}$$

なる形の一つないしそれ以上の式によって表すことができ，ここに，$\mathfrak{G}_1$, $\mathfrak{G}_2$, …… は，種々の成分気体の単位量を表し，λ_1, λ_2, …… は $\Sigma_l \lambda_l = 0$ であるような正または負の定数を表す．(86) により (311) から，散逸エネルギー相に対して

$$\lambda_1 \mu_1 + \lambda_2 \mu_2 + \lambda_3 \mu_3 + \cdots = 0$$

または $\quad\quad\quad\quad \Sigma_l(\lambda_l \mu_l) = 0 \tag{312}$

を導くことができる．それ故，(276) により

$$\Sigma_l \left(\lambda_l a_l \log \frac{m_l}{v} \right) = A + B \log t - \frac{C}{t}, \tag{313}$$

ここに，A, B, C は次の式で定められる定数である．

$$A = \Sigma_l(\lambda_l H_l - \lambda_l c_l - \lambda_l a_l), \tag{314}$$
$$B = \Sigma_l(\lambda_l c_l), \tag{315}$$
$$C = \Sigma_l(\lambda_l E_l). \tag{316}$$

また，$pv = \Sigma_l(a_l m_l)t$ であるから，

$$\Sigma_l(\lambda_l a_l \log m_l) - \Sigma_l(\lambda_l a_l) \log \Sigma_l(a_l m_l),$$
$$+ \Sigma_l(\lambda_l a_l) \log p = A + B' \log t - \frac{C}{t}, \tag{317}$$

ここに， $\quad\quad B' = \Sigma_l(\lambda_l c_l + \lambda_l a_l). \tag{318}$

(311) なる形の式が二つ以上あれば，(313) や (317) の形の各々について二つ以上の式が得られ，これは散逸エネルギー相に対しても同時に成り立っている．

散逸エネルギー相に対する理想気体の体積と温度との間の必要な関係や，化学過程に関与する成分の量，及びこれらの成分による圧力，これらは混合気体中の中性気体の存在によって影響を受けないことが分かるだろう．

(312) と (234) なる式から，重力の影響下で平衡状態にある理想混合気体中の任意の点に，散逸エネルギー相が在れば，その混合気体全体はそのような相で構成されねばならないということになる．

その成分が事実上同一である二成分系混合気体の散逸エネルギー相の式は，

形としては比較的単純である．この場合には，二つの成分は同じポテンシャルを持っており，$\frac{a_1}{a_2}$（温度と圧力の同じ条件の下で，二つの成分の等しい量の体積比）を β と書けば，

$$\log \frac{m_1^{\beta}}{m_2 \, v^{\beta-1}} = \frac{A}{a_2} + \frac{B}{a_2} \log t - \frac{C}{a_2 t}, \tag{319}$$

$$\log \frac{m_1^{\beta}}{m_2(a_1 m_1 + a_2 m_2)^{\beta-1}} = \frac{A}{a_2} + \frac{B'}{a_2} \log t - \frac{C}{a_2 t}; \tag{320}$$

ここに，
$$A = H_1 - H_2 - c_1 + c_2 - a_1 + a_2, \tag{321}$$
$$B = c_1 - c_2, \quad B' = c_1 - c_2 + a_1 - a_2, \tag{322}$$
$$C = E_1 - E_2. \tag{323}$$

変換可能成分を持つ混合気体

　成分のいくつかが基本成分において他の成分と同一であるような成分をもつ理想混合気体の散逸エネルギー相（phases of dissipated energy of ideal gas-mixtures）の式は，混合気体の理論に関して特に興味があり，その成分はそのように等価であるばかりではなく，実際に，温度と圧力の変動において，混合気体内で互いに成分が変換されるので，関与する成分の量は，少なくとも混合気体の永久相（permanent phase）においては，より少ない数の基本成分の量と，温度，圧力によって完全に規定される．そのような混合気体は，**変換可能成分**（convertible component）を持っているとして区別することができる．気体状の物体にこの理論を適用することに何ら制限を受けないという，160頁から166頁に述べた非常に一般的な考察は，理想混合気体の散逸エネルギー相の式が，これまで述べてきたような混合気体に適用できるという仮説を示唆する．しかしながら，より詳細に問題を考察することが望ましい．

　まず，成分のいくつかが等価である通常の理想気体と，これらの成分の変換に関して完全に自由であるという点だけが異なる混合気体を考えれば，直ちに，(1) または (2) なる平衡の一般式から，われわれが散逸エネルギー相と呼ぶ相だけに，平衡が可能であるということになる．そのために，いくつかの特徴ある式が前の頁で導き出されている．

　何らかの理由で，変換可能成分をもつ混合気体を，各相の一部分だけが実際

に存在することのできる理想混合気体と見なし，単独で存在できる特定の相が成分の自由な変換性の原則以外の何らかの原則によって（多分，この場合は力学における**束縛条件**に似たものとして）決定されると，尚も仮定し得ると主張すべきであれば，関与する成分（proximate component）の量が，温度や圧力の，そして基本成分の量の，適切な変動によって独立に変化することができるとき，このような仮定は全く維持できないことは容易に示すことができよう．だから，混合気体におけるエネルギー，エントロピー，体積，温度，圧力，及び混合気体のいくつかの関与する成分の量，これらの量との間の関係は，通常の理想混合気体における関係と同じであり，その成分は変換可能でないことが分かる．混合気体 A の n' 個の関与成分の量を $m_1, m_2, \cdots\cdots$ で，その n 個の基本成分の量を $\mathsf{m}_1, \mathsf{m}_2, \cdots\cdots$ で表そう（n は n' よりも小さい数を表している）．そして，この混合気体に対して，$\varepsilon, \eta, v, t, p, m_1, m_2, \cdots\cdots$ なる量は，理想混合気体特有な関係を満たし，一方で，この混合気体の相は，$\mathsf{m}_1, \mathsf{m}_2, \cdots\cdots$ の値と，$\varepsilon, \eta, v, t, p$ なる量の内の二つの値とで完全に規定されると仮定しよう．そのような n' 個の ［変換可能でない］ 成分をもっている理想混合気体 B を明らかに想定できるので，A のすべての相は，$\varepsilon, \eta, v, t, p, m_1, m_2, \cdots\cdots$ なる値をもつ B の一つに相当しているはずである．さて，混合気体 A における $\mathsf{m}_1, \mathsf{m}_2, \cdots\cdots$ なる量に任意の一定な値を与えよう．そして，このように定義された物体に対して描かれた v-η-ε 面（137頁参照）を考えよう．同様に，理想混合気体 B に対しても，$\mathsf{m}_1, \mathsf{m}_2, \cdots\cdots$ の与えられた値に一致する $m_1, m_2, \cdots\cdots$ の値のすべての組に対して，すなわち，**基本組成**（ultimate composition）が $\mathsf{m}_1, \mathsf{m}_2, \cdots\cdots$ の与えられた値によって表されるすべての物体に対して描かれた v-η-ε 面を考えよう．われわれの仮定から，直ちに，A に関する v-η-ε 面内のすべての点は，位置についてだけでなく，その接平面（これは温度と圧力を表す）についても，B に関する v-η-ε 面のある一つの点と一致せねばならないという結論になる；したがって，A に関する v-η-ε 面は，B に関する種々の v-η-ε 面に接していなければならない．それ故，これら B に関する面の包絡面でなくてはならない．このことから，両方の混合気体に共通する各相を表している各点は，混合気体 B の散逸エネルギー相を表していなければならない，ということになる．

第三論文　不均一物質の平衡について

　上の証明で，変換可能成分をもつ混合気体に関して仮定された理想混合気体の性質は，

$$\varepsilon = \Sigma_l (c_l\, m_l\, t + m_l E_l) \tag{324}$$

なる式と共に（277）と（278）なる式とによって表される．変換可能成分をもっている混合気体に関して，各成分の変換可能性が（277）と（324）なる関係に影響を与えないと仮定することはふつうである．同じことは（278）なる式ついて言うことはできない．しかし，それは，様々な場合の一つの非常に重要な組において，（277）と（324）の適用性が認められるなら，十分であろう．言及した事例は，混合気体のある特定な相において，その成分が変換可能であり，同じ関与する組成からなる別の相では，その成分が変換可能ではなく，理想混合気体の各式が成り立っている場合である．

　各成分の間に変換可能性の単一な自由度（single degree of convertibility）だけがあるならば（すなわち，その逆変換を含む一種類の変換だけが，各成分間で起こり得るならば），変換が起こるような相に関しては，（277）なる式や以下の式の妥当性を仮定することで十分であろう．その式は，（324）を微分し，（11）に代入することで導くことができ，必要条件

$$[t d\eta - p dv - \Sigma_l (c_l m_l) dt]_m = 0 \tag{325}$$[24]

を表している．われわれの証明をこの場合に限定しよう．（325）の物理的な意義は，混合気体がその関与する組成を変えないような体積と温度の変化を受けるならば，吸収される熱あるいは放出される熱は，各成分があたかも変換可能成分ではなかったかのように，この同じ式によって計算できることが見て取れよう．

　各成分が変換可能でない制限範囲にある間に，いま述べたような種類の気体物質 M の熱力学的状態が変化すると仮定しよう．（したがって，関与する成分の量は基本成分の量と同様に一定と仮定される．）前と同じ幾何学的表示の方法を用いるなら，その物質の体積，エントロピー，エネルギーを表す点は，変換可能でない成分の理想混合気体の v-η-ε 面内の線を表し，この面の形と位置は M の関与する組成によって決められる．いま，同じ物質が変換の不可能性の限界（the limit of inconvertibility）を越えて延長されると仮定しよう．その限界を越えた後の状態の変動は，その関与する組成を変化させるほどのもの

ではない．これが一般に可能であることは明らかである．例外は，限界が，関与する組成が一様であるような相によって形成されるときだけに起こり得る．変換可能な領域内に描かれた線は，前と同じ変換可能でない成分の理想混合気体の v-η-ε 面に属さねばならず，M の成分の変換の不可能性の限界を越えて延びていなければならない．なぜなら，もし各成分が変換可能でなかったなら，体積，エントロピー，エネルギーの変動は，変換可能な成分であろうと同じだからである．しかし，この描かれた線もまた，物体 M の v-η-ε 面に属していなければならず，ここでは変換可能な成分から成る混合気体である．更に，これら二つの面の各々の傾き（inclination）は，その物体が経過する相の温度と圧力を表していなければならないから，これら二つの面は，これまでに描かれた線に沿って互いに接していなければならない．変換可能な領域内の物体 M の v-η-ε 面は，M の基本組成と一致する全ての可能な関与する組成から成る理想混合気体を表しているすべての面にこうして接していなければならないし，それらの面の形と位置だけは実験的検証をし得る変換可能でない領域を越えて延びていなければならないので，前者の面［変換不可能な成分の理想混合気体の面］は後者の面［変換可能な成分の混合気体 M の面］の包絡面でなくてはならず，それゆえ，変換可能でない領域内の散逸エネルギー相の面の延長でなくてはならない．

　上記の考察は，理想混合気体の通常の法則を，各成分が変換可能である場合に適用することによって得られる結果に，**先験的確率への示唆**（a measure of *a priori* probability）を与えることができる．これら得られた結果のいずれの妥当性も確立するためには，それらの成分が変換可能である相における［混合］気体についての実験によるほかない．

　二酸化窒素（peroxide of nitrogen）について得られた密度の非常に正確な測定は，いくつかのわれわれの式を一つの非常に重要な検証に使うことができる．この気体状態にある物質が，二つの異なる気体の混合物であると見なされていることに何の疑いもない．というのは，一つの成分が分子式 NO_2 をもち，もう一つの成分が N_2O_4 をもつという仮定に基づいて，その密度から導かれた各成分の割合は，光の吸収が一つの成分だけによるものであり，気体成分の個々の密度に比例する，という仮定による色の濃さから導かれた割合と同じだから

第三論文 不均一物質の平衡について

である.[25]

Sainte-Claire Deville, Troost の両氏は[26], 大気圧下での様々な温度の二酸化窒素の**相対密度**と呼ぶ一連の測定値を与えた. ふつう化学の論文で"density"という用語で表しているものを, **相対密度**という用語で使用する. すなわち, 気体の実際の密度を, 同圧同温での標準完全気体の密度で割った値である. 標準気体とは, 空気, あるいはもっと厳密には0℃1気圧で, 空気と同じ密度をもつ理想気体である. これらの測定値によって, われわれの式を検証するためには, 相対密度, 圧力, 温度との間の関係を直接与えられるように, (320) なる式を変形しておくのが便利である.

任意に与えられた温度と圧力での標準気体の密度は, (263) によって $\dfrac{p}{a_s t}$ なる式で表すことができるので, 二成分系混合気体の相対密度は,

$$D = (m_1 + m_2)\frac{a_s t}{pv} \tag{326}$$

で表すことができる. また, (236) によって

$$a_1 m_1 + a_2 m_2 = \frac{pv}{t}. \tag{327}$$

これらの式の m_2 と m_1 に順次ゼロなる値を与えることによって,

$$D_1 = \frac{a_s}{a_1}, \quad D_2 = \frac{a_s}{a_2}, \tag{328}$$

を得る. ここに D_1 と D_2 は, その気体が一方の成分または他方の成分だけからなる場合の D の値を表す. もし,

$$D_2 = 2D_1, \tag{329}$$

と仮定すれば,

$$a_1 = 2a_2 \tag{330}$$

を得る. (326) から

$$m_1 + m_2 = D\frac{pv}{a_s t}$$

を得る. さらに, (327) から, (328) と (330) によって

$$2m_1 + m_2 = D_2 \frac{pv}{a_s t} = 2D_1 \frac{pv}{a_s t},$$

ここから,

$$m_1 = (D_2 - D)\frac{pv}{a_s t}, \qquad (331)$$

$$m_2 = 2(D - D_1)\frac{pv}{a_s t}, \qquad (332)$$

(327), (331), 及び (332) によって, (320) から次式を得る.

$$\log \frac{(D_2 - D)^2 p}{2(D - D_1)a_s} = \frac{A}{a_2} + \frac{B'}{a_2}\log t - \frac{C}{a_2 t}. \qquad (333)$$

この式は, 双曲型の代わりに ($\log_{10}$ で表された) 常用対数を, 絶対温度 t の代わりに普通の摂氏温度 t_c を, さらに, 有理単位系の圧力 p の代わりに大気圧による圧力 p_{at} を導入すれば, 計算をする上ではより便利になる. また, この式の両辺に a_s の対数を加えれば,

$$\log_{10}\frac{(D_2 - D)^2 p_{at}}{2(D - D_1)} = \mathsf{A} + \frac{B'}{a_2}\log_{10}(t_c + 273) - \frac{\mathsf{C}}{t_c + 273} \qquad (334)$$

を得る. ここに, A と C は定数を表し, A と C の値に密接に関連している値である.

二酸化窒素の分子式 NO_2 と N_2O_4 から, 相対密度

$$D_1 = \frac{14+32}{2}\,0.0691 = 1.589, \quad 及び \quad D_2 = \frac{28+64}{2}\,0.0691 = 3.178 \qquad (335)$$

が計算できる.

Deville, Troost の両氏の測定値は,

$$\log_{10}\frac{(3.178 - D)^2 p_{at}}{2(D - 1.589)} = 9.47056 - \frac{3118.6}{t_c + 273} \qquad (336)$$

なる式によって十分に表されている. これは

$$D = 3.178 + \Theta - \sqrt{\Theta(3.178 + \Theta)}$$

を与え, ここに,

$$\log_{10}\Theta = 9.47056 - \frac{3118.6}{t_c + 273} - \log_{10} p_{at}.$$

以下の表の前半部には, 左から順に, Devill, Troost の両氏のいくつかの実験における気体の温度と圧力の値を, 次に, これらの数値から (336) 式によって計算された相対密度を, さらに測定された相対密度を, そして最後に, 相

対密度の測定値と計算値との差を載せてある．これらの差は極めて小さく，0.03 に達する場合はなく，平均でもほとんど 0.01 を超えることはないことが分かるだろう．(336) 式を成り立たせている仮説を支持するこうした実験との一致の意義は，もちろん，この式の中の二つの定数がこれらの実験から決められたという事実によって弱められる．もしも同じ式が，二つの定数が定められた圧力以外のほかの圧力で相対密度を正しく与えることを示すことができれば，このような一致はもっとずっと決定的なものになろう．

t_c	p_{at}	(336)式によって計算した $D.$	測定した D	差	測定者
26.7	1	2.676	2.65	-0.026	D. 及び T.
35.4	1	2.524	2.53	$+0.006$	D. 及び T.
39.8	1	2.443	2.46	$+0.017$	D. 及び T.
49.6	1	2.256	2.27	$+0.014$	D. 及び T.
60.2	1	2.067	2.08	$+0.013$	D. 及び T.
70.0	1	1.920	1.92	0.000	D. 及び T.
80.6	1	1.801	1.80	-0.001	D. 及び T.
90.0	1	1.728	1.72	-0.008	D. 及び T.
100.1	1	1.676	1.68	$+0.004$	D. 及び T.
111.3	1	1.641	1.65	$+0.009$	D. 及び T.
121.5	1	1.622	1.62	-0.002	D. 及び T.
135.0	1	1.607	1.60	-0.007	D. 及び T.
154.0	1	1.597	1.58	-0.017	D. 及び T.
183.2	1	1.592	1.57	-0.022	D. 及び T.
97.5	1	1.687			
97.5	$\frac{16480}{26397}$	1.631	1.783	$+0.152$	P. 及び W.
24.5	1	2.711			
24.5	$\frac{18090}{42539}$	2.524	2.52	-0.004	P. 及び W.
11.3	1	2.891			
11.3	$\frac{9265}{44205}$	2.620	2.645	$+0.025$	P. 及び W.
4.2	1	2.964			
4.2	$\frac{6023}{35438}$	2.708	2.588	-0.120	P. 及び W.

Playfair, Wanklyn の両氏は，窒素で薄めた場合の二酸化窒素の種々の温度での相対密度について，四つの測定値を発表した[27]．(319) 式と (320) 式によって表される関係は，(m_1 と m_2 に関係する）気体 G_1 と G_2 及びそれらに対し中性な気体（196 頁下部の説明を参照）とは異なる第三の気体の存在によって影響をされないので，——われわれが気体 G_1 と G_2 に帰する圧力，すなわち，

同じ温度で単独に同じ体積を占有する場合に第三の気体が及ぼす圧力によって減少した全圧力，を表すために p を取ると仮定すれば，——p または p_{at} によって表され，記号 D（D が定義されている（326）式を参照）に暗に含まれている圧力が，遊離窒素による圧力によって減少した全圧力を表すと理解される場合，二酸化窒素に対して（333），（334），及び（336）で表される関係は，遊離窒素の存在によって影響されないことになる．Playfair と Wanklyn による測定値は，上の表の後半部に載せてある．掲載した圧力は，全圧力から自由な窒素による圧力を差引いて得られた値である．そのような減圧された圧力が測定値の換算に使われ，表に掲載された測定値の相対密度欄の各数値が得られたと考えることができよう．表には，測定値の温度と（減圧された）圧力に対し，（336）式で計算した相対密度の値の他に，同じ温度で1気圧の圧力に対して計算した相対密度の値も載せてある．

　Playfair と Wanklyn の第2番目と第3番目の実験では，D の計算値と測定値との間に非常に良い一致が見られるが，第1番目[訳注]と第4番目の実験ではかなり大きい差があることが見てとれる．ところで，各々の測定に使われた重量はかなりまちまちである．これらの測定で用いた二酸化窒素の量は，それぞれ 0.2410, 0.5893, 0.3166, 及び 0.2016 グラムであった．粗い近似に対しては，相対密度の確率誤差がこれらの数値に逆比例すると見て良いだろう．これは，第1番目と第4番目の測定値の確率誤差を，第2番目の確率誤差の2倍ないし3倍の大きさに，更に，第3番目の確率誤差よりもかなり大きなものになろう．これらの実験の第1番目のものにおいては，測定された相対密度 1.783 が，その実験での温度［97.5℃］と1気圧の圧力に対して（336）式で計算した相対密度 1.687 より大きいことも認めねばならない．なお，数値 1.687 は，Deville と Troost 両氏の実験で直接立証されたと考えることができる．一連のこの部分における七つの連続する実験において，計算された相対密度は，測定値との差が 0.01 より小さい．いま，実験で与えられた数値を採用すれば，気体をチッ素で希釈することの効果は，その相対密度を増加させることである．この結果は，他の気体の場合とこの気体のより低い温度の場合とで測定された値と完

（訳注）原文では第2番目となっている．

第三論文　不均一物質の平衡について

全に食い違っているので，Playfair と Wanklyn の他の三つの測定値から明らかなように，一回の測定を根拠にとてもこの結果を認める訳にはいかない．したがって，この一連の第 1 番目の実験は，適切にわれわれの式の検証に使うことはできない．同様な考察は，第 4 番目の実験にも多少当てはまる．[第 1 番目を除いた]後の三つの実験の温度と圧力を，測定した相対密度と比較することで，これらの実験の初めの二つ（最も重量の大きい一連の実験の第 2 番目と第 3 番目）の測定値に，実質的な精度を認めるならば，相対密度 2.588 の第 4 番目の測定値が確かに小さすぎることは，容易に納得できよう．事実，その前の第 3 番目の実験での値 2.645 よりも明らかにもっと大きな数値になるはずである．

一連の実験の第 2 番目と第 3 番目だけに注目すれば，[実験結果と式との]この一致は，事実上，目的を達したと同じである．測定の重量差を考慮するとき，第 1 番目と第 4 番の実験での誤差 0.152 と 0.120（確かにこの種の測定値では大きくはない）を容認することは，第 2 番目と第 3 番目の実質的な精度について何の疑いもない．それでも，(336) で表された関係，あるいは (334) によってより一般性をもった関係は，もっと多くの実験によって検証されるべきである．このことは大いに望まれる．

圧力欄の数値は実に正確でないというべきである．Deville と Troost の実験では，気体は実験当時の実際の大気圧に左右された．これは，747mmHg から 764mmHg まで変化した．各々の実験における正確な圧力は与えられていない．Playfair と Wanklyn 両氏の実験でも，窒素と二酸化窒素の混合気体は，実験当時の実際の大気圧に左右された．圧力欄にある数値は，自由な窒素による圧力分を差し引いた後に残る全圧力分を表している．しかし，実験について公表された説明には，気圧計の示す高さに関し何の情報も与えられていない．ところで，p の値の $\frac{13}{760}$ の変動は，(336) 式で計算されるように，D の値に 0.005 より大きい変動は決して起こり得ないことは容易に示すことができる．Playfair, Wanklyn の両氏のどの実験においても，気圧計の示す高さで 30mm [Hg] を超える変動は，D の値で 0.01 の変動を生じる必要がある．したがって，これを原因とする誤差は，それほど問題とするほどのものではない．これらの誤差は，Deville, Troost の両氏の実験における議論では，(336) の代わりに，

相対密度，温度，実際の密度との間の関係を表している式を用いることで，完全に避けられたのであろう．なぜなら，後者の量に逆比例する量がこの一連の各々の実験に対し与えられているからである．しかしながら，簡単なためには精度を多少犠牲にすることが最も良かったようだ．

検討している実験は，$\log t$ を含んだ項（(333) 式を参照）を持った式によって，より良く表現されると考えるかもしれない．しかし，表の中の数値の検討は，この点では，何も重要なものを得ることができないことを示しているし，何か別の項を計算式に追加する十分な理由がほとんどない．検討している実験から，(二酸化窒素に対するそのような式の完全な妥当性を仮定している) (333) なる式の A, B', C の真の値を決めるためのどんな試みも，容易に分かるように，完全な誤りに至るだろう．

しかしながら，(336) 式から以下の結論を導くことができよう．(334) と比較することで

$$\mathsf{A} + \frac{B'}{a_2} \log_{10} t - \frac{\mathsf{C}}{t} = 9.47056 - \frac{3118.6}{t}$$

を得る．これは温度 11℃ と 90℃ との間で近似的に成り立っていなければならない．（もっと高い温度では，この式の精度についての臨界試験 (critical test) を行うには，相対密度が温度と共に余りにゆっくりと変化しすぎる．）微分することによって，

$$\frac{MB'}{a_2 t} + \frac{\mathsf{C}}{t^2} = \frac{3118.6}{t^2}$$

を得る．ここに，M は常用対数の係数を表す．さて，(333) 式と (334) 式とを比較することで，次のことが分かる．

$$\mathsf{C} = \frac{MC}{a_2} = 0.43429 \frac{C}{a_2}.$$

したがって，$\quad B't + C = 7181 a_2 = 3590 a_1,$

これは，40℃ または 50℃ での良い近似として，更に，上で述べた温度範囲内で許容できる近似と見なすことができる．ところで，$B't + C$ は，定圧下で N_2O_4 への NO_2 の単位量の変換によって発生した熱を表している．このような変換は，定圧の下では温度変化を伴わずには起り得ない．このことが，最後の

第三論文 不均一物質の平衡について

式の実験的検証を難しくしている．しかし，(322) 式によって，

$$B' = B + a_1 - a_2 = B + \frac{1}{2} a_1$$

であるから，40℃の温度に対して次式を得る．

$$B t + C = 3434 a_1.$$

ところで $Bt + C$ は，NO_2 の単位量が温度の変化を伴わずに N_2O_4 に変換されるとき，エネルギーの減少を表している．したがって，これは，気体全体（a mass of the gas）が一定温度で圧縮されるときに，NO_2 の単位量が N_2O_4 に変換されるまでに，外力によってなされた仕事分を超えて発生した熱の過剰分を表している．この量は，$B=0$ ならば，すなわち NO_2 と N_2O_4 の定積比熱が同じであれば，一定になる．この仮定は理論的見地から見てより簡単であろうし，恐らく $B'=0$ という仮定よりも無難であろう．もし $B=0$ なら $B'=a_2$ である．D, p, t との間の式の中に，この仮定を具体的に表そうとすれば，(336) なる式の右辺を

$$6.5228 + \log_{10}(t_c + 273) - \frac{2977.4}{t_c + 273}$$

と置き換えればよい．検討している実験の温度と圧力から，こうして修正された式によって計算される相対密度は，修正されなかった式から計算される値と，いずれの場合にも 0.002 より大きく，あるいは実験の前半部の一連の実験において 0.001 より大きく違うことはないだろう．

まず，p, t, v, 及び m（この m はその分子状態にかかわらず気体の量を表す）との間の関係式と明らかに等価である (333) なる式で表される容量的関係（volumetrical relation）の妥当性を認めるならば，あるいは，温度のある範囲内と密度のある限界よりも小さい密度との間だけの関係式の妥当性を認め，さらにまた，温度の与えられた範囲内で，その気体が全て NO_2 だけから構成されていると見なせるほどに，——あるいは，その気体の相対密度 D がその限界値 D_l に近づくまで希薄にされているとき，その気体の分子状態にかかわらず言える程度に，——その気体が十分希薄化されている場合に，その気体の定積比熱は一定の値と見なすことができることも認めるならば，変換可能成分をもつ理想混合気体に属する全ての熱量的関係（calorimetrical relation）の

（温度と密度の同じ範囲内での）妥当性もまた認めねばならないことに注意すべきである．前提としていることは，以下の事柄と明らかに等価である，——すなわち，温度のある一定範囲内の間で，そして密度のある限界以上で，p, t, v との間の関係が，二酸化窒素の単位量に対する関係とこの理想気体の単位量に対する関係と同じであるとし，更に，（温度の与えられた範囲内で）v の非常に大きな値に対して，理想気体と実際の気体の定積熱容量が同じであるとする，そのような変換可能成分を持つ理想気体を想定できることである．t と v を独立変数と考えよう；これらと p も同様に理想気体と実在気体の独立変数を表すとしよう．しかし，理想気体のエントロピー η' と実在気体のエントロピー η とは区別しなければならない．さて，(88) によって，

$$\frac{d\eta}{dv} = \frac{dp}{dt} \tag{337}$$

である．したがって，

$$\frac{d}{dv}\frac{d\eta}{dt} = \frac{d}{dt}\frac{d\eta}{dv} = \frac{d}{dt}\frac{dp}{dt} = \frac{d^2p}{dt^2} \tag{338}$$

同様な関係が η' に対しても成り立つから，

$$\frac{d}{dv}\frac{d\eta}{dt} = \frac{d}{dv}\frac{d\eta'}{dt} \tag{339}$$

を得る．これは温度と密度の与えられた範囲内で成り立っていなければならない．ところで，与えられた範囲内の任意の温度で，非常に大きな v の値に対して（t で割った実在気体と理想気体の定積熱容量を表す式の両辺に対して），仮に，

$$\frac{d\eta}{dt} = \frac{d\eta'}{dt} \tag{340}$$

だとすれば，したがって，(339) によって，この式は温度と密度の与えられた範囲内で一般に成り立っていなくてはならない．更に，(337) のような式は η' についても成り立っているから，次式を得る．

$$\frac{d\eta}{dv} = \frac{d\eta'}{dv}. \tag{341}$$

この最後の二つの式から，理想気体と実在気体とは，すべての熱量的関係において同一であることは明らかである．更に，理想気体のエネルギーとエントロ

第三論文　不均一物質の平衡について

ピーは明らかにこれまでのところ任意であるため，t と v の任意に与えられた値に対して，実在気体における値と同じ値をもつと仮定することができる．それ故，理想気体と実在気体のエントロピーは，与えられた範囲内で同じ値である；更に必要な関係式

$$d\varepsilon = t\,d\eta - p\,dv$$

のために，二つの気体のエネルギーも同様に同じ値である．それゆえ，エネルギー，エントロピー，体積，及び物質量との間の基本方程式は，理想気体に対するものも実際の気体に対するものと同じでなくてはならない．

　平衡状態にある相だけに関係する変換可能成分をもつ理想混合気体の基本方程式は，容易に作ることができる．そのために，関与する成分の圧力と，温度，ポテンシャルとの間の関係を表す（273）なる形の式から，混合気体の基本成分と見なすのが都合の良い成分のポテンシャルをこの式に残して，基本成分の式と同じくらい在る多くのポテンシャルを消去するために，（312）なる形の式を使うことができる．

　変換可能成分をもつ二成分系混合気体の場合には，各成分は μ で表すことができる同じポテンシャルを持ち，基本方程式は，

$$p = a_1 L_1 t^{\frac{c_1+a_1}{a_1}} e^{\frac{\mu-E_1}{a_1 t}} + a_2 L_2 t^{\frac{c_2+a_2}{a_2}} e^{\frac{\mu-E_2}{a_2 t}} \tag{342}$$

となる．ここに，

$$L_1 = e^{\frac{H_1-c_1-a_1}{a_1}},\quad L_2 = e^{\frac{H_2-c_2-a_2}{a_2}}. \tag{343}$$

この式から，微分を行い，（98）と比較すると，

$$\frac{\eta}{v} = L_1\left(c_1 + a_1 - \frac{\mu-E_1}{t}\right) t^{\frac{c_1}{a_1}} e^{\frac{\mu-E_1}{a_1 t}}$$
$$+ L_2\left(c_2 + a_2 - \frac{\mu-E_2}{t}\right) t^{\frac{c_2}{a_2}} e^{\frac{\mu-E_2}{a_2 t}}, \tag{344}$$

$$\frac{m}{v} = L_1 t^{\frac{c_1}{a_1}} e^{\frac{\mu-E_1}{a_1 t}} + L_2 t^{\frac{c_2}{a_2}} e^{\frac{\mu-E_2}{a_2 t}}, \tag{345}$$

を得る．上述の各式［（342），（343）］を用いて一般式（93）から，次の式が容易に得られる，——

$$\frac{\varepsilon}{v} = L_1(c_1 t + E_1) t^{\frac{c_1}{a_1}} e^{\frac{\mu - E_1}{a_1 t}} + L_2(c_2 t + E_2) t^{\frac{c_2}{a_2}} e^{\frac{\mu - E_2}{a_2 t}}. \quad (346)$$

(342) と (345) から μ を消去することにより，p, t, v, m との間の関係を得ることができる．そのためには以下のようにするとよい．(342) と (345) から次式が得られる．

$$p - a_2 t \frac{m}{v} = (a_1 - a_2) L_1 t^{\frac{c_1 + a_1}{a_1}} e^{\frac{\mu - E_1}{a_1 t}}, \quad (347)$$

$$a_1 t \frac{m}{v} - p = (a_1 - a_2) L_2 t^{\frac{c_2 + a_2}{a_2}} e^{\frac{\mu - E_2}{a_2 t}}; \quad (348)$$

さらに，これらの式から

$$a_1 \log\left(p - a_2 t \frac{m}{v}\right) - a_2 \log\left(a_1 t \frac{m}{v} - p\right) = (a_1 - a_2) \log (a_1 - a_2)$$

$$+ a_1 \log L_1 - a_2 \log L_2 + (c_1 - c_2 + a_1 - a_2) \log t - \frac{E_1 - E_2}{t} \quad (349)$$

を得る．(特別な場合には，$a = 2a_2$ のとき，この式は (333) と等しくなる．) (347) と (348) によって，(346) から μ を簡単に消去できる．

気体物質の異なる種類の成分に対するどんな考慮もせずに，(342) なる基本方程式からこうして導き出された諸関係は，(342) から導かれた各式が関与する成分の量を与えないということを除けば，変換可能成分ではないが実質上等価である成分をもつ二成分系混合気体の散逸エネルギー相に関係する諸関係と同等であるが，気体物質の組成（constitution）についての如何なる理論にも依らずに，直接実験的検証を可能とする各成分の性質だけに関係することが見てとれよう．

これら各式の実際の適用は，$a_1 : a_2$ なる比が常に1と簡単な関係を持つという事実によって，もっと簡単になる．a_1 と a_2 が等しいとき，その共通の値を a と書けば，(342) と (345) によって，

$$pv = am t \quad (350)$$

を得る．さらに，(345) と (346) によって

$$\frac{\varepsilon}{m} = \frac{L_1(c_1 t + E_1) + L_2(c_2 t + E_2) t^{\frac{c_2 - c_1}{a}} e^{\frac{E_1 - E_2}{a t}}}{L_1 + L_2 t^{\frac{c_2 - c_1}{a}} e^{\frac{E_1 - E_2}{a t}}}. \quad (351)$$

第三論文 不均一物質の平衡について

この式によって,定積の下で気体の与えられた量を,ある与えられた温度から別の温度に上昇させるために必要とされる熱量を直接計算できる.この式は,熱量が気体の体積に依存しないことを示している.定圧下の気体内で与えられた温度変化を起こすために必要な熱は,(89) 式で定義したように,気体の初状態と終状態に対する χ の値の差を取ることによって求めることができる.(89),(350),及び (351) から次式を得る.

$$\frac{\chi}{m} = \frac{L_1(c_1 t + a t + E_1) + L_2(c_2 t + a t + E_2) t^{\frac{c_2-c_1}{a}} e^{\frac{E_1-E_2}{at}}}{L_1 + L_2 t^{\frac{c_2-c_1}{a}} e^{\frac{E_1-E_2}{at}}}. \quad (352)$$

最後の二つの式を微分することによって,定積定圧下での気体の比熱を直接求めることができる.

各成分間に変換可能性の単一な関係をもつ三成分系理想混合気体の基本方程式は,

$$\begin{aligned} p = &a_1 e^{\frac{H_1-c_1-a_1}{a_1}} t^{\frac{c_1+a_1}{a_1}} e^{\frac{\mu_1-E_1}{a_1 t}} \\ &+ a_2 e^{\frac{H_2-c_2-a_2}{a_2}} t^{\frac{c_2+a_2}{a_2}} e^{\frac{\mu_2-E_2}{a_2 t}} \\ &+ a_3 e^{\frac{H_3-c_3-a_3}{a_3}} t^{\frac{c_3+a_3}{a_3}} e^{\frac{\lambda_1\mu_1+\lambda_2\mu_2-E_3}{a_3 t}} \end{aligned} \quad (353)$$

である.ここに,λ_1 と λ_2 は 193 頁と同じ意味をもっている.

第二部

[*The Transactions of the Connecticut Academy of Arts and Sciences*, 3, 343-520(1877-1878)]

（原論文 248 頁からの続き）

[28)]すべての可能な固体のひずみ状態に関して，流体と接する固体の内的および外的平衡の条件

固体の物理的性質を取り扱うには，その**ひずみ状態**を考える必要がある．物体は，その一部分の相対的位置が変えられるとき，**ひずんでいる**といい，その**ひずみ状態**によって，その一部分の相対的位置についての状態を指す．これまで固体の平衡を，そのひずみ状態が，任意の点についてあらゆる方向で同じ値を持つ圧力によって決められる場合についてのみ考えてきた．ここでは，この制限をせずに問題を考えよう．

x', y', z' は，われわれが**基準状態** (state of reference) と呼ぶ，完全に決められた任意のひずみの状態における，固体の一つの点の直交座標であり，さらに，x, y, z は，その性質が議論の対象になっている状態での固体の同じ点の直交座標であるとすれば，x, y, z を x', y', z' の関数と見なすことができ，この関数の形が第二のひずみ状態を決める．簡単なために，x, y, z が関係する可変状態 (variable state) と，x', y', z' が関係する一定な状態（基準状態）とを，**ひずみ状態とひずみのない状態**として，しばしば区別しよう；しかし次のことに注意しなければならない．まずこれらの用語は，単に x, y, z と x', y', z' との関係を表す関数によって決められる形状の変化または**ひずみ**の変化だけに関係していること，そして，二つの状態のどちらかの如何なる特定な性質を示す訳ではないし，これら二つの状態が一致する可能性を妨げる訳でもないことである．x, y, z と x', y', z' なる座標が関係する軸は，X, Y, Z 軸と X', Y', Z' 軸として区別する．これらの座標軸系を同一と見なすことは必要ではないし，常に便利というわけでもない．しかしこれらは相似，すなわ

ち重ね合わせが可能であるものとする.

　物体の任意の要素（element,［微小部分］）のひずみ状態は，x', y', z' についての x, y, z の微分係数の値で決められる；というのは，微分係数が同じ値を持続するとき，x, y, z の値の変化は，物体の移動（translation）の運動を生じるだけだからである. 一次の微分係数が，有意な分子作用半径よりも大きい距離を除いて，有意に変化しないとき，これら微分係数を，任意の要素のひずみ状態を完全に決めているものと見なすことができよう. これらの微分係数は九つある. すなわち,

$$\left.\begin{array}{ccc}\dfrac{dx}{dx'}, & \dfrac{dx}{dy'}, & \dfrac{dx}{dz'}, \\ \dfrac{dy}{dx'}, & \dfrac{dy}{dy'}, & \dfrac{dy}{dz'}, \\ \dfrac{dz}{dx'}, & \dfrac{dz}{dy'}, & \dfrac{dz}{dz'}.\end{array}\right\} \quad (354)$$

これらの量は，要素のひずみ状態と同様に要素の傾き（orientation）を決めること，そして，九つの微分係数を決めるためには，これら二つのひずみ状態と傾きの詳細が与えられねばならないことが分かるだろう. したがって，傾きはひずみに影響しない三つの独立変数が可能であるから，空間での方向に関係なく考えられた要素のひずみは，六つの独立変数が可能でなければならない.

　変化しないひずみ状態において，固体の任意に与えられた要素の物理的状態は一つの変動が可能である. それは熱を加えること，または，取り去ることによって生じる. 基準状態において，要素の体積で割った要素のエネルギーとエントロピーを $\varepsilon_{V'}$ と $\eta_{V'}$ で書けば，ひずみのどんな一定状態に対しても，次式を得る.

$$\delta\varepsilon_{V'} = t\delta\eta_{V'}.$$

しかし，ひずみが変化すれば，$\varepsilon_{V'}$ を $\eta_{V'}$ と (354) の九つの量の関数として考えることができ，次式で書くことができる.

$$\delta \varepsilon_{V'} = t\, \delta \eta_{V'} + X_{X'} \delta \frac{dx}{dx'} + X_{Y'} \delta \frac{dx}{dy'} + X_{Z'} \delta \frac{dx}{dz'}$$
$$+ Y_{X'} \delta \frac{dy}{dx'} + Y_{Y'} \delta \frac{dy}{dy'} + Y_{Z'} \delta \frac{dy}{dz'} \qquad (355)$$
$$+ Z_{X'} \delta \frac{dz}{dx'} + Z_{Y'} \delta \frac{dz}{dy'} + Z_{Z'} \delta \frac{dz}{dz'},$$

ここに，$X_{X'}$, ……, $Z_{Z'}$ は $\frac{dx}{dx'}$, ……, $\frac{dz}{dz'}$ についてとった $\varepsilon_{V'}$ の微分係数を表す．この式を，基準状態にある dx', dy', dz' なる辺をもつ直方体 (right parallelopiped) の要素に適用すれば，そして，ひずみ状態において，x' が座標値として小さい側を固定したままで，その反対側が X 軸に平行に動かされたと考えれば，これらの量の物理的意味は明らかであろう．また，その要素に与える熱が全くないと仮定すれば，$dx'\, dy'\, dz'$ を掛けることで，次式を得る．

$$\delta \varepsilon_{V'} dx'\, dy'\, dz' = X_{X'} \delta \frac{dx}{dx'} dx'\, dy'\, dz'.$$

ところで，この式の左辺は，明らかに周囲の要素からこの要素になされた仕事を表している；したがって，右辺は同じ値を持たねばならない．基本としている平行六面体の対面に作用する力は，大きさが等しく向きが反対であると見なさねばならないから，なされた全仕事は，X 軸に平行に動く面に対するものを除き，ゼロになる．更に，$\delta \frac{dx}{dx'} dx'$ は，この面が動いた距離を表すから，$X_{X'} dy'\, dz'$ は，この面に作用する力の X に平行な成分と等しくなければならない．したがって，一般に，x' が座標値として大きい側の面をその正の側と考えれば，$X_{X'}$ は，基準状態で測られた面の単位面積当りのその面の負の側の物質によって加えられた力の X に平行な成分を表している，ということができる．同じ種類の他の記号についても，必要な変更を加えて同じことが言えよう．

X, Y, Z なる軸に関する量と，X', Y', Z' なる軸に関する量についての和を表すために，それぞれ Σ と Σ' を使うと便利である．こうすると，

$$\delta \varepsilon_{V'} = t\, \delta \eta_{V'} + \Sigma \Sigma' \left(X_{X'} \delta \frac{dx}{dx'} \right) \qquad (356)$$

と書くことができる．これは，固体の与えられた要素に対する $\varepsilon_{V'}$ の変分 (variation) の完全な値である．$dx'\, dy'\, dz'$ を掛け，物体全体にわたって積分をすれば，物体の全エネルギーの変分の値が得られよう．このとき，事実上，

第三論文　不均一物質の平衡について

物体は不変であると仮定されている．しかし，物体のエネルギーの変分の完全な値を得るために，物体がその表面で実質的に増加あるいは減少していることを仮定すれば（その増加は，面が結合している物体の部分と，その性質と状態において連続的である），

$$\int \varepsilon_{V'} \, \delta N' Ds'$$

なる積分を加えねばならない．この中で，Ds' は基準状態で測った面積素を表し，$\delta N'$ は基準状態で，面に垂直に外向きに測った（加えられた，あるいは取り去られた物質による）この面の位置の変化を表す．したがって，固体の内部エネルギー（intrinsic energy）の変分の完全な値は，

$$\iiint t\, \delta \eta_{V'} \, dx'\, dy'\, dz' + \iiint \Sigma\Sigma'\left(X_{X'}\, \delta \frac{dx}{dx'}\right) dx'\, dy'\, dz' + \int \varepsilon_{V'} \, \delta N' Ds' \quad (357)$$

である．これは，固体の均一性についてのどのような仮定に対しても完全に独立である．

　接している固体相と流体相に対する平衡の条件を求めるためには，全体のエネルギーの変分をゼロにするか，またはゼロより大きくしなければならない．しかし，流体に対する平衡条件はすでに検討してきたから，ここでは，固体相の内部に対して，さらに固体が流体と接する面に対して，平衡の条件を求めることだけが必要である．これに対しては，それらの平衡が，単に固体内の変化と直接関係する限り，流体のエネルギーの変分を考えることが必要であろう．固体と，さらにそれときわめて隣接していて，固定した包膜に閉じ込められた液体の量とを想定し，その包膜は，物質や熱を通さず，固体と接する部分がすべてしっかりと固体にくっついているものとしよう．さらにまた，固体と包膜との間の，流体で満たされている狭い空間あるいは隙間に於いては，固体の表面に立てた法線をぐるりと一巡することで作ることのできる任意の面を越えて，物質の移動（motion）または熱の伝達（transmission）は全くない，と仮定しよう．というのは，こうした過程に関係する平衡条件の各項は，流体の内的平衡のために相殺することができるからである．この方法は，流体相が固体の中に完全に取り囲まれているような場合には，完全に適用できることが分るだろう．だから，包膜から離れた部分は，固体に隣接した小さい部分から多くの量の流体を分けるために必要であり，それだけを考えねばならない．さて，流体

相のエネルギーの変分は，(13) なる式により，
$$\int^F t\,\delta D\eta - \int^F p\,\delta Dv + \sum_l \int^F \mu_l\,\delta Dm_l \tag{358}$$
となる．ここに，$\int^F$ は（包膜内の）流体のすべての成分にわたる積分を表し，Σ_l は固体を構成している流体の独立な可変成分についての和を表す．固体が，液体の実際の成分，あるいは可能な成分（79頁参照）である物質から構成されていない部分では，もちろん，この項は無効になる．

重力を考慮したい場合は，重力は Z 軸の負の方向に作用すると仮定できる．考えている全体の相に対する重力によるエネルギーの変分は，単に，次のようになることは明らかである．
$$\iiint g\,\Gamma'\,\delta z\,dx'\,dy'\,dz', \tag{359}$$
ここに，g は重力を表し，Γ' は基準状態における要素の密度を表す．そして，前のように三重積分は固体全体にわたる．

そこで，平衡の一般的な条件に対して
$$\iiint t\,\delta\eta_{V'}\,dx'\,dy'\,dz' + \iiint \Sigma\Sigma'\left(X_{X'}\delta\frac{dx}{dx'}\right)dx'\,dy'\,dz'$$
$$+ \iiint g\,\Gamma'\,\delta z\,dx'\,dy'\,dz' + \int \varepsilon_{V'}\,\delta N'\,Ds' \tag{360}$$
$$+ \int^F t\,\delta D\eta - \int^F p\,\delta Dv + \sum_l \int^F \mu_l\,\delta Dm_l \geq 0$$
を得る．これら変分の従う条件式は，次の三つである；

(1) 全エントロピーの不変性を表す式として，
$$\iiint \delta\eta_{V'}\,dx'\,dy'\,dz' + \int \eta_{V'}\,\delta N'\,Ds' + \int^F \delta D\eta = 0 ; \tag{361}$$

(2) 流体の任意の成分に対する δDv の値が，固体内での変化によって，どのように決まるかを表す式として，
$$\delta Dv = -(\alpha\delta x + \beta\delta y + \gamma\delta z)Ds - v_{V'}\,\delta N'\,Ds', \tag{362}$$
ここに，$\alpha,\ \beta,\ \gamma$ は，$x,\ y,\ z$ が関係する状態で物体の表面に立てた法線の方向余弦を表し，Ds は基準状態における Ds' に対応するこの状態での面積素である．さらに，$v_{V'}$ は基準状態における固体の体積で割った固体の要素の体積素である．

(3) 流体における任意の要素に対する $\delta Dm_1,\ \delta Dm_2,\ \cdots$ の値が，固体内での変化によって，どのように決められるかを表す式として，

第三論文　不均一物質の平衡について

$$\left.\begin{array}{l}\delta Dm_1 = -\Gamma_1' \delta N' Ds', \\ \delta Dm_2 = -\Gamma_2' \delta N' Ds', \\ \cdots\cdots. \end{array}\right\} \qquad (363)$$

ここに，Γ_1', Γ_2', …… は，基準状態における，固体内の種々の成分の区分密度（separate densities）を表す．

ところで，エントロピーの変分は，他のすべての変分と無関係であるから，(361) なる条件式について考えられた (360) なる平衡条件は，明らかに，全系を通して，

$$t = \text{一定} \qquad (364)$$

であることが要求される．したがって，(360) から第 1 番目と第 5 番目の積分を消去するために (361) を使うことができる．(362) に p を掛け，固体の全ての面とそれに接している流体に対して積分すれば，

$$\int^F p\delta Dv = -\int p(\alpha\delta x + \beta\delta y + \gamma\delta z) Ds - \int pv_{V'}\, \delta N' Ds' \qquad (365)$$

なる式を得る．これによって，(360) から第 6 番目の積分も消去できる．もし，(363) なる式に，それぞれ μ_1, μ_2, … を掛けて加え，積分すれば，

$$\Sigma_l\int^F \mu_l\, \delta Dm_l = -\int \Sigma_l(\mu_l\Gamma_l')\delta N'Ds', \qquad (366)$$

なる式を得る．これを使って，(360) から最後の積分も消去することができる．

したがって，平衡の条件は次の形になる．

$$\iiint \Sigma\Sigma'\left(X_{X'}\delta\frac{dx}{dx'}\right)dx'\,dy'\,dz' + \iiint g\Gamma'\,\delta z\, dx'\,dy'\,dz'$$
$$+\int\varepsilon_{V'}\,\delta N'Ds' - \int t\eta_{V'}\,\delta N'Ds' + \int p(\alpha\delta x + \beta\delta y + \gamma\delta z)Ds$$
$$+\int pv_{V'}\,\delta N'Ds' - \int \Sigma_l(\mu_l\Gamma_l')\delta N'Ds' \geq 0 \qquad (367)$$

この式で，変分は条件式に依存しないし，流体に関係する量は，p と μ_1, μ_2, …だけである．

ところで，変分法（calculus of variations）の通常の方法によって，基準状態における固体の表面に立てた法線の方向余弦を α', β', γ' と書けば，

$$\iiint X_{X'}\delta\frac{dx}{dx'}dx'\,dy'\,dz'$$
$$= \int \alpha' X_{X'}\delta x Ds' - \iiint \frac{dX_{X'}}{dx'}\delta x'\,dx'\,dy'\,dz' \qquad (368)$$

を得て，(367) の最初の積分は，他の部分に対する同様な式を用いて分解でき

る．したがって，平衡の条件は次の形に集約される．

$$-\iiint \Sigma\Sigma' \left(\frac{dX_{X'}}{dx'}\delta x\right) dx' dy' dz' + \iiint g\Gamma' \delta z\, dx' dy' dz'$$
$$+ \int \Sigma\Sigma' (a' X_{X'} \delta x) Ds' + \int p\Sigma (\alpha\delta x) Ds$$
$$+ \int [\varepsilon_{V'} - t\eta_{V'} + pv_{V'} - \Sigma_l(\mu_l \Gamma_l')] \delta N' Ds' \geq 0. \quad (369)$$

固体相が，その性質と状態において，全体を通して連続していないならば，(368)の面積分，したがって(369)の最初の面積分は，固体の外側の面だけでなく，その内部にある全ての不連続面にも，さらに，その不連続面で区分された二つの相のそれぞれについても適用されねばならないことが分るはずである．したがって，了解して頂いたように，平衡の条件を満たすためには，固体相全体を通して

$$\Sigma\Sigma' \left(\frac{dX_{X'}}{dx'}\delta x\right) - g\Gamma' \delta z = 0 \quad (370)$$

であること；固体が流体と接する面全体を通して

$$Ds' \Sigma\Sigma'(a' X_{X'} \delta x) + Ds\, p\, \Sigma(\alpha\delta x) = 0, \quad (371)$$

かつ
$$[\varepsilon_{V'} - t\eta_{V'} + pv_{V'} - \Sigma_l(\mu_l \Gamma_l')] \delta N' \geq 0 \quad (372)$$

であること；内側にある不連続面全体を通して

$$\Sigma\Sigma'(a' X_{X'} \delta x)_1 + \Sigma\Sigma'(a' X_{X'} \delta x)_2 = 0 \quad (373)$$

であること，これらが必要十分条件である．ここに，添数は不連続面の反対側にある相に関係する項と区別するためである．

(370)なる式は，重力の影響下にある連続体に対する内的平衡の力学的条件を表している．最初の項を展開し，$\delta x, \delta y, \delta z$ の係数をそれぞれゼロに等しいと置けば，次式を得る．

$$\left. \begin{array}{l} \dfrac{dX_{X'}}{dx'} + \dfrac{dX_{Y'}}{dy'} + \dfrac{dX_{Z'}}{dz'} = 0, \\[4pt] \dfrac{dY_{X'}}{dx'} + \dfrac{dY_{Y'}}{dy'} + \dfrac{dY_{Z'}}{dz'} = 0, \\[4pt] \dfrac{dZ_{X'}}{dx'} + \dfrac{dZ_{Y'}}{dy'} + \dfrac{dZ_{Z'}}{dz'} = g\Gamma'. \end{array} \right\} \quad (374)$$

これらの式のいずれかの左辺に $dx' dy' dz'$ を掛けたものは，明らかに，隣接す

第三論文 不均一物質の平衡について

る要素によって $dx'dy'dz'$ なる要素の六つの面に加えられた力の X, Y, Z なる軸の一つに平行な成分の和を表している．

基準状態と呼んできた状態は任意であるから，種々の目的のために，それを x, y, z が関係するような状態と一致させ，X', Y', Z' 軸を X, Y, Z 軸に一致させることは便利であろう．この特別な仮定における $X_{X'}$, ……, $Z_{Z'}$ の値は，X_X, …, Z_Z なる記号で表すことができよう．

$$X_{Y'} = \frac{d\varepsilon_{V'}}{d\dfrac{dx}{dy'}}, \quad \text{および} \quad Y_{X'} = \frac{d\varepsilon_{V'}}{d\dfrac{dy}{dx'}},$$

であるから，そして，状態 x, y, z と x', y', z', 及び X, Y, Z なる軸と X', Y', Z' なる軸が一致するとき，$d\dfrac{dx}{dy'}$ と $d\dfrac{dy}{dx'}$ が，異なる変位を表すのは回転だけによるから，

$$X_Y = Y_X, \tag{375}$$

でなければならない．そして同様の理由によって

$$Y_Z = Z_Y, \quad Z_X = X_Z \tag{376}$$

である．X_X, Y_Y, Z_Z, X_Y または Y_X, そして Y_Z または Z_Y, 更に Z_X または X_Z, これら六つの量は，**応力の直交成分**（rectangular components of stress）と呼ばれ，最初の三つは**縦応力**（longitudinal stress），残りの三つは**せん断応力**（shearing stress）と呼ばれている．したがって，重力の影響下で固体の内的平衡の力学的条件は，以下の式で表すことができる．

$$\left. \begin{aligned} \frac{dX_X}{dx} + \frac{dX_Y}{dy} + \frac{dX_Z}{dz} &= 0, \\ \frac{dY_X}{dx} + \frac{dY_Y}{dy} + \frac{dY_Z}{dz} &= 0, \\ \frac{dZ_X}{dx} + \frac{dZ_Y}{dy} + \frac{dZ_Z}{dz} &= g\Gamma, \end{aligned} \right\} \tag{377}$$

ここに，Γ はほかの記号が関係するような要素の密度である．(375), (376) なる式は，(X_X, ……, Z_Z が固体のひずみ状態によって決まる内力（internal force）と見なされるとき）平衡の条件を表すと考えるより，むしろ，必要な諸関係を表すと考えるべきである．これらの式は，平衡状態にない固体，──例えば，固体を通じて振動が伝播される場合，──そこでは，(377) なる式の場合ではないものに成り立っている．

(373) なる式は，固体内の不連続面に対する平衡の力学的条件を表している．δx, δy, δz の係数を，それぞれゼロに等しいと置けば，次式を得る．

$$\left.\begin{array}{l}(\alpha' X_{X'} + \beta' X_{Y'} + \gamma' X_{Z'})_1 + (\alpha' X_{X'} + \beta' X_{Y'} + \gamma' X_{Z'})_2 = 0, \\ (\alpha' Y_{X'} + \beta' Y_{Y'} + \gamma' Y_{Z'})_1 + (\alpha' Y_{X'} + \beta' Y_{Y'} + \gamma' Y_{Z'})_2 = 0, \\ (\alpha' Z_{X'} + \beta' Z_{Y'} + \gamma' Z_{Z'})_1 + (\alpha' Z_{X'} + \beta' Z_{Y'} + \gamma' Z_{Z'})_2 = 0,\end{array}\right\} \quad (378)$$

ところで，α', β', γ' が基準状態における固体内の任意の不連続面の正の側での法線の方向余弦を表すとき，

$$\alpha' X_{X'} + \beta' X_{Y'} + \gamma' X_{Z'} \quad (379)$$

なる形の式は，ひずみ状態にあるその面の正の側に，基準状態で測られた単位面積当りに物質によって加えられた力の X に平行な成分を表している．これは，任意の面上の力を定める際に，x' かまたは y'，あるいは z' が一定である面積素から成る切り取った（broken）面を，与えられた面の代わりにすることができるという考察から明らかである．固体の境界をなしている面に，あるいは他の残りの部分と連続していない恐れのある固体の任意の部分に適用すれば，いつものように法線が外向きに引かれるとき，負の値をとる同じ式は，固体の内部，あるいは考慮した部分の内部によって不連続面に加えられた（基準状態で測られた単位面積当たりの）力の X に平行な成分を表している．したがって，(378) なる式は，一方の側で物質によって表面に加えられ，そのひずみ状態によって決められる力が，その反対側の物質によって加えられる力と大きさが等しく逆向きである，という条件を表している．

351

$$(\alpha')_1 = -(\alpha')_2, \quad (\beta')_1 = -(\beta')_2, \quad (\gamma')_1 = -(\gamma')_2,$$

であるから，次のようにも書くことができる．

$$\left.\begin{array}{l}\alpha'(X_{X'})_1 + \beta'(X_{Y'})_1 + \gamma'(X_{Z'})_1 = \alpha'(X_{X'})_2 + \beta'(X_{Y'})_2 + \gamma'(X_{Z'})_2, \\ \cdots\cdots\cdots\cdots\cdots\cdots,\end{array}\right\} \quad (380)$$

ここに，α', β', γ' の符号は，不連続面のどちらの側に立てた法線かによって決めることができる．

(371) なる式は，固体が流体と接する表面に対する平衡の力学的条件を表している．これは個々の式

第三論文　不均一物質の平衡について

$$\left.\begin{array}{l} \alpha' X_{X'} + \beta' X_{Y'} + \gamma' X_{Z'} = -\alpha p \dfrac{Ds}{Ds'}, \\[4pt] \alpha' Y_{X'} + \beta' Y_{Y'} + \gamma' Y_{Z'} = -\beta p \dfrac{Ds}{Ds'}, \\[4pt] \alpha' Z_{X'} + \beta' Z_{Y'} + \gamma' Z_{Z'} = -\gamma p \dfrac{Ds}{Ds'}, \end{array}\right\} \quad (381)$$

を必然的に含み，$\dfrac{Ds}{Ds'}$ は，固体のひずみ状態とひずみのない状態における表面の同じ要素の面積比を表す．これらの式は，明らかに，その表面の要素に固体内部の物質によって加えられ，その固体のひずみによって決められる力が，表面に垂直で，表面の同じ要素に流体によって加えられた圧力（但し，反対方向に作用する）に等しいことを表している．

α と Ds を，α', β', γ' と面積素のひずみを表す量で置き換えたいなら，以下の考慮をすればよい．αDs なる積は，Ds なる面積素の Y-Z 平面への正射影である．ところで，$\dfrac{Ds}{Ds'}$ なる比はその形状に依存しないから，それは任意の形状をもつと仮定しても良い．面積素は，$x' =$ 一定，$y' =$ 一定，$z' =$ 一定なる三つの面によって境界付けられているとしよう．そして，この固体の面と他の二つの面とで囲まれているこれら三つの面のそれぞれの部分は，物体のひずみ状態に関係するか，あるいはひずみのない状態に関係するかに応じて，L, M, N または L', M', N' で表そう．L', M', N' の面積は，明らかに，$\alpha'Ds'$, $\beta'Ds'$, $\gamma'Ds'$ である；そして，任意の面への L, M, N の正射影の和は，その面への Ds の正射影に等しい．なぜなら，L, M, N, 及び Ds は一つの立体図形（a solid figure）を囲むからである．（この種の問題に於いては，面の**両側**を区別せねばならない．Ds に立てた法線を小さな立体図形から外向きにとれば，L, M, N に立てた法線は内向きにとらねばならない．逆もまた同様である．）さて，L' は，dy', dz' と呼ばれる直交する辺を持つ直角三角形である．L の Y-Z 面への正射影は三角形になり，その頂点は，座標

$$y, z; \quad y + \dfrac{dy}{dy'}dy', \ z + \dfrac{dz}{dy'}dy'; \quad y + \dfrac{dy}{dz'}dz', \ z + \dfrac{dz}{dz'}dz';$$

によって決められる．このような三角形の面積は，

$$\frac{1}{2}\left(\dfrac{dy}{dy'}\dfrac{dz}{dz'} - \dfrac{dz}{dy'}\dfrac{dy}{dz'}\right)dy'dz'$$

である．また，$\frac{1}{2}dy'dz'$ は L' の面積を表しているから，

$$\left(\frac{dy}{dy'}\frac{dz}{dz'} - \frac{dz}{dy'}\frac{dy}{dz'}\right)\alpha'Ds'.$$

（この式が妥当な符号を持つことは，差し当たりひずみが消失すると考えれば，明らかであろう．）同じ平面への M と N の正射影でできる面積は，この式で，y', z', α' を，z', x', β' 及び x', y', γ' に変えることで得られる．この三つの式の和は，(381) の αDs に代えることができる．

これ以降，X', Y', Z' なる軸に関する量の循環的な置き換えによって（すなわち，x', y', z' を y', z', x' へ，さらに z', x', y' へ変えること，及び，α', β', γ' およびこれらの軸に関する他の量についても同様に変えることによって）得られた三つの項の和を表すために Σ' を，X, Y, Z なる軸に関する量の同様の循環的な置き換えによって得られた三つの項の和を表すために Σ を用いることにする．これは，これらの記号の先の用法の拡張に過ぎない．

このように決めることで，(381) なる式は次の形にすることができる．

$$\left.\begin{array}{c}\Sigma'(\alpha'X_{X'}) + p\Sigma'\left\{\alpha'\left(\dfrac{dy}{dy'}\dfrac{dz}{dz'} - \dfrac{dz}{dy'}\dfrac{dy}{dz'}\right)\right\} = 0, \\ \dotfill \end{array}\right\} \quad (382)$$

(372) なる式は，固体の溶解，または不連続性の無い固体の成長に関係する平衡の付加条件（additional condition）を表す．固体が流体の実際の成分である物質からすべて構成され，しかも固体の形成あるいは固体の溶解を妨げる受動的抵抗（passive resistance）が全く存在しないなら，$\delta N'$ は正または負の値をとることができ，このとき，

$$\varepsilon_{V'} - t\eta_{V'} + pv_{V'} = \Sigma_l(\mu_l \Gamma'_l) \quad (383)$$

でなければならない．しかし，固体の成分の幾つかが，流体の可能な成分（79頁参照）だけであれば，固体の量は増加し得ないので，$\delta N'$ は正の値をとることはできず，

$$\varepsilon_{V'} - t\eta_{V'} + pv_{V'} \leq \Sigma_l(\mu_l \Gamma'_l) \quad (384)$$

が平衡に対する十分条件になる．

基準状態に依存しない形で (383) なる条件を表すためには，固体の**可変**状態（variable state）でのエネルギー密度，エントロピー密度，種々の成分物

第三論文 不均一物質の平衡について

質の密度を表すのに, ε_V, η_V, Γ_l, …… を使うことができる. (383) を v_V で割ることで,

$$\varepsilon_V - t\eta_V + p = \Sigma_l(\mu_l \Gamma_l) \tag{385}$$

を得る. 和が, 固体の種々の成分に関するものであることは憶えていよう. 固体が全体を通して一様な組成であれば, あるいは, 単一の点で固体と流体との接触だけを考えたいならば, 固体を単一物質から構成されていると見做せばよい. 流体中でのこの物質のポテンシャルを表すために μ_1 を, 可変状態での固体の密度を表すために Γ (Γ' は前のように基準状態での固体の密度を表す) を用いれば, 次式を得る.

$$\varepsilon_{V'} - t\eta_{V'} + pv_{V'} = \mu_1 \Gamma', \tag{386}$$

及び
$$\varepsilon_V - t\eta_V + p = \mu_1 \Gamma. \tag{387}$$

この条件を議論の中で明確にするために, これをその性質においてもそのひずみ状態においても均一である固体の場合に適用しよう. 固体のエネルギー, エントロピー, 体積, 質量を, ε, η, v, m で表せば, 次式を得る.

$$\varepsilon - t\eta + pv = \mu_1 m. \tag{388}$$

ところで, 固体が流体と接する面に対する平衡の力学的条件は, 固体のひずみ状態によって決められる面上の表面力 (traction) がその面に垂直であることを必要とする. この条件は, 互いに他と直角に交わる三つの面に関して常に満たされている. この良く知られた命題の証明においては, もし基準状態を作り, この基準状態が任意であり, 議論している状態と一致し, これらの状態が当てはまる軸もまた一致するならば, 一般性において何ら欠けるものはない. それで, 法線の方向余弦が α, β, γ である任意の面を貫く, 単位面積当たりの表面力の垂直成分に対し ((379) と比較せよ, さらに, X_X, …… なる記号に対しては 219 頁を参照),

$$\begin{aligned}S = &\alpha(\alpha X_X + \beta X_Y + \gamma X_Z) \\ &+ \beta(\alpha Y_X + \beta Y_Y + \gamma Y_Z) \\ &+ \gamma(\alpha Z_X + \beta Z_Y + \gamma Z_Z)\end{aligned}$$

を得る. あるいは, (375), (376) により,

$$\begin{aligned}S = &\alpha^2 X_X + \beta^2 Y_Y + \gamma^2 Z_Z \\ &+ 2\alpha\beta X_Y + 2\beta\gamma Y_Z + 2\gamma\alpha Z_X.\end{aligned} \tag{389}$$

また，座標軸に対しては任意の便利な方向を選択することもできる．また，次の二つのことを仮定しよう．まず X 軸の方向は，この軸に垂直な面の S の値が，ほかのどんな面の S の値とも同等以上の大きさになるように選択されること．もう一つは，（X に直角に仮定された）Y 軸の方向は，この軸に垂直な面の S の値が，X 軸を通るほかのどんな面の S の値も同等以上の大きさになるように選択されること．このとき，α, β, γ を**独立**変数として扱うことにより，最後の式［(389)］から導かれた微分係数に対し $\dfrac{dS}{d\alpha}$, $\dfrac{dS}{d\beta}$, $\dfrac{dS}{d\gamma}$ と書けば，

$$\frac{dS}{d\alpha}d\alpha + \frac{dS}{d\beta}d\beta + \frac{dS}{d\gamma}d\gamma = 0,$$

このとき，　　　　　　　　$\alpha d\alpha + \beta d\beta + \gamma d\gamma = 0,$

および，　　　　　　　　$\alpha = 1, \ \beta = 0, \ \gamma = 0.$

すなわち，　　　　$\dfrac{dS}{d\beta} = 0,$ および $\dfrac{dS}{d\gamma} = 0,$

このとき，　　　　　　　　$\alpha = 1, \ \beta = 0, \ \gamma = 0.$

ゆえに，　　　　　　　　$X_Y = 0,$ および $Z_X = 0.$ 　　　　(390)

さらに，　　　　　　　$\dfrac{dS}{d\beta}d\beta + \dfrac{dS}{d\gamma}d\gamma = 0$

このとき，　　　　　　　　$\alpha = 0, \ d\alpha = 0,$

　　　　　　　　　　　　　$\beta d\beta + \gamma d\gamma = 0,$

および　　　　　　　　　　$\beta = 1, \ \gamma = 0.$

ゆえに，　　　　　　　　　$Y_Z = 0.$ 　　　　　　　　(391)

したがって，座標軸が想定された方向をもつとき，これは**応力の主軸**（principal axes of stress）と呼ばれるが，任意の（α, β, γ）なる面を貫く表面力の直交座標成分は，(379) により，

$$\alpha X_X, \ \beta Y_Y, \ \gamma Z_Z \qquad (392)$$

である．

それゆえ，任意の面を貫く表面力はその面に垂直になる．——すなわち，

(1), 面が応力の主軸に垂直である場合；

(2), $X_X, \ Y_Y, \ Z_Z$ なる**主表面力**（principal tractions）の二つが等しいなら，

第三論文 不均一物質の平衡について

その面が二つの対応する軸を含む平面に垂直である場合(この場合には,そのような面を貫く表面力は,二つの主表面力の共通な値に等しい);

(3).主表面力がすべて等しいなら,表面力が全ての面に垂直で一定である場合.

二番目と三番目の場合には,応力の主軸の位置は,部分的に,あるいは完全に未確定である(というのは,これらの場合は一番目の場合に相当すると見なすことができるからである).しかし,主表面力の値は,いつも違う値ではないとしても,常に決められることが分かるだろう.

したがって,その性質においてもそのひずみ状態においても,均一である固体がひずみの主軸に垂直な六つの面によって境界付けられているなら,これらの面に対する平衡の力学的条件は,固有な圧力をもつ流体との接触によって満たすことができる((381)を参照).これは対向面の対ごとに一般には異なっているが,p',p'',p'''で表すことができる.(これらの圧力は負にとった固体の主表面力に等しい.)このとき,平衡のためには,固体の溶解する傾向に関して,流体中の固体物質のポテンシャルが,

$$\varepsilon - t\eta + p'v = \mu_1' m, \tag{393}$$

$$\varepsilon - t\eta + p''v = \mu_1'' m, \tag{394}$$

$$\varepsilon - t\eta + p'''v = \mu_1''' m, \tag{395}$$

なる式によって決められる,μ_1',μ_1'',μ_1'''なる値をもっていることが必要である.測定されるこれらの値は,固体の性質と状態によって完全に決められ,これら$[\mu_1',\mu_1'',\mu_1''']$の値の差異は,固体の密度で割った対応する圧力の差異に等しい.

これらポテンシャルの一つ,例えばμ_1と,同じ温度tと同じ圧力p'の流体中の(同じ物質の)ポテンシャルとを比較することは興味深い.ただし,この流体は全ての面に一様な圧力p'を受ける同じ固体と平衡状態にある.この仮定でε,η,v,μ_1がとる値に対し$[\varepsilon]_{p'}$,$[\eta]_{p'}$,$[v]_{p'}$,$[\mu]_{p'}$と書けば,次式を得る.

$$[\varepsilon]_{p'} - t[\eta]_{p'} + p'[v]_{p'} = [\mu_1]_{p'} m. \tag{396}$$

(393)からこれを引くと,次式を得る.

$$\varepsilon - [\varepsilon]_{p'} - t\eta + t[\eta]_{p'} + p'v - p'[v]_{p'} = \mu_1 m - [\mu_1]_{p'} m. \tag{397}$$

ところで，エネルギーとエントロピーの定義から直ちに次の結論となる．すなわち，この式の最初の四つの項は，静水圧応力（hydrostatic stress）の状態から，温度の変化を伴わずに，別の状態に移すことで，固体によって使われた仕事を表し，$p'v - p'[v]_{p'}$ は，この操作の間に，固体を取り囲んでいる圧力 p' の流体を移すことでなされた仕事を，明らかに表している．したがって，この式の左辺は，固体が，**圧力 p' の流体によって取り囲まれているとき**，静水圧応力 p' の状態から p', p'', p''' なる応力の状態に移行する際になされた全仕事を表している．もちろん，この量は，$p'=p''=p'''$ なる極限の場合を除いて，必ず正である．もし固体の物質の量が単位量であれば，固体の側面上で，圧力が一定に保たれ，平衡を持続するために必要となる流体中のポテンシャルの増加は，上で述べたように，なされた仕事に等しい．それゆえ，μ_1' は $[\mu_1]_{p'}$ よりも大きい．そして同じ理由で，固体が一様な圧力 p'' を受けていたとすれば，μ_1'' は平衡のために必要となるポテンシャルの値よりも大きい．さらに，固体が一様な圧力 p''' を受けていたとすれば，μ_1''' は平衡のために必要となるポテンシャルの値よりも大きい．すなわち，（われわれの用いる用語を，われわれが最も一般的な場合と見なすことのできるものに適用するならば，すなわち，流体が固体物質を含んでいるが，その物質から全てが構成されていない場合には）固体と平衡状態にある流体は，固体が静水圧応力を受けている状態にあるときを除き，固体の構成物質に関して全て過飽和状態である；だから，これら流体のいずれかに，流体の静水圧を受ける同じ種類の固体の任意の小さな断片が存在していたとすれば，そのような断片は増加する傾向をもつ．そのような断片が存在しない場合でさえ，固体の溶解する傾向，あるいは同様なひずみのある物質（strained matter）の溶解あるいは付着成長による固体の増加の傾向に関する限り，完全な平衡がなければならないけれども，しかしまだ，ゆがみ応力（distorting stress）を受けている固体が存在する場合でさえも，固体それ自体が静水圧応力だけを受けたかのように，恐らく，非結晶体の場合と同じ程度の大きさに，静水圧応力の働く固体表面に固体の形成の始まりを容易にするだろう．このことは，流体とそれから形成することのできる非結晶体との間で接する場合において，しばしば，あるいは一般に，固体は，固体と流体が接する面で，ほとんど静水圧応力下の状態にあることを，平衡の必要条件にすることが

できる．

　しかし，ゆがみ応力を受けた，そして上で導いた条件を満たしている溶液に接している連続的な結晶構造をもつ固体の場合には，（ゆがみ応力とそれに伴う流体の過飽和が極端に進行してしまうならば）静水圧応力を受けている結晶は，確かに，その表面上に固体の形成を始めるだろう．けれども，固体が流体内で，あるいは別のほとんどの物体の表面上で形成を始める前においては，まだ，ある範囲内で，(393)〜(395)なる式で表された関係が成立することを認めねばならない．特に，溶液が容易に過飽和にすることができるようなものである場合は．[29]

　固体の応力とひずみ状態を部分的に決める流体内の圧力 p の変動と，固体内の応力またはひずみの別の変動とを，(388)なる式で表された関係について，比較することに興味があるだろう．この点を完全な一般性のもとで試めすためには，以下のようにして進めることができる．

　基準状態において，各辺が単位の長さで，座標軸に平行にとった立方体の形状を持つような多くの固体を考えよう．この物体を，基準状態に於いても，その可変状態においても，その性質やひずみ状態において均一であると仮定しよう．（これは何ら一般性を失うことはない．なぜなら，単位の長さをわれわれが選ぶのと同じくらい小さくすることができるからである．）Z' が一定である面の片側または両側で，流体が固体に接するとしよう．これらの面を，固体の可変状態で，Z 軸と垂直に，そして，y' と z' が共に一定であるような辺を X 軸と平行のままにしておくと仮定しよう．これらの仮定は，座標軸に対しひずみのある物体の位置を相対的に固定するだけであり，どの点から見ても，ひずみ状態を何ら制限するものではないことが分るだろう．

　われわれが置いたこの仮定から，以下のようになる．

$$\frac{dz}{dx'} = 一定 = 0, \quad \frac{dz}{dy'} = 一定 = 0, \quad \frac{dy}{dx'} = 一定 = 0; \quad (398)$$

および

$$X_{Z'} = 0, \quad Y_{Z'} = 0, \quad Z_{Z'} = -p\frac{dx}{dx'}\frac{dy}{dy'}. \quad (399)$$

よって，(355)により

$$d\varepsilon_{V'} = t\, d\eta_{V'} + X_{X'}\, d\frac{dx}{dx'} + X_{Y'}\, d\frac{dx}{dy'} + Y_{Y'}\, d\frac{dy}{dy'} - p\frac{dx}{dx'}\frac{dy}{dy'}\, d\frac{dz}{dz'}. \quad (400)$$

さらに，(388) により

$$d\varepsilon = t\, d\eta + \eta dt - p\, dv - v\, dp + m\, d\mu_1. \quad (401)$$

ところで，われわれが置いた仮定には次のことが必要である．

$$v = \frac{dx}{dx'}\frac{dy}{dy'}\frac{dz}{dz'}, \quad (402)$$

および

$$dv = \frac{dy}{dy'}\frac{dz}{dz'}\, d\frac{dx}{dx'} + \frac{dz}{dz'}\frac{dx}{dx'}\, d\frac{dy}{dy'} + \frac{dx}{dx'}\frac{dy}{dy'}\, d\frac{dz}{dz'}. \quad (403)$$

(400), (401), (403) なる式により，$\varepsilon_{V'}$ と $\eta_{V'}$ が，ε と η に等しいことに注意すれば，次式を得る．

$$\eta dt - v\, dp + m\, d\mu_1$$
$$= \left(X_{X'} + p\frac{dy}{dy'}\frac{dz}{dz'}\right) d\frac{dx}{dx'} + X_{Y'}\, d\frac{dx}{dy'} + \left(Y_{Y'} + p\frac{dz}{dz'}\frac{dx}{dx'}\right) d\frac{dy}{dy'}. \quad (404)$$

固体がすべての側面で，一様で垂直な p なる圧力を受けているとき，この式の右辺の微分係数はゼロになることは，納得するだろう．というのは，$\frac{dy}{dy'}\frac{dz}{dz'}$ なる項は，x' が一定な平行六面体の一つの面の Y-Z 平面への正射影を表し，それに p を掛けたものは，この面を貫く全圧力の X 軸に平行な成分に等しくなるからである．すなわち，負にとった $X_{X'}$ に等しくなる．この場合に，$d\frac{dy}{dy'}$ の係数についても同様である；そして，$X_{Y'}$ は，明らかに，それが作用する面の接線方向の力を表している．平行六面体なる固体の各面に作用している力を，静水圧 p 並びに付加力 (additional force) から成ると考えるなら，固体のひずみ状態の任意の微小変動において，これら付加力によってなされた仕事は，(404) の右辺によって表されることも分るだろう．

まず最初に，流体と固体が同一物質である場合を考えよう．このとき，流体の質量と固体の質量は同じであるから，(97) なる式により次式を得る．

$$\eta_F\, dt - v_F\, dp + m\, d\mu_1 = 0. \quad (405)$$

η_F と v_F は，流体のエントロピーと体積を表す．[(404) から] この式を引くことで，

$$-(\eta_F - \eta)\, dt + (v_F - v)\, dp$$

第三論文　不均一物質の平衡について

$$= \left(X_{X'} + p\frac{dy}{dy'}\frac{dz}{dz'}\right)d\frac{dx}{dx'} + X_{Y'}d\frac{dx}{dy'} + \left(Y_{Y'} + p\frac{dz}{dz'}\frac{dx}{dx'}\right)d\frac{dy}{dy'} \quad (406)$$

を得る．ところで，$\dfrac{dx}{dx'}$, $\dfrac{dx}{dy'}$, $\dfrac{dy}{dy'}$ が一定を持続すれば，平衡を持続するために必要とする温度と圧力の変動との間の関係に対し，

$$\frac{dt}{dp} = \frac{v_F - v}{\eta_F - \eta} = t\frac{v_F - v}{Q} \quad (407)$$

を得る．ここに，Q は，温度または圧力の変化を伴わずに，固体が流体状態に移行するものとすれば，固体に吸収された熱を表している．この式は (131) と似ており，これは静水圧を受けている物体に当てはまる．しかし，$\dfrac{dt}{dp}$ の値は，固体が全ての面で p なる一様で垂直な圧力を受けていたかのようには，一般に同じにはならない；というのは，v と η（したがって Q も）なる量は一般に異なる値をとるからである．しかし，全ての面上での圧力が垂直で等しい場合には，全ての面上で安定した垂直で等しい圧力として変化した場合の圧力を考えても，あるいは $\dfrac{dx}{dx'}$, $\dfrac{dx}{dy'}$, $\dfrac{dy}{dy'}$ なる量を一定として考えても，いずれにせよ $\dfrac{dt}{dp}$ の値は同じになる．

しかし，もし固体と液体との間の圧力は一定を保つが，固体のひずみは，この仮定と一致する任意の仕方で変化するとき，温度がどのように影響を受けるかを知りたければ，ひずみを表す量についての t の微分係数は (406) なる式によって示されている．これら微分係数は，すべての面で圧力が垂直で等しいときすべてゼロになる．しかし，$\dfrac{dx}{dx'}$, $\dfrac{dx}{dy'}$, $\dfrac{dy}{dy'}$ が一定であるとき，あるいは，すべての面で圧力が垂直で等しいときは，$\dfrac{dt}{dp}$ なる微分係数は，流体の密度が固体の密度と等しい場合にのみゼロである．

この場合は，もし流体の組成が変化せずにそのままであれば，流体が固体と同一物質でできていない場合に，ほぼ同じである．流体については必ず，

$$d\mu_1 = \left(\frac{d\mu_1}{dt}\right)^{(F)}_{p,\ m} dt + \left(\frac{d\mu_1}{dp}\right)^{(F)}_{t,\ m} dp \ ^{30)} \quad (408)$$

となる．ここで，(F) なる指標は，この指標が付いている式が流体に関係することを示すために用いている．しかし，(92) なる式により，

$$\left(\frac{d\mu_1}{dt}\right)^{(F)}_{p,\ m} = -\left(\frac{d\eta}{dm_1}\right)^{(F)}_{t,\ p,\ m}, \ \text{および} \ \left(\frac{d\mu_1}{dp}\right)^{(F)}_{t,\ m} = \left(\frac{dv}{dm_1}\right)^{(F)}_{t,\ p,\ m}. \quad (409)$$

前の式［(408)］に，これらの値を代入し，各項を移項し，さらに m を掛ければ次式を得る．

$$m\left(\frac{d\eta}{dm_1}\right)^{(F)}_{t,\ p,\ m}dt - m\left(\frac{dv}{dm_1}\right)^{(F)}_{t,\ p,\ m}dp + md\mu_1 = 0 \quad (410)$$

この式を (404) から引くことで，η_F と v_F の代わりに

$$m\left(\frac{d\eta}{dm_1}\right)^{(F)}_{t,\ p,\ m} \quad と \quad m\left(\frac{dv}{dm_1}\right)^{(F)}_{t,\ p,\ m}$$

なる項を得ることを除けば，(406) と同様な式を得ることができる．したがって，(406) なる式についての議論は，必要な修正を加えれば，この場合にも当てはまる．

また，p なる圧力あるいは $\frac{dx}{dx'}$, $\frac{dx}{dy'}$, $\frac{dy}{dy'}$ なる量が，温度が一定を保って変化するとき，平衡に対して必要となる流体の組成内での変動を見出したいかも知れない．もし，t, p に関して 105 頁で ζ で表された量，そして，固体を構成している物質に関係する最初の $m_1, m_2, m_3, \cdots\cdots$ なる種々の成分の量，これらの量の液体に対する値が分っていれば，同じ変数によって μ_1 の値を容易に見出すことができる．ところで，流体の組成内での変動を考える際には，成分の一つを除いた全てを変数とすれば十分である．したがって，m_1 に一つの定数を与え，t も一定とすることができ，次の式を得る．

$$d\mu_1 = \left(\frac{d\mu_1}{dp}\right)^{(F)}_{t,\ m}dp + \left(\frac{d\mu_1}{dm_2}\right)^{(F)}_{t,\ p,\ m}dm_2 + \left(\frac{d\mu_1}{dm_3}\right)^{(F)}_{t,\ p,\ m}dm_3 + \cdots\cdots.$$

この値を (404) なる式に代入し，dt を含む項を消去すると，次式を得る．

$$\left\{m\left(\frac{d\mu_1}{dp}\right)^{(F)}_{t,\ m} - v\right\}dp + m\left(\frac{d\mu_1}{dm_2}\right)^{(F)}_{t,\ p,\ m}dm_2$$

$$+ m\left(\frac{d\mu_1}{dm_3}\right)^{(F)}_{t,\ p,\ m}dm_3 + \cdots\cdots = \left(X_{X'} + p\frac{dy}{dy'}\frac{dz}{dz'}\right)d\frac{dx}{dx'}$$

$$+ X_{Y'}d\frac{dx}{dy'} + \left(Y_{Y'} + p\frac{dz}{dz'}\frac{dx}{dx'}\right)d\frac{dy}{dy'}. \quad (411)$$

この式は，固体の溶解する傾向について，p または $\frac{dx}{dx'}$, $\frac{dx}{dy'}$, $\frac{dy}{dy'}$ の変動の釣り合いをとる流体の（固体を構成する物質以外の）成分のいずれか一つの量の変動を表している．

第三論文　不均一物質の平衡について
固体の基本方程式

前の頁で展開した原則は，固体の平衡に関する問題の解決，あるいは少なくともそれらの純解析的な方法への帰着が，基準状態と呼ぶこととした或る特定な状態における固体の全ての点での固体の組成や密度，および，$\varepsilon_{V'}$, $\eta_{V'}$, $\frac{dx}{dx'}$, $\frac{dy}{dy'}$, ……, $\frac{dz}{dz'}$, x', y', z' で表現してきた諸量間に存在する関係に関するわれわれの持っている知識に基づいて行うことができるということを示している．固体が流体と接しているときは，流体の性質についての特定な知識もまた必要であるが，流体の平衡に関する問題の解決には，流体間のそのような知識だけを必要とする．

もし，固体が取り得る任意の状態で，それが自然状態でも，ひずみ状態においても均一であれば，この状態を基準状態として選ぶことができ，$\varepsilon_{V'}$, $\eta_{V'}$, $\frac{dx}{dx'}$, …, $\frac{dz}{dz'}$ の相互の関係は x', y', z' に依存しないだろう．しかし，すべての要素を同時に同じひずみ状態にすることは，自然状態で均一な物体の場合にさえ常に可能なわけではない．例えば，プリンス・ルパートの滴 (Prince Rupert's drop) の場合，可能ではなかろう．

しかしながら，任意に与えられた基準状態に関して，いずれかの種類の均一固体については $\varepsilon_{V'}$, $\eta_{V'}$, $\frac{dx}{dx'}$, ……, $\frac{dz}{dz'}$ の間の関係を知っていれば，どんな他の状態についても基準状態としての同様な関係を，それから導くことができる．というのは，最初の基準状態おける固体の各点の座標を x', y', z' で表し，第二の基準状態でのその同じ各点の座標を x'', y'', z'' で表せば，必ず，

$$\frac{dx}{dx'} = \frac{dx}{dx''}\frac{dx''}{dx'} + \frac{dx}{dy''}\frac{dy''}{dx'} + \frac{dx}{dz''}\frac{dz''}{dx'}, \quad \cdots \cdots (九つの式), \quad (412)$$

となるからであり，(x'', y'', z'') なる状態での要素の体積を，(x', y', z') なる状態でのその体積で割った値を R と書けば，

$$R = \begin{vmatrix} \frac{dx''}{dx'} & \frac{dx''}{dy'} & \frac{dx''}{dz'} \\ \frac{dy''}{dx'} & \frac{dy''}{dy'} & \frac{dy''}{dz'} \\ \frac{dz''}{dx'} & \frac{dz''}{dy'} & \frac{dz''}{dz'} \end{vmatrix} \quad (413)$$

$$\varepsilon_{V'} = R\,\varepsilon_{V''}, \qquad \eta_{V'} = R\,\eta_{V''}, \qquad (414)$$

となるからである．そこで，$\eta_{V'}$, $\dfrac{dx}{dx'}$, ……, $\dfrac{dz}{dz'}$ や物体の組成を表す量によって，$\varepsilon_{V'}$ の値を実験で明らかにできたとすれば，(412)〜(414) に与えられた値を代入することで，$\varepsilon_{V''}$ は，$\eta_{V''}$, $\dfrac{dx}{dx''}$, ……, $\dfrac{dz}{dz''}$, $\dfrac{dx''}{dx'}$, ……, $\dfrac{dz''}{dz'}$ や物体の組成を表す量によって求めることができよう．

これを，与えられた基準状態 (x'', y'', z'') において，組成とひずみ状態が場所ごとに変化することのできる物体の各要素に適用でき，そして，もし，物体がその基準状態において，同じ組成の均一な固体とするために必要となる組成に関しても，その変位に関しても，完全に書き表されていて，$\eta_{V'}$, $\dfrac{dx}{dx'}$, ……, $\dfrac{dz}{dz'}$ やその組成を表す量によって $\varepsilon_{V'}$ が［その基準状態で］既知であるならば，均一でない物体の要素［の基準状態］について，その物体を (x', y', z') なる基準状態から同様な，そして同様に扱われたひずみ状態に持っていこうとすると，明らかに，この物体の各要素に対して $\dfrac{dx''}{dx'}$, ……, $\dfrac{dz''}{dz'}$ は既知と見なすことができよう，すなわち，x'', y'', z'' について既知であると見て取れよう．このとき，$\varepsilon_{V''}$ は $\eta_{V''}$, $\dfrac{dx}{dx''}$, ……, $\dfrac{dz}{dz''}$, x'', y'', z'' によって得られるだろう；さらに，物体の組成は x'', y'', z'' よって分かっており，密度は，もし直接与えられないなら，(x', y', z') なる基準状態における均一物体の密度から決めることができるので，これは，均一でない固体の任意に与えられた状態の平衡を決めるのに十分である．

したがって，あらゆる種類の固体に対し，そしてあらゆる決められた基準状態に関して，$\varepsilon_{V'}$, $\eta_{V'}$, $\dfrac{dx}{dx'}$, ……, $\dfrac{dz}{dz'}$ で示される量との間の関係，及び物体の組成を表す量をも表している式は，その関係が連続的な変動が可能であるとき，あるいは同じ関係を導くことができる式から他のどんな式も導き出せるとき，その種の固体に対する**基本方程式**と呼ぶことができよう．この用語がここで使われる意味は，静水圧だけを受けている流体や固体にこの用語をすでに適用してきたことと全く似ていることに気付くだろう．

$\varepsilon_{V'}$, $\eta_{V'}$, $\dfrac{dx}{dx'}$, …, $\dfrac{dz}{dz'}$ との間の基本方程式が知られているとき，t, $X_{X'}$, …, $Z_{Z'}$ の値は，先の量によって微分することで求めることができ，これは，21 個の量

$$\varepsilon_{V'},\ \eta_{V'},\ \dfrac{dx}{dx'},\ \text{……},\ \dfrac{dz}{dz'},\ t,\ X_{X'},\ \text{……},\ Z_{Z'} \qquad (415)$$

第三論文　不均一物質の平衡について

との間に 11 個の独立な関係式を与える．これらの量のうち 10 個は独立であるから，これが存在するものの全てである．これらすべての式は，これが連続的な変化が可能であるとき，物体の組成を表す変数も含むことができる．

　基準状態における要素の体積で割った固体の任意の要素に対する（107 頁で定義したように）ψ の値を表すために，$\psi_{V'}$ なる記号を使えば，

$$\psi_{V'} = \varepsilon_{V'} - t\,\eta_{V'} \tag{416}$$

が求まる．(356) なる式は，次式の形から導くことができよう．

$$\delta\psi_{V'} = -\eta_{V'}\,\delta t + \Sigma\Sigma'\left(X_{X'}\,\delta\frac{dx}{dx'}\right). \tag{417}$$

したがって，物体の組成を表す変数と共に $t,\dfrac{dx}{dx'},\ldots\ldots,\dfrac{dz}{dz'}$ なる変数によって，$\psi_{V'}$ の値を知れば，同じ変数によって微分することで，$\eta_{V'}, X_{X'}, \cdots, Z_{Z'}$ の値を得ることができる．これは，$\varepsilon_{V'}$ の代わりに $\psi_{V'}$ を得ることを除き，先と同じ量の間に 11 個の独立な関係を作るだろう．または，(416) なる式によって $\psi_{V'}$ を消去すれば，(415) における量と，物体の組成を表す量との間に 11 個の独立な式が得られる．したがって，$t, \dfrac{dx}{dx'}, \cdots, \dfrac{dz}{dz'}$ なる量と，連続的な変化が可能である場合の物体の組成を表す量との関数としての $\psi_{V'}$ の値を定める式は，それが関係している種類の固体に対する基本方程式である．

　固体の平衡条件についての議論においては，問題としている系全体に亘って温度が一様であるとすることと，さらに同じ系の力関数（force-function）$(-\psi)$ の変動が，その温度に影響されない系の状態における任意の変化に対しゼロまたは負であるとすることが，平衡に対して必要かつ十分である，という原則から始めることができた．固体の同じ任意の要素に対する ψ の値は，温度とひずみ状態の関数であると仮定してきたので，一定温度に対しては，

$$\delta\psi_{V'} = \Sigma\Sigma'\left(X_{X'}\,\delta\frac{dx}{dx'}\right)$$

と書くことができ，$X_{X'}, \cdots, Z_{Z'}$ なる量はこの式によって定義される．これは，$X_{X'}, \cdots, Z_{Z'}$ の定義における単に形式的な変化に過ぎず，これらの値に影響を及ぼすことはない．なぜなら，この式は，(355) なる式で定義されたように，$X_{X'}, \cdots, Z_{Z'}$ に対し成り立っているからである．このようなデータで，われわれが用いたものとの類似の変換によって，同様な結果を得ることができよう[31]．

各式における唯一の違いは，$\psi_{V'}$ が $\varepsilon_{V'}$ に取って代わり，エントロピーに関する項が欠けているということは明らかである．このような方法は，結果が得られるという直接性に関して明らかに好ましい．この論文の方法は，平衡理論における**エネルギー**と**エントロピーの役割**をより明確に示し，他の方法が温度一定である力学的諸問題により自然に拡張することができるのと同じように，（振動が固体を通して伝播されるときのように）固体の要素のエントロピーの恒常性の条件のもとで，運動が生じるようなそれらの力学的諸問題にもっと自然に拡張することができる．（108 頁の注を参照．）

空間における方向を考慮せずに考えたどんな要素のひずみ状態も，たった六つの独立変数で可能であると述べる機会がすでにあった．それゆえ，要素の位置に無関係である $\dfrac{dx}{dx'}$, ..., $\dfrac{dz}{dz'}$ の六つの関数で要素のひずみ状態を表すことができねばならない．これらの量に対して，基準状態での三つの座標軸に平行な各線の伸び（elongation）の各割合を平方したものと，これらの線の各対に対して，それらの伸びの割合に固体の可変状態（variable state）でそれらの線の各対がなす角の余弦を掛けたものとを選ぶことができる．これらの量を A, B, C, a, b, c で表せば，次式が得られる．

$$A = \Sigma\left(\frac{dx}{dx'}\right)^2, \quad B = \Sigma\left(\frac{dx}{dy'}\right)^2, \quad C = \Sigma\left(\frac{dx}{dz'}\right)^2, \qquad (418)$$

$$a = \Sigma\left(\frac{dx}{dy'}\frac{dx}{dz'}\right), \quad b = \Sigma\left(\frac{dx}{dz'}\frac{dx}{dx'}\right), \quad c = \Sigma\left(\frac{dx}{dx'}\frac{dx}{dy'}\right). \quad (419)$$

したがって，固体に対する基本方程式の決定は，$\varepsilon_{V'}$, $\eta_{V'}$, A, B, C, a, b, c 間の関係，または $\psi_{V'}$, t, A, B, C, a, b, c 間の関係の決定に帰着される．

等方性固体（isotropic solid）の場合には，要素のひずみ状態は，それが $\varepsilon_{V'}$ や $\eta_{V'}$ の関係，または $\psi_{V'}$ や t の関係に影響することがある限り，三つの独立な変動だけが可能である．このことは，要素の任意に与えられたひずみに対しても，そのひずみのない状態とひずみ状態において，要素内に互いに他と直交する三つの線があるという命題の結果として，最もはっきりと現れる．ひずみのない要素が等方的であれば，三つの線に対する伸びの割合は，$\eta_{V'}$ によって $\varepsilon_{V'}$ の値を決めるか，あるいは t によって $\eta_{V'}$ の値を決めねばならない．

ひずみの主軸（principal axes of strain）と呼ばれる，そのような線の存在を

第三論文　不均一物質の平衡について

実証するために，そして，そのような線の $\frac{dx}{dx'}$, …, $\frac{dz}{dz'}$ なる量に対する伸びの関係を見出すために，次のように進めることができる．基準状態で方向余弦が α', β', γ' である任意の線の r なる伸びの割合は，明らかに次式で与えられる．

$$r^2 = \left(\frac{dx}{dx'}\alpha' + \frac{dx}{dy'}\beta' + \frac{dx}{dz'}\gamma'\right)^2$$
$$+ \left(\frac{dy}{dx'}\alpha' + \frac{dy}{dy'}\beta' + \frac{dy}{dz'}\gamma'\right)^2 \quad (420)$$
$$+ \left(\frac{dz}{dx'}\alpha' + \frac{dz}{dy'}\beta' + \frac{dz}{dz'}\gamma'\right)^2.$$

ところで，確立すべき命題は明らかに次のことと同等である．――すなわち，X', Y', Z' 及び X, Y, Z なる二つの直交軸系に対する方向を

$$\left.\begin{array}{l}\dfrac{dx}{dy'}=0, \quad \dfrac{dx}{dz'}=0, \quad \dfrac{dy}{dz'}=0, \\[6pt] \dfrac{dy}{dx'}=0, \quad \dfrac{dz}{dx'}=0, \quad \dfrac{dz}{dy'}=0. \end{array}\right\} \quad (421)$$

のようにいつでも与えることができることである．一つの線に対する r の値が，少なくとも他の線に対してと同程度の大きさになる線をこの要素の中に選ぶことができ，ひずみ状態とひずみのない状態のそれぞれにおいて，X 軸と X' 軸をこの線と平行に取ることができる．このとき，

$$\frac{dy}{dx'}=0, \qquad \frac{dz}{dx'}=0. \quad (422)$$

さらに，α', β', γ' を**独立変数**とすることよって，(420) から得られた微分係数に対し，$\dfrac{d(r^2)}{d\alpha'}$, $\dfrac{d(r^2)}{d\beta'}$, $\dfrac{d(r^2)}{d\gamma'}$ と書けば，

$$\frac{d(r^2)}{d\alpha'}d\alpha' + \frac{d(r^2)}{d\beta'}d\beta' + \frac{d(r^2)}{d\gamma'}d\gamma' = 0,$$

であり，このとき，

$$\alpha' d\alpha' + \beta' d\beta' + \gamma' d\gamma' = 0,$$

かつ

$$\alpha'=1, \quad \beta'=0, \quad \gamma'=0.$$

すなわち，

$$\frac{d(r^2)}{d\beta'}=0, \quad 及び \quad \frac{d(r^2)}{d\gamma'}=0$$

であり，このとき，　　　　　$\alpha' = 1, \ \beta' = 0, \ \gamma' = 0.$

ゆえに，
$$\frac{dx}{dy'} = 0, \ \frac{dx}{dz'} = 0. \tag{423}$$

したがって，ひずみのない状態で X' に垂直である要素の線は，ひずみ状態において X に垂直である．このような線の全てについて，r の値が少なくとも他の線に対してと同程度の大きさになる線を選ぶことができ，ひずみのない状態とひずみ状態のそれぞれにおいて，この線に平行な Y' 軸と Y 軸を取ることができる．このとき，

$$\frac{dz}{dy'} = 0 \ ; \tag{424}$$

そして，いま用いた論法と同様の推論によって，次のことを容易に示すことができる．

$$\frac{dy}{dz'} = 0. \tag{425}$$

ひずみのない状態での X', Y', Z' 軸に平行な線は，それゆえ，ひずみのある物体中で X, Y, Z 軸に平行である．そのような線の伸びの割合は，

$$\frac{dx}{dx'}, \ \frac{dy}{dy'}, \ \frac{dz}{dz'}$$

である．これらの線は，線の方向の変化に対する伸びの割合について一定値をとるという共通な性質をもつ．これは r^2 の一般的な値が座標軸の位置によって導かれる形から生じる．すなわち，

$$r^2 = \left(\frac{dx}{dx'}\right)^2 \alpha'^2 + \left(\frac{dy}{dy'}\right)^2 \beta'^2 + \left(\frac{dz}{dz'}\right)^2 \gamma'^2.$$

367　したがって，任意の特定なひずみに関しても，上で述べた性質を持つ線の存在を証明し，座標軸の位置に関して最も一般的な仮定の下で，これらの線（**ひずみの主軸**）と $\frac{dx}{dx'}, \ \cdots, \ \frac{dz}{dz'}$ なる量に対する伸びの割合との間の関係を見つけることに移ろう．

どんなひずみの主軸に対しても，$\alpha' d\alpha' + \beta' d\beta' + \gamma' d\gamma' = 0$ のとき

$$\frac{d(r^2)}{d\alpha'} d\alpha' + \frac{d(r^2)}{d\beta'} d\beta' + \frac{d(r^2)}{d\gamma'} d\gamma' = 0$$

第三論文 不均一物質の平衡について

を得る．これらの式の第一項の微分係数は，前と同様に（420）から決められる．したがって，

$$\frac{1}{\alpha'}\frac{d(r^2)}{d\alpha'} = \frac{1}{\beta'}\frac{d(r^2)}{d\beta'} = \frac{1}{\gamma'}\frac{d(r^2)}{d\gamma'}. \tag{426}$$

（420）から，直接次式を得る．

$$\frac{\alpha'}{2}\frac{d(r^2)}{d\alpha'} + \frac{\beta'}{2}\frac{d(r^2)}{d\beta'} + \frac{\gamma'}{2}\frac{d(r^2)}{d\gamma'} = r^2. \tag{427}$$

後の二つの式から，$\alpha'^2 + \beta'^2 + \gamma'^2 = 1$ なる必要条件によって，

$$\frac{1}{2}\frac{d(r^2)}{d\alpha'} = \alpha' r^2, \quad \frac{1}{2}\frac{d(r^2)}{d\beta'} = \beta' r^2, \quad \frac{1}{2}\frac{d(r^2)}{d\gamma'} = \gamma' r^2, \tag{428}$$

を得る．あるいは，（420）から採った微分係数の値を代入すれば，

$$\left.\begin{array}{l}\alpha'\Sigma\left(\dfrac{dx}{dx'}\right)^2 + \beta'\Sigma\left(\dfrac{dx}{dx'}\dfrac{dx}{dy'}\right) + \gamma'\left(\dfrac{dx}{dx'}\dfrac{dx}{dz'}\right) = \alpha' r^2, \\[2mm] \alpha'\Sigma\left(\dfrac{dx}{dy'}\dfrac{dx}{dx'}\right) + \beta'\Sigma\left(\dfrac{dx}{dy'}\right)^2 + \gamma'\left(\dfrac{dx}{dy'}\dfrac{dx}{dz'}\right) = \beta' r^2, \\[2mm] \alpha'\Sigma\left(\dfrac{dx}{dz'}\dfrac{dx}{dx'}\right) + \beta'\Sigma\left(\dfrac{dx}{dz'}\dfrac{dx}{dy'}\right) + \gamma'\left(\dfrac{dx}{dz'}\right)^2 = \alpha' r^2.\end{array}\right\} \tag{429}$$

これらの式から α', β', γ' を消去すれば，その結果を次の形に書くことができよう．

$$\begin{vmatrix} \Sigma\left(\dfrac{dx}{dx'}\right)^2 - r^2 & \Sigma\left(\dfrac{dx}{dx'}\dfrac{dx}{dy'}\right) & \Sigma\left(\dfrac{dx}{dx'}\dfrac{dx}{dz'}\right) \\[2mm] \Sigma\left(\dfrac{dx}{dy'}\dfrac{dx}{dx'}\right) & \Sigma\left(\dfrac{dx}{dy'}\right)^2 - r^2 & \Sigma\left(\dfrac{dx}{dy'}\dfrac{dx}{dz'}\right) \\[2mm] \Sigma\left(\dfrac{dx}{dz'}\dfrac{dx}{dx'}\right) & \Sigma\left(\dfrac{dx}{dz'}\dfrac{dx}{dy'}\right) & \Sigma\left(\dfrac{dx}{dz'}\right)^2 - r^2 \end{vmatrix} = 0. \tag{430}$$

これは次のようにも書くことができる．

$$-r^6 + Er^4 - Fr^2 + G = 0. \tag{431}$$

このとき，

$$E = \Sigma' \Sigma \left(\frac{dx}{dx'} \right)^2. \tag{432}$$

また[32]，

$$F = \Sigma' \left\{ \Sigma \left(\frac{dx}{dx'} \right)^2 \Sigma \left(\frac{dx}{dy'} \right)^2 - \Sigma \left(\frac{dx}{dx'} \frac{dx}{dy'} \right) \Sigma \left(\frac{dx}{dx'} \frac{dx}{dy'} \right) \right\}$$

$$= \Sigma' \Sigma \left\{ \left(\frac{dx}{dx'} \right)^2 \Sigma \left(\frac{dx}{dy'} \right)^2 - \frac{dx}{dx'} \frac{dx}{dy'} \Sigma \left(\frac{dx}{dx'} \frac{dx}{dy'} \right) \right\}$$

$$= \Sigma' \Sigma \left\{ \left(\frac{dx}{dx'} \right)^2 \left(\frac{dy}{dy'} \right)^2 + \left(\frac{dx}{dx'} \right)^2 \left(\frac{dz}{dy'} \right)^2 - \frac{dx}{dx'} \frac{dx}{dy'} \frac{dy}{dx'} \frac{dy}{dy'} - \frac{dx}{dx'} \frac{dx}{dy'} \frac{dz}{dx'} \frac{dz}{dy'} \right\}$$

$$= \Sigma' \Sigma \left\{ \left(\frac{dx}{dx'} \right)^2 \left(\frac{dy}{dy'} \right)^2 + \left(\frac{dy}{dx'} \right)^2 \left(\frac{dx}{dy'} \right)^2 - 2 \frac{dx}{dx'} \frac{dx}{dy'} \frac{dy}{dx'} \frac{dy}{dy'} \right\}$$

$$= \Sigma' \Sigma \left(\frac{dx}{dx'} \frac{dy}{dy'} - \frac{dy}{dx'} \frac{dx}{dy'} \right)^2. \tag{433}$$

これはまた次のようにも書くことができる．

$$F = \Sigma' \Sigma \left| \begin{array}{cc} \dfrac{dx}{dx'} & \dfrac{dx}{dy'} \\ \dfrac{dy}{dx'} & \dfrac{dy}{dy'} \end{array} \right|^2. \tag{434}$$

Gの値の簡約においては，x, y, z を y, z, x；z, x, y；x, z, y；y, x, z；z, y, x に置き換えることで作られた**六つの項**の和を表すために，記号 $\underset{3+3}{\Sigma}$ を，そして最後の三つの項は負に採ること以外は，上と同じ意味で記号 $\underset{3-3}{\Sigma}$ を使うのは便利であろう．さらに，x', y', z' に関しても，同じ意味で $\underset{3-3}{\Sigma'}$ を使うことや，x', y', z' と等価である x′, y′, z′ を使うこともまた便利である．ただし，これらは総和記号の符号を変えてはならない．この条件で，次のように書くことができる．

$$G = \underset{3-3}{\Sigma'} \left\{ \Sigma \left(\frac{dx}{dx'} \frac{dx}{dx'} \right) \Sigma \left(\frac{dx}{dy'} \frac{dx}{dy'} \right) \Sigma \left(\frac{dx}{dz'} \frac{dx}{dz'} \right) \right\} \tag{435}$$

369 三つの和の積を展開することで，dx, dy, dz なる三つの式の全てを含んでいない項を $\underset{3-3}{\Sigma'}$ の符号のために消去することができる．したがって，次式で書くことができる．

第三論文　不均一物質の平衡について

$$G = \underset{3-3}{\sum'} \underset{3+3}{\sum} \left(\frac{dx}{dx'} \frac{dx}{dx'} \frac{dy}{dy'} \frac{dy}{dy'} \frac{dz}{dz'} \frac{dz}{dz'} \right)$$

$$= \underset{3+3}{\sum} \left\{ \frac{dx}{dx'} \frac{dy}{dy'} \frac{dz}{dz'} \underset{3-3}{\sum'} \left(\frac{dx}{dx'} \frac{dy}{dy'} \frac{dz}{dz'} \right) \right\}$$

$$= \underset{3-3}{\sum} \left(\frac{dx}{dx'} \frac{dy}{dy'} \frac{dz}{dz'} \right) \underset{3-3}{\sum'} \left(\frac{dx}{dx'} \frac{dy}{dy'} \frac{dz}{dz'} \right). \tag{436}$$

あるいは，もし，

$$H = \begin{vmatrix} \dfrac{dx}{dx'} & \dfrac{dx}{dy'} & \dfrac{dx}{dz'} \\ \dfrac{dy}{dx'} & \dfrac{dy}{dy'} & \dfrac{dy}{dz'} \\ \dfrac{dz}{dx'} & \dfrac{dz}{dy'} & \dfrac{dz}{dz'} \end{vmatrix} \tag{437}$$

と置けば，次式を得る．

$$G = H^2. \tag{438}$$

F が (437) の行列式から作ることのできる九つの小行列式の平方の和を表していること，及び，E が同じ行列式の九つの要素の平方の和を表していることが分るだろう．

さて，(431) なる式は，r_1^2, r_2^2, r_3^2 で表すことができる r^2 の三つの異なる値で一般に満たされており，ひずみの三つの主軸の伸びの割合の平方を表さねばならないこと；更にまた，E, F, G が r_1^2, r_2^2, r_3^2 の対称関数 (symmetrical functions) であること，すなわち，

$$E = r_1^2 + r_2^2 + r_3^2, \quad F = r_1^2 r_2^2 + r_2^2 r_3^2 + r_3^2 r_1^2, \quad G = r_1^2 r_2^2 r_3^2 \tag{439}$$

であることが，方程式の理論によって分る．それゆえ，三角関数を用いて (431) なる式を解くことができるが，$\eta_{V'}$ と $\dfrac{dx}{dx'}$, $\cdots$, $\dfrac{dz}{dz'}$ によって表した E, F, G (または H) なる量との関数として $\varepsilon_{V'}$ を見なすことで，もっと簡単になる．なぜなら，$\varepsilon_{V'}$ は $\eta_{V'}$ と（物体がとり得る全ての変化に関しての）$\eta_{V'}$ と r_1^2, r_2^2, r_3^2 との一価関数であり，r_1^2, r_2^2, r_3^2 に関しての対称関数であるからである．更に，r_1^2, r_2^2, r_3^2 が E, F, H の値によって曖昧さを伴わず**包括的に** (collectively) 決められるから，$\varepsilon_{V'}$ なる量は $\eta_{V'}$, E, F, H の一価関数でなくてはならない．したがって，等方性固体 (isotropic bodies) に対する基本

239

方程式の決定は，この関数の決定に，あるいは（同様な考察から分るように）t, E, F, H の関数としての ψ_V の決定に帰着される．

(439) 式から，E がひずみの主軸に対する伸びの割合の平方の和を表し，F がこれらの主軸によって決められた三つの面に対する伸張 (enlargement) の割合の平方の和を表しており，G が体積の伸張の割合の平方を表していることが分る．さらに，(432) 式は，E が X', Y', Z' に平行な線に対する伸びの割合の平方の和を表すことを示し；(434) 式は，F が X'-Y', Y'-Z', Z'-X' なる平面に平行な面に対する伸張の割合の平方の和を表すことを示しており；(438) 式は，(439) のように，G が体積の伸張の割合の平方を表すことを示している．座標軸の位置は任意であるから，ひずみのない状態で，他と互いに直角をなす三つの線または面の，伸びまたは伸張の割合の平方の和は，むしろ線または面の方向にも依存しないという結論になる．それゆえ，$\frac{1}{3}E$ と $\frac{1}{3}F$ とは，ひずみのない固体中でとり得るすべての方向に対し，線の伸びと面の伸張の割合の平方の平均である．

H は $\frac{dx}{dx'}$, …, $\frac{dz}{dz'}$ によってもっと簡単に表されるので，E, F, G の代わりに E, F, H によって決められるようなひずみに関して実用的な利点があるだけでなく，E, F, H にとっても確かな理論的利点がある．X, Y, Z と X', Y', Z' なる座標系が同一であるか，または，それは仮定すると常に便利であるが，重ね合わせが可能である場合，H なる行列式は物体がとり得るどんなひずみに対しても常に正の値をとる．しかし，x, y, z に，H が負の値を持つ x', y', z' の関数のような値を与えることができる．例えば，

$$x = x', \quad y = y', \quad z = -z' \qquad (440)$$

としよう．これは $H=-1$ を与えるが，一方で，

$$x = x', \quad y = y', \quad z = z' \qquad (441)$$

は $H=1$ を与える．(440) と (441) は共に $G=1$ である．ところで，(440) で表されるような物体の粒子の位置におけるような変化は，物体が固体を持続する間は起こりえないけれども，ひずみを表す方法がまだ不完全であると考えることができる．そのことが，(440) と (441) で表された場合に混乱を起こす．

ひずみを表すのに E, F, H を用いることで，このような混乱の全てを回避

第三論文　不均一物質の平衡について

することができる．ひずんだ物体の要素を考えよう．この物体は (x', y', z') なる状態においては立方体であり，その各辺は X', Y', Z' 軸に平行で，平行である軸に従い dx', dy', dz' なる辺と呼び，x', y' または z' の値が増加する側の各辺の端を正の端と考えよう．dx', dy', dz' なる立方体に対応し，$\dfrac{dx}{dx'}, \ldots, \dfrac{dz}{dz'}$ なる量によって決められる (x, y, z) なる状態における平行六面体の性質であれ，それは，立方体の形にも，そして dx', dy' なる辺が X, Y の軸に平行で，その辺の正の端が各軸の正方向に向いているような位置にも，連続的な変化によって常に持っていくことができる．そしてこれは，平行六面体の体積にゼロなる値を与えることなく，したがって，H の符号を変えることなく行うことができる．さて，二つの場合が可能である；――すなわち，dz' なる辺の正の端は，Z 軸の正の方向もしくは負の方向に向けることができる．第一の場合には H は明らかに正であり；第二の場合は負である．したがって，H なる行列式は，その要素が，その体積にゼロなる値を与えずに連続的な変化によって (x, y, z) なる状態から (x', y', z') なる状態に持っていくことができるか，できないかに従い，正または負になる．――すなわち，どちらかを選べば，体積は正または負になると言うことができよう．――

　さて，ひずみの主軸（principal axes）や r_1, r_2, r_3 なる伸びの主値（principal ratios）の考察に戻り，ひずみのある要素とひずみのない要素におけるひずみの主軸を，それぞれ U_1, U_2, U_3 と U_1', U_2', U_3' で表せば，r_1 の符号は，例えば，U_1' で与えられた方向と一致すると考える U_1 での方向に関係することは明らかである．r_1, r_2, r_3 がすべて正であるように，これらの軸の方向を関係付けるように選べば，H の正または負の値は，各軸での対応する方向が一致するように，U_1, U_2, U_3 なる軸系を U_1', U_2', U_3' なる軸系に重ね合わせることができるか否かを決める．あるいは，二つの軸系が重ね合わせが可能で，対応する方向を一致させるように，それらの軸系で方向を関係付けて選べば，H の正または負の値は，r_1, r_2, r_3 なる量の偶数個または奇数個が負であるかどうかを決める．この場合には，次のように書くことができる．

$$r_1 r_2 r_3 = H = \begin{vmatrix} \dfrac{dx}{dx'} & \dfrac{dx}{dy'} & \dfrac{dx}{dz'} \\ \dfrac{dy}{dx'} & \dfrac{dy}{dy'} & \dfrac{dy}{dz'} \\ \dfrac{dz}{dx'} & \dfrac{dz}{dy'} & \dfrac{dz}{dz'} \end{vmatrix}. \tag{442}$$

r_1, r_2, r_3 なる量の二つの符号を変えるためには，そのひずみ状態を変えることなく，単に，物体に或る回転を与えることだと分かる．

U_1, U_2, U_3 なる軸に関してどのように仮定したとしても，われわれが固さ (solidity) の概念に合ったひずみの考察に限定する場合だけでなく，可能であると考える $\dfrac{dx}{dx'}$, ……, $\dfrac{dz}{dz'}$ の任意の値の場合にも，ひずみ状態は E, F, H なる値によって完全に決められることは明らかである．

近似公式．——多くの目的の対し，等方性固体に対する $\varepsilon_{V'}$ の値は，次の式によって十分正確に表すことができる．

$$\varepsilon_{V'} = i' + e'E + f'F + h'H, \tag{443}$$

ここに，i', e', f', h' は $\eta_{V'}$ の関数を表す；あるいは，次の式によって $\psi_{V'}$ の値の関数を表す．

$$\psi_{V'} = i + eE + fF + hH, \tag{444}$$

ここに，i, e, f, h は t の関数である．まず最初に，これらの式の二番目のものを考えよう．E, F, H は r_1, r_2, r_3 の対称関数であるから，$\psi_{V'}$ が t, E, F, H の任意の関数であれば，$r_1 = r_2 = r_3$ のときはいつでも

$$\left. \begin{aligned} \dfrac{d\psi_{V'}}{dr_1} &= \dfrac{d\psi_{V'}}{dr_2} = \dfrac{d\psi_{V'}}{dr_3}, \\ \dfrac{d^2\psi_{V'}}{dr_1^2} &= \dfrac{d^2\psi_{V'}}{dr_2^2} = \dfrac{d^2\psi_{V'}}{dr_3^2}, \\ \dfrac{d^2\psi_{V'}}{dr_1 dr_2} &= \dfrac{d^2\psi_{V'}}{dr_2 dr_3} = \dfrac{d^2\psi_{V'}}{dr_3 dr_1}, \end{aligned} \right\} \tag{445}$$

である必要がある．さて，i, e, f, h は，或るひずみの等方性状態に対し，すべての温度で，それらの適切な値を

$$\psi_{V'}, \quad \frac{d\psi_{V'}}{dr_1}, \quad \frac{d^2\psi_{V'}}{dr_1^2}, \quad \frac{d^2\psi_{V'}}{dr_1 dr_2}$$

に与えるように要求されたどんな条件でも（t の関数として）決めることができる．固体内の応力がゼロになるとき，それら i, e, f, h は，$\psi_{V'}$，……など に適切な値を与えるように決められると仮定しよう．任意に与えられた温度で 応力をゼロにする r_1, r_2, r_3 の共通の値を r_0 で表し，$\psi_{V'}$ の真の値と，更にま た

$$r_1 - r_0, \quad r_2 - r_0, \quad r_3 - r_0 \tag{446}$$

の昇順で表されるために（444）なる式によって与えられた値とを仮定すれば，各式はそれが**含んでいる**二次の項まで一致することは明らかである．すなわち，(444) なる式で与えられた $\psi_{V'}$ の値の誤差は，上の差の三乗と同程度の大きさである．

$$\frac{d\psi_{V'}}{dr_1}, \quad \frac{d\psi_{V'}}{dr_2}, \quad \frac{d\psi_{V'}}{dr_3}$$

の値の誤差は，上の差の二乗と同程度の大きさであろう．したがって，

$$\frac{d\psi_{V'}}{d\frac{dx}{dx'}} = \frac{d\psi_{V'}}{dr_1}\frac{dr_1}{d\frac{dx}{dx'}} + \frac{d\psi_{V'}}{dr_2}\frac{dr_2}{d\frac{dx}{dx'}} + \frac{d\psi_{V'}}{dr_3}\frac{dr_3}{d\frac{dx}{dx'}} \tag{447}$$

は，$\psi_{V'}$ の真の値か，または（444）なる式で与えられた値と見なせるので，さらに，(444) における誤差は，(431), (432), (434), (437), (438) なる式によって決められると見なすことができる

$$\frac{dr_1}{d\frac{dx}{dx'}}, \quad \frac{dr_2}{d\frac{dx}{dx'}}, \quad \frac{dr_3}{d\frac{dx}{dx'}}$$

の値に影響を及ぼさないので，(444) から導かれた $X_{X'}$ の値の誤差は，(446) の差の二乗程度の大きさであろう．同じことは $X_{Y'}, X_{Z'}, Y_{X'}$，……，……についても言えるだろう．

e, f, h なる量が，最も簡潔に等方性固体の弾性特性値（elastic properties）を表すものとどう関係しているかを知ることは興味深いだろう．V と R で（共に一定温度の条件の下で，応力をゼロにする状態に対して決められた）**体積弾**

性率（elasticity of volume）と**剛性率**（rigidity）[33] を表せば，定義として，

$$v = r_0^3 v' \quad \text{のとき} \quad V = -v\left(\frac{dp}{dv}\right)_t \tag{448}$$

374 と置くことにする．ここに，p は固体が受ける一様な圧力を，v はその体積を，v' は基準状態でのその体積を表す；更に，

及び

$$\left.\begin{array}{c} \dfrac{dx}{dx'} = \dfrac{dy}{dy'} = \dfrac{dz}{dz'} = r_0 \\[4pt] \dfrac{dx}{dy'} = \dfrac{dx}{dz'} = \dfrac{dy}{dz'} = \dfrac{dy}{dx'} = \dfrac{dz}{dx'} = \dfrac{dz}{dy'} = 0 \\[4pt] r_0 R = \dfrac{dX_{Y'}}{d\dfrac{dx}{dy'}} = \dfrac{d^2 \psi_{V'}}{\left(d\dfrac{dx}{dy'}\right)^2} \end{array}\right\} \tag{449}$$

のとき，

と置くことにする．さて，固体が全ての面に一様な圧力を受けるとき，基準状態において単位体積をもつような同じ固体を考えれば，

$$r_1 = r_2 = r_3 = v^{\frac{1}{3}} \tag{450}$$

を得る．そして，（444）と（439）によって，

$$\psi_{V'} = i + 3ev^{\frac{2}{3}} + 3fv^{\frac{4}{3}} + hv. \tag{451}$$

ゆえに，（88）なる式により，$\psi_{V'}$ は ψ と等しいから，

$$-p = \left(\frac{d\psi}{dv}\right)_t = 2ev^{-\frac{1}{3}} + 4fv^{\frac{1}{3}} + h, \tag{452}$$

$$-v\left(\frac{dp}{dv}\right)_t = -\frac{2}{3}ev^{-\frac{1}{3}} + \frac{4}{3}fv^{\frac{1}{3}}; \tag{453}$$

さらに，（448）によって

$$V = -\frac{2}{3}\frac{e}{r_0} + \frac{4}{3}fr_0. \tag{454}$$

（449）なる定義に従い R の値を求めるために，（444）なる式を，（432），（434），（437）なる式で与えられた E, F, H の値を仮定して置き換える．これは R の値に対し，次式を与える．

$$R = \frac{2e}{r_0} + 2fr_0. \tag{455}$$

さらに，$v = r_0^3$ のとき，p は（452）においてゼロでなければならないから，

第三論文　不均一物質の平衡について

$$2e + 4fr_0^2 + hr_0 = 0 \tag{456}$$

を得る．最後の三つの式から，r_0, V, R について e, f, h の値を得ることができる；すなわち，

$$e = \frac{1}{3} r_0 R - \frac{1}{2} r_0 V, \quad f = \frac{R + 3V}{6r_0}, \quad h = -\frac{4}{3} R - V. \tag{457}$$

R と V のような量の r_0 は，温度の関数であり，微分係数 $\frac{d \log r_0}{dt}$ は，応力がないときの線膨張（linear expansion）の割合を表す．

(443) なる式を詳細に論ずることは必要ないであろう．というのはこの場合は丁度いま扱ったことと完全に似ているからである．((443) の議論に於いては，$\eta_{V'}$ が，(444) の議論において至る所で温度の代わりをするということを憶えておく必要がある．) V' と R' によって，これらは共に**定エントロピー**（すなわち，**熱の移動の無い**）の条件の下で，応力の無い状態に対して決められた**体積弾性率**と**剛性率**を表すならば，次式を得る．

$$V' = -\frac{2}{3} \frac{e'}{r_0} + \frac{4}{3} f' r_0, \tag{458}$$

$$R' = \frac{2e'}{r_0} + 2f' r_0, \tag{459}$$

$$2e' + 4f' r_0^2 + h' r_0 = 0. \tag{460}$$

これより，

$$e' = \frac{1}{3} r_0 R' - \frac{1}{2} r_0 V', \quad f' = \frac{R' + 3V'}{6r_0}, \quad h' = -\frac{4}{3} R' - V'. \tag{461}$$

これらの式においては，r_0, R', V' は $\eta_{V'}$ なる量の関数と見なされるべきである．

ある基準状態から別の状態（また等方性も）に変更しようとすれば，基本方程式において必要な変更は容易に行える．a が最初の基準状態での線の長さで割った第二の基準状態の固体の任意の線の長さを表すならば，最初の基準状態から第二の基準状態に変更するとき，$\varepsilon_{V'}$, $\eta_{V'}$, $\psi_{V'}$, H の値は a^3 で割られ，E の値は a^2 で，F の値は a^4 で割られることは明らかである．したがって，基準状態の変更を行う際には，(444) なる形の基本方程式おいて，$\psi_{V'}$, E, F, H に対し，それぞれ $a^3 \psi_{V'}$, $a^2 E$, $a^4 F$, $a^3 H$ で置き換える必要がある．(443)

なる形の基本方程式に於いても，同様な置き換えを行う必要があるし，さらに $\eta_{V'}$ を $a^3\eta_{V'}$ で置き換える必要もある．(i', e', f', h' は $\eta_{V'}$ の関数を表していることや，それらの値が $\eta_{V'}$ によって置き換えられたときだけ，(443) なる式が基本方程式になることは憶えていよう．)

流体を吸収する固体について

ある物体があって，その成分の幾つかは固体成分であるが，他は流体成分とする．以下の議論に於いては，平衡の条件に影響を与え得るどんな性質でも関与している限り，成分の固さ (solidity) と流動性 (fluidity) は共に完全であると仮定することにする．——すなわち，物体の固体成分 (solid matter) は可塑性から完全に自由であること，更に，流体成分の移動 (motion) に対し，流動の速さによって消えるようなものを除き，受動的抵抗はないと仮定するものとする．——そしてどの程度まで，そしてどんな場合に，これらの仮定が実現されるかを実験によって決めるために，この仮定を置いておく．

そのような固体に関して (356) なる式は，与えられた固体の要素の中に含まれている流体成分の量が一定に保たれる場合に成立していなければならないことは明らかである．物体の要素の中に含まれる種々の流体成分の量を，基準状態における要素の体積で割ったものを，Γ'_a, Γ'_b, ……で表そう．あるいは，別な言い方をすれば，残された各要素内に入っている成分 (matter) が変化せずにいる間に，物体が基準状態に移行されるものとすれば，これらの記号は種々の流体成分が持っている密度を表すとしよう．このとき，(356) なる式は，Γ'_a, Γ'_b, ……が一定であるとき成り立っていると言えよう．それゆえ，$\varepsilon_{V'}$ の微分の完全な値は次の形の式によって与えられる．

$$d\varepsilon_{V'} = t\,d\eta_{V'} + \Sigma\Sigma'\left(X_{X'}\,d\frac{dx}{dx'}\right) + L_a\,d\Gamma'_a + L_b\,d\Gamma'_b + \cdots\cdots. \quad (462)$$

さて，物体が静水圧応力 (hydrostatic stress) の状態にあるとき，この式の総和記号をもつ項は，$-p\,dv_{V'}$ になる ($v_{V'}$ は，他の箇所と同様に，基準状態におけるその体積で割った要素の体積を表している)．なぜなら，この場合には，

$$X_{X'} = -p\left(\frac{dy}{dy'}\frac{dz}{dz'} - \frac{dz}{dy'}\frac{dy}{dz'}\right), \quad (463)$$

$$\Sigma\Sigma'\left(X_{X'}d\frac{dx}{dx'}\right) = -p\Sigma\Sigma'\left\{\left(\frac{dy}{dy'}\frac{dz}{dz'} - \frac{dz}{dy'}\frac{dy}{dz'}\right)d\frac{dx}{dx'}\right\}$$

$$= -pd \begin{vmatrix} \dfrac{dx}{dx'} & \dfrac{dx}{dy'} & \dfrac{dx}{dz'} \\ \dfrac{dy}{dx'} & \dfrac{dy}{dy'} & \dfrac{dy}{dz'} \\ \dfrac{dz}{dx'} & \dfrac{dz}{dy'} & \dfrac{dz}{dz'} \end{vmatrix}$$

$$= -pdv_{V'} \tag{464}$$

となるからである.したがって,静水圧応力の状態に対し

$$d\varepsilon_{V'} = t\,d\eta_{V'} - pdv_{V'} + L_a\,d\Gamma_a' + L_b\,d\Gamma_b' + \cdots\cdots \tag{465}$$

を得る.そして,基準状態において一定と見なすことができる要素の体積を掛けると,

$$d\varepsilon = t\,d\eta - pdv + L_a\,dm_a + L_b\,dm_b + \cdots\cdots. \tag{466}$$

ここに,ε, η, v, m_a, m_b, …は,エネルギー,エントロピー,要素の体積,その要素の種々の流体成分の量を表す.これらの記号が有限の大きさを持つ均一物体と関連するとして理解されているならば,この式もまた成立していることは明らかである.変動に関する唯一の制限(limitation)は,記号が関係する要素または物体が同じ固体成分(same solid matter)を常に含んでいるとすることである.変化した状態は,静水圧応力の状態か,別な状態の一つであろう.

しかし,物体が静水圧応力の状態にあり,固体成分が不変であると考えられる場合,(12)なる式によって次式を得る.

$$d\varepsilon = t\,d\eta - pdv + \mu_a\,dm_a + \mu_b\,dm_b + \cdots\cdots. \tag{467}$$

これは,取り上げた式が静水圧応力の物体だけに関係する議論において現れるので,初めの状態と同様に変化した状態は,そこでは,静水圧応力の一つの状態として見なされることを覚えておく必要がある.しかし,最後の二つの式を比べると,後の式はそんな制限などしなくても成立していること,しかも,L_a, L_b, ……なる量は,静水圧応力の状態に対して決められる場合,μ_a, μ_b, ……なるポテンシャルに等しいことを示している.

これまで,静水圧応力の状態の物体についてだけ**ポテンシャル**なる用語を使

ってきたので，他の物体について選ぶときもこの用語を適用することができる．したがって，物体の状態が静水圧応力の状態か，そうでないかに係わらず，考えている物体中の種々の流体成分に対し，L_a, L_b, ……なる量を**ポテンシャル**と呼ぶことができる．なぜなら，その用語のこの使用が，その前の定義の拡張だけに関係しているからである．これらの量を表すために，ポテンシャルに対しわれわれの通常の記号を使うことは，また便利になろう．それで，(462) なる式は次式で書くことができる．

$$d\varepsilon_{V'} = t\, d\eta_{V'} + \Sigma\Sigma' \left(X_{X'}\, d\frac{dx}{dx'} \right) + \mu_a\, d\Gamma_a' + \mu_b\, d\Gamma_b' + \cdots\cdots. \quad (468)$$

この式は，記号が関係する固体成分が同じままであるとすること以外，初めの状態もしくは変化した状態について何ら制限せずに，流体成分を持っている固体について成り立っている．

この種の物体に対する平衡条件に関して，Γ_a', Γ_b', ……を一定に採れるなら，通常の固体に対して得られた全ての条件を，平衡の一般規準（general criterion）から求めねばならないことは，まず最初に明らかである．そしてこれは，(364)，(374)，(380)，(382)〜(384) なる公式で表される．最後の二つの式 (383) と (384) にある Γ_1', Γ_2', ……なる量は，もちろん，いま Γ_a', Γ_b', ……によって表されてきたものや，その固体成分に関連している対応する量と同様に物体の流体成分に関連するものも含んでいる．次に，物体の固体成分が量または位置の変化なしにそのまま持続すると仮定すれば，固体物体の流体成分を形成する物質に対するポテンシャルは，完全な流体の場合のように，固体物体においても，それと接する流体においても，同じ条件を満たさねばならないことが容易に明らかになる．(22) 式を参照．

しかしながら，上の条件は，平衡に対して十分であるようにするためには少し修正しなければならない．もし固体がその表面で溶解するならば，自由に置かれた流体成分は，流体によってだけでなく固体によって吸収し得ることは明らかである．そして，同様な方法で，固体の量が増加すれば，新しい部分の流体成分は前から存在している固体物体から取り入れることができる．それゆえ，固体物体の**固体**成分が，流体物体の実際の成分であるときはいつでも，（この場合は，固体物体の**流体**成分と同じであろうと無かろうと，）(383) なる形の

式が満たされねばならず，この式の右辺に暗に含まれた μ_a，μ_b，……なるポテンシャルは固体物体から決められる．また，固体物体の**固体**成分が，すべて流体物体の成分であることは可能であるが，その全てが実際の成分でないならば，(384) なる形の条件が満たされねばならず，その式の右辺にあるポテンシャルの値は，前のように決定される．

$$t, \ X_{X'}, \ \cdots, \ Z_{Z'}, \ \mu_a, \ \mu_b, \ \cdots\cdots \tag{469}$$

なる量は，各変数についての $\varepsilon_{V'}$ の微分係数であり，

$$\eta_{V'}, \ \frac{dx}{dx'}, \ \cdots, \ \frac{dz}{dz'}, \ \varGamma'_a, \ \varGamma'_b, \ \cdots\cdots \tag{470}$$

は，もちろん次の必要条件を満たす．

$$\frac{dt}{d\dfrac{dx}{dx'}} = \frac{dX_{X'}}{d\eta_{V'}}, \ \cdots\cdots . \tag{471}$$

この結果は次のように一般化することができる．(468) なる式の右辺第二項はいまの形で完全微分であるだけでなく，微分 (d) の符号を一つの因子から任意の項のほかの因子（記号 $\Sigma\Sigma'$ で示された和は，ここでは九つの項に展開されると仮定されている）に移しても，その形のままである．そして同時に，項の符号を＋から－に変える．というのは，例えば，$td\eta_{V'}$ を $-\eta_{V'}dt$ に置き換えることは，$d(t\eta_{V'})$ なる完全微分を引くことに等しいからである．したがって，(468) 式でどんな同じ項にも現れる (469) と (470) における量が，対を成していると考えれば，各組のどちらの量も独立変数として選ぶことができる．そして，これらの対の独立変数が共に (468) 式の d の符号によって影響されるか，またはこうして影響されるけれども，そうでなければ負にとれば，他の対の独立変数に対する任意の対の残っている量の微分係数は，最初の対の独立変数に対する第二の対の残っている量の正にとった微分係数に等しくなる．したがって，

$$\left(\frac{dX_{X'}}{d\Gamma_a'}\right)_{\frac{dx}{dx'}} = \left(\frac{d\mu_a}{d\frac{dx}{dx'}}\right)_{\Gamma_a'}, \qquad \left(\frac{dX_{X'}}{d\mu_a}\right)_{\frac{dx}{dx'}} = -\left(\frac{d\Gamma_a'}{d\frac{dx}{dx'}}\right)_{\mu_a}, \quad (472)$$

$$\left(\frac{d\frac{dx}{dx'}}{d\mu_a}\right)_{X_{X'}} = \left(\frac{d\Gamma_a'}{dX_{X'}}\right)_{\mu_a}, \qquad \left(\frac{d\frac{dx}{dx'}}{d\Gamma_a'}\right)_{X_{X'}} = -\left(\frac{d\mu_a}{dX_{X'}}\right)_{\Gamma_a'}, \quad (473)$$

ここで，添字によって示された量に加え，以下も定数と考えるべきである：
——tか$\eta_{V'}$のどちらか，$X_{Y'}$か$\frac{dx}{dy'}$のどちらか，$Z_{Z'}$か$\frac{dz}{dz'}$のどちらか，μ_aかΓ_b'のどちらか，……．

温度が一定であるとき，$\mu_a =$ 一定，$\mu_b =$ 一定という条件は，相が変化しない流体と接する物体の物理的条件を表し，そのポテンシャルが関係する成分を含むことが分るだろう．また，Γ_a'，Γ_b'，…が一定なとき，状態（condition）の微小変化において，基準状態で測定された単位体積当り物体によって吸収される熱は$td\eta_{V'}$によって表される．この量を$dQ_{V'}$で表し，熱の伝達のない条件を表すために添字$_Q$を用いれば，次のように書くことができる．

$$\left(\frac{d\log t}{d\frac{dx}{dx'}}\right)_Q = \left(\frac{dX_{X'}}{dQ_{V'}}\right)_{\frac{dx}{dx'}}, \qquad \left(\frac{d\log t}{dX_{X'}}\right)_Q = -\left(\frac{d\frac{dx}{dx'}}{dQ_{V'}}\right)_{X_{X'}}, \quad (474)$$

$$\left(\frac{dQ_{V'}}{dX_{X'}}\right)_Q = \left(\frac{d\frac{dx}{dx'}}{d\log t}\right)_{X_{X'}}, \qquad \left(\frac{dQ_{V'}}{d\frac{dx}{dx'}}\right)_t = -\left(\frac{dX_{X'}}{d\log t}\right)_{\frac{dx}{dx'}}, \quad (475)$$

ここに，Γ_a'，Γ_b'，…は，全ての式で一定と見なさねばならないし，各式においても$X_{Y'}$か$\frac{dx}{dy'}$のどちらか，………，$Z_{Z'}$か$\frac{dz}{dz'}$のどちらかも一定と見なさねばならない．

380　不均一物質系の平衡についての不連続面の影響．——毛管現象の理論

二種類の接触している不均一物質の扱いにおいては，これまで次のことを仮定してきた．各物質は数学的な面によって隔てられていると考えられ，各物質

第三論文　不均一物質の平衡について

は他の物質の近傍で影響を受けないから，その物質の種々の成分の各々の密度や，エネルギー密度，エントロピー密度に関しても，いずれも分割面 (separating surface) まで全く均一であるものとした．この場合このような仮定が厳密でないことは次の考察から明らかである．すなわち，たとえ成分密度に関してそうであるとしても，分子作用の領域 (the sphere of molecular action) が無限に狭い訳ではないから，エネルギー密度に関して一般にそうであるはずがない．しかし，どんな物質もその近傍で目立った影響を受けるのは，そのような面から非常に近い距離の領域内だけであることを観測から知っている，——非常に狭い有意な分子作用領域の当然の結果による，——そして，この事実が，成分物質の密度と，エネルギー密度やエントロピー密度の変動を考慮する簡単な方法を与えることを可能にする．不連続面が，絶対的であるとか，この用語が数学的厳密さで任意の面を区別するとかいう意味合いはさておき，簡単なためにこの不連続面という用語を用いることにしよう．これは，均一物質あるいはほとんど均一な物質を隔てている異質な薄膜 (film) を表すために使うことができる．

平衡状態にあり重力の影響を受けていない流体物質の中に，そのような不連続面を考えよう．われわれがしなければならない量の正確な測定のために，この面が幾何学的な面を表すことができると便利であろう．この面は物理的不連続面とおおよそ一致しているものとし，しかし正確な位置を持つものとする．このために，物理的不連続面内もしくは非常に近いところに或る点をとり，この点と，隣接する物質の状態に関して同じように置かれている別のすべての点とを通る幾何学的な面を想定しよう．この幾何学的な面を**区分界面** (dividing surface) と呼び，記号 S で表そう．この界面の位置は今のところ多少任意であるが，この界面の法線の方向はどこにおいても既に

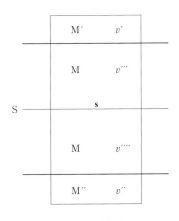

参考図1(訳注)

(訳注) この図は原論文には掲載されていないが，参考図として訳者が挿入した．

決められている．というのは，上に示した方法で構成しうるどんな界面も，明らかに互いに平行だからである．また界面Sと交差し，この界面の両側の均一物質の一部を含んでいるような閉曲面も想定しよう．Sの両側で流体物質に完全な均一性がない限り，閉曲面はSに立てた法線をぐるりと一巡して作られるようなものと仮定して，ここまでは，この閉曲面の形を制限したい．閉曲面内にあるSの部分を**s**で表し，この部分の面積をsで表そう．更に，閉曲面で囲まれた物質を，Sの両側にそれぞれ一つずつおいた二つの面によって三つの部分に区分しよう．この二つの面はSに極めて接近しているが，それでもその近傍で不連続面の影響を全く受けないような距離にある．面**s**を含む（物理的な不連続面を伴う）部分をM，更に均質部分をM′及びM″と呼び，これらの物質のエネルギーとエントロピー，及びそれらがもつ種々の成分の量を，$\varepsilon, \varepsilon', \varepsilon'', \eta, \eta', \eta'', m_1, m_1', m_1'', m_2, m_2', m_2'', \ldots\ldots$で区別しよう．

しかしながら，この様な場合に，単に仮想的な面によって他の物質と隔てられている物質のエネルギーによって理解されるべきものを，もっと正確に定義することが必要である．分割面の近傍の物質に起因する全エネルギーの一部は，この面の互いに反対側にある粒子対に関係しており，そのようなエネルギーは当然それ自体どちらの物質にも属することはできない．しかし，そのようなエネルギーを別々に考えることを避けるために，それぞれの物質に関係するエネルギーの中にそれを含めてしまうとしばしば便利である．この面で均一性が損なわれていないとき，エネルギーを一様な密度で分布しているとして取扱うことは自然である．これは，本質的に，考察している系の初期状態を伴う場合である．というのは，一般に均一物質を通る面によって区分されているためである．唯一の例外──異質な膜を直角に切る面の場合──は，（どんな重要な一般性も失うことなく，この膜内の，この面の一部分を他の［二つの］面に比べ極めて小さいと見なすことができるという考えはさておき）**この面と垂直な方向で物質の状態変化が全くないので，実在するというよりむしろ見掛けだけの**ことである．しかし，この系の状態で考慮される変化について，物質M，M′，M″を境界付けている面でどんな不連続性も引き起こさないようなものに，われわれ自身で制限してしまうのは都合が悪いだろう；したがって，引き起こされると想定できるような微小な不連続の場合に，どのように物質のエネルギー

第三論文　不均一物質の平衡について

を見積もるかを決めねばならない．ところで，各物質のエネルギーは，その不連続性を無視することで最も簡単に見積もられる；すなわち，境界面（bounding surface）を越えても，相はその面内のものと同一であるとする仮定によってエネルギーを見積る場合である．これはエネルギーの全体量に影響を及ぼさないなら，明らかに許される．これがこのエネルギーの全体量に影響を及ぼさないことを示すためには，以下のことさえ分ればよい．すなわち，相の微小な不連続性がある界面の一方の側の物質のエネルギーが，別の（適切な）規則で決められる場合よりも，この規則で決められる方がより大きい場合，界面の反対側の物質のエネルギーは，第二の規則で決められる場合よりも，第一の規則で決められる場合の方が同じ量だけ少なくなければならない．というのは，反対側の物質に対する不連続性は，一方の側の物質に対する不連続性と同じであるが，その性質において反対だからである．

　考えている体積のどれか一つを占める物質のエントロピーが，周囲の物質（surrounding masses）に関係なく必然的に決められない場合，エントロピーの見積に適用される同様な方法を仮定することができる．

　このような考えで，三つの物質 M, M′, M″ の平衡の考察に戻ろう．各物質の組成を表すことによって成分の完全な可動性を必要とするため，系の可能な変動（variations）に制限は何も無いこと，更に，これらの成分が独立であること，すなわち，これらの成分のどれも他の成分から構成することはできないこと，これらを仮定しよう．

　不連続面を含む相 M に関して，その境界が一定であると考えられる場合，及び**可逆的な**変動（reversible variations）（すなわち，逆もまた可能であるような変動）だけを考えるときは，そのエネルギーの変分は，そのエントロピーの変分と［M の］種々の成分の量の変分とによってゼロになるとすることが，その内的平衡に対して必要である．なぜなら，この物質内での変化は，周囲の物質のエネルギーあるいはエントロピー（これらの量がわれわれの採用した原理で見積もられている場合）に左右されないからであり，したがって，これを孤立系（isolated system）として扱うことができるからである．だから，物質 M の固定された境界及び可逆的な変分に対しては，次式で書くことができよう．

$$\delta\varepsilon = A_0\delta\eta + A_1\delta m_1 + A_2\delta m_2 + \cdots\cdots \qquad (476)$$

ここに，A_0, A_1, A_2, ……は系の初期（変化していない）条件によって決められる量である．A_0 は，この式が関係する薄層状の物質（lamelliform mass）の温度，または**不連続面での温度**であることは明らかである．ポテンシャルの先のわれわれの定義では，均一物質だけを考えていたとはいえ，先の値が関係する物質は均一物質ではない．しかし，この式と (12) を比較すると，A_1, A_2, ……の定義が均一物質におけるポテンシャルの定義と全くよく似ていることが分かるだろう．**ポテンシャル**という用語の自然な拡張により，A_1, A_2, ……なる量を**不連続面でのポテンシャル**と呼ぶことができよう．この呼び方は，この後で現れるこれらの量の値が，それらが関係している薄い膜（M）の厚さに依存しないという事実によって，正しいことがもう少し後の方で明らかになるだろう．温度とポテンシャルに対して，われわれの通常の記号を用いるならば，

$$\delta\varepsilon = t\,\delta\eta + \mu_1\,\delta m_1 + \mu_2\,\delta m_2 + \cdots \qquad (477)$$

と書くことができる．

この式で $=$ を $\geqq$ で置き換えれば，この式は可逆であるか否かに係らず，すべての変分に対して成り立っている；[34)] なぜなら，エネルギーの変分がこの式の右辺の値よりも小さい値をもつことができるなら，そのエネルギーが，そのエントロピーの変化または種々の成分量の変化を伴わずに減少するような変動が M の条件の中になくてはならないからである．

しかしながら，$\delta\varepsilon$ の値が (477) の右辺の値より大きくなるような M の性質や状態の可能な変動は**あり得る**が，任意に与えられた $\delta\eta$, δm_1, δm_2, ……の値に対して，$\delta\varepsilon$ の値が (477) の右辺の値に等しい可能な変動は常に**なければならない**，ということを見て取ることは重要である．このことを式で表現することができる表示法があれば便利であろう．$\eth\varepsilon$ が，与えられた他の変分の値と一致する $\delta\varepsilon$ の最も小さい値（すなわち $-\infty$ に最も近い値）を表すとしよう．このとき，

$$\eth\varepsilon = t\,\delta\eta + \mu_1\,\delta m_1 + \mu_2\,\delta m_2 + \cdots \qquad (478)$$

である．

M, M′, M″ なる部分からなる相全体の内的平衡に対しては，閉曲面または全エネルギーあるいは種々の成分のどの全体量にも左右されない全ての変分に

第三論文　不均一物質の平衡について

対して，
$$\delta\varepsilon + \delta\varepsilon' + \delta\varepsilon'' \geq 0 \tag{479}$$
であることが必要である．M，M′，及び M″ を隔てている面も不変であると見なすならば，この条件から，(478) と (12) なる式によって，次式が平衡の必要条件として導かれよう：

$$\begin{aligned}
& t\,\delta\eta + \mu_1\,\delta m_1 + \eta_2\,\delta m_2 + \cdots\cdots \\
& + t'\delta\eta' + \mu_1'\,\delta m_1' + \eta_2'\,\delta m_2' + \cdots\cdots \\
& + t''\delta\eta'' + \mu_1''\,\delta m_1'' + \eta_2''\,\delta m_2'' + \cdots\cdots \geq 0,
\end{aligned} \tag{480}$$

［これらの］各変分は，以下の条件式に従っている．

$$\left.\begin{aligned}
\delta\eta + \delta\eta' + \delta\eta'' &= 0 \\
\delta m_1 + \delta m_1' + \delta m_1'' &= 0 \\
\delta m_2 + \delta m_2' + \delta m_2'' &= 0 \\
\cdots\cdots\cdots &
\end{aligned}\right\} \tag{481}$$

$\delta m_1'$，$\delta m_1''$，$\delta m_2'$，$\delta m_2''$，……なる量のいくつかが，負の値をとれないか，もしくはゼロなる値しかとれない場合もあり得る．これは，これらの量が関係している物質が M′ または M″ の実際の成分（actual components）ではないか，可能な成分ではない場合である．(79 頁参照）上の条件を満たすためには，以下の条件が必要かつ十分である．

$$t = t' = t'', \tag{482}$$
$$\mu_1'\,\delta m_1' \geq \mu_1\,\delta m_1', \quad \mu_2'\,\delta m_2' \geq \mu_2\,\delta m_2', \quad \cdots\cdots \tag{483}$$
$$\mu_1''\,\delta m_1'' \geq \mu_1\,\delta m_1'', \quad \mu_2''\,\delta m_2'' \geq \mu_2\,\delta m_2'', \quad \cdots\cdots \tag{484}$$

たとえば，μ_1 が関係する物質が，それぞれの均一相の実際の成分であれば，$\mu_1 = \mu_1' = \mu_1''$ を得ることが分るだろう．もしこれが，これらの相の第 1 番目の相 ［M′］ だけの実際の成分であれば，$\mu_1 = \mu_1'$ を得る．これがまた第 2 番目の相 ［M″］ の可能な成分でもあれば，$\mu_1 \geq \mu_1''$ も得る．この物質が不連続面だけに生じるならば，μ_1 なるポテンシャルの値はどんな式によっても決められないが，それが可能な成分となり得る均一相のいずれかの同じ物質のポテンシャルの値よりも大きくすることはできない．

したがって，不連続面の影響を無視することで前に得られた**温度とポテンシャルに関連する**特別な条件（80, 82, 90 頁）は，均一性の範囲内にある仮想

的な面によって，M'やM"のように境界付けられた系の均一部分へのそれらの適用において，このような不連続面の影響によって無効にはならないことは明らかである，——すなわち，不連続面に極めて近い面で満たすことができる条件である．同様の条件は，このような均一相を隔てているMのような異質な膜に対しても当てはまると思われる．このような膜の性質は，もちろん均一相の性質とは異なるが，われわれの更なる注意を要する．

Mなる物質で占められた体積は，M'の隣のv'''とM"の隣のv''''と呼ぶ二つの部分に界面Sによって分割されている．これら二つの体積は，全体に亘ってそれぞれM'及びM"なる物質と同じ温度，圧力，ポテンシャルを，更に同じエネルギー密度と同じエントロピー密度，種々の同じ成分密度をもつ物質で満たされていると想定しよう．このとき，体積を一定と見なすならば，(12)なる式により，次式を得る．

$$\delta\varepsilon''' = t'\delta\eta''' + \eta_1'\delta m_1''' + \mu_2'\delta m_2''' + \cdots\cdots, \quad (485)$$

$$\delta\varepsilon'''' = t''\delta\eta'''' + \eta_1''\delta m_1'''' + \mu_2''\delta m_2'''' + \cdots\cdots; \quad (486)$$

ここから，(482)～(484)によって，可逆的な変分に対して次式を得る．

$$\delta\varepsilon''' = t\delta\eta''' + \mu_1\delta m_1''' + \mu_2\delta m_2''' + \cdots\cdots, \quad (487)$$

$$\delta\varepsilon'''' = t\delta\eta'''' + \mu_1\delta m_1'''' + \mu_2\delta m_2'''' + \cdots\cdots. \quad (488)$$

これらの式と(477)から，可逆的な変分に対して次式を得る．

$$\delta(\varepsilon - \varepsilon''' - \varepsilon'''') = t\delta(\eta - \eta''' - \eta'''')$$
$$+ \mu_1\delta(m_1 - m_1''' - m_1'''') + \mu_2\delta(m_2 - m_2''' - m_2'''') + \cdots\cdots. \quad (489)$$

あるいは，

$$\varepsilon^{\mathbf{S}} = \varepsilon - \varepsilon''' - \varepsilon'''', \quad \eta^{\mathbf{S}} = \eta - \eta''' - \eta'''', \quad (490)$$

$$m_1^{\mathbf{S}} = m_1 - m_1''' - m_1'''', \quad m_2^{\mathbf{S}} = m_2 - m_2''' - m_2'''', \quad \cdots\cdots \quad (491)$$

とおけば[35]，次のように書くことができる．

$$\delta\varepsilon^{\mathbf{S}} = t\delta\eta^{\mathbf{S}} + \mu_1\delta m_1^{\mathbf{S}} + \mu_2\delta m_2^{\mathbf{S}} + \cdots\cdots. \quad (492)$$

この式は，考察してきた全ての面が固定される場合の可逆的な変分に対して当てはまる．もし，区分界面Sの両側で，エネルギー密度が，その界面からかなり離れたところでもつ値と同じ均一な密度を正確にその界面までもっていたとすれば，Sが持つであろうエネルギーを超える，考慮された総体積を占めている実際の物質がもつエネルギーの過剰分を，$\varepsilon^{\mathbf{S}}$が表していることが分かる

第三論文 不均一物質の平衡について

だろう；さらに，η^s, m_1^s, m_2^s, ……なども同様な意味を持っていることが分かるだろう．それで，ε^s と η^s をそれぞれ**界面のエネルギー**，**界面のエントロピー**（または**界面エネルギー**と**界面エントロピー**）と呼び，$\frac{\varepsilon^s}{s}$ と $\frac{\eta^s}{s}$ をそれぞれエネルギー**界面密度**，エントロピー**界面密度**，さらに $\frac{m_1^s}{s}$, $\frac{m_2^s}{s}$, ……などを種々の成分**界面密度**と呼ぶことは便利であり，誤解を招くこともなかろう．

さて，これらの量（ε^s, η^s, m_1^s, ……）は，一部は考察している物理的系の状態によって，一部は，これらの量を定義してきた種々の仮想的な界面によって決められる．これらの［仮想的な］面の位置は，前に仮定したように，系の変動においても固定されていると見なしてきた．しかし，不連続面の両側の均一性領域内にあるこれらの界面の形状が，これらの量の値に影響を及ぼすことは無いのは明らかである．したがって，可逆変動に対する $\delta\varepsilon^s$ の完全な値（complete value）を得るためには，制限された界面 s の位置や形の変動だけを考えればよい．というのは，これらが異質な領域内にある問題としている界面のすべてを決めるからである．まず，s の形状は変化せず保たれたままで，空間内のその位置だけが移動または回転のいずれかによって変化すると仮定しよう．これを有効にするためには，(492) を何ら変更する必要はない．なぜなら，たとえ s が固定されたままでその物質系（material system）が位置を変えたとしても，また，物質系と s が共にその相対的位置を保ったままで，位置を変えたとしても，この式は成り立っているからである．

しかし，s の形状が変化するならば，(492) の右辺に s の形状のそのような変化に基づく

$$\delta\varepsilon^s - t\,\delta\eta^s - \mu_1\,\delta m_1^s - \mu_2\,\delta m_2^s - \cdots\cdots$$

の値を表す項を付け加えねばならない．界面

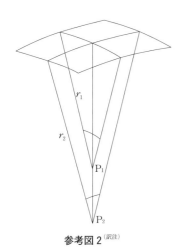

参考図 2(訳注)

───────────────

（訳注）参考図 2 も訳者が挿入した．P_1 と P_2 は曲率の中心を表す．r_1, r_2 を曲率半径とすれば，$c_1 = \frac{1}{r_1}$, $c_2 = \frac{1}{r_2}$ である．

257

387 の曲率において，更に周囲の物質（周囲の相）に関して，全体的に一様であると考えられるために，s が十分に小さいと仮定すれば，上式の値は，界面の面積の変分 δs とその主曲率の変分 δc_1 と δc_2 とによって決められ，次式で書くことができよう．

$$\delta\varepsilon^{\mathbf{s}} = t\,\delta\eta^{\mathbf{s}} + \mu_1\,\delta m_1^{\mathbf{s}} + \mu_2\,\delta m_2^{\mathbf{s}} + \cdots\cdots$$
$$+ \sigma\,\delta s + C_1\,\delta c_1 + C_2\,\delta c_2, \qquad (493)$$

あるいは，

$$\delta\varepsilon^{\mathbf{s}} = t\,\delta\eta^{\mathbf{s}} + \mu_1\,\delta m_1^{\mathbf{s}} + \mu_2\,\delta m_2^{\mathbf{s}} + \cdots\cdots$$
$$+ \sigma\,\delta s + \frac{1}{2}(C_1+C_2)\delta(c_1+c_2) + \frac{1}{2}(C_1-C_2)\delta(c_1-c_2), \quad (494)$$

ここに，σ, C_1, C_2 は，系の初期状態と s の位置と形状とによって決められる量を表している．上式は系の可逆的変動に対する $\varepsilon^{\mathbf{s}}$ の完全微分である．しかし，C_1+C_2 をゼロにするような位置を界面 s に与えることは常に可能である．

このことを示すために，この式をより詳しい形に書くと便利である {(490)，(491) を参照}．

$$\delta\varepsilon - t\,\delta\eta - \mu_1\,\delta m_1 - \mu_2\,\delta m_2 - \cdots\cdots$$
$$- \delta\varepsilon''' + t\,\delta\eta''' + \mu_1\,\delta m_1''' + \mu_2\,\delta m_2''' + \cdots$$
$$- \delta\varepsilon'''' + t\,\delta\eta'''' + \mu_1\,\delta m_1'''' + \mu_2\,\delta m_2'''' + \cdots$$
$$= \sigma\,\delta s + \frac{1}{2}(C_1+C_2)\delta(c_1+c_2) + \frac{1}{2}(C_1-C_2)\delta(c_1-c_2), \quad (495)$$

すなわち，(482)-(484) と (12) によって

$$\delta\varepsilon - t\,\delta\eta - \mu_1\,\delta m_1 - \mu_2\,\delta m_2 - \cdots\cdots + p'\,\delta v''' + p''\,\delta v''''$$
$$= \sigma\,\delta s + \frac{1}{2}(C_1+C_2)\delta(c_1+c_2) + \frac{1}{2}(C_1-C_2)\delta(c_1-c_2). \quad (496)$$

この式から，まず最初に，平らな不連続面によって隔てられた二つの均一相では，圧力が同じであることが明らかになる．なぜなら，面積や形状の変化を伴わない平らな界面 s はその法線方向に移動するが，物質系は変化せずに保たれていると想像して見よう．これは M なる相の境界に影響を与えないから，

$$\delta\varepsilon - t\,\delta\eta - \mu_1\,\delta m_1 - \mu_2\,\delta m_2 - \cdots\cdots = 0$$

である．また，$\delta s = 0$, $\delta(c_1+c_2) = 0$, $\delta(c_1-c_2) = 0$, 及び $\delta v''' = -\delta v''''$ である．それゆえ，不連続面が平らであるとき $p' = p''$ である．

今度は，同じ物質系内で C_1+C_2 の値について，界面 s の異なる位置にある場合についての効果を検討するものとし，最初に，この系の初期状態で不連続

第三論文　不均一物質の平衡について

面が平らであるとしよう．そして界面 **S** にある特定な位置を与えるとする．系の初期状態では，もちろん，この界面は物理的な不連続面と平行であるような平面である．系が変化した状態では，それは正の曲率をもつ球面の一部になるものとする；さらに，この界面からかなり離れたところでは，物質は均一であり，系の初期状態と同じ相をもつものとする；また，この界面とその周囲では，物質の状態は，系の初期状態での平らな界面とその周囲の状態と可能な限り同じであるとする．（この系でのそのような変動は，界面がどちら側にも曲がることができるので，明らかに曲率は正にも負にもなり得る．しかし，そのような変動が平衡を維持することと一致するかどうかは重要なことではない．なぜなら，先の式では初期状態だけが平衡を維持すると仮定しているからである．）

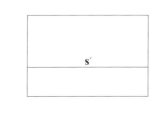

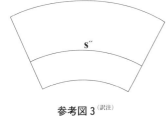

参考図3(訳注)

界面の初期状態であるとか変化した状態であるとかに係らず，想定したように置いた界面 **S** を記号 **S′** で区別するとしよう．物質系の初期状態あるいは変化した状態のいずれも変えることなく，**S** なる仮想的界面について別の仮定を置くことにしよう．変化のない系において，界面をもとの位置と平行に，しかし正の曲率の中心がある側に距離 λ 移動するとしよう．系の変化した状態では，界面は球状で **S′** と同じ中心をもち，元の位置から同じ距離 λ だけ離れているとする．これは無論，変化のない系におけると同じように **S′** 側にある．この第二番目の仮定によって置かれた界面 **S** を記号 **S″** で区別しよう．初期状態と変化した状態において，共に **S′** と **S″** の周囲（perimeter）は共通の法線によって描かれているものとする．さて，(496) なる式に於いて，

$$\delta\varepsilon - t\,\delta\eta - \mu_1\,\delta m_1 - \mu_2\,\delta m_2 - \cdots\cdots$$

の値は，**S** の位置によって影響を受けず，単に M なる物体によって決められる．

（訳注）参考図3も訳者が参考のために挿入した．

同じことは，$p'\delta v''' + p''\delta v''''$ または $p'\delta(v''' + v'''')$ についても当てはまる．$v''' + v''''$ は M の体積である．したがって，(496) の右辺は，式が **s'** と **s''** に関係する式であるか否かに係らず同じ値をもつだろう．更に，**s'** と **s''** に対して共に $\delta(c_1 - c_2) = 0$ である．もし，**s'** と **s''** に対し決められた量を標識 ' と " で区別すれば，結局，次式で書くことができる．

$$\sigma'\delta s' + \frac{1}{2}(C_1' + C_2')\delta(c_1' + c_2') = \sigma''\delta s'' + \frac{1}{2}(C_1'' + C_2'')\delta(c_1'' + c_2'').$$

さて，$\delta s'' = 0$,

とすれば，幾何学的な要請によって，

$$\delta s' = s\lambda\,\delta(c_1'' + c_2'').$$

389 よって，

$$\sigma's\lambda\,\delta(c_1'' + c_2'') + \frac{1}{2}(C_1' + C_2')\delta(c_1' + c_2') = \frac{1}{2}(C_1'' + C_2'')\delta(c_1'' + c_2'').$$

ただし，$\delta(c_1' + c_2') = \delta(c_1'' + c_2'').$

したがって，$C_1' + C_2' + 2\sigma's\lambda = C_1'' + C_2''.$

この式は，**s'** の一方の側またはもう一方の側に，十分な距離をとって **s''** を置くことで，$C_1'' + C_2''$ に対し正の値または負の値を与えることができることを示している．これは（変化のない）界面が平らであるとき正しいから，界面がほぼ平らであるときにも正しいに違いない．このために，曲率半径が異質な膜の厚さの割に極めて大きいとき，界面はほとんど平らであると見なすことができよう．これは曲率半径がかなり大きいときの場合である．したがって一般に，不連続面が平らであるか曲っているかに係らず，(494) 式の $C_1 + C_2$ をゼロとするように界面 s を置くことは可能である．

界面 **s** が異質な膜の中に置かれ，$s = 1$ とするならば，σ なる量は $\varepsilon^{\mathbf{s}}$, $\eta^{\mathbf{s}}$, $m_1^{\mathbf{s}}$, $m_2^{\mathbf{s}}$, …… と同じ程度の大きさであり，そしてまた，C_1 と C_2 の値は **s** の曲率を 1 増すことで生じる元の量の値の変化と同じ程度の大きさの値であることが，式 (493) によって容易に納得することができよう．それゆえ，異質な膜の厚さのために，そのような **s** の曲率の変化によって，ごく僅かだが影響を受ける可能性があるので，一般に，C_1 と C_2 の値は σ に対し相対的に非常に小さくなければならない．そしてそれ故に，**s'** が異質な膜の中に置かれると，$C_1'' + C_2''$ をゼロする λ の値は非常に小さくなければならない（異質な膜の厚さと同じ程度の大きさの値）．したがって，(494) の $C_1 + C_2$ をゼロにする **s** の

第三論文　不均一物質の平衡について

位置は，一般に，ほぼ物理的不連続面に一致する．

今後，これに反することをはっきりと示せない場合，変化した系の状態における界面 S は，$C_1 + C_2 = 0$ となるような位置をとると仮定するものとする．界面 S が，**区分界面**（dividing surface）と呼ばれ，物理的不連続面と同じ拡がりをもつ，より大きな面 S の一部であることに留意してほしい．区分界面の位置は，どこにおいても同様な考え方によって決められると想定することができる．このことは，この界面に関して 251 頁に置いた仮定と確かに一致している．

したがって，（494）の

$$\frac{1}{2}(C_1 + C_2)\delta(c_1 + c_2)$$

なる項は削除してよい．以下の項に関しては，$c_1 = c_2$ のとき，もちろん，C_1 は必然的に C_2 と等しくなければならないことが分かるだろう．これは不連続面が平面のとき正しい．ところで，異質な膜の薄さのために，それを近似的に平面である部分から構成されていると見なすことができよう．したがって，大きな誤りを犯すことなく，

$$\frac{1}{2}(C_1 - C_2)\delta(c_1 - c_2)$$

なる項も削除することができる．

したがって，（494）なる式は

$$\delta\varepsilon^{\mathbf{S}} = t\,\delta\eta^{\mathbf{S}} + \sigma\,\delta s + \mu_1\,\delta m_1^{\mathbf{S}} + \mu_2\,\delta m_2^{\mathbf{S}} + \cdots\cdots \tag{497}$$

の形に帰結する．いま述べてきたような方法で区分界面がその初期の位置を決められる場合，この式を，平衡について初めに想定した系の状態おけるすべての可逆的変動に対する，$\delta\varepsilon^{\mathbf{S}}$ の完全な値と見なすことができる．

上の式は，毛管現象の理論において基本的に重要な式である．これは，均一相について（12）式によって表される関係に似た不連続面についての関係を表している．この二つの式から，不連続面の影響を無視することなく，重力の作用を受けるあるいは受けない場合の接触する二つの均一相の平衡条件を，直接導くことができる．重力の作用を含む一般的な問題は，以下で取り上げる；今は，区分界面の移動を考慮する場合に，見出し得る付加条件（additional condition）を導くために，これまでのように，どちらの側にも均一物質の部分を伴う不連続面の小さな部分だけを考えるとする．

特に考察される相は，不均一性の領域にある全てのものが区分界面に立てた

法線を一巡することでできるような面によって境界付けられていると，前のように想定する．しかし今度は，前のように相を四つの部分に分ける代わりに，区分界面によって二つの部分に分割されていると考えることで十分であろう．その部分の性質（エネルギー密度などを含む）が，区分界面に至るまで全く均一であるという仮定によって見積もられる，これら二つの部分のエネルギー，エントロピー，……などは，ε', η', …, ε'', η'', …などで表す．このとき，全エネルギーは $\varepsilon^S + \varepsilon' + \varepsilon''$ となり，内的平衡の一般的条件は，境界面（bounding surface）が固定され，全エントロピーと種々の成分の全量が一定な場合，

$$\delta\varepsilon^S + \delta\varepsilon' + \delta\varepsilon'' \geqq 0 \tag{498}$$

である．η^S, η', η'', m_1^S, m_1', m_1'', m_2^S, m_2', m_2'', …などがすべて一定であると仮定しよう．このとき (497) と (12) によって，この条件は次式に帰結する．

$$\sigma\,\delta s - p'\,\delta v' - p''\,\delta v'' = 0. \tag{499}$$

（区分界面の位置の変化は，明らかに二つの互いに反対方向のどちら側にも移動できるから，$\geqq$ を $=$ に置換えることができる．）この式は明らかに，剛性の無い，全ての方向に一様な張力 σ をもつ薄膜が，あたかも区分界面に存在しているかのように，均一物質の式と同じ形をしている．それゆえ，この界面に対して選択した特別な位置は張力面（surface of tension），σ は表面張力（superficial tension）と呼ぶことができる．区分界面の全ての部分が一様に垂直方向に距離 δN 移動すれば，次式を得る．

$$\delta s = (c_1 + c_2) s\,\delta N, \quad \delta v' = s\,\delta N, \quad \delta v'' = -s\,\delta N;$$

これより，
$$\sigma(c_1 + c_2) = p' - p'' \tag{500}$$

であり，曲率は，各曲率の中心が p' に関係する側にあるとき正である．この式が，不連続面の影響を考慮したときの，［二つの相が］互いに接触する不均一流体物質に対する圧力の等式の条件 (80, 90 頁参照) に代わるものである．温度やポテンシャルに関係する条件が，これらの面によって影響されないことはすでに見てきた．

流体相の間の不連続面に対する基本方程式

(497) なる式においては，系の初期状態は平衡状態にあると仮定されている．

第三論文　不均一物質の平衡について

変化した状態についての唯一の制限は，変分が可逆的であるとすること，すなわち，逆方向の変分も可能であるとすることである．そこで，系が平衡状態を持続するような変分だけに限定しよう．この場合を区別するために，δ の代わりに記号 d を用い，次式で書こう．

$$d\varepsilon^{\mathbf{S}} = t\,d\eta^{\mathbf{S}} + \sigma ds + \mu_1\,dm_1^{\mathbf{S}} + \mu_2\,dm_2^{\mathbf{S}} + \cdots\cdots. \tag{501}$$

考察される二つの状態は両方とも平衡状態にあり，少なくとも一つにおいて変分が常に可逆的であるから，変分の可逆性についての制限は無視することができる．

式が関係する一部分の変化に対し，物質系が変化せずに持続される間に，面積 s がゼロからある有限な値まで増加すると仮定して，この式を積分すれば，次式を得る．

$$\varepsilon^{\mathbf{S}} = t\eta^{\mathbf{S}} + \sigma s + \mu_1\,m_1^{\mathbf{S}} + \mu_2\,m_2^{\mathbf{S}} + \cdots\cdots. \tag{502}$$

これは，全体を通して同じ性質をもっているか，あるいは t, σ, μ_1, μ_2, ……などの値が一定である（平衡における）どんな不連続面のどんな部分にも適用することができる．

全ての量を変数とみなして，この式を微分し，結果を（501）と比較すれば，次式を得る．

$$\eta^{\mathbf{S}} dt + s\,d\sigma + m_1^{\mathbf{S}} d\mu_1 + m_2^{\mathbf{S}} d\mu_2 + \cdots\cdots = 0. \tag{503}$$

もし，エネルギー**界面密度**，エントロピー**界面密度**，及び種々の成分物質の**界面密度**（257 頁参照）を，$\varepsilon_{\mathbf{S}}$, $\eta_{\mathbf{S}}$, Γ_1, Γ_2, ……で表せば，

$$\varepsilon_{\mathbf{S}} = \frac{\varepsilon^{\mathbf{S}}}{s}, \quad \eta_{\mathbf{S}} = \frac{\eta^{\mathbf{S}}}{s}, \tag{504}$$

$$\Gamma_1 = \frac{m_1^{\mathbf{S}}}{s}, \quad \Gamma_2 = \frac{m_2^{\mathbf{S}}}{s}, \quad \cdots\cdots, \tag{505}$$

を得る．そして前の式は次の形に導くことができよう．

$$d\varepsilon_{\mathbf{S}} = t\,d\eta_{\mathbf{S}} + \mu_1\,d\Gamma_1 + \mu_2\,d\Gamma_2 + \cdots\cdots, \tag{506}$$

$$\varepsilon_{\mathbf{S}} = t\,\eta_{\mathbf{S}} + \sigma + \mu_1\,\Gamma_1 + \mu_2\,\Gamma_2 + \cdots\cdots, \tag{507}$$

$$d\sigma = -\eta_{\mathbf{S}}\,dt - \Gamma_1\,d\mu_1 - \Gamma_2\,d\mu_2 - \cdots\cdots. \tag{508}$$

いま，二つの均一相（two homogeneous masses）の接触は，実際の成分に対する温度とポテンシャルが共に同じ値もつとすることを除いて，どちらの相

の変分についてもどんな制限も負わない．{(482)-(484) 及び (500) を参照}というのは，均一相の圧力の値が（温度とポテンシャルの任意の変分のために）どんなに変化しても，さらに，表面張力がどんなに変化しても，(500) なる式は，少なくとも圧力差が大きくない限り，張力面に適切な曲率を与えることで常に満たすことができるからである．さらに，任意のポテンシャル $\mu_1, \mu_2,$ ……のいずれも不連続面だけに見出される物質に関係しているなら，これらのポテンシャルの値は，こうした物質の面密度の変化によって変わり得る．したがって，$t, \mu_1, \mu_2,$ ……の値は独立に変動可能であり，σ がこれらの量の関数であることが，(508) なる式から分かる．この関数の形が分かれば，いま述べた変数によって $\eta_\mathbf{s}, \Gamma_1, \Gamma_2,$ ……の値を与える $n+1$ 個の式（n は成分物質の総数を表わす）を微分することで，この関数から σ の値を導くことができる．これは，(507) によって，その式に現れる $2n+4$ 個の量との間の $n+3$ 個の独立な式を与えるだろう．これらの量の $n+1$ 個が独立に変動可能であるから，上の個数が独立な式の全てである．あるいは，(502) なる式に現れる $2n+5$ 個の量との間に $n+3$ 個の独立な式をもち，その内の $n+2$ 個は独立に変動可能である，と考えることもできる．

したがって，

$$\sigma, t, \mu_1, \mu_2, \cdots\cdots, \tag{509}$$

との間の式は，不連続面に対する基本方程式と呼ぶことができよう．また，

$$\varepsilon^\mathbf{s}, \eta^\mathbf{s}, s, m_1^\mathbf{s}, m_2^\mathbf{s}, \cdots\cdots, \tag{510}$$

あるいは，

$$\varepsilon_\mathbf{s}, \eta_\mathbf{s}, \Gamma_1, \Gamma_2, \cdots\cdots \tag{511}$$

との間の式もまた，同じ意味で基本方程式と呼ぶことができよう．なぜなら，式は (510) の変数の間に存在するものと見なし得ることが，(501) から明らかであるからである．さらに，この式が分っていれば，変数のうち $n+2$ 個は独立変数と見做すことができるから（すなわち，$n+1$ 個は不連続面の性質による $n+1$ 個の変分に対するもので，もう一つは問題にしている界面の面積に対するものである），その式を微分し，それを (501) と比べることで，(502) にある $2n+5$ 個の量との間の $n+2$ 個の付加方程式が得られる．(506) なる式は，それと同等な関係式を (511) の変数間の式から導きうることを示している．さらにまた，(510) の変数間の関係を与える式は，これらの変数の比の間

第三論文　不均一物質の平衡について

にある関係を与える式の形を，したがって，(511) の変数間の関係を与える式を導くことができねばならないことは全く明らかである．

　同じことは，微分することと，一般原理および諸関係だけを用いることによって，同じ $2n+5$ 個の量の間の $n+3$ 個の独立な関係を得ることができることから，任意の式に対しても適用することができる．

　もし，
$$\psi^{\text{S}} = \varepsilon^{\text{S}} - t\eta^{\text{S}} \tag{512}$$
と置けば，微分し，その結果を (501) と比較することで，次式を得る．
$$d\psi^{\text{S}} = -\eta^{\text{S}} dt + \sigma\, ds + \mu_1\, dm_1^{\text{S}} + \mu_2\, dm_2^{\text{S}} + \cdots\cdots. \tag{513}$$
したがって，ψ^{S}, t, s, m_1^{S}, m_2^{S}, ……などの間の関係を与える式は基本方程式であり，これまで言及してきた他の基本方程式のどれとも全く同等であると考えるべきである．

　不連続面と関連するこれらの基本方程式と，103-107 頁において示してきた均一相に関する基本方程式との間の類似に，きっと気付くだろう．

流体相間の不連続面に対する基本方程式の実験的決定　　394

　不連続面で見られる物質の全てが，二つの均一相の一方の相，あるいは他方の相の成分である場合，温度と同様にポテンシャル μ_1, μ_2, ……は，これら均一相から決めることができる[36]．張力 σ は (500) の関係によって決めることができる．しかし，われわれの測定は，均一相内の圧力差が小さいような場合に事実上限定される；というのは，圧力差が増えるに従い，直ぐに曲率半径が測定するには余にも小さくなってしまうからである．したがって，$p'=p''$ なる式（これは t, μ_1, μ_2, ……間の関係を与える式と同等である．なぜなら，p' と p'' は共にこれらの変数の関数であるからである）は，張力の測定に適しているような場合には，正確に満たしていないかも知れないが，それでも，この式は，われわれが行うことのできる張力の全ての測定においてはほぼ満たされているので，そのような測定を，$p'=p''$ なる式を満たす t, μ_1, μ_2, ……なる値に対して σ の値を単に設定するものと考えねばならない．しかし，そのような測定を，t, μ_1, μ_2, ……の変動に対する σ の値の変化率を設定するのに十分であると見なしてはならない．これは $p'=p''$ なる式と一致しない．

　これをもっと正確に示すために，t, μ_2, m_3, ……が一定を持続するとしよう．

このとき，(508) と (98) によって，
$$d\sigma = -\Gamma_1 d\mu_1,$$
$$dp' = \gamma_1' d\mu_1,$$
$$dp'' = \gamma_1'' d\mu_1,$$
である．γ_1' と γ_1'' は $\dfrac{m_1'}{v'}$ と $\dfrac{m_1''}{v''}$ なる密度を表す．ゆえに，
$$dp' - dp'' = (\gamma_1' - \gamma_1'')d\mu_1,$$
および
$$\Gamma_1 d(p' - p'') = (\gamma_1'' - \gamma_1')d\sigma.$$
しかし，(500) によって，
$$(c_1 + c_2)d\sigma + \sigma d(c_1 + c_2) = d(p' - p'').$$
したがって，
$$\Gamma_1(c_1 + c_2)d\sigma + \Gamma_1 \sigma d(c_1 + c_2) = (\gamma_1'' - \gamma_1')d\sigma,$$
または
$$\{\gamma_1'' - \gamma_1' - \Gamma_1(c_1 + c_2)\}d\sigma = \Gamma_1 \sigma d(c_1 + c_2).$$

395 ところで，$\Gamma_1(c_1 + c_2)$ は，一般に $\gamma_1'' - \gamma_1'$ に比べ非常に小さい．その項を無視すれば次式になる．
$$\frac{d\sigma}{\sigma} = \frac{\Gamma_1}{\gamma_1'' - \gamma_1'} d(c_1 + c_2).$$
この式を積分するためには，$\Gamma_1, \gamma_1', \gamma_1''$ を一定と考えることができる．この積分は近似値として，
$$\log \frac{\sigma}{\sigma'} = \frac{\Gamma_1}{\gamma_1'' - \gamma_1'} d(c_1 + c_2)$$
を与える．σ' は不連続面が平らなときの σ の値である．これから次のことが明らかになる．すなわち，曲率半径が適切な大きさを持つとき，σ の値は，不連続面が平面であり，温度と一つを除く全てのポテンシャルが同じ値を持つ場合と，ほぼ同じ値になる．もし，同じ値のポテンシャルを持たない成分が二つの均一相でほぼ同じ密度を持たなければ，この場合，変化が起こる条件は，圧力が等しく維持されるという条件とほぼ同じである．

したがって，表面張力の測定による $-\left(\dfrac{d\sigma}{d\mu_1}\right)_{t, \mu}^{37)}$ の値から，Γ_1 なる界面密度を決めることは，一般に期待できない．この場合は，$\Gamma_2, \Gamma_3, \ldots\ldots$ やまたエントロピー面密度 $\eta_\mathbf{s}$ とも同じになる．

$\varepsilon_\mathbf{S}$, $\eta_\mathbf{S}$, Γ_1, Γ_2, ……なる量は，直接的な測定を受け入れるには，明らかに一般に小さすぎる．しかしながら，成分の一つが不連続面だけに見出される場合には，その面密度を測定することの方が，そのポテンシャルを測定することよりもはるかに容易である．しかし，二次的な関心事であるこの場合を除いて，一般に平らな界面に対しかなりの精度で，t, μ_1, μ_2, ……によってσを決めることは容易であり，これ以上完全に基本方程式を決めることはきわめて難しいか，もしくは不可能である．

流体相間の平らな不連続面に対する基本方程式

不連続面が平らである場合に限ってのみ成り立っているt, μ_1, μ_2, ……によってσを与える式は，平らな不連続面に対する基本方程式と呼ぶことができる．そのような方程式から，特に，エネルギーやエントロピー及び不連続面の近傍での成分物質の量について，どんな結果を得ることができるかを正確に知ることは興味深いだろう．

もし，われわれが今まで従ってきた方法からある程度逸脱すれば，この結果はもっと簡単な形に表すことができる．区分界面のために採用した特定な位置（それは面密度で決まる）は，(494)の$\frac{1}{2}(C_1+C_2)\delta(c_1+c_2)$なる項をゼロにするために選んだ．しかし，界面の曲率が変化することを仮定してはならない場合，区分界面のそのような特定な位置は，式の単純化には必要ではない．(501)なる式は，位置が不連続面と平行であるとすることを除けば，区分界面の位置にかかわらず（その位置を持続すると仮定された）平らな界面に対し成り立っていることは明らかである．したがって，どんな目的に対しても便利であるように区分界面の位置を自由に選ぶことができる．

(501)から導かれる，あるいは新しい記号を定義することに役立つ(502)〜(513)なる式のいずれも，区分界面の位置のそのような変化に影響されない．しかし，界面の位置が変化する場合には，$\varepsilon^\mathbf{s}$, $\eta^\mathbf{s}$, $m_1^\mathbf{s}$, $m_2^\mathbf{s}$, ……の式や，同様にまた$\varepsilon_\mathbf{S}$, $\eta_\mathbf{S}$, Γ_1, Γ_2, ……及び$\psi^\mathbf{s}$の式も，もちろん違った値をとる．しかしながら，(501)なる式によって，あるいはもし選ぶとしたら，(502)または(507)によって，定義されると考えることのできる量σは，［界面の］そのような変化によって値に影響を及ぼさないだろう．なぜなら，区分界面がそ

の面に垂直に測られた距離 λ だけ，v'' が関係する相の側に移動するならば，
$$\varepsilon_\mathrm{S},\ \eta_\mathrm{S},\ \varGamma_1,\ \varGamma_2,\ \cdots\cdots$$
なる量は，明らかにそれぞれの増加分
$$\lambda(\varepsilon_{\mathrm{V}''}-\varepsilon_{\mathrm{V}'}),\ \lambda(\eta_{\mathrm{V}''}-\eta_{\mathrm{V}'}),\ \lambda(\gamma_1''-\gamma_1'),\ \lambda(\gamma_2''-\gamma_2'),\ \cdots\cdots$$
を受け取る．$\varepsilon_{\mathrm{V}'},\ \varepsilon_{\mathrm{V}''},\ \eta_{\mathrm{V}'},\ \eta_{\mathrm{V}''}$ は，二つの均一相におけるエネルギーとエントロピーの密度を表す．それゆえ，(507) なる式によって，σ は次の増加分を受け取る．
$$\lambda(\varepsilon_{\mathrm{V}''}-\varepsilon_{\mathrm{V}'})-t\,\lambda(\eta_{\mathrm{V}''}-\eta_{\mathrm{V}'})-\mu_1\lambda(\gamma_1''-\gamma_1')-\mu_2\lambda(\gamma_2''-\gamma_2')-\cdots\cdots.$$
しかし，(93) によって，
$$-p''=\varepsilon_{\mathrm{V}''}-t\,\eta_{\mathrm{V}''}-\mu_1\gamma_1''-\mu_2\gamma_2''-\cdots\cdots,$$
$$-p'=\varepsilon_{\mathrm{V}'}-t\,\eta_{\mathrm{V}'}-\mu_1\gamma_1'-\mu_2\gamma_2'-\cdots\cdots.$$
したがって，$p'=p''$ であるから，σ の値における増加分はゼロである．したがって，この区分界面が平らであるときには，σ の値はこの界面の位置に依存しないのである．しかし，この量を界面張力と呼ぶ場合は，どのような任意の界面に関しても，張力としての特有な性質を持っていないことを忘れてはならない．張力として考えられたその位置は，張力面と呼び，厳密に言えば，この界面の中にあり，ほかの処にある訳ではない．しかしながら，考察しなければならない区分界面の位置は，この区別を実用上重要なものとするには，十分に張力面から逸れていない．

任意の目的成分の密度が区分界面に至るまで，その両側で全く一様であるかのように，不連続面の近傍内のどんな目的成分の全体量も同じであるとするから，区分界面を［自由に］置くことは一般に可能である．言い換えれば，$\varGamma_1,\ \varGamma_2,\ \cdots\cdots$ なる量のいずれか一つを零にするように区分界面を置くことができる．唯一の例外は，二つの均一相内でほぼ同じ密度を持つ成分に関してである．二つの均一相でほぼ同じ密度をもつ成分に関しては，区分界面のそのような位置は，区分界面が物理的不連続面と旨く一致しない恐れがあるので，好ましい位置とは言えない．γ_1' が γ_1'' と等しくなく（またかなり近い値でもなく），区分界面が $\varGamma_1=0$ となるように置かれていると仮定しよう．このとき，(508) なる式は，
$$d\sigma=-\eta_{\mathrm{S}(1)}dt-\varGamma_{2(1)}d\mu_2-\varGamma_{3(1)}d\mu_3-\cdots\cdots, \tag{514}$$

第三論文 不均一物質の平衡について

となる.ここに $\eta_{\mathbf{S}(1)}$, $\Gamma_{2(1)}$, ……なる記号は, $\Gamma_1=0$ とするために置かれた区分界面によって決められるので, そのことをより明確に $\eta_{\mathbf{S}}$, Γ_2, ……の値で示すために用いた.ところで, 界面が平らを保つものとする, すなわち $dp'=dp''$ という条件を破ることなく, この式の右辺の全ての微分を独立と考えることができる.このことは, (98) なる式で与えられた dp' と dp'' の値から直ちに分る.さらに, すでに見てきたように, 二つの均一相の基本方程式が分っている場合, $p'=p''$ なる式は, t, μ_1, μ_2, ……なる量の間の関係を与える.それ故, σ の値が平らな界面に対する t, μ_1, μ_2, ……について知られている場合, 圧力についての等式から導かれた関係によって, この式［(514)］から μ_1 を消去することができ, さらに, t, μ_2, μ_3, ……から平らな界面に対する σ の値も得ることができる.このことから, 微分することによって, t, μ_2, μ_3, ……に関する $\eta_{\mathbf{S}(1)}$, $\Gamma_{2(1)}$, $\Gamma_{3(1)}$, ……の値を直接求めることができる.これは便利な基本方程式の形であろう.しかし, 有限個の方程式から p', p'', 及び μ_1 を消去するのに代数的な困難があれば, 全ての場合に対応する微分方程式から dp', dp'', $d\mu_1$ を容易に消去することができ, したがって, t, μ_1, μ_2, ……に関しての $\eta_{\mathbf{S}(1)}$, $\Gamma_{2(1)}$, $\Gamma_{3(1)}$, ……の値を (514) と較べることで直ちに得ることができる微分方程式も求めることができる[38)].

もちろん, 同じ物理的関係は, 区分界面のような張力面を使う方法を放棄せずに導くことはできるだろうが, 表される式は単純なものではなかろう. t, μ_3, μ_4, ……を一定にすれば, (98) と (508) とによって,

$$dp' = \gamma_1' \, d\mu_1 + \gamma_2' \, d\mu_2,$$
$$dp'' = \gamma_1'' \, d\mu_1 + \gamma_2'' \, d\mu_2,$$
$$d\sigma = -\Gamma_1 \, d\mu_1 - \Gamma_2 \, d\mu_2,$$

を得る.ここに, Γ_1 と Γ_2 が張力面について決められると仮定できる.このとき, $dp'=dp''$ であれば,

$$(\gamma_1' - \gamma_1'')d\mu_1 + (\gamma_2' - \gamma_2'')d\mu_2 = 0$$

であり, さらに

$$d\sigma = \Gamma_1 \frac{\gamma_2' - \gamma_2''}{\gamma_1' - \gamma_1''} d\mu_2 - \Gamma_2 \, d\mu_2$$

である.すなわち,

$$\left(\frac{d\sigma}{d\mu_2}\right)_{p'-p'',\,t,\,\mu_3,\,\mu_4,\,\ldots\ldots} = -\Gamma_2 + \Gamma_1 \frac{\gamma_2' - \gamma_2''}{\gamma_1' - \gamma_1''}. \tag{515}$$

$\dfrac{\Gamma_1}{\gamma_1' - \gamma_1''}$ が，張力面と $\Gamma_1 = 0$ となるように選んだ区分界面との距離を表すことが分るだろう．したがって，最後の式［(515)］の右辺は $-\Gamma_{2(1)}$ に等しい．

　平らな不連続面によって隔てられた二つの均一相において，どんな成分物質も同じ密度を持つならば，その成分に対する界面密度(superficial density)は界面の位置に依存しない．この場合だけは，平らな界面に対する基本方程式だけから，張力面に対する成分の面密度を導くことができる．すなわち，最後の式で，$\gamma_2' = \gamma_2''$ であるとき，右辺は $-\Gamma_2$ となる．$p'-p''$, t, μ_3, μ_4, ……などを一定にすることは，この場合には t, μ_1, μ_3, μ_4, ……などを一定にすることと同じであることが分るだろう．

　エントロピー面密度もしくはエネルギー面密度のうち，これらのいずれかが二つの均一相で同じ密度を持っている場合には，実質的に同じことがこれらの面密度にも当てはまる．[39]

流体相間の不連続面の安定性について

　まず最初に，均一相のその位置と性質は変わらないが，均一相をその性質の変化に関して隔てている膜の安定性を考察しよう．このために，均一相は極めて大きく，それらの成分から別のどんな均一相の可能な形成についても十分安定であり，更に不連続面は平らで一様であると仮定すると便利である．

　二つの均一相の一方あるいは両方の実際の成分と関係する量を $_a$, $_b$, ……なる添字で，不連続面でのみ見出せる成分に関する量を $_g$, $_h$, ……なる添字で区別し，そして，張力面によって決められるように，系全体のエントロピーやいくつかの成分の総量は，均一相の各々の体積と同様に一定のままであるが，不連続面の小さな部分の性質の所与の変化の結果としての系全体のエネルギーの変動を考察しよう．その変化した状態における不連続面のこの小さな部分は，事実上，まだ一様であると仮定され，たとえば，与えられた均一相の間で平衡を持続し得ると考えられる．このことは，明らかに自然状態あるいは熱力学的状態において，ほとんど変更されることはないだろう．不連続面の残りの部分もまた一様を持続し，無限に大きいために，その性質上，小さい部分よりも限りなく小

さな変化をすると仮定されている．$\Delta \varepsilon^{\mathbf{S}}$ はこの小さい部分の界面エネルギー（superficial energy）の増加分を，$\Delta \eta^{\mathbf{S}}$, $\Delta m_a^{\mathbf{S}}$, $\Delta m_b^{\mathbf{S}}$, ……, $\Delta m_g^{\mathbf{S}}$, $\Delta m_h^{\mathbf{S}}$, ……はその界面エントロピー（superficial entropy）の増加分とこの界面に帰属していると考える成分量の増加分を表すとしよう．系の残りの部分が受取るエントロピーと種々の成分量の増加分は，

$$-\Delta \eta^{\mathbf{S}}, \ -\Delta m_a^{\mathbf{S}}, \ -\Delta m_b^{\mathbf{S}}, \ \cdots\cdots, \ -\Delta m_g^{\mathbf{S}}, \ -\Delta m_h^{\mathbf{S}}, \ \cdots\cdots$$

で表され，この結果，エネルギーの増加分は，（12）と（501）によって，

$$-t\Delta \eta^{\mathbf{S}} - \mu_a \Delta m_a^{\mathbf{S}} - \mu_b \Delta m_b^{\mathbf{S}} - \cdots\cdots - \mu_g \Delta m_g^{\mathbf{S}} - \mu_h \Delta m_h^{\mathbf{S}} - \cdots\cdots$$

となる．それゆえ，系全体のエネルギーの全増加分は次のようになる．

$$\Delta \varepsilon^{\mathbf{S}} - t\Delta \eta^{\mathbf{S}} - \mu_a m_a^{\mathbf{S}} - \mu_b m_b^{\mathbf{S}} - \cdots\cdots$$
$$- \mu_g m_g^{\mathbf{S}} - \mu_h m_h^{\mathbf{S}} - \cdots\cdots. \quad (516)$$

$\Delta \varepsilon^{\mathbf{S}}$, ……などが関係する膜の部分の性質の微小変化と同様に有限な変化に対しても[40]，もしこの式の値が必ず正であれば，系全体のエネルギーの増加分は，膜の性質の任意の可能な変化に対しても正になるし，膜は，その位置から区別されるように，少なくともその性質の変化に関して安定している．というのは，不連続面の任意の要素のエネルギー等に対して，

$$D\varepsilon^{\mathbf{S}}, \ D\eta^{\mathbf{S}}, \ Dm_a^{\mathbf{S}}, \ Dm_b^{\mathbf{S}}, \ \cdots\cdots, \ Dm_g^{\mathbf{S}}, \ Dm_h^{\mathbf{S}}, \ \cdots\cdots$$

と書けば，仮定から直ちに次式が得られるからである．

$$\Delta D\varepsilon^{\mathbf{S}} - t\Delta D\eta^{\mathbf{S}} - \mu_a \Delta Dm_a^{\mathbf{S}} - \mu_b \Delta Dm_b^{\mathbf{S}} - \cdots\cdots$$
$$- \mu_g \Delta Dm_g^{\mathbf{S}} - \mu_h \Delta Dm_h^{\mathbf{S}} - \cdots\cdots > 0; \quad (517)$$

そして，全界面に対し積分すれば，

$$\Delta \int Dm_g^{\mathbf{S}} = 0, \ \Delta \int Dm_h^{\mathbf{S}} = 0, \ \cdots\cdots$$

であるから，次式を得る．

$$\Delta \int D\varepsilon^{\mathbf{S}} - t\Delta \int D\eta^{\mathbf{S}} - \mu_a \Delta \int Dm_a^{\mathbf{S}} - \mu_b \Delta \int Dm_b^{\mathbf{S}} - \cdots\cdots > 0. \quad (518)$$

さて，$\Delta \int D\eta^{\mathbf{S}}$ は全界面でのエントロピーの増加分である．したがって，$-\Delta \int D\eta^{\mathbf{S}}$ は二つの均一相のエントロピーの増加分である．同様な方法で，$-\Delta \int Dm_a^{\mathbf{S}}$，$-\Delta \int Dm_b^{\mathbf{S}}$, ……なども，これらの二つの相の中の成分量の増加分である．それゆえ，

$$-t\Delta \int D\eta^{\mathbf{S}} - \mu_a \Delta \int Dm_a^{\mathbf{S}} - \mu_b \Delta \int Dm_b^{\mathbf{S}} - \cdots\cdots$$

なる式は，（12）式に従い，この二つの均一相のエネルギーの増加分を表し，

$\varDelta \int D\varepsilon^{\mathbf{s}}$ が界面のエネルギーの増加分を表しているから，上の条件式〔(518)〕は，系の全エネルギーの増加分が正であることを表している．われわれは与えられた二つの均一相の間に平衡状態で存在することのできるような膜の可能な形成を考察するだけでは，膜の安定性に関する結論を無効にすることはできない．というのは，系のどんな状態でも与えられた状態よりも低いエネルギーを持つかどうかの考察では，最も少ないエネルギー状態を考察しさえすれば良く，それは必ず平衡の一つだからである．

(516) なる表式が，下添字が関係するような膜の部分の性質の無限小の変化に対し，負の値を取ることが可能であれば，膜は明らかに不安定である．

この式が，膜のこの部分の性質における微小な変化ではなく，有限の変化に対してのみ，負の値をとることが可能であれば，この膜は**事実上不安定**(practically unstable) [41] である．すなわち，そのような変化が膜の小さな部分で起これば，その撹乱（disturbance）は増大する傾向がある．しかし初期の撹乱もまたそれが出現する界面の大きさに関して，有限の大きさを持たねばならないことは必要であろう；というのは，不連続面の微小部分の熱力学的関係が隣接した部分に依存しないとは考えにくいからである．一方で，考察していた変化は，膜の全ての部分が両側の均一相と平衡状態を持続しているような変化である；そして，系のエネルギーをこの条件を満足する有限の変化によって減少させることができるならば，恐らく，この同じ条件を満たさない微小変化よる減少が可能かも知れない．したがって，この場合に事実上不安定である膜が厳密な数学的な意味で不安定であるか，そうでないかに係らず，未確定のままにして置かねばならない．

有限の変化と微小変化とを区別する必要のないように，事実上の安定性の条件をもう少し具体的に考察しよう．(516) なる式が負の値が可能であるかどうかを決めるためには，取り得る最小値を考えるだけでよい．それをより完全な以下の形に書こう．

$$\left.\begin{array}{r} \varepsilon^{\mathbf{s}''} - \varepsilon^{\mathbf{s}'} - t(\eta^{\mathbf{s}''} - \eta^{\mathbf{s}'}) - \mu_a(m_a^{\mathbf{s}''} - m_a^{\mathbf{s}'}) - \mu_b(m_b^{\mathbf{s}''} - m_b^{\mathbf{s}'}) - \cdots\cdots \\ - \mu_g'(m_g^{\mathbf{s}''} - m_g^{\mathbf{s}'}) - \mu_h'(m_h^{\mathbf{s}''} - m_h^{\mathbf{s}'}) - \cdots\cdots, \end{array}\right\} \quad (519)$$

ここに，′ 及び ″ は薄膜の第1の，及び第2の状態に関係する量を区別し，プライムの付いていないものは，両方の状態で同じ値をとる量を表している．″

第三論文　不均一物質の平衡について

によって区別された量だけを変数と見なし，界面の面積が一定である場合には，(501) によりこの式の微分は，次の形に導かれる．

$$(\mu_g'' - \mu_g')dm_g^{S''} + (\mu_h'' - \mu_h'')dm_h^{S''} + \cdots\cdots..$$

これが負の値を取らないためには，

$$m_g^{S''} = 0 \quad \text{でなければ} \quad \mu_g'' = \mu_g',$$
$$m_h^{S''} = 0 \quad \text{でなければ} \quad \mu_h'' = \mu_h'.$$

でなくてはならない．これらの関係に基づき，そして (502) 式により，(519) 式，すなわち (516) は

$$\sigma'' s - \sigma' s$$

となる．この値は，

$$\sigma'' - \sigma' \tag{520}$$

が正または負であるかによって，正または負になる．

すなわち，膜の張力が，同じ均一相（したがって，t, μ_a, μ_b, ……などの同じ値をもつ相）の間に存在が可能で，さらに，同じポテンシャル μ_g, μ_h, ……の値をもつ同じ成分の別の膜の張力よりも小さいなら，それらが関係する物質を含む限り，第一の膜は安定する．しかし，別のこのような膜の張力がもっと小さい場合には，この膜は事実上の不安定になる．（均一相の事実上の安定性を試験することにより，(141) なる式と比較せよ．）

しかしながら，表面張力の値が正であるとすることは，変形（deformation）についての不連続面の安定性に対し明らかに必要である．さらに，(502) によって不連続面に対し

$$\varepsilon^S - t\eta^S - \mu_a m_a^S - \mu_b m_b^S - \cdots\cdots - \mu_g m_g^S - \mu_h m_h^S - \cdots\cdots = \sigma s$$

を得るし，そして (93) によって，二つの均一相に対して

$$\varepsilon' - t\eta' + pv' - \mu_a m_a' - \mu_b m_b' - \cdots\cdots = 0,$$
$$\varepsilon'' - t\eta'' + pv'' - \mu_a m_a'' - \mu_b m_b'' - \cdots\cdots = 0$$

を得るから，このような不連続面によって区分された二つの均一相から構成された複合相（composite mass）の全エネルギーなどを

$$\varepsilon, \quad \eta, \quad v, \quad m_a, \quad m_b, \quad \cdots\cdots, \quad m_g, \quad m_h, \quad \cdots\cdots$$

で表せば，これらの式を加えることによって次式を得る．

$$\varepsilon - t\eta + pv - \mu_a m_a - \mu_b m_b - \cdots\cdots - \mu_g m_g - \mu_h m_h - \cdots\cdots = \sigma s. \qquad 404$$

いま，σ の値が負であるとすると，この式の左辺の値は s の増加によって減少する．そしてそれ故に，考察している二つの種類の均一相の薄い代替相（thin alternate strata）から構成することによって減少させることができる．したがって，この式が適用可能な限り，すなわち，この代替相が巨容的に（in mass）同様な物体の性質を持つ限り，与えられた v の値によって起こり得る減少に全く制限はない．しかし，以下のことは（94-95 頁の同様な場合のように）容易に示すことができる．すなわち，

$$t, \ p, \ \mu_a, \ \mu_b, \ \cdots\cdots, \ \mu_g, \ \mu_h, \ \cdots\cdots$$

の値が一定と見なされ，問題の不連続面によって決められ，しかも，

$$\varepsilon, \ \eta, \ m_a, \ m_b, \ \cdots\cdots, \ m_g, \ m_h, \ \cdots\cdots$$

の値が変動可能で，さらに与えられた体積 v をもつ任意の物体によって決められる．この式の左辺は無限小の負の値を持つことができず，したがって，可能な最小値を取らねばならない．これは，どんな値も負であれば，すなわち σ の値が負であれば，負の値になる．

この式にこの最小値を与える $\varepsilon, \ \eta, \ \cdots\cdots$ などの値が決められている物体は，明らかにほとんど均一である．そのような物体の形成に関して，二つの均一相と負の張力をもつ不連続面とから成る系は，もし不連続面が非常に大きいものであれば，(53) により（96 頁も参照），少なくとも事実上不安定であるから，各ポテンシャルの値をほとんど変えることなく，必要物質を与えることができる．（すべての成分物質が均一相内にあれば，この制限は生じない）したがって，形成可能なあらゆる種類の均一相に関して，事実上の安定性の条件を満たしている系では，不連続面の負の張力は必然的に除かれる．

そこで，(516) を適用することで，微小変化に対して得られる条件を考察しよう．この式は，前のように (519) の形に展開することができ，そのとき (502) なる式によって，次の形に導くことができる．

$$s(\sigma'' - \sigma') + m_g^{s''}(\mu_g'' - \mu_g') + m_h^{s''}(\mu_h'' - \mu_h') + \cdots\cdots.$$

各量が微少な違いをもつ二つの膜によって決められるとき，この式の値が正になるということは，′ の付いたものに関係する膜の安定性の必要条件である．しかし，一方の膜が安定であれば，他方の膜も一般に安定であり，安定性に関する両者の違いは，安定性の範囲内（the limits of stability）でのみ重要である．

全ての膜が μ_g, μ_h, ……のすべての値に対して安定であるか，あるいは或る範囲内で安定である場合に，各量が同じ範囲内で任意の二つのほとんど違いのない膜によって決められるとき，この式の値が正でなければならないことは明らかである．そのような安定性の包括的決定法（collective determinations）に対して，条件は次式で書くことができよう．

$$-s\Delta\sigma - m_g^{\mathbf{s}}\Delta\mu_g - m_h^{\mathbf{s}}\Delta\mu_h - \cdots\cdots > 0$$

または

$$\Delta\sigma < -\Gamma_g\Delta\mu_g - \Gamma_h\Delta\mu_h - \cdots\cdots. \qquad (521)$$

この公式を（508）と比較することで，安定性の範囲内で，不連続面だけに見出される物質のポテンシャル（均一相内に見出される物質のポテンシャルと温度は一定と見なされている）の関数として考えられる張力の二次以上の微分係数は，その一次微分係数に関係する必要条件が満たされているとすれば，張力を極大にする条件を満たしていることが分る．

前述の安定性の議論においては，不連続面は平らであると仮定した．この場合，張力は正と仮定されるので，界面の形状が変化する傾向はありえない．さて，張力面の移動と形状の変化から構成される変化，あるいはそれらに関連する変化の考察に移る．これは，まず最初に，全体に［張力面が］球状で均一なままであると仮定することにしよう．

異なる性質の無限に大きい物質によって完全に取り囲まれた球状の相の平衡が，球の半径である r の値の変化に関して中立の平衡であるとするためには，他の平衡条件と同様に，

$$2\sigma = r(p' - p''), \qquad (522)$$

と書くことができる（500）なる式が，r の変化する値に対して常に成り立っているとすることが，明らかに必要である．それ故，安定性と不安定性との間の境界上にある平衡状態に対しては，

$$2d\sigma = (p' - p'')dr + rdp'$$

なる式が満たされているとすることが，必要条件である．このとき，$d\sigma$, dp', dr との間の関係は，温度とポテンシャルに関係する平衡の条件が満たされたままであると仮定して，基本方程式から決められる．（以下に続く式の中の微

分係数は，この仮定に基づいて決められる．）さらに，

$$r\frac{dp'}{dr} < 2\frac{d\sigma}{dr} - p' + p'' \qquad (523)$$

であれば，すなわち，半径の増加に伴って，内側の相の圧力が中立の平衡を保つのに必要な速さよりもあまり急速に増加しない（またはより急速に減少する）ならば，この平衡は安定である．しかし，もし，

$$r\frac{dp'}{dr} > 2\frac{d\sigma}{dr} - p' + p'' \qquad (524)$$

であれば，平衡は不安定である．残りの場合においては，

$$r\frac{dp'}{dr} = 2\frac{d\sigma}{dr} - p' + p'' \qquad (525)$$

のとき，もちろん，平衡が安定であるか，不安定であるかを完全に決めるためには，更なる条件が必要であるが，一般にこの平衡は，一方向への変化に関して安定であり，反対方向への変化に関して不安定である．したがって，この平衡は不安定と考えるべきである．それゆえ，一般に (523) を安定性の条件と呼ぶことができる．

内側の相と不連続面が外側の相の成分物質で全て形成されている場合には，p' と σ は変化するはずはなく，この平衡は，(524) なる条件が満たされているので不安定である．

しかし，内側の均一相，あるいは不連続面のどちらかが，それを取り囲んでいる外側の相の成分ではない物質が含まれていれば，この平衡は安定している可能性がある．もし，そのような物質が一つしかなく，その密度とポテンシャルを γ_1', Γ_1, 及び μ_1, で表せば，(523) なる安定性の条件は

$$\left(r\frac{dp'}{d\mu_1} - 2\frac{d\sigma}{d\mu_1}\right)\frac{d\mu_1}{dr} < p'' - p'$$

の形に帰着する．または (98) と (508) によって，

$$(r\gamma_1' + 2\Gamma_1)\frac{d\mu_1}{dr} < p'' - p'. \qquad (526)$$

これらの式において，さらにこの場合の検討における以下の全てにおいて，温度と μ_2, μ_3, ……などのポテンシャルは一定と見なすものとする．しかし，下

添字で指定した成分の全体量を表す
$$\gamma_1' v' + \Gamma_1 s$$
は一定でなくてはならない．これは明らかに次式と等しい．
$$\frac{4}{3}\pi r^3 \gamma_1' + 4\pi r^2 \Gamma_1.$$
これを 4π で割り，さらに微分すると，
$$(r^2 \gamma_1' + 2r\Gamma_1)dr + \frac{1}{3}r^3 d\gamma_1' + r^2 d\Gamma_1 = 0$$
を得る．あるいは，γ_1' と Γ_1 は μ_1 の関数であるから，
$$(r\gamma_1' + 2\Gamma_1)dr + \left(\frac{r^2}{3}\frac{d\gamma_1'}{d\mu_1} + r\frac{d\Gamma_1}{d\mu_1}\right)d\mu_1 = 0. \tag{527}$$
この式によって，安定性の条件は次の形になる．
$$\frac{(r\gamma_1' + 2\Gamma_1)^2}{\frac{r^2}{3}\frac{d\gamma_1'}{d\mu_1} + r\frac{d\Gamma_1}{d\mu_1}} > p' - p''. \tag{528}$$
(522) なる式によって r を消去すれば，次式を得る．
$$\frac{\left(\dfrac{\gamma_1'}{p'-p''} + \dfrac{\Gamma_1}{\sigma}\right)^2}{\dfrac{1}{3(p'-p'')}\dfrac{d\gamma_1'}{d\mu_1} + \dfrac{1}{2\sigma}\dfrac{d\Gamma_1}{d\mu_1}} > 1. \tag{529}$$

p' と σ が $t, \mu_1, \mu_2, \cdots\cdots$ よって分かっているならば，同じ変数と p'' とによって，この条件式の左辺を表すことができる．これは，外側の相の任意に与えられた状態に対して，平衡を安定または不安定にする μ_1 の値を決めることができる．

γ_1' と Γ_1 に関係する成分が不連続面だけに見出されるならば，安定性の条件は
$$\frac{\Gamma_1^2}{\sigma}\frac{d\mu_1}{d\Gamma_1} > \frac{1}{2} \tag{530}$$
となる．ところで，
$$\Gamma_1 = -\frac{d\sigma}{d\mu_1}$$
であるから，この式は次のようにも書くことができる．

$$\frac{\Gamma_1}{\sigma}\frac{d\sigma}{d\Gamma_1} < -\frac{1}{2}, \quad \text{または} \quad \frac{d\log\sigma}{d\log\Gamma_1} < -\frac{1}{2}. \tag{531}$$

再び，$\Gamma_1=0$ 及び $\dfrac{d\Gamma_1}{d\mu_1}=0$ であれば，安定性の条件は

$$\frac{3\gamma_1'^2}{p'-p''}\frac{d\mu_1}{d\gamma_1'} > 1 \tag{532}$$

となる．ところが

$$\gamma_1' = \frac{dp'}{d\mu_1}$$

であるから，この式は次のようにも書くことができる．

$$\frac{\gamma_1'}{p'-p''}\frac{dp'}{d\gamma_1'} > \frac{1}{3}, \quad \text{または} \quad \frac{d\log(p'-p'')}{d\log\gamma_1'} > \frac{1}{3}. \tag{533}$$

408　r が大きい場合，γ_1' がそれほど小さくなければ，これは Γ_1 の任意の値に対し極めて良い近似値（close approximation）になる．この特別な条件（531）と（533）は，非常に基本的な考察から導くことができる．

同様な安定性の条件は，内側の相または不連続面の中に，取り囲んでいる外側の相の成分ではない一つより多くの物質が在るときに見出すことができる．この場合には，(526) の代わりに

$$(r\gamma_1'+2\Gamma_1)\frac{d\mu_1}{dr} + (r\gamma_2'+2\Gamma_2)\frac{d\mu_2}{dr} + \cdots\cdots < p''-p' \tag{534}$$

の形の条件を得る．この式から，$\dfrac{d\mu_1}{dr}, \dfrac{d\mu_2}{dr}, \cdots\cdots$ は，

$$\gamma_1'v'+\Gamma_1 s, \quad \gamma_2'v'+\Gamma_2 s, \quad \cdots\cdots$$

が一定でなくてはならないという条件から導かれる式によって，消去することができる．

ほぼ同じ方法が以下の問題にも適用することができる．二つの異なる種類の均一流体は，円形の孔をもつ隔膜（diaphragm）によって隔てられており，これらの体積は孔の縁に付着する不連続面の動きによる以外は不変である；——系が平衡状態にあるとき，この不連続面の安定性あるいは不安定性を決めるために用いる．

(522) から導びかれる安定性の条件は，この場合，

$$r\frac{d(p'-p'')}{dv'} < 2\frac{d\sigma}{dv'} - (p'-p'')\frac{dr}{dv'} \tag{535}$$

と書くことができる.ここに,張力面の凹面側に関係する量は,′によって区別した.

両方の相が無限に大きいならば,あるいは,系の全ての成分を含む一方の相が無限に大きいなら,$p'-p''$ と σ は一定になり,安定性の条件は次式になる.
$$\frac{dr}{dv'} < 0.$$
したがって,張力面が半球よりも小さいか大きいかに従い,この平衡は安定になるかまたは不安定になる.

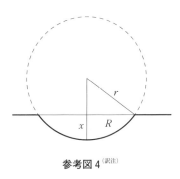

参考図 4(訳注)

一般的な問題に立ち返るために:――孔の中心と張力面との間で切り取られた円形孔の軸の部分を x で,孔の半径を R で,そして張力面が平らなときの v' の値を V' で表すならば,次の幾何学的関係を得る.
$$R^2 = 2rx - x^2$$
及び
$$v' = V' + \frac{2}{3}\pi r^2 x - \frac{1}{3}\pi R^2 (r-x)$$
$$= V' + \pi r x^2 - \frac{1}{3}\pi x^3.$$

これを微分すると,次式を得る.
$$(r-x)dx + xdr = 0,$$
及び
$$dv' = \pi x^2 dr + (2\pi rx - \pi x^2) dx;$$
これより,
$$(r-x)dv' = -\pi r x^2 dr. \tag{536}$$
この関係によって,安定性の条件は次の形に導くことができる.
$$\frac{dp'}{dv'} - \frac{dp''}{dv'} - \frac{2}{r}\frac{d\sigma}{dv'} < (p'-p'')\frac{r-x}{\pi r^2 x^2}. \tag{537}$$

いま,温度と μ_1 を除いた全てのポテンシャルが一定と見なされると仮定しよう.これは,均一相の一つが非常に大きく,一つの成分を除く系の全ての成分を含んでいる場合,あるいは,両方の均一相が非常に大きく,どちらの相の成分でもない単一物質が不連続面にある場合;あるいはまた,系全体が単一成分をもち,その不連続面は一定温度の下に置かれている場合である.(537) な

(訳注)参考図 4 は原論文にはないが,訳者が挿入した.

る条件は，(98) と (508) によって次の形になる.

$$\left(\gamma_1' - \gamma_1'' + \frac{2\Gamma_1}{r}\right)\frac{d\mu_1}{dv'} < (p' - p'')\frac{r-x}{\pi r^2 x^2}. \quad (538)$$

しかし，
$$\gamma_1' v' + \gamma_1'' v'' + \Gamma_1 s$$

(下添字で区別した成分の全体量) は一定でなければならない；したがって，

$$dv'' = -dv', \quad 及び \quad ds = \frac{2}{r}dv'$$

であるから，

$$\left(v'\frac{d\gamma_1'}{d\mu_1} + v''\frac{d\gamma_1''}{d\mu_1} + s\frac{d\Gamma_1}{d\mu_1}\right)d\mu_1 + \left(\gamma_1' - \gamma_1'' + \frac{2\Gamma_1}{r}\right)dv' = 0. \quad (539)$$

この式により，安定性の条件は次の形になる.

$$\frac{\left(\gamma_1' - \gamma_1'' + \frac{2\Gamma_1}{r}\right)^2}{v'\frac{d\gamma_1'}{d\mu_1} + v''\frac{d\gamma_1''}{d\mu_1} + s\frac{d\Gamma_1}{d\mu_1}} > (p' - p'')\frac{x-r}{\pi x^2 r^2}. \quad (540)$$

下添字で指定された物質が，どちらかの均一相の一つの成分であるときは，$\frac{2\Gamma_1}{r}$ と $s\frac{d\Gamma_1}{d\mu_1}$ なる項は，一般に無視することができよう．どちらの成分でもないときは，γ_1', γ_1'', $v'\frac{d\gamma_1'}{d\mu_1}$, $v''\frac{d\gamma_1''}{d\mu_1}$ なる項は，もちろん消去することができるが，この式を，物質が均一相を隔てている隔膜に広がっているような場合には適用してはならない．

410　いままさに議論した場合においては，中立平衡の場合，——すなわち安定性の限界の式を与える中立平衡の条件を考慮することによって，特定な張力面の安定性の問題が解決された．この方法は，安定性の限界でのある特定な量の値の決定，あるいは系の状態を指定する特定な諸量との間のその限界に存在する関係の決定からなる場合に，恐らくどんな方法にも劣らず直接的に結果を導く．しかし，より一般的な特徴 (character) についての問題は，もっと一般的な扱いを必要とするかも知れない．

それは，張力面の移動とそれに伴う変化に関し，与えられた平衡状態での流体系の安定性あるいは不安定性を確認することが必要とされる．隔てられた二つの均一相の内的安定性 (internal stability) の条件が，接している物質を伴うこれら張力面の小さな部分に関係するこの不連続面の安定性の条件と同様に，

第三論文 不均一物質の平衡について

満たされていることが仮定されている．（ここで満たされていることが仮定されている安定性の条件は，すでに一部は論じてきたし，これ以降でも論ずるだろう．）全ての相と系内に生じる不連続面の基本方程式は既知であると仮定されている．(3)～(8) に与えられている安定性の一般的規準 (general criteria) を適用すると，次のような困難に当面してしまう．

系の安定性の問題は，安定性が問題になっている系からわずかに変化した系の状態を考えることによって決めるべである．系のこれら変化した状態は，一般に，平衡状態になく，基本方程式で表された関係はこれらに当てはまらないだろう．これ以上，――初期状態を記述する量の変化した値によって，系の変化した状態を表そうとすれば，あるいは，これらの変化した値が平衡状態と一致しないものであれば，系のどんな状態も正確に決定できない場合がある．したがって，二つの連続的な変化をする均一物質の相が指定されるとき，これらの相がすべての平衡の条件を満たすようなものであれば，不連続面の性質（もし追加する成分がなければ）は完全に決められる；しかし，各相が全ての平衡の条件を満たさないならば，不連続面の性質は決められないだけでなく，平衡状態の不連続面の性質を表すために用いてきた量の特定な値による決定もまたできなくなってしまう．たとえば，連続的な［変化をする］均一相内の温度が異なっていれば，それにどんな特別な温度を与えたとしても，不連続面の熱的状態を指定することはできない．温度がある値から別の値に移る法則を与える必要があるだろう．更にもし，これが与えられたとしても，温度の変化率がかなりゆるやかだから，すべての点において熱力学的状態がその点の近傍の温度変化の影響を受けないと見なすことができない限り，ほかの量の決定にそれを使うことは全くできない．二つの互いに接する相内で成分の密度などの異っているこうした量の変化の法則について，**平衡状態にある** (in equilibrium) 不連続面に関して，接する二つの相において異なっている成分の各量の変化の法則，例えば，成分密度などについては分かっていないことは事実であるが，しかし，われわれには知られていないが，接する二つの相の性質によって完全に決められるから，このような不連続面について用いる必要があるいずれの量の定義においても全く曖昧さは生じない．

初期状態だけが必ず平衡状態であるような特定な微分方程式，特に (497)

を確立したことは認めることができよう．そのような式は，平衡状態に近い状態の或る特定な性質を確立するものと見なすことができる．しかし，これらは平衡からの系の変化の度合を表す量の平方に比例する量を無視するときのみ有効な性質である．それゆえ，そのような式は，平衡の条件の決定には十分であるが，安定性の条件の決定には十分ではない．

しかしながら，前述してきたような場合には，安定性の問題を決めるために以下の方法を用いることができる．

安定性が問題になっている実在系に加えて，実在系に属する同じ均一相と不連続面をその初期状態に帰属させる別の系を考えると便利である．また，仮想系（imaginary system）と呼ぶことのできる，この系の均一相と不連続面とが，実在系の基本方程式と同じ基本方程式を持つと仮定しよう．しかし，仮想系は次の二つ点において実在系と異なっている．すなわち，仮想系の状態変化は温度とポテンシャルに関係する平衡の条件を破らないようなものに制限されていること，更に，仮想系は，(500) なる式で表された平衡の条件を満たさないが，仮想系の変化した状態に対して不連続面の基本方程式は成り立っていることである．

先に進む前に，一定な外部温度の条件の下で，あるいは，外部物体へまたは外部物体から熱の移動が無いという条件の下で，安定性の問題を調べるかどうかを，更に一般に，問題にしている系をどんな外的影響に支配されていると考えるかを決めねばならない．系の外部は一定であること，さらに物質も熱も外部物体を通して移動できないことを仮定すると便利である．ほかの場合も，この方法に容易に帰着させることができるか，もしくは全く似た方法で扱うことができる．

さて，与えられた状態において，実在系が不安定であれば，エネルギーがそれより少ない，ほんの僅かに変化した状態で在るに違いない．しかし，エントロピーと成分の量は与えられた状態と同じであり，系の外部は変化していない．しかし，系の与えられた状態は，変化していない面に置かれた一定な固定線を通り抜けることを不連続面に課すことによって，安定させることができることを容易に示すことができよう．それ故，いま述べた変化した状態に含まれる不連続面に，もし不連続面が対応する固定線を通り抜けることを課せられたなら

第三論文 不均一物質の平衡について

ば，その安定性が問題になっている系の与えられた状態とわずかに異なるこうした拘束された系に対し安定平衡（stable equilibrium）の状態がなければならない．そして，同じエントロピー，同じ成分量，同じ外部を伴うが，［与えられた状態］より少ないエネルギーを持っている．仮想系も同じ様な状態をとるだろう．というのは，実在系と仮想系は，各系の不連続面に対する平衡の全ての条件を満たすこれらの状態について違いがないからである．すなわち，仮想系は，与えられた状態とほとんど違いの無い，与えられた状態と同じエントロピーと成分の量，及び外部を伴い，しかしより小さいエネルギーをもっている状態を備えている．

逆に，仮想系がいま示したような状態を持っていれば，実在系もまたそのような状態を持っているだろう．このことは，より少ないエネルギーの状態で仮想系の不連続面内に或る線を固定し，その状態でエネルギーを極小にすることによって示すことができる．こうして決められた状態は，各々の不連続面の平衡の全ての条件を満たしており，それ故に，実在系はそれに対応する状態を持ち，その状態でのエントロピー，成分の量，及び外部は，与えられた状態と同じであるが，エネルギーはより小さくなる．

したがって，与えられた系が不安定であるか否かは，仮想系に不安定性の一般規準（7）を適用することによって決めることができる．

系が不安定でなければ，平衡は中立であるか安定であるかのいずれかである．もちろん，これらのどれが当てはまるかは仮想系を参考にして決めることができる．というのは，その決定は平衡状態に依存し，それに関しては実在系と仮想系に違いはないからである．したがって，与えられた系の平衡が安定か，中立か，あるいは不安定かは，仮想系に（3）〜（7）なる規準を適用することで決めることができる．

得られた結果は以下のように表すことができる：——平衡状態にあり，別々にとった小さな部分のすべてが安定である流体系に，安定平衡や，中立平衡，不安定平衡の規準を適用する際には，この系は，温度とポテンシャルに関連する平衡条件を満たす拘束条件の下にあり，圧力に関係する平衡条件｛（500）式｝が満たされていない場合でさえ，相と不連続面の基本方程式によって表される諸関係を満たしていると考えることができる．

（501）と（86）なる式に関連して，この原則から直ちに以下の結論を得る．安定平衡にある系においては，各張力面は，それが区分する各体積の一定値に対して，これらの体積を画定する他の面と張力面の周囲が固定されていると考えることができる場合，最小面積の面でなくてはならないこと；また中立平衡にある系においては，各張力面は，同じ制限の下で，どんなわずかな変動も受けることのできるような小さな面積をもっていること；更に，これらの条件が満たされている場合，安定平衡もしくは中立平衡の残されている条件を求める際には，種々の体積と各周囲に関して同様な性質を持っているような種々の張力面を考えることだけが必要であること．

しかし，すでに別の方法で議論した（278-280頁）ものとほんの少し違う形で，［今まで］それを問題に適用することで述べてきた方法を説明することができる．これは，その周囲が不変である不連続面で出会う二種類の均一物体と，同様に不変で熱も通さない系全体を取り囲む外側とで構成される平衡状態にある系の安定性の条件を決めるために必要である．

張力面に対する最小面積の条件に加えて，安定性に対し何が必要であるかを決めるためには，同じ条件を満たすこれら種々の張力面を考えさえすればよい．したがって，張力面を均一相の一つの体積 v' で決められると考えることができる．しかし，エントロピーと成分の量が可変であったなら，系の状態は，張力面の位置と温度それにポテンシャルによって，明らかに完全に決められる；したがってまた，エントロピーと成分の量は一定であるから，系の状態は張力面の位置で完全に決められる必要がある．それゆえ，系に関係する全ての量を v' の関数と見なすことができ，安定性の条件は

$$\frac{d\varepsilon}{dv'}dv' + \frac{1}{2}\frac{d^2\varepsilon}{dv'^2}dv'^2 + \cdots\cdots > 0$$

と書くことができよう．ここに ε は系全体のエネルギーを表す．ところで，平衡の条件には

$$\frac{d\varepsilon}{dv'} = 0$$

が必要である．よって，安定性の一般的条件は

第三論文　不均一物質の平衡について

$$\frac{d^2\varepsilon}{dv'^2} > 0 \tag{541}$$

である．いま，二つの相のエネルギーと張力面のエネルギーを ε', ε'', ε^s と書けば，全エントロピーと種々の成分の全量は一定であるから，(86) と (501) によって次式を得る．

$$d\varepsilon = d\varepsilon' + d\varepsilon'' + d\varepsilon^s = -p'dv' - p''dv'' + \sigma ds,$$

あるいは，$dv'' = -dv'$ であるから，

$$\frac{d\varepsilon}{dv'} = -p' + p'' + \sigma \frac{ds}{dv'}. \tag{542}$$

よって，

$$\frac{d^2\varepsilon}{dv'^2} = -\frac{dp'}{dv'} + \frac{dp''}{dv'} + \frac{d\sigma}{dv'}\frac{ds}{dv'} + \sigma \frac{d^2s}{dv'^2}, \tag{543}$$

であり，安定性の条件は，次式で書くことができよう．

$$\sigma \frac{d^2s}{dv'^2} > \frac{dp'}{dv'} - \frac{dp''}{dv'} - \frac{d\sigma}{dv'}\frac{ds}{dv'}. \tag{544}$$

279-280 頁の同じ様な場合に行ったように，温度と一つの成分のポテンシャルを除いた他の全ての成分のポテンシャルの変動を無視することができると仮定して，いま問題を単純化すれば，この条件は次のようになる．

$$\sigma \frac{d^2s}{dv'^2} > \left(\gamma_1' - \gamma_1'' + \Gamma_1 \frac{ds}{dv'}\right) \frac{d\mu_1}{dv'} \tag{545}$$

添字 $_1$ で示した物質の全量は

$$\gamma_1'v' + \gamma_1''v'' + \Gamma_1 s$$

である．これを一定にすると，次式を得る．

$$\left(\gamma_1' - \gamma_1'' + \Gamma_1 \frac{ds}{dv'}\right)dv' + \left(v'\frac{d\gamma_1'}{d\mu_1} + v''\frac{d\gamma_1''}{d\mu_1} + s\frac{d\Gamma_1}{d\mu_1}\right)d\mu_1 = 0. \tag{546}$$

すなわち，平衡の条件は次の形になる．

$$\sigma \frac{d^2s}{dv'^2} > -\frac{\left(\gamma_1' - \gamma_1'' + \Gamma_1 \frac{ds}{dv'}\right)^2}{v'\frac{d\gamma_1'}{d\mu_1} + v''\frac{d\gamma_1''}{d\mu_1} + s\frac{d\Gamma_1}{d\mu_1}}, \tag{547}$$

ここに $\dfrac{ds}{dv'}$ と $\dfrac{d^2s}{dv'^2}$ は，純幾何学的な考察によって張力面の形状から決めることができ，それ以外の微分係数は均一相と不連続面の基本方程式から決めることができる．(540) なる条件は，この式から特別な場合として容易に導くことができよう．

　不連続面の移動（motion）に関する安定性の条件は，温度とポテンシャルを一定として扱うことができる場合，非常に簡単な式になる．これは，全ての成分物質を共に含んでいる一つまたはそれ以上の均一相が大きさに制限がなく，不連続面の大きさは有限であると考えることのできる場合である．なぜなら，種々の均一相のエネルギーの変動の和を $\Sigma \Delta \varepsilon$，種々の不連続面のエネルギーの変動の和を $\Sigma \Delta \varepsilon^S$ と書けば，安定性の条件は，

$$\Sigma \Delta \varepsilon + \Sigma \Delta \varepsilon^S > 0 \qquad (548)$$

と書くことができ，全エントロピーと種々の成分の全体量は一定だからである．考えるべき変動は無限小であるが，記号 Δ は，この論文の他の箇所と同様に，この式が高次の無限小を無視せずに解釈される必要があることを意味する．温度とポテンシャルはほぼ一定であるから，同じことは圧力と表面張力にも当てはまる．そして（85）と（501）を積分することによって，任意の均一相に対し

$$\Delta \varepsilon = t\, \Delta \eta - p\, \Delta v + \mu_1 \Delta m_1 + \mu_2 \Delta m_2 + \cdots\cdots$$

を得ることができ，任意の不連続面に対しては，次式が得られる．

$$\Delta \varepsilon^S = t\, \Delta \eta^S + \sigma\, \Delta s + \mu_1 \Delta m_1^S + \mu_2 \Delta m_2^S + \cdots\cdots.$$

これらの式は，$t,\ p,\ \sigma,\ \mu_1,\ \mu_2,\ \cdots\cdots$ が一定なとき，有限な差について成り立っており，それ故に，同じ制限の下で，高次の無限小を無視せずに，無限小の差についても成り立っている．これらの値で置き換えると，安定性の条件は以下の形になる．

$$-\Sigma(p\, \Delta v) + \Sigma(\sigma\, \Delta s) > 0,$$

または，

$$\Sigma(p\, \Delta v) - \Sigma(\sigma\, \Delta s) < 0. \qquad (549)$$

すなわち，相の体積とこれらの圧力との積の和から，不連続面の面積とそれらの張力との積の和を引いたものが最大でなくてはならない．これは，圧力と張力が一定であるから，純幾何学的な条件である．この条件は興味深い．なぜなら，これは不連続面の移動に関して常に安定性の**十分条件**であるからである．というのは，どんな系でも，適切な温度とポテンシャルをもつ大きな相と（必

要なら微細管によって）繋がるその系の特定の部分を設けることによって記述されるような種類のものに帰着させることができるからである．これはまた如何なる新しい移動可能な不連続面も導入せずに行うことができる．したがって，変化した系に適用した際の（549）なる条件は，変化する前の系に適用したときと同じである．しかしこれは，変化した系の安定性に対しては十分であり，したがって，変化しない元の系と取り付けた部分との接続を取り除くことで，系の自由度を減らせば，この系の安定性に対して十分条件であり，それ故，元の系の安定性に対する十分条件でもある．

任意の均一流体内に異なる流体相を形成する可能性について

不連続面の研究は，同じ成分（またはそれらの幾つか）から形成される他の相よりも低い圧力をもち，同じ温度と実際の成分に対する同じポテンシャルを持っているような均一流体相の安定性の問題にずいぶんと役に立つ．[42]

この問題を考察する際には，不連続面の曲率半径の大きさがかなり小さい場合に，不連続面を取扱うわれわれの方法が，どのくらい適用可能であるかを，まず調べねばならない．そのよう場合に制限なく適用すべきでないことは，異質な膜の厚さに比べた曲率半径の大きさのために，（494）なる式の項 $\frac{1}{2}(C_1-C_2)\delta(c_1-c_2)$ を零にしたという経緯から明らかである．（261頁参照）しかし，球体相だけが考えられている場合は，C_1 と C_2 は必ず等しくなるから，常にこの項は現れない．

さらに，不連続面は均一相を隔てていると見なしてきた．しかし，（異なる性質の大きな均一相によって囲まれた）球体相はかなり小さいので，そのどの部分も均一ではないことや，その中心部においてさえ，物質は**巨容的に**（in mass）如何なる物質の相ももっていると見做すことはできないことを，容易に想像することができる．しかしこれは，内側の物質の相を，他の場合と同じ外側の物質に対する関係によって決められると考えるなら，何の問題も起こらない．外側の物質の相の傍に，同じ温度と同じポテンシャルを持っている別の相が常にあるが，これは，その外側の相によって取り囲まれ，それと平衡状態にある小さな球体としての一般的性質をもつ相である．この相は，考えている系によって完全に決められ，外側の物質とこれとが平らな界面で接して存在で

きるようなものではないが，一般に完全に安定であり，しかも巨容的にも完全に実現可能である．これは，区分界面内に存在していると考えられる物質に帰属する相である．[43]

仮想の内側の物質の相に関するこの理解により，不連続面が球状であるが[曲率]半径が小さい場合に適用されるとき，われわれが用いた記号のいずれもその意味に何の曖昧さもない．また一般定理の証明にどんな実質的な修正も必要としない．$\varepsilon^{\mathbf{s}}$，$\eta^{\mathbf{s}}$，$m_1^{\mathbf{s}}$，$m_2^{\mathbf{s}}$，……の値を決める区分界面は，他の場合のように，(494) 式の $\frac{1}{2}(C_1+C_2)\delta(c_1+c_2)$ なる項をゼロにするように，すなわち，(497) なる式が成り立つように置かれるものとする．そのように置かれたとき，区分界面が，均一相を隔てている異質な膜から構成され，その膜の厚さに比べて大きい曲率半径を持っている場合には，ほぼ物理的不連続面と一致することは258頁から261頁で示した．しかし，この定理が任意の適用性を持つには小さ過ぎる球状相に関しては，区分界面の半径が実数でしかも正の値を持つことをどの程度まで確信し得るかを調べることはそれだけの価値があるだろう．なぜなら，われわれの方法がそこでは唯一の任意な自然な適用になるからである．

球面に仮定され，周囲を取り囲んでいる均一流体と平衡状態にあるどんな球体の区分界面の半径の値でも，(497) から導かれ，暗に半径を含む (500) と (502) なる式から σ を消去することで最も簡単に得ることができる．この半径を r と書けば，(500) なる式は，

$$2\sigma = (p' - p'')r \tag{550}$$

と書くことができる．′や″は，それぞれ内側の物質と外側の物質を指している．もしそれが外側物質の相の物質で一様に満たされているならば，同じ空間内にある上記の球体相の内部及びその周りでの全エネルギー，全エントロピー，……などの過剰量に対し，$[\varepsilon]$，$[\eta]$，$[m_1]$，$[m_2]$，……と書けば，区分界面全体に関して，必然的に次式を得る．

$$\varepsilon^{\mathbf{s}} = [\varepsilon] - v'(\varepsilon_{V'} - \varepsilon_{V''}), \quad \eta^{\mathbf{s}} = [\eta] - v'(\eta_{V'} - \eta_{V''}),$$
$$m_1^{\mathbf{s}} = [m_1] - v'(\gamma_1' - \gamma_1''), \quad m_2^{\mathbf{s}} = [m_2] - v'(\gamma_2' - \gamma_2''), \quad \ldots\ldots,$$

ここに $\varepsilon_{V'}$，$\varepsilon_{V''}$，$\eta_{V'}$，$\eta_{V''}$，γ_1'，γ_2''，……は，別のところでのわれわれの記法に従い，二つの均一相でのエネルギーの体積密度，エントロピーの体積密度，

第三論文 不均一物質の平衡について

及び種々の成分の体積密度を表す．それゆえ，(502)なる式から次の式を得る．

$$\sigma s = [\varepsilon] - v'(\varepsilon_{V'} - \varepsilon_{V''}) - t[\eta] + tv'(\eta_{V'} - \eta_{V''})$$
$$- \mu_1[m_1] + \mu_1 v'(\gamma_1' - \gamma_1'') - \mu_2[m_2] + \mu_2 v'(\gamma_2' - \gamma_2'') - \cdots \cdots. \quad (551)$$

しかし，(93)によって，

$$p' = -\varepsilon_{V'} + t\eta_{V'} + \mu_1 \gamma_1' + \mu_2 \gamma_2' + \cdots\cdots,$$
$$p'' = -\varepsilon_{V''} + t\eta_{V''} + \mu_1 \gamma_1'' + \mu_2 \gamma_2'' + \cdots\cdots$$

であり，また簡潔に次のように書こう．

$$W = [\varepsilon] - t[\eta] - \mu_1[m_1] - \mu_2[m_2] - \cdots\cdots. \quad (552)$$

(Wの値は，考えている物理系の性質によって完全に決まり，区分界面の概念はどのような点から見てもその定義に入ってこないことが分かるだろう．）このとき，

$$\sigma s = W + v'(p' - p'') \quad (553)$$

である．あるいは，sとv'の値をrで表した値で置き換えると，

$$4\pi r^2 \sigma = W + \frac{4}{3}\pi r^3 (p' - p''), \quad (554)$$

さらに，(550)によってσを消去すると，

$$\frac{2}{3}\pi r^3 (p' - p'') = W, \quad (555)$$

$$r = \left(\frac{3W}{2\pi(p' - p'')}\right)^{\frac{1}{3}}. \quad (556)$$

もしσの代わりにrを消去すれば，次式を得る．

$$\frac{16\pi \sigma^3}{3(p' - p'')^2} = W, \quad (557)$$

$$\sigma = \left(\frac{3W(p' - p'')^2}{16\pi}\right)^{\frac{1}{3}}. \quad (558)$$

さて，不連続面はほぼ平らであるから，二つの均一相の圧力差を極めて小さいとはじめに仮定すれば，一般的に大きな間違いを侵すことなく，σを正と見なすことができるから（なぜなら，$p' = p''$のときσが正でないなら，その実際のあらゆる場合において，その周囲に関して適切な条件が満たされる場合，その位置に関して面が安定しない場合の界面は，確かにそうであるからである．），内側の相の圧力は外側より大きい圧力でなくてはならないことが，(550)によ

って分かる：すなわち，σ，$p'-p''$，r はいずれも正と見做すことができる．また，(555) によって W の値もまた正になる．しかし，W を定義する (552) なる式から，この量 $[W]$ の値は，平衡のどのような可能な場合においても必ず実数であり，r が無限に大きく，かつ $p'=p''$ になるときだけ，無限に大きくすることができることは明らかである．それゆえ，(556) と (558) によって，$p'-p''$ が非常に小さい値から増加するとき，W，r，σ は，これらの値が同時に零なる値に達するまで，単一の，実数で且つ正の値をもつ．この制限の範囲内で，われわれの方法は明らかに適用可能である；すなわち，この制限を越えて，もしそのような値が存在すれば，この式を解釈することに努めても何も得られないだろう．しかし，多少任意に決められた区分界面の半径の消失は，物理的不均一性の消失に必ずしも寄与しないということを憶えて置かねばならない．しかしながら，小球体は，r がゼロになる前に意味のない大きさにならねばならないことは明らかである (258-261 頁参照)．

　W で表された量が，初期に外側の物質の一様な相をもっている非常に大きな相の内側に，不均一な小球体を（可逆過程によって）形成するために必要とされる仕事であることは容易に示すことができよう．なぜなら，この仕事は，この小球体が系全体のエントロピーまたは体積の変化，あるいは種々の成分量の変化を伴わずに形成されるとき，系のエネルギーの増加分に等しいからである．ところで，$[\eta]$，$[m_1]$，$[m_2]$，……は，小球体が形成される空間内でのエントロピーと成分の増加分を表している．それゆえ，負の符号をもつこれらの量は，系の残りの部分におけるエントロピーと成分の増加分に等しい．だから，(86) なる式により，

$$-t[\eta]-\mu_1[m_1]-\mu_2[m_2]-\cdots\cdots$$

は，小球体が形成される場所を除く全系でのエネルギーの増加分を表すだろう．しかし，$[\varepsilon]$ は系のその部分 [小球体を形成する部分] でのエネルギーの増加分を表している．したがって，(552) により，W は仮定された周囲でのエネルギーの全増加分，あるいは小球体の形成のために必要とする仕事量である．

　圧力 p''（同じ温度とポテンシャルを持つ異なる別の相の圧力 p' よりも低いと仮定されている）の均一相の安定性に関する，これらの考察から導き得る結論は全く明らかである．使われた方法が正しいとされる範囲内でのそれらの制

第三論文 不均一物質の平衡について

限内で，問題の相［小球体］は，考察されたこの種の小球体の成長に関して，厳密に安定であると見なさねばならない．なぜなら，そのような或る一定な大きさ（すなわち，周囲の相と平衡を保つ）を持つ小球体の形成に必要とされる仕事 W は，常に正だからである．また，［仮定した条件での大きさ］より小さな小球体も形成し得ない．なぜなら，それらは小さ過ぎて，周囲の相と平衡状態であることも，W が関係するような大きさに成長することもできないからである．しかしながら，何らかの外的作用によって，（平衡に対し必要な大きさの）そのような球体相が形成されたとしても，その平衡はすでに（276 頁）不安定であることが証明されている．そして，大きさのほんの僅かな超過で，内側の相は，外側の相の大きさに依存していることを除けば，限りなく増大する傾向がある．したがって，W なる量を p'' に関係する相の**安定性**の或る種の目安を与えていると見なすことができよう．(557) なる式においては，W の値は σ と $p'-p''$ によって与えられる．もし温度とポテンシャルによって，σ, p', p'' を与える三つの基本方程式が分ったとすれば，安定性（W）を同じ三つの変数によって既知と見なしてもよい．$p'=p''$ の場合，W の値が無限に大きいことが分かるだろう．差 $p'-p''$ が増加すれば，そのような球体相の成長に必要以上の大きな相変化を伴わずに，W は，初め $p'-p''$ の平方の大きさにほぼ逆比例して変化するだろう．$p'-p''$ が増加し続ければ，W はゼロなる値になってしまうことが多分起こるだろう；しかし，こうなるまで相は，考えられるこの種の変化に関して確かに安定である．別の種類の変化としては，初めは程度としては小さいが，空間内のその範囲では大きいというものを考えることができる．この点での安定性または**相の連続的変化に関しての安定性**は，すでに議論したし（124 頁参照），その限界も決められている．これらの限界は，安定性が問題となっている均一相の基本方程式に完全に依存している．しかし，初めは小さいけれども程度としては大きいという種類のここで考察された変化に関して，同じ精度で安定性の限界をどのように定めることができるかは明らかでない．しかし，もしそのような限界があるとすれば，σ がゼロになるような限界に，あるいはそれを越えたところにあるに違いないと言って差し支えない．この後者の限界は，安定性が問題となっている相と可能な形成が問題となっている相との間にある不連続面の基本方程式によって完全に決められる．σ

421 がゼロであるとき，それに伴って区分界面の半径と仕事もゼロになることはすでに見てきた．同時に，相の均一性における崩れが無くなるならば（明らかにそれより早くはゼロになる事は無いが），相はこの限界で不安定になる．しかし，物理的な相の均一性におけるこの崩れが，r, σ, Wによってゼロにならないとすれば，——そして，なぜこれが一般的な場合として考えるべきでないかの十分な理由は無い，——相の平衡を崩すのに必要な仕事量は無限小であるとはいえ，これは相を不安定にするには十分ではない．したがって，Wは安定性の多少一方的な目安であることが分かる．

これに関連して，少なくとも相が別々に分かれて存在することが可能である限り，球面に対する関係は当然，完全に決められるのだが，平らな界面に対するもの（265-267 頁参照）を除いて，不連続面の基本方程式は実験的決定が可能であると考えることはほとんどできないことを覚えておかねばならない．それでも，上記の議論は以下の実際的な結果をもたらす．相の実際の安定性（real stability）が，一般にその限界を越えて拡がることを見てきた（122-124 頁で議論した）．これは，相が平らな界面で他の相と接触して存在できるような場所での，事実上の安定性（practical stability）の限界と呼ぶことができ，そして式は，空間に無制限に拡がることを仮定した場合の，相の平衡を崩すために必要な仕事量によって測られるような場合の，安定性の度合を表すために導き出されている．それはまた，この安定性が限界を持つべきであるという確立された原則とも完全に一致していることが示された．さらに，一般式がこの場合に適応すると指摘されている．

$$W = \sigma s - (p' - p'')v' \tag{559}$$

と書くことができる（553）式によって，仕事 W は二つの項から成っており，その一つは常に正で表面張力と張力面の面積との積によって表され，もう一つは常に負で二つの相の圧力差に内側の相の体積を掛けた積と数値的に等しいことが分かる．第一項は，張力面が形成される際に使われた仕事を，第二項は，内側の相が形成される際に得られた仕事を表していると見なすことができよう[44]．

422 さらに，第二項は，その符号を無視すれば，(550) なる式と幾何学的関係 $v' = \frac{1}{3}rs$ とから分かるように，第一項の量の3分の2に常に等しい．したがって，次式で書くことができる．

$$W = \frac{1}{3}\sigma s = \frac{1}{2}(p'-p'')v'. \tag{560}$$

二つの異なる種類の均一流体と第三の流体相が出会うところに界面の形成される可能性について

A，B，Cを物体の3つの異なる種類の流体相とする．これらが，平らな界面で出会うとき，平衡に必要なすべての条件を満たしている．AとBの成分は同じであるか，あるいは異なっているかも知れないが，CはAまたはBの成分以外は全く含んでいないとする．A相とB相の物質は，C相の非常に薄い膜（very thin sheet）によって隔てられていると仮定しよう．この薄い膜は必ずしも平らでは無いが，その主曲率の和はゼロでなくてはならない．したがって，或る一定な不連続面を伴う相Aと相Bの物質によって単純に構成されているような系として扱うことが出来る．というのは，前述の議論では，均一相を隔てている膜の厚さ，または膜の性質を制限するものは，その厚さが曲率半径に比べて一般に小さいと仮定した以外は，何も仮定しなかったからである．そのような膜の表面張力の値は，相Aと相C，及び相Bと相Cの接触面の張力をそれぞれ σ_{AC}，σ_{BC} で表せば，$\sigma_{AC}+\sigma_{BC}$ となる．これは明らかに力学的考察から分かるだけでなく，(502) と (93) なる式によっても容易に証明することができるし，この最初の式〔(502)〕は σ なる量を定義していると考えることができよう．この値は，膜の内側が巨容的に（in mass）物質としての性質を持たなくなる状態に達する限界まで，膜の厚さを薄くしても影響はなかろう．

いま，$\sigma_{AC}+\sigma_{BC}$ が，AとBとの間の通常の界面の張力 σ_{AB} よりも大きいとすれば，そのような膜は少なくとも事実上不安定になろう．(273頁参照) だから，$\sigma_{AB}>\sigma_{AC}+\sigma_{BC}$ と仮定することはできない．というのは，これはAとBの間の通常の界面を不安定にし，界面の実現を困難にするからである．もし $\sigma_{AB}=\sigma_{AC}+\sigma_{BC}$ であれば，一般にこの関係は偶然でなく，AとBの接触による通常の界面が今まで述べてきた種類の界面であると仮定することができる．

さて，相Aと相Bが，平面で接触する平衡状態を満たすようにゆっくりと変化し，しかし，そのためにAとBの温度とポテンシャルによって決められる相Cの圧力は，AとBの圧力よりも小さくなるものと仮定しよう．相Aと

相Bから成る系は，Cのような任意の相の形成に関して完全に安定である．（この場合は，問題としている系が二つの異なる相を含んでいるから，124頁で考察した系とは全く同じではないが，関連する原理は全く同じである．）

逆方向の相Aと相Bの変化については，二つの場合を別々に考えねばならない．［このとき］三つの相の圧力を p_A, p_B, p_C で表し，これらの量を温度とポテンシャルの関数と見なすと便利になろう．

もし，$p_A=p_B=p_C$ になる温度と各成分のポテンシャルの値に対して，$\sigma_{AB}=\sigma_{AC}+\sigma_{BC}$ であれば，相Aと相Bの接触面で，温度とポテンシャルを $p_A=p_B$，及び $p_C>p_A$ となるように変えることは不可能である．というのは，三つの圧力が等しいことに対して必要な温度とポテンシャルの関係は，相Cの物質の増加によって保たれているからである．相Aと相Bのそのような変化は，個々の相内では生じるかもしれないが，これらが接触すると，その相との平衡の条件を満たすように隣接する各相の物質の減少に伴い，相Cの物質が直ちに形成されるだろう．

しかし，$\sigma_{AB}<\sigma_{AC}+\sigma_{BC}$ であれば，$p_A=p_B$，かつ $p_C>p_A$ となるように温度とポテンシャルを変えることができ，Cの相の膜が**直ち**に形成されることは不可能である．すなわち，Cの圧力はAとBの圧力とほぼ等しいのだが．；なぜなら，界面の単位面積当たりの $\sigma_{AC}+\sigma_{BC}-\sigma_{AB}$ に等しい力学的仕事は，系をその元の条件に戻すことによって得ることができるからであり，したがって，系のその温度での熱の消費でない限り，外部へのどんな消費も伴わずに生じ得るからである．これは明らかに仕事を作り出すことはできないからである．したがって，そのような変化についての系の安定性は，Cの圧力がAとBの圧力よりも大きくなり始める点を越えて大きくならねばならない．もし安定性の検討として（520）なる式を使えば，同じ結論に行き着く．この式は，各相［三つの相］の圧力が全て等しいとき，有限の正の値をもつから，元々の不連続面は安定でなければならず，それを不安定にさせるには，この場合の状態に有限の変化を要求せねばならない．[45]

前節においては，相Aと相Bの接触面が，相Cの薄い膜の形成に関して，或る環境の下で安定であることを示した．相Cの形成に関し，この面の安定性の証明を完全にするためには，この相がレンズ状の相の表面には形成されな

第三論文 不均一物質の平衡について

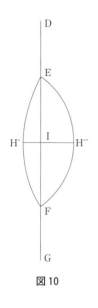

図10

いことを示す必要がある．相Cの初期の膜は，$\sigma_{AB} < \sigma_{AC} + \sigma_{BC}$ のとき明らかに不安定であり，直ちにレンズ状の相の中に崩れてしまうから，たとえ，相が形成され易いとしても，こんな具合だから，証明はなおさら必要である．

平らな界面で出会う相AとBの物質間の平衡において，はじめに相Cのレンズ状物質を考えることは便利である．図10は，球面の中心を通るような一つの系の断面を表し，相Aの物質はDEH′FGの左側にあり，相Bの物質はDEH″FGの右側にあるとする．中心をつなぐ線がH′とH″で球面を切り，IでAとBの接触面の平面を切るものとする．EH′FとEH″Fの［曲率］半径をr'，r''で，線分IH′，IH″をx'，x''で表すとする．また，［二つの］球面が交わってできる円の半径IEをRで表すとする．平衡の一般条件を適切に適用することで，容易に

$$\sigma_{AC}\frac{r'-x'}{r'} + \sigma_{BC}\frac{r''-x''}{r''} = \sigma_{AB} \tag{561}$$

なる式を得ることができる．この式は，張力σ_{AC}とσ_{BC}のEFに平行な成分の和がσ_{AB}と等しいことを意味する．相Aと相Bを持つ不確定な拡がりの物質間で，考えているようなレンズ状の相を形成するために使わねばならない仕事量を，Wで表せば，

$$W = M - N \tag{562}$$

と書くことができる．ここに，Mは，AとBとの間の界面を，AとC及びBとCとの間の界面で置き換えることに使われた仕事を表し，Nは，相Aと相Bの物質を相Cの物質で置き換えることで得られた仕事を表す．このとき，

$$M = \sigma_{AC} s_{AC} + \sigma_{BC} s_{BC} - \sigma_{AB} s_{AB} \tag{563}$$

である．ここに，s_{AC}，s_{BC}，s_{AB}は関与する三つの界面の面積を表す；さらに，

$$N = V'(p_C - p_A) + V''(p_C - p_B) \tag{564}$$

であり，ここに，V' と V'' は置き換えられた相 A と相 B の物質の体積を表す．ところで，(500) によって，

$$p_C - p_A = \frac{2\sigma_{AC}}{r'}, \quad 及び \quad p_C - p_B = \frac{2\sigma_{BC}}{r''}. \tag{565}$$

また，次の幾何学的関係もある．

$$\left.\begin{array}{l} V' = \dfrac{2}{3}\pi r'^2 x' - \dfrac{1}{3}\pi R^2(r'-x'), \\ V'' = \dfrac{2}{3}\pi r''^2 x'' - \dfrac{1}{3}\pi R^2(r''-x''). \end{array}\right\} \tag{566}$$

これらを (564) へ代入することによって，

$$N = \frac{4}{3}\pi\sigma_{AC}r'x' - \frac{2}{3}\pi R^2 \sigma_{AC}\frac{r'-x'}{r'} \\ + \frac{4}{3}\pi\sigma_{BC}r''x'' - \frac{2}{3}\pi R^2 \sigma_{BC}\frac{r''-x''}{r''} \tag{567}$$

を得る．さらに，(561) により

$$N = \frac{4}{3}\pi\sigma_{AC}r'x' + \frac{4}{3}\pi\sigma_{BC}r''x'' - \frac{2}{3}\pi R^2\sigma_{AB}. \tag{568}$$

ところで，

$$2\pi r'x' = s_{AC}, \quad 2\pi r''x'' = s_{BC}, \quad \pi R^2 = s_{AB}$$

であるから，次のように書くことができる．

$$N = \frac{2}{3}(\sigma_{AC}s_{AC} + \sigma_{BC}s_{BC} - \sigma_{AB}s_{AB}). \tag{569}$$

(M と N の比が，287 頁から 293 頁で扱った球体相の場合における対応する量の比と同じであることが分るだろう．）したがって，次式を得る．

$$W = \frac{1}{3}(\sigma_{AC}s_{AC} + \sigma_{BC}s_{BC} - \sigma_{AB}s_{AB}). \tag{570}$$

この値は，

$$s_{AC} > s_{AB}, \quad 及び \quad s_{BC} > s_{AB}$$

であるから，

$$\sigma_{AC} + \sigma_{BC} > \sigma_{AB}$$

である限り正である．しかし，この限界での

$$\sigma_{AC} + \sigma_{BC} = \sigma_{AB}$$

第三論文　不均一物質の平衡について

のとき，(561) によって次のことが分かる．
$$s_{AC} = s_{AB}, \text{ 及び } s_{BC} = s_{AB},$$
したがって，
$$W = 0.$$
しかしながら，三つの不連続面が交差する円のすぐ近傍では，これら三つの面の各々の物理的状態は，互いに他の近傍から影響を受けるに違いない．したがって，レンズ状物質の大きさが有意な大きさである場合を除き，(570) なる式に頼ることはできない．

p_C が（等しいと仮定した）p_A 及び p_B よりも大きくなる限界を過ぎると，$\sigma_{AB} = \sigma_{AC} + \sigma_{BC}$，または $p_C - p_A$ のいずれかがかなり大きくなるので，平衡状態にあるレンズ状物質が極めて小さな大きさになるまでは，相Cのレンズ状物質は形成されないと結論できる．$\{p_C - p_A$ の値の増加に伴う曲率半径の減少は，(565) なる式に示されている．$\}$ それゆえ，これらの限界の一つに達するまでは，相Cの物質が形成されることはない．証明は，AとBとの間の**平らな界面**に関係するけれども，曲率半径が有意の大きさを持っているときはいつでも，この結論が適用できねばならない．なぜなら，そのような曲率の効果は，レンズ状物質が充分小さい場合無視することができるからである．

相Cのレンズ状物質の平衡が，不安定であることは容易に証明されるので，W なる量は相Aと相Bの接触する平らな界面の安定性についての一種の目安を与える．[46)]

事実上，同じ原則は，相Aと相Bが適度に異なる圧力を持つもっと一般的な問題に当てはまるので，それらの相の接触界面は湾曲せねばならないが，その曲率半径は有意の大きさを持つ．

相Cの薄い膜が相Aと相Bの物質間で平衡になるには，以下の式が満たされねばならない：——
$$\sigma_{AC}(c_1 + c_2) = p_A - p_C,$$
$$\sigma_{BC}(c_1 + c_2) = p_C - p_B,$$
ここに，c_1 と c_2 は膜の主曲率を表し，正の曲率の中心は相Aに属する物質内にある．上式から $c_1 + c_2$ を消去すると，次式を得る．
$$\sigma_{BC}(p_A - p_C) = \sigma_{AC}(p_C - p_B),$$

または，
$$p_C = \frac{\sigma_{BC} p_A + \sigma_{AC} p_B}{\sigma_{BC} + \sigma_{AC}}. \tag{571}$$

次のことは明らかである．すなわち，もし p_C がこの式で決められた値より大きい値を持つならば，そのような膜はより大きな物質に成長すること；p_C が (571) の値より小さい値を持つならば，そのような膜は縮小することである．それゆえ，

$$p_C < \frac{\sigma_{BC} p_A + \sigma_{AC} p_B}{\sigma_{BC} + \sigma_{AC}} \tag{572}$$

のとき，相 A と相 B は安定な接触界面をもつ．

さらにまた，温度とポテンシャルの任意に与えられた値に対して，二種類以上の不連続面が A と B の間に形成可能であれば，その温度で，考えられるポテンシャルによって他の位置に移すことは，より大きい張力を持っている面に対しては不可能であろう．それ故，p_C が (571) なる式で決められる値をもち，したがって，$\sigma_{AC} + \sigma_{BC}$ が A と B の間の界面に対する張力の一つの値であるとき，界面の通常の張力の値 σ_{AB} は，これよりも大きいことは不可能である．(571) なる式が満たされているとき，$\sigma_{AB} = \sigma_{AC} + \sigma_{BC}$ であれば，相 C の薄い膜は A と B の間の面に実際に存在し，それが相 C のより大きな物質の形成によって妨げられるように，(571) なる式の右辺の値より大きい p_C になるような相の変化が，その界面で起こることは不可能であると推測できる．しかし，(571) なる式が満されているとき，$\sigma_{AB} < \sigma_{AC} + \sigma_{BC}$ であれば，この式は A と B の間の界面についての安定性の限界を示すものではない．というのは，その温度またはポテンシャルは，相 C の膜あるいは（次の段落で見るように）その相のレンズ状物質が形成される前に，有限な変化を受けねばならないからである．

平衡状態で，相 A と相 B の無限に大きい物質の間の界面上に，相 C のレンズ状物質を形成するために使われなければならない仕事は，明らかに次式で表すことができよう．

$$W = \sigma_{AC} S_{AC} + \sigma_{BC} S_{BC} - \sigma_{AB} S_{AB}$$
$$- p_C V_C + p_A V_A + p_B V_B, \tag{573}$$

ここに，S_{AC}, S_{BC} は A と C の間，及び B と C の間に形成された界面の面積

第三論文　不均一物質の平衡について

を表す；S_{AB} は A と B の間の界面の面積の減少を表す；V_C は相 C の形成された体積を表す；更に V_A, V_B は相 A と B の体積の減少を表す．ここで，σ_{AC}, σ_{BC}, σ_{AB}, p_A, p_B は一定に保たれ，A と B の間の界面の外側の境界（external boundary）は固定されたままであり，一方，p_C は増加し，張力面は平衡に必要とするような変化を受けると仮定しよう．これが実際の系で物理的に可能である必要はない；考えられる相や界面の基本方程式の中に変化は伴っているが，議論のために変化が起こると仮定してもよい．このとき，W を単に，上式の右辺の省略形と見なすと，

$$dW = \sigma_{AC}\, dS_{AC} + \sigma_{BC}\, dS_{BC} - \sigma_{AB}\, dS_{AB}$$
$$- p_C\, dV_C + p_A\, dV_A + p_B\, dV_B - V_C\, dp_C \quad (574)$$

を得る．しかし，平衡の条件には，

$$\sigma_{AC}\, dS_{AC} + \sigma_{BC}\, dS_{BC} - \sigma_{AB}\, dS_{AB}$$
$$- p_C\, dV_C + p_A\, dV_A + p_B\, dV_B = 0 \quad (575)$$

を必要とする．よって，

$$dW = -V_C\, dp_C. \quad (576)$$

ところで，V_C が p_C の増加に伴い減少することは明らかである．この最後の式を，V_C がゼロになるまで，p_C を元の値から増加させると仮定して積分しよう．これは

$$W''' - W' = \text{負の量} \quad (577)$$

を与える．ここで W' と W''' は W の初期値と最終値を表す．しかし，$W''' = 0$ である．よって，W' は正である．しかし，これはレンズ状物質を含んでいる元の系での W の値であり，相 A と相 B との間に物質を形成するために必要な仕事を表している．したがって，そのような物質がこれらの相の間の界面上に形成されることは不可能である．しかしながら，すでに議論されたあまり一般的でない場合と同様に，——すなわち，$p_C - p_A$, $p_C - p_B$ はレンズ状物質の大きさが意味のない大きさであってはならない，という同じ制限（limitation）を守らねばならない．また，これらの圧力差の値がかなり小さいかも知れないので，相 A と相 B の物質の間の界面上の相 C の物質のための空間は，平衡のために充分大きいものではあり得ないことが認められよう．この場合に，三つの不連続面が交わる交線に適用した**拘束**（constraint），すなわち，この交線が

より短くなることは構わないが長くなることは許されない，ということに基づいて，AとBの間の界面上で平衡にある相Cの物質を考えることができる．前に使ったような積分によって，W の値が正であることを証明できる．

界面に対する基本方程式でポテンシャルを圧力で置き換えること

温度とポテンシャルによって張力の値を与える界面の基本方程式は，成分の数が大きいか未確定の場合に，特に理論的な議論の目的に最もよく適しているようである．しかし，基本方程式の実験的決定は，あるいは理論によって示された結果の実際の場合への適用も，ポテンシャルの代わりにほかの量を用いることで容易になるだろう．これは，より多くの直接的な測定を可能にし，（必要な測定が行われた場合に）数式はそれほど複雑な考察をせずに済ますことができよう．ポテンシャルの数値は，単に採用した単位系だけに依存するのでなく，ポテンシャルが関係するような物質の，あるいは多分，その物質が形成された基本的な物質の，エネルギーとポテンシャルの定義に含まれた任意定数にも依存する．（114頁参照）この事実と直接的な測定手段の不足は，或る曖昧さをポテンシャルの概念に与え，それらに関係する式を，物理的関係の明確な概念を与えるには不向きなものにしてしまう．

ところで，任意の不連続面によって隔てられた均一相の各々の基本方程式は，その相の圧力と，温度及びポテンシャルとの関係を与える．したがって，接している相の圧力を導入することで，界面の基本方程式から一つないし二つのポテンシャルを消去することができる．さらに，これら接している相の一つが，177頁に与えたようなDaltonの法則を満たす混合気体である場合，各々の単一気体のポテンシャルは，その［混合］気体のもつ温度と分圧によって表すことができる．これらの分圧を導入することにより，混合気体中に各々の単一気体があるのと同じくらい多くのポテンシャルを，この界面の基本方程式から消去することができる．

そのような置き換えによって得られた式は，それが関係する不連続面の基本方程式と見なすことができよう．というのは，接している相の基本方程式が知られているとき，問題の式は，張力，温度，さらにポテンシャルとの間の式と明らかに等しいからであり，接している相の性質についての知識を，任意の不

第三論文　不均一物質の平衡について

連続面の完全な知識に不可欠な予備知識として，あるいは本質的な部分として見なさねばならないからである．しかしながら，ポテンシャルの代わりに圧力を伴っているこれらの基本方程式から，（均一相の基本方程式を使わずに）微分することによって，張力，温度，ポテンシャルとの間の式の微分によるものと厳密に同じ関係を得ることはできないことも明らかである．いま述べた基本方程式だけから，微分によってどのような関係が得られるかを，少なくともより重要な場合に調べることは興味深いだろう．

　もし，成分が一つだけであれば，二つの均一相の基本方程式は，ポテンシャルの消去に必要であること以上に一つの関係を与える．張力を温度と圧力差の関数と見ることは便利であろう．さて，(508) と (98) によって，

$$d\sigma = -\eta_\mathbf{S} dt - \Gamma d\mu_1,$$
$$d(p' - p'') = (\eta_{V'} - \eta_{V''})dt + (\gamma' - \gamma'')d\mu_1$$

を得る．よって，式

$$d\sigma = -\left(\eta_\mathbf{S} - \frac{\Gamma}{\gamma' - \gamma''}(\eta_{V'} - \eta_{V''})\right)dt - \frac{\Gamma}{\gamma' - \gamma''}d(p' - p'') \quad (578)$$

を得る．これは，t と $p'-p''$ に関する σ の微分係数を表す．ほぼ平面と見なすことのできる界面に対しては，$\dfrac{\Gamma}{\gamma' - \gamma''}$ が，単一成分の界面密度をゼロにするように置かれた区分界面までの張力面からの距離（区分界面が $''$ で指定された側にあるとき正である）を表すこと，さらに，（負の符号を持たない）dt の係数が区分界面によって決められるエントロピー界面密度，すなわち，268 頁の $\eta_{\mathbf{S}(1)}$ で表された量を表していることは明らかである．

　二つの成分があり，そのどちらも不連続面に制限されないときには，張力を二つの均一相での温度と圧力の関数と見なすことができる．これら二つの変数に関する張力の微分係数の値は，考えられる特定の状態で各相が単一成分から構成されているとするような物質を成分として選ぶならば，単純な形で表すことができる．このことは，二つの相の組成が同一でないとき，常に可能であり，明らかに二つの微分係数の値に影響を及ぼすことはない．このとき，

$$d\sigma = -\eta_{\mathbf{S}}\,dt - \Gamma_{\prime}\,d\mu_{\prime} - \Gamma_{\prime\prime}\,d\mu_{\prime\prime},$$
$$dp' = \eta_{\mathrm{V}'}\,dt + \gamma'\,d\mu_{\prime},$$
$$dp'' = \eta_{\mathrm{V}''}\,dt + \gamma''\,d\mu_{\prime\prime}$$

を得る．ここに，記号 $_{\prime}$ と $_{\prime\prime}$ は，これによって指定された物質が $'$ と $''$ によって指定された均一相の物質と同一であることを表すために，通常の $_1$ と $_2$ の代わりに使われている． $d\mu_{\prime}$ と $d\mu_{\prime\prime}$ を消去すれば，次式を得る．

$$d\sigma = -\left(\eta_{\mathbf{S}} - \frac{\Gamma_{\prime}}{\gamma'}\eta_{\mathrm{V}'} - \frac{\Gamma_{\prime\prime}}{\gamma''}\eta_{\mathrm{V}''}\right)dt - \frac{\Gamma_{\prime}}{\gamma'}dp' - \frac{\Gamma_{\prime\prime}}{\gamma''}dp''. \quad (579)$$

一般に p' と p'' の差を無視することができるから，

$$d\sigma = -\left(\eta_{\mathbf{S}} - \frac{\Gamma_{\prime}}{\gamma'}\eta_{\mathrm{V}'} - \frac{\Gamma_{\prime\prime}}{\gamma''}\eta_{\mathrm{V}''}\right)dt - \left(\frac{\Gamma_{\prime}}{\gamma'} + \frac{\Gamma_{\prime\prime}}{\gamma''}\right)dp \quad (580)$$

と書く．こうして，修正された方程式は，厳密に平らな界面の式と考えるべきである．以下の三つのことは明らかである．すなわち，$\dfrac{\Gamma_{\prime}}{\gamma'}$ と $\dfrac{\Gamma_{\prime\prime}}{\gamma''}$ は，一方が $\Gamma_{\prime}$ をゼロにし，他方が $\Gamma_{\prime\prime}$ をゼロにするような二つの面の張力面からの距離を表すこと，$\dfrac{\Gamma_{\prime}}{\gamma'} + \dfrac{\Gamma_{\prime\prime}}{\gamma''}$ がこれら二つの面の間の距離を，または不連続面の単位面積当たりによる**体積の減少**を表すこと，さらに，（負の符号を持たない）dt の係数は，もし物質が同じ相の二つの均一物質内に，どんな不連続面も持たずに存在したとすれば，同じ物質が持つであろうエントロピーを越えて，接している物質の各々の一部を伴う不連続面の単位面積から成る系内のエントロピーの過剰量を表すこと．（それゆえ，どのような不連続面も伴わずに存在している物質は，もちろん同じ相の物質によって完全に取り囲まれていなければならない．）[47]

$\left(\dfrac{d\sigma}{dt}\right)_p$ と $\left(\dfrac{d\sigma}{dp}\right)_t$ の値が（580）なる式で与えられるような形は，それらが決定される系の特定な状態に対する，これらの量との関係を明確な概念を与えるために適用されているが，系の状態に伴ってどのように変化するかを示すものではない．この目的のために，これらの微分係数の値を通常の成分に関して表現しておくことは便利であろう．これらの値を今までのように $_1$ と $_2$ で指定しよう．

第三論文　不均一物質の平衡について

$$-d\sigma = \eta_{\mathbf{S}}\, dt + \Gamma_1\, d\mu_1 + \Gamma_2\, d\mu_2,$$
$$dp = \eta_{\mathrm{V}'}\, dt + \gamma_1'\, d\mu_1 + \gamma_2'\, d\mu_2,$$
$$dp = \eta_{\mathrm{V}''}\, dt + \gamma_1''\, d\mu_1 + \gamma_2''\, d\mu_2,$$

なる式から，$d\mu_1$ と $d\mu_2$ を消去すれば，

$$d\sigma = \frac{B}{A}dt + \frac{C}{A}dp \tag{581}$$

を得る．ここに

$$A = \gamma_1''\gamma_1' - \gamma_1'\gamma_2'', \tag{582}$$

$$B = \begin{vmatrix} \eta_{\mathbf{S}} & \Gamma_1 & \Gamma_2 \\ \eta_{\mathrm{V}'} & \gamma_1' & \gamma_2' \\ \eta_{\mathrm{V}''} & \gamma_1'' & \gamma_2'' \end{vmatrix}, \tag{583}$$

$$C = \Gamma_1(\gamma_2'' - \gamma_2') + \Gamma_2(\gamma_1' - \gamma_1''). \tag{584}$$

二つの均一物質の組成が同一であるとき，A はゼロになるが，B と C は一般にゼロにはならないこと，更に，′で指定された物質が $_1$ で指定された成分を，他の物質よりも比率においてより多くまたはより少なく含むかに従い，A の値は負になるかまたは正になるかが分かるだろう．それゆえ，$\left(\dfrac{d\sigma}{dt}\right)_p$ と $\left(\dfrac{d\sigma}{dp}\right)_t$ の両方の値は，二つの物質の組成の差が無くなるとき無限に大きくなり，一つの成分がより大きい比率で一方の物質から他方の物質へ移動するとき符号が変わる．これは，組成が同一である共存する相について118頁で述べた事から推察できよう．このことから，二つの共存する相がほぼ同じ組成であるとき，共存する相の温度または圧力の小さな変動が，相の組成に相対的に非常に大きな変動をもたらすことが分かる．同じ関係が146頁の図6に表した図式的方法によっても示される．

　Daltonの法則に従う混合気体に関しては，平らな界面の基本方程式だけを考えるものとし，液体の中に，混合気体において現れない一つより多くの成分がないと仮定しよう．基本方程式を平らな界面に制限することで，成分の一つの界面密度をゼロにするような区分界面を選ぶことで，一つのポテンシャルを除くことができることはすでに見てきた．もしそのような成分があれば，これ

を流体に特有な成分について行われるようにする；もしそのような成分がなければ，気体成分の一つについて行われるようにする．まだ残っているポテンシャルを，単一気体の基本方程式によって取り除けるようにしよう．こうして，界面張力，温度，及び混合気体中の単一気体の幾つかの圧力，またはそれらの圧力の一つを除いた全ての圧力との間の式を得ることができる．

$$d\sigma = -\eta_{S(1)} dt - \Gamma_{2(1)} d\mu_2 - \Gamma_{3(1)} d\mu_3 - \cdots,$$
$$dp_2 = \eta_{V2} dt + \gamma_2 d\mu_2,$$
$$dp_3 = \eta_{V3} dt + \gamma_3 d\mu_3,$$
$$\cdots\cdots\cdots\cdots\cdots,$$

なる式において，添字 $_1$ は界面密度がゼロになるようにした成分に関係し，γ_2, γ_3, …… などは混合気体中の指定された気体の密度を表す．さらに，p_2, p_3, …… と η_{V2}, η_{V3}, …… は幾つかの気体による圧力とエントロピー密度を表す．いま，これらの式から $d\mu_2$, $d\mu_3$, …… を消去すれば，

$$d\sigma = -\left(\eta_{S(1)} - \frac{\Gamma_{2(1)}}{\gamma_2}\eta_{V2} - \frac{\Gamma_{3(1)}}{\gamma_3}\eta_{V3} - \cdots\right) dt$$
$$- \frac{\Gamma_{2(1)}}{\gamma_2} dp_2 - \frac{\Gamma_{3(1)}}{\gamma_3} dp_3 - \cdots \quad (585)$$

を得る．この式は，t, p_2, p_3, …… に関する σ の微分係数の値を与える．これは，これらの変数間の式を微分することで得られた値に等しいと置くことができよう．

不連続面の拡張に関与する熱的および力学的諸関係

一つないし二つの成分物質をもつ不連続面の基本方程式は，その静力学的な応用のほかに，界面がある条件の下で拡張されるときに吸収される熱の決定に役立つ．

最初に，一つの成分物質だけが在るような場合を考えよう．この場合は，界面を平らな面として扱うことができ，一つの成分の界面密度がゼロになるように区分界面を置くことができる．（268 頁参照）もし不連続面の面積を，温度，あるいは液体と蒸気の量の変化を伴わずに単位面積ずつ増加するものとすれば，全体のエントロピーは $\eta_{S(1)}$ ずつ増加される．したがって，この条件を満たす

ために加えねばならない熱量を Q で表せば,
$$Q = t\, \eta_{\mathbf{S}(1)} \tag{586}$$
を得る．更に，(514) によって
$$Q = -t\frac{d\sigma}{dt} = -\frac{d\sigma}{d\log t}. \tag{587}$$
われわれが採用した区分界面によって決められる一定量の液体及び蒸気の条件は，全体積が一定のままであるという条件に等しいことが分るだろう．

さらにまた，区分界面を加熱せずに拡張すれば，液体と蒸気の圧力は一定のままであるが，温度も蒸気の凝縮によって一定に保たれるであろう．形成された界面の単位面積当りに凝縮される蒸気の質量を M で表し，その単位質量当りの液体と蒸気のエントロピーを $\eta_{M'}$ と $\eta_{M''}$ で表せば，熱を加えない条件は,
$$M(\eta_{M''} - \eta_{M'}) = \eta_{\mathbf{S}(1)} \tag{588}$$
であることが必要である．流体の体積増加は,
$$\frac{\eta_{\mathbf{S}(1)}}{\gamma'(\eta_{M''} - \eta_{M'})} \tag{589}$$
となり，蒸気の体積減少は，次式となる．
$$\frac{\eta_{\mathbf{S}(1)}}{\gamma''(\eta_{M''} - \eta_{M'})} \tag{590}$$
となる．それゆえ，圧力を一定に保っている外側の物体によって（形成された界面の単位面積当りに）なされた仕事に対しては,
$$W = \frac{p\, \eta_{\mathbf{S}(1)}}{(\eta_{M''} - \eta_{M'})}\left(\frac{1}{\gamma''} - \frac{1}{\gamma'}\right) \tag{591}$$
を得る．更に，(514) と (131) により,
$$W = -p\frac{d\sigma}{dt}\frac{dt}{dp} = -p\frac{d\sigma}{dp} = -\frac{d\sigma}{d\log p}. \tag{592}$$
膜を拡張することに直接使われたこの仕事は，もちろん σ に等しい.

さて，二つの成分物質があり，いずれも界面に制限されないような場合を考えよう．これら両方の物質の界面密度は，どんな界面によってもゼロにすることはできないから，張力面を区分界面と見なすのが最も良いだろう．しかしながら，各々の均一物質が単一の成分から構成されているとするような各成分物

質を選ぶことで，式を簡単にすることができる．これらの成分に関係する量は，301-302 頁に示したように区分される．界面の面積が単位面積増加されるまで拡張されるなら，温度を一定に保つために，さらにまた均一物質の圧力を一定に保つために，界面に熱が加えられるが，これら均一物質の相は変化せずに留まる．しかし，一方の物質の量は Γ' だけ，もう一方は Γ'' だけ減少する．したがって，それらのエントロピーは，それぞれ $\frac{\Gamma'}{\gamma'}\eta_{V'}$ と $\frac{\Gamma''}{\gamma''}\eta_{V''}$ だけ減少する．それゆえ，界面が $\eta_{\mathbf{S}}$ なるエントロピーの増加を受取るから，エントロピーの全体量は

$$\eta_{\mathbf{S}} - \frac{\Gamma'}{\gamma'}\eta_{V'} - \frac{\Gamma''}{\gamma''}\eta_{V''}$$

だけ増加し，これは（580）なる式により

$$-\left(\frac{d\sigma}{dt}\right)_p$$

に等しい．したがって，界面に供給された Q なる熱量に対しては，次式を得る．

$$Q = -t\left(\frac{d\sigma}{dt}\right)_p = -\left(\frac{d\sigma}{d\log t}\right)_p. \qquad (593)$$

この式と（587）との違いに注意しなければならない．（593）では，Q なる熱量は，温度と圧力を一定に保つとする条件によって決められる．（587）では，これらの条件は同じであるが，熱量を決めるには不十分である．Q が決められるための付加条件は，全体積が一定に保たれねばならないということによって，最も簡単に表すことができる．さらに，（593）の微分係数は，p を一定と考えることで定義されている；（587）の微分係数においては，p が一定と考えることはできない．さらに，式に一定値（definite value）を与えるために必要となる条件は何も無い．しかし，二つの式の場合に相違があるにも係らず，両方の式に適用できるとする一つの証明を与えることは全く可能なのである．これは，最初にこれらの関係を指摘した William Thomson 卿によって用いられた方法の後に，演算の循環を考えることで行うことができる．[48]

（形成された界面の単位面積当りの）体積の減少は，

$$V = \frac{\Gamma'}{\gamma'} + \frac{\Gamma''}{\gamma''} = -\left(\frac{d\sigma}{dp}\right)_t; \qquad (594)$$

第三論文 不均一物質の平衡について

さらに，圧力を一定に保っている外側の物体によって，(形成された界面の単位面積当りに) なされた仕事は，

$$W = -p\left(\frac{d\sigma}{dp}\right)_t = -\left(\frac{d\sigma}{d\log p}\right)_t. \tag{595}$$

(592) なる式と比較せよ．

Q と W の値もまた通常の成分に関係する量によって表すことができる．(593) と (595) に，(581) で与えられる微分係数の値を代入することによって，

$$Q = -t\frac{B}{A}, \quad W = -p\frac{C}{A} \tag{596}$$

を得る．ここに，A，B，C は (582)～(584) で示された式を表している．Q と W の値は，組成において微小に異なる共存する相の間の不連続面に対し，一般に無限大であり，しかも A なる量に伴い符号を変えることが分るだろう．この各相が，組成において完全に同一であるときは，不連続面の拡張の効果を任意の熱の供給によって相殺することは，一般に可能ではない．というのは，界面での物質は，均一物質と同じ組成を一般に持っていないからであり，さらに，拡張した界面に必要な物質は，共存する相を変えること無く，これら均一物質から得ることはできないからである．［共存する相の］各相が組成においてほぼ同一であるとき，その不連続面の形成に必要な成分を液体あるいは蒸気がより多く含んでいればいるほど，不連続面の拡張は非常に多量の気化または凝縮を伴うという事実によって，Q や W の無限な値は説明される．

もし，不連続面が拡張される間に相が変化しないようにするために必要な熱量を考える代わりに，圧力が一定に保たれている間の界面の拡張によって起こる温度の変動を考えるならば，この温度の変動は，$\gamma_1''\gamma_2' - \gamma_1'\gamma_2''$ によって符号を変えるが，この量によってゼロになる，つまり，共存する相の組成が同じになるときゼロになることが分かる．このことは 118 頁に述べたことから，あるいは，146 頁の図の考察から推察できよう．均一物質の組成が初めに完全に同一である場合は，不連続面の有限な拡張ないし縮小の温度への効果は同じであり，——温度が一定圧力の下で極大または極小であることに応じて，この二つの場合のどちらかが温度を下げるかまたは上げるかである．

438 実験によって最も容易に検証される不連続面の拡張による効果は，完全な平衡が接している物質全体で再び確立されるより前の張力に及ぼす効果である．これに関連して，共存する相の間の新しい界面は，新しく拡張された界面の極端な場合として見ることができる．本来平衡状態にある界面が，共存する相の間に拡張されてから十分な時間が経過した場合，界面張力は，隣接している相の中に全く見出せない物質が界面に存在しない限り，あるいは界面に存在する物質に匹敵する量だけしか物質が界面に存在しない限り，明らかにほぼ当初の値を持っている．しかし，新たに形成された，あるいは拡張された界面は，非常に異なる張力を持つことができる．

しかしながら，単一の成分物質だけが在るとき，このようなことは起こらない．なぜなら，平衡に必要な全ての過程は，極めて薄い膜に限定されており，平衡に達するのに多くの時間を全く必要としないからである．

二つの成分があり，そのどちらも不連続面に制限されていないとき，界面の拡張後に再び平衡に達するには，不連続面と物質の内側との間の熱の移動を除けば，物質の内側に及ぼす如何なる過程も必要としない．(593) なる式から次のことが明らかになる．すなわち，もし界面の張力（tension of the surface）が温度の上昇に伴って減少するならば，界面が拡張されるときに温度の一様性を保つために，界面に熱が供給されねばならないこと；すなわち，界面が拡張することによる効果は界面を冷やすことである；しかし，どんな界面の張力も温度に伴って増加するならば，界面の拡張による効果は，界面の温度が上昇することである．いずれの場合においても，界面の拡張による直接的な効果は，界面の張力を増やすことが分るだろう．無論，界面の収縮（contraction）は逆の効果を持つ．しかし，界面が，拡張ないし収縮の後に，再びほぼ熱平衡に達するのに必要な時間は，ほとんどの場合に非常に短時間でなければならない．

二つ以上の成分を持つ二つの共存する相の間の界面の形成あるいは拡張に関して，二つの注目すべき極端な場合がある．各成分の界面密度が，二つの均一相におけるその成分の密度に比べて非常に小さい場合，典型的な界面（normal surface）の形成又は拡張に必要な（熱と同様に）物質は，その物質が取り除かれても共存する相の性質をほとんど変えずに，界面のすぐ近傍から取り入れることができる．しかし，これら界面密度のいずれかがかなり大きい値をもっ

第三論文　不均一物質の平衡について

ている場合，同じ成分の密度は，均一相の各々において，他の成分密度と絶対的にも相対的にも非常に小さいが，典型的な界面の形成又は拡張に必要な物質は，［界面から］かなり離れたところから取り入れねばならない．特に，均一相の一つに含まれるそのような成分の密度の僅かな差異が，対応するポテンシャルの値に恐らくかなりの差異を作ることや｛（217）式参照｝，さらに，ポテンシャルの僅かな差異が，張力にかなりの差異を作ること｛（508）式参照｝を考えるならば，この場合には，界面張力の通常の値への回復には，新しい界面の形成又は元の界面の拡張の後にかなりの時間が必要となることは明らかである．中間の場合には，典型的な張力の回復は速さの様々な度合によって行われる．

　しかし，成分物質の数に係わらず，成分が一つより多ければ，平衡の回復が遅いか速いかに係わらず，界面の拡張は一般に張力の増加を生み，収縮は張力の減少を生む．この逆の効果が引き起こされるとすることは，明らかに安定性の条件と一致しないだろう．したがって，一般に，共存する相の間の新しい界面は，初めの面よりも大きな張力をもっている．[49] 新しい界面を毛管現象の実験に使うことによって，調べている界面で接する流体中に，われわれが認知あるいは期待していないような微量の異質物による効果を時には避けることができる．

　平衡に達するのが急速である場合，界面及びその付近での密度の変動によって起こる張力の変動が，全ての方向で同じであることを除き，実際に粘度の性質に似た界面のいかなる性質による張力の変動も，最も急速な拡張の方向で最も大きくなるけれども，粘度の変動と類似する現象である張力の正常値からの変動は，特に界面の拡張ないし収縮の間に現れる．

　ここで，張力を増加させ，かつ減少させるような物質から成る均一物質内で，影響（traces）の異なる作用に気付くだろう．一つの成分の体積密度が非常に小さいとき，その成分の界面密度はかなり大きな正の値をもち得るが，非常に小さな負の値だけを持つこともあり得る．[50] というのは，負のときの値は，より大きな体積密度と異質な膜の厚さとの積の値を（数値的に）超えることはできないからである．これらの量の各々は非常に小さい．正のときの界面密度は，異質な膜の厚さと同じ程度の大きさの値であるが，接している相内の同じ物質

の体積密度が小さいために，他の物質の界面密度に比べ必ずしも小さいわけではない．ところで，均一物質の非常に小さな部分を形作っている物質のポテンシャルは，確かに増加し，恐らく，その成分に比例して非常に急速に増大する．{(171)と(217)を参照} 圧力，温度，さらに他の成分のポテンシャルもほとんど影響を受けないだろう．{(98) 参照} しかし，このポテンシャルの増加の張力への効果は，界面密度に比例するだろうし，界面密度が正であるとき張力を減少させることになろう．{(508) 参照} したがって，均一相内の物質の極めて小さな影響（trace）が，張力を著しく減少させることは全く可能であるが，そのような影響が，張力を著しく増加させる可能性はない．[51]

不透過性薄膜

これまでは不連続面の取り扱いにおいて，この面が均一相の一方から他方へのどんな成分物質の移動に対しても，何ら支障をもたらさないと仮定してきた．しかしながら，互いに接する相の成分の幾つかを，あるいは全てを通さない物質の膜が，不連続面に在る場合を考えねばならない．例えば，水面に油の膜が拡がるとき，その膜が巨容的に（in mass）油としての性質を示すには薄すぎるときでさえ，そのような膜は実際に存在し得る．そのような場合に，問題にしている成分が一方の物質から他方の物質へ自由に移動できるように，もしその成分の属している系の他の部分を通じて，接している相との間につなぎが在れば，平衡状態に関する限り，膜を通しての直接的な通り抜けができないことは，重要ではないと考えることができ，われわれの式は何ら変更する必要はないだろう．しかし，そのような間接的なつなぎがない場合には，膜が不透過性であるために両側のどんな成分のポテンシャルでも，膜の反対側で全く異なる値をもつことができ，この場合は明らかにわれわれの通常の方法の変更を必要とする．

ある一つの考察がそのような場合の適切な取扱いを示唆するだろう．膜の両側で見出されるある成分が，膜の一方側から他方の側に移動できないとすれば，一方の側にあるその成分の部分が，他方の側にあるその部分と同じ種類の物質であるという事実は無視することができる．全て一般的な関係が正しく保たれていれば，それらは本当に違う物質であろう．したがって，膜の一方の側の成

第三論文　不均一物質の平衡について

分のポテンシャルを μ_1 で，他方の側の同じ物質のポテンシャルを（それが別の物質であるかのように扱われるために）μ_2 と書くことができる；もし，その物質の密度が，ある距離を隔てた場所での値と区分界面の近くでの値と同じであったなら，区分界面（これが張力面で決められるか，他のもので決められるかに係わらず）の一方の側に在る量を超えた膜のこちら側における物質の過剰量を m_1^s と書き，更に，膜のもう一方の側と区分界面に関係する同様な量を m_2^s と書くことができる．同じ原則によって，界面の単位面積当りの m_1^s と m_2^s の値を表すために，Γ_1 と Γ_2 を用い，二つの均一相でのその物質の量とその密度を表すために，m_1', m_2'', γ_1', γ_2'' を用いることができる．

このような表記によって，膜が任意の個数の成分を通さないような場合に拡張することができ，界面と接する相に関係する式は，異なる添字によって指定された物質が，あたかも実際にすべて違っているかのように，同じ形を明らかにとるだろう．表面張力は，温度と他の成分のポテンシャルによって，μ_1 と μ_2 の関数であり，さらに，$-\Gamma_1$, $-\Gamma_2$ は μ_1 と μ_2 に関するその微分係数と等しくなる．要するに，成分が不透過性膜の一方の側で見出されるか，あるいは他方の側で見出されるかに従い，常に成分を違う物質として扱うことを忘れなければ，今まで証明してきた全ての一般的な関係は，この場合にも適用することができる．

系の他の部分を通して（または膜内の任意の流れを通じて）添字 $_1$ と $_2$ で指定される成分のための自由な移動があるとき，平衡の場合には $\mu_1 = \mu_2$ である．もし，界面の別の可能な状態にも係わらず，この条件を満たしているとき，界面の基本方程式を得たいと考えるなら，基本方程式のより一般的な形で μ_1 と μ_2 に対し，ただ一つの記号を置くことができる．この場合，絶対的ではないが，しかし一部の成分の透過を非常に遅くさせる不透過性の場合が生じることがある．このような場合には，少なくとも二つの異なる基本方程式を区別することが必要となろう．一つは，直ちに確立し得る概平衡（approximate equilibrium）状態に関係するもの，もう一つは完全な平衡の基本状態（ultimate state）に関係するものである．後者は，いま示したような置き換えによって，前者から導くことができる．

不連続面あるいは重力の影響を無視しない不均一流体系に対する内的平衡の条件

いま，不均一流体物質系のエネルギーの変分の完全な値を求めることにしよう．この中には，重力や不連続面の影響も含まれているものとし，このような系の内的平衡の条件をそれから推論するものとする．これまで展開してきた方法に従い，内部エネルギー（すなわち，重力に依存しないエネルギーの部分），エントロピー，及び種々の成分の量は，それぞれ二つの部分に区分されねばならない．その一つは，概均一物質（approximately homogeneous masses）を区分する界面に属すると見なす部分，もう一つは，これら概均一物質に属していると見なす部分である．Ds なる界面の面積素に関係する内部エネルギー，エントロピー，……の要素を $D\varepsilon^S$, $D\eta^S$, Dm_1^S, Dm_2^S, ……で表し，Dv なる体積素に関係するものを $D\varepsilon^V$, $D\eta^V$, Dm_1^V, Dm_2^V, ……で表そう．また，Ds と Dv なる要素に関係している物質の全量を表すために，それぞれ，Dm^S 又は ΓDs と，さらに Dm^V 又は γDv を使おう．すなわち，

$$Dm^S = \Gamma Ds = Dm_1^S + Dm_2^S + \cdots\cdots, \tag{597}$$

$$Dm^V = \gamma Dv = Dm_1^V + Dm_2^V + \cdots\cdots. \tag{598}$$

重力に基づくエネルギーの部分もまた二つの部分に分けねばならない．その一つは Dm^S なる要素に，もう一つは Dm^V なる要素に関係する部分である．系のエネルギーの変分の完全な値は，

$$\delta \int D\varepsilon^V + \delta \int D\varepsilon^S + \delta \int gz\, Dm^V + \delta \int gz\, Dm^S \tag{599}$$

なる式で表される．この式で，g は重力を，z は固定された水平面上からの要素の高さを表す．

最初は，可逆変化の考察に限定すると便利である．これは新しい相または界面の形成を省く．したがって，系の状態における任意の無限小の変分を，その種々の要素に関係する量の無限小変分からなると見なすことができ，上の式の変分の記号を積分記号の後に持って来ることができる．いま，(13), (497), (597), (598) なる式によって与えられた値を $\delta D\varepsilon^V$, $\delta D\varepsilon^S$, δDm^V, δDm^S に代入すれば，系の内的状態の可逆的な変分に関する平衡条件に対し，

第三論文　不均一物質の平衡について

$$\int t\,\delta D\eta^{\mathrm{V}} - \int p\,\delta Dv + \int \mu_1\,\delta Dm_1^{\mathrm{V}} + \int \mu_2\,\delta Dm_2^{\mathrm{V}} + \cdots\cdots$$
$$+ \int t\,\delta D\eta^{\mathrm{S}} + \int \sigma\,\delta Ds + \int \mu_1\,\delta Dm_1^{\mathrm{S}} + \int \mu_2\,\delta Dm_2^{\mathrm{S}} + \cdots\cdots$$
$$+ \int g\,\delta z\,Dm^{\mathrm{V}} + \int gz\,\delta Dm_1^{\mathrm{V}} + \int gz\,\delta Dm_2^{\mathrm{V}} + \cdots\cdots$$
$$+ \int g\,\delta z\,Dm^{\mathrm{S}} + \int gz\,\delta Dm_1^{\mathrm{S}} + \int gz\,\delta Dm_2^{\mathrm{S}} + \cdots\cdots = 0 \quad (600)$$

を得る．(497) なる式は，初めに平衡にある不連続面に関係するから，この条件は，常に平衡に対し必要ではあるが，必ずしも常に十分ではないように見えるかも知れない．しかしながら，この式が，系のすべての可能な変形 (deformation) に関係する平衡の特有な条件，あるいは，エントロピー分布または種々の成分分布における可逆変分を含んでいることは，この条件式の形から明らかである．したがって，可逆的な変分に関係する限り，平衡に必要となる系の種類の異なる部分間の全ての関係を含んでいる．(相と界面の各要素に関係する種々の量との間の必要な関係は，関連する相又は界面の基本方程式によって表されるか，あるいは，それから直ちに導くことができる．103 頁から 107 頁及び 262 頁から 265 頁を参照)

(600) の変分は，系の性質から，更に系内での変化が外部物体に影響を及ぼすほどのものではないという仮定から生じる条件に従っている．外部物体の状態の変動を考慮しない限り，この仮定は必要であり，系の内部に関係する平衡の条件を求める上では，明らかに許容される仮定である．[52] しかし，条件式を詳しく検討する前に，(600) なる平衡の条件を次の三つの条件に分けることができる．

$$\int t\,\delta D\eta^{\mathrm{V}} + \int t\,\delta D\eta^{\mathrm{S}} = 0, \quad (601)$$

$$-\int p\,\delta Dv + \int \sigma\,\delta Ds + \int g\,\delta z Dm^{\mathrm{V}} + \int g\,\delta z Dm^{\mathrm{S}} = 0, \quad (602)$$

$$\int \mu_1\,\delta Dm_1^{\mathrm{V}} + \int \mu_1\,\delta Dm_1^{\mathrm{S}} + \int gz\,\delta Dm_1^{\mathrm{V}} + \int gz\,\delta Dm_1^{\mathrm{S}}$$
$$+ \int \mu_2\,\delta Dm_2^{\mathrm{V}} + \int \mu_2\,\delta Dm_2^{\mathrm{S}} + \int gz\,\delta Dm_2^{\mathrm{V}} + \int gz\,\delta Dm_2^{\mathrm{S}}$$
$$+ \cdots\cdots = 0. \quad (603)$$

なぜなら，この三つの条件のいずれか一つに生じる変動は，他の二つの式で生じる変動と明らかに独立であり，これらの条件式は，三つの式の一つまたは他と別々に関係するからである．

(601) なる条件における変分は，系全体のエントロピーを一定に保つとする条件に従う．これは次式で表すことができる．

$$\int \delta D\eta^{V} + \int \delta D\eta^{S} = 0. \tag{604}$$

こうした限定された条件を満たすためには，系全体を通して，

$$t = 一定 \tag{605}$$

であることが必要かつ十分であり，これは熱平衡の条件である．

力学的平衡（mechanical equilibrium）の条件，あるいは系の可能な変形（possible deformation）に関係する条件は，(602) の中に含くまれており，これもまた次式で書くことができる．

$$-\int p\,\delta Dv + \int \sigma\,\delta Ds + \int g\gamma\,\delta z\,Dv + \int g\Gamma\,\delta z\,Ds = 0. \tag{606}$$

この条件は，あたかも異種の流体が強くて硬さのない弾力のある膜（membrane）によって隔てられ，すべての点でその界面の平面内の，あらゆる方向に一様な張力を持っている場合と同じ形をしていることが分かるだろう．この式での変分は，これらに必要な幾何学的関係のほかに，系の外側の界面と，それと不連続面が交差する線とは固定されているという条件が必要である．この式は，力学的平衡の特定な条件を与える普通の方法のどれによっても導くことができる．恐らく，以下に述べる方法は，どんな方法にも劣らず直接に，要求された結果を導くだろう．

(606) の δ によって影響を受ける量は，系が区分される位置と体積素と面積素の大きさだけに関係していること，そして δp と $\delta\sigma$ なる変分がその式の中に明示的にも暗示的にも入ってこないことが分かるだろう．この式に関係する条件式もまた幾何学的な要素についての系の変分だけに関係しており，δp も $\delta\sigma$ も含んでいない．それゆえ，式の左辺が幾何学的な要素についての系の全ての可能な変分に対しゼロなる値を持っているかどうかを決定することにおいて，問題の解を単純化することができるどんな値でも，そのような値が物理的に可能であるかどうかを問うことなく，δp と $\delta\sigma$ に割り当てることができる．

いま，系がその初期状態にあるとき，系が張力面で区分される各部分のそれぞれにおいて，p なる圧力は，その圧力と関係する Dv なる体積素の位置を定

第三論文　不均一物質の平衡について

める座標の関数である．系の変化した状態では，Dv なる体積素は一般に異なる位置をとる．δp なる変分を Dv なる体積素の位置の変化だけで決められるとしよう．これは次式で表すことができる．

$$\delta p = \frac{dp}{dx}\delta x + \frac{dp}{dy}\delta y + \frac{dp}{dz}\delta z. \qquad (607)$$

この中の $\frac{dp}{dx}$, $\frac{dp}{dy}$, $\frac{dp}{dz}$ は上で言及した関数で決められ，δx, δy, δz は Dv なる体積素の位置の変分によって決められる．さらにまた，系の初期状態において，異なる種類の不連続面の各々における σ なる張力は，Ds なる界面の面積素の位置を定める ω_1, ω_2 なる二つの座標の関数である．系の変化した状態では，この面積素は一般に異なる位置をもつだろう．位置の変化は，界面内にある成分とそれに垂直な別の成分とに分解することができる．$\delta\sigma$ なる変分は，Ds の移動についてのこれらの成分の最初の成分だけで決められるものとしよう．これは次式で表すことができる．

$$\delta\sigma = \frac{d\sigma}{d\omega_1}\delta\omega_1 + \frac{d\sigma}{d\omega_2}\delta\omega_2, \qquad (608)$$

ここにおいて，$\frac{d\sigma}{d\omega_1}$, $\frac{d\sigma}{d\omega_2}$ は上で述べた関数で決められ，$\delta\omega_1$, $\delta\omega_2$ は，界面の平面内にある Ds の移動の成分で決められる．

どんな式にも暗に δp と $\delta\sigma$ が含まれている場合，δp と $\delta\sigma$ にもまた当てはまると理解して，(606) なる条件の簡約に進むことにする．

系が不連続面によって区分されている体積のどれか一つに関して

$$\int p\,\delta Dv = \delta\int p\,Dv - \int \delta p\,Dv$$

と書くことができる．しかし，これは明らかに，

$$\delta\int p\,Dv = \int p\,\delta N\,Ds$$

である．ここで，二番目の積分は考えている体積を境界づけている不連続面に関係しており，δN は，外側に測った界面の面積素の移動の垂直成分を表している．それ故，

$$\int p\,\delta Dv = \int p\,\delta N\,Ds - \int \delta p\,Dv.$$

この式は系が区分されているそれぞれの別々の体積について当てはまるから，系全体に対し，

$$\int p\,\delta Dv = \int (p' - p'')\delta N\,Ds - \int \delta p\,Dv \qquad (609)$$

と書くことができる．ここに，p' と p'' は Ds なる面積素の反対側への圧力を表し，δN は，$''$ で指定された側に向って測られる．

つぎに，別々にとられた不連続面のそれぞれに対して，

$$\int \sigma \, \delta Ds = \delta \int \sigma Ds - \int \delta \sigma \, Ds,$$

及び

$$\delta \int \sigma \, Ds = \int \sigma (c_1 + c_2) \delta N Ds + \int \sigma \, \delta T \, Dl$$

をとる．ここに，c_1 と c_2 は界面の主曲率（曲率の中心が δN を測った方向と反対側にあるとき，正である）を表し，Dl は界面の周囲の長さの要素を，そして δT は界面の平面上にあり，その周囲に垂直であるこの要素の移動の成分（それが界面を拡張するとき，正である）を表す．ゆえに，系全体に対し

$$\delta \int \sigma Ds = \int \sigma (c_1 + c_2) \delta N Ds + \int \Sigma (\sigma \, \delta T) Dl - \int \delta \sigma \, Ds \qquad (610)$$

を得る．ここに，Dl なる要素の積分は，不連続面が出会う全ての線に対して拡張し，記号 Σ はそのような線で出会う種々の界面に関しての総和を表す．

(609) と (610) なる式によって，力学的平衡の一般的条件は次の形に帰着される．

$$-\int (p' - p'') \delta N Ds + \int \delta p \, Dv + \int \sigma (c_1 + c_2) \delta N Ds$$
$$+ \int \Sigma (\sigma \delta T) Dl - \int \delta \sigma \, Ds + \int g \gamma \, \delta z \, Dv + \int g \Gamma \, \delta z \, Ds = 0.$$

各項別に整理すると，次式を得る．

$$\int (g\gamma \, \delta z + \delta p) Dv + \int [(p'' - p') \delta N + \sigma (c_1 + c_2) \delta N + g \Gamma \delta z - \delta \sigma] Ds$$
$$+ \int \Sigma (\sigma \, \delta T) Dl = 0. \qquad (611)$$

この条件を満たすためには，明らかに Dv, Ds, Dl の係数が系のどこにおいてもゼロとなることが必要である．

Dv の係数がゼロとなるためには，張力面によって区分された系の各々の相において，p が，

$$\frac{dp}{dz} = -g\gamma \qquad (612)$$

であるような，z だけの関数であることが必要かつ十分条件である．

Ds の係数がすべての場合にゼロになるためには，界面の法線方向と接線方

向の移動に対して，係数がゼロになることが必要かつ十分条件である．法線方向への移動に対しては，

$$\delta\sigma = 0, \quad 及び \quad \delta z = \cos\theta \, \delta N$$

と書くことができる．ここに，θ は法線が鉛直線とつくる角を表す．したがって，最初の条件式は，

$$p' - p'' = \sigma(c_1 + c_2) + g\Gamma\cos\theta \tag{613}$$

なる式を与える．これは，すべての不連続面内のすべての点で成り立っていなければならない．接線方向への移動に関する条件は，それぞれの張力面において，σ が

$$\frac{d\sigma}{dz} = g\Gamma \tag{614}$$

であるような，z だけの関数であることを示している．

(611) の Dl の係数がゼロであるためには，不連続面が出会うすべての線内のすべての点に対し，更に，その線の任意の無限小変位に対し，

$$\Sigma(\sigma \delta T) = 0 \tag{615}$$

でなくてはならない．この条件は，明らかに，その線内で出会っている界面の張力と，種々の界面の平面内に引かれた線に鉛直な方向との間の同じ関係を表しており，これは，平面内で平衡にある力の大きさと方向に対し成り立っている．

(603) なる条件において，任意の成分に関係する変分は，その［成分］物質が実際の成分ではない系のどんな部分においても，ゼロなる値を持つと見なすべきである．[53)] 同じことは，条件の各式に関しても正しい．これは次の形の式である．

$$\left.\begin{array}{l}\int \delta Dm_1^V + \int \delta Dm_1^S = 0, \\ \int \delta Dm_2^V + \int \delta Dm_2^S = 0, \\ \cdots\cdots\cdots\end{array}\right\} \tag{616}$$

(ここでは，次のことが仮定されている．まず種々の成分は独立であること，すなわち，どんな成分も他の成分から形成することはできないこと，次に，どのような成分も，実際に生じる系の部分は，それが生じない系の部分によって完全に隔てられているわけではないことである．）これらの条件式を与える (603) なる条件を満たすためには，条件

$$\left.\begin{array}{l}\mu_1 + gz = M_1, \\ \mu_2 + gz = M_2, \\ \cdots\cdots\cdots,\end{array}\right\} \quad (617)$$

(M_1, M_2, ……は定数を表している)が，指定された物質が実際の成分である系のそれらの部分において，それぞれ成り立っているとすることが，必要十分条件である．ここに，物質が実際の成分でない系の部分によって，(添字 $_a$ で指定されるべき) 任意の物質の可能な吸収に関係する平衡の条件，すなわち，$\mu_a + gz$ なる式は，系のそのような部分において，物質が実際の成分である隣接部分において持つ値よりも小さい値を持ってはならないことを付け加えることができる．

(605) と (617) によって (613) なる式から，p'，p''，σ が温度とポテンシャルによって知られているとき，(項の幾何学的意味において) 張力面の微分方程式を容易に得ることができる．というのは，$c_1 + c_2$ と θ は，水平座標に関して，z の一次及び二次微分係数によって，更に，p'，p''，σ，Γ は温度とポテンシャルによって表すことができるからである．しかし，温度は一定であり，各々のポテンシャルに対しては，定数 $[M]$ 分だけ増加した gz と置き換えればよい．こうして，唯だ一つの変数が，z とその水平座標に関する一次及び二次の微分係数である式を得る．しかし，これほどの正確な方法を使うことはほとんど必要ないであろう．適度の高さの差 (differences of level) の範囲内では，γ'，γ''，及び σ を一定と見なすことができる．そこで，{(612) から導かれた } 式

$$d(p' - p'') = g(\gamma'' - \gamma')dz$$

を積分することができ，これは

$$p' - p'' = g(\gamma'' - \gamma')z \quad (618)$$

を与える．ここに，z は，$p' = p''$ に対する水平面から測られるものとする．この値を (613) に代入し，Γ を含んでいる項を無視すれば，

$$c_1 + c_2 = \frac{g(\gamma'' - \gamma')}{\sigma} z \quad (619)$$

を得る．ここに，z の係数は一定と見なすべきである．ところで，$\gamma'' - \gamma'$ が非常に小さい場合を除いて，かなり大きな任意の界面において，z の値はそれほ

第三論文 不均一物質の平衡について

ど大きくすることはできない．したがって，隣接する相の密度がほぼ等しい場合を除いて，この式を事実上正確であると考えることができる．もし，水平方向の直交座標 x と y に関する z の微分係数に関して，その値を曲率の和に代入すれば，次式を得る．

$$\frac{\left(1+\dfrac{dz^2}{dy^2}\right)\dfrac{d^2z}{dx^2} - 2\dfrac{dz}{dx}\dfrac{dz}{dy}\dfrac{d^2z}{dxdy} + \left(1+\dfrac{dz^2}{dx^2}\right)\dfrac{d^2z}{dy^2}}{\left(1+\dfrac{dz^2}{dx^2}+\dfrac{dz^2}{dy^2}\right)^{\frac{3}{2}}} = \frac{g(\gamma''-\gamma')}{\sigma}z. \quad (620)$$

この分数の分母の累乗根の符号に関しては，常に累乗根の正の値を採るとすれば，分数全体の値は，より大きな凹面が上向きまたは下向きに変わるに従い，正又は負の値になることに注意すべきである．しかし，より大きな凹面が′で指定された相の方に向くとき，この分数の値を正であるとしたい．したがって，この相が界面の上にあるか，または下にあるかによって，累乗根の値を正または負の値に採るものとする．

　一つを除き，この最後の段落で与えられた平衡の特殊な条件は，それらが個々の成分に関係しているので，系の異なる部分間の化学平衡の条件として，一般に見なすことができる．[54] しかし，このような表現は，成分の数が1つよりも多くない限り完全には適切ではない．力学的平衡の条件が，温度とポテンシャルに関係する条件と完全に独立であることは決して無い．というのは，(612) と (614) なる条件は，(98) と (508) なる必要条件によって (605) と (617) の結果と見なすことができるからである．[55]

　しかしながら，平衡の力学的条件は特別な重要性をもっている．なぜなら，意味のある移動が全く観測できない（そして，確かな粘性のない）どんな液体相においても，その条件は満たされると常に見なすことができるからである．そのような相では，孤立すると，力学的平衡の達成は直ちに起こるだろう；熱的平衡や化学的平衡はもっとゆっくりと生じる．熱的平衡は，一般的に化学的平衡よりもほぼ平衡に達するのに短い時間を必要とする；しかし，後者［化学的平衡］が平衡に達する過程は，完全な平衡状態が確立されるまでには，一般に，温度の或る種の不均衡をもたらすだろう．

　隣接している相においては生じない成分を二つ以上不連続面が持っていると

き，(617) なる式に従うこれらの成分のポテンシャルの調整は，界面の成分お
ける移動度が十分でないために，極めてゆっくりと起こるか，あるいは全く起
こらないかも知れない．しかし，この不連続面が接している相では生じない成
分を唯一つだけ持ち，さらに，これらの相内の温度とポテンシャルが平衡の条
件を満たしているとき，この界面に特有な成分のポテンシャルは，(617) で表
された規則（law）に極めて速く従う．というのは，これは，われわれが満た
されていると仮定した温度とポテンシャルに関係する条件に関連した，(614)
なる力学的平衡の条件に必要な結論であるからである．この界面に特有な物質
の必要な分布は，この界面の拡張と収縮によってもたらされる．界面のこの成
分を含み，この界面で区分された各相と無関係な他の成分を全く含まない，第
三の相と，この界面が出会うなら，界面のこの成分のポテンシャルは，もちろ
ん，この界面が出会う第三の相内のその成分によって決められる．

　(612)～(615) の力学的平衡の特殊な条件は，力学的平衡状態における流体系
の隣接する部分の間に存在しなければならない関係を表していると見なすこと
ができ，与えられた系がそのような状態にあるかないかを決める上で役に立つ．
しかし，系の有限な部分に関係する力学定理は，それらの特定な条件から積分
によって導くことができるが，(606) なる力学的平衡の一般的条件の適切な適
用によって，あるいは，この式で表された力を受けると見なされる系に，通常
の力学原理を適用することによって，一般に，もっと容易に求めることができる．

　温度とポテンシャルに関する平衡の条件は，不連続面によって影響されない
ことが分かるだろう．{(228) と (234) を比較せよ.}[56] 相は，温度またはポテ
ンシャルの変動を伴わずに連続的に変化することはできないので，系全体を通
じて同じ独立な可変成分を持ち，さらに重力の影響下で平衡状態にある流体系
のどんな点での相も，任意に与えられた点での相と，考慮された二つの点の高
さの差とによって，完全に決められる或る一定な数の相の一つでなければなら
ないことが，これらの条件から結論される．流体系全体にわたる相が，大きな
物質内に存在している相についての事実上の安定性の一般的条件を満たすなら
ば（すなわち，圧力は最小でなければならず，それは温度とポテンシャルで保
つことができる），これらは，任意に与えられた点での相と二点の高さの差と
によって完全に決められる．(173 頁と比較せよ．そこでは，問題が不連続面

の影響に関係なく扱われている.）

不可逆的変化に関する平衡の条件.——系のどのような部分によってでも，その部分の実際の成分でない物質の吸収に関係する平衡の条件は，317 頁から 318 頁に与えられている．新しい相と界面の形成に関するこれらのことは，そのような変化に関する安定性の条件に含まれており，いつでも安定性の条件と区別できるわけではない．これらは明らかに重力の作用とは独立である．不連続面の性質の変化の可能性に関する条件と同様に，二つのそのような均一相が出会う（287-300 頁参照）とき，均一な流体内で，及びその界面で，新しい流体相の形成に関係する安定性の条件はすでに論じた．（270-273 頁参照，そこでは考察された界面は平らであるが，結論は湾曲した界面にも容易に拡張することができる.）今後，幾つかのより重要な場合に，種々の不連続面が接する線や，そのような線が交わる点に特有な新しい相と界面の形成に関しての安定性の条件を考えることにしよう．

系全体に関する安定性の条件.——重力の作用から本質的に独立であり，別のところで議論されている系の非常に小さい部分に関する安定性の条件の他に，系全体またはかなりの部分に関連する条件がある．重力の影響下にある与えられた流体系の安定性の問題を定めるために，個々に採られた系の小さな部分に関係するこれらの安定性の条件と同様に，すべての平衡の条件が満たされている場合，283 頁から 284 頁で述べた方法を使うことができ，その証明（281-283 頁）は重力のためには何ら本質的な変更を必要としない．

考察された変化に関与する温度と M_1, M_2, ……なる量 $\{(617)$ 参照 $\}$ の変動が，無視することができるほどに小さいときは，重力に影響されない系に関してすでに事実であることを見て来たように，安定性の条件は極めて簡単な形をとる．（286 頁参照.）

全エントロピーと種々の成分の全量が変化せず，すべての変動が系の外側でゼロになるような，系の変化した状態を考えねばならない．——更に言えば，その系内では，温度とポテンシャルに関する平衡の条件が満たされており，そして，系の状態は完全な平衡の状態ではないが，相と界面の基本方程式によって表される関係は満たされている，と考えるべきである．系の状態を，これらの条件に従い時間の経過の中で連続的に変化すると考え，そして，任意の瞬間

に起こる同時変化を表すために，記号 d を用いよう．系の全エネルギーを E で表せば，dE の値は（599）と（600）の δE の値のように展開することができ，したがって（t, μ_1+gz, μ_2+gz, ……は系を通じて一様であり，全エントロピーと種々の成分の全量は一定であるから），

$$dE = -\int p\, dDv + \int g\, dz\, Dm^V + \int \sigma\, dDs + \int g\, dz\, Dm^S$$
$$= -\int p\, dDv + \int g\gamma\, dz\, Dv + \int \sigma\, dDs + \int g\Gamma\, dz\, Ds \qquad (621)$$

の形に帰着する．ここに，積分は記号 D で表された要素に関係する．種々の相のどれにおいても，任意の点での p の値や，種々の不連続面のどれにおいても，任意の点での σ の値は，考察された点での温度とポテンシャルによって完全に決められる．t や M_1, M_2, ……などの変動を無視するなら，p と σ の変動は，考察された点の位置における変化だけで決められる．それ故，（612）と（614）によって，

$$dp = -g\gamma\, dz, \quad d\sigma = g\Gamma\, dz;$$

及び，

$$dE = -\int p\, dDv - \int dp\, Dv + \int \sigma\, dDs + \int d\sigma\, Ds$$
$$= -d\int p\, Dv + d\int \sigma Ds. \qquad (622)$$

いま，系の与えられた状態で始めて，d に関して積分すれば，

$$\Delta E = -\Delta\int p\, Dv + \Delta\int \sigma\, Ds \qquad (623)$$

を得る．ここに，Δ は，与えられた状態でのその値によって減少した系の変化した状態における量の値を表す．これは有限の変動に対して正しい．それゆえ，高次の無限小を無視しない微小変動に対しても正しい．したがって，安定性の条件は，

$$\Delta\int p\, Dv - \Delta\int \sigma\, Ds < 0, \qquad (624)$$

あるいは，量

$$\int p\, Dv - \int \sigma\, Ds \qquad (625)$$

が最大値をとり，異なる相または界面の各々に対して，p と σ の値が，z の決定関数 (determined function) と見なされる．（通常の場合では，σ は各々の不連続面で一定と見なすことができ，p は各異なる相で z の一次関数と見なすことができる．）この条件が，そのような変化についての安定性の**必要条件の**

第三論文　不均一物質の平衡について

決定において，t, M_1, M_2, ……の変動を無視することができない時でさえ，常に，不連続面の移動に関する安定性の**十分**条件であることを容易に示すことができる（286-287頁と比較せよ）．

種々の不連続面が出会うところに新しい不連続面の形成の可能性について

　均一相間の三つ以上の不連続面が一つの線に沿って出会うとき，系の初めの状態において界面で出会わない任意の二つの相の間に形成される新しい界面を考えよう．このような界面形成についての安定性の条件は，この種の極めて小さい界面が形成される場合，平衡状態にある系によって示されるように，安定性と不安定性との間の限界を考えることによって容易に求めることができる．

　われわれの考えを明確にするために，四つの均一相 A，B，C，D があると仮定しよう．これらの相は A-B，B-C，C-D，D-A と呼ぶことができる四つの面で互いに出会っている．これらの面は，すべて一つの線 L に沿って接している．これは，点 O で線 L を直角に切っている面の断面によって，図11に示されている．系の状態の無限小の変動においては，A と C の間に形成される小さな面（A-C と呼ばれる）を考え得るから，同じ平らな面による不連続面の断面は図12で示される形をとる．系の初めの状態で不連続面が出会う線 L に対して，さらに系が変化した状態で，少なくとも点 O′と点 O″で断面の平面によって切断されるような（L′および L″と呼ぶことのできる）二つの線に対しても，(615)なる平衡の条件は満たされていると想定しよう．したがって，辺 $\alpha\beta$, $\beta\gamma$, $\gamma\delta$, $\delta\alpha$ が，数値として種々の面 A-B，B-C，C-D，D-A

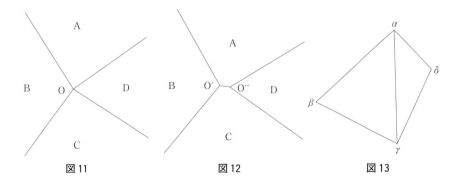

図11　　　　　　　図12　　　　　　　図13

の張力と等しく，さらに系の初めの状態での点 O で，これらの面の法線に平行であるような辺をもつ四辺形を形作ることができる．同様にまた，系の変化した状態に対しても，O′ と O″ で出会っている不連続面と同様な関係を持っている二つの三角形を作ることができる．しかし，系の変化した状態における点 O′ での面 A–B と B–C の法線の方向と，点 O″ での面 C–D, D–A の法線の方向とは，対応する系の初期状態の点 O での法線の方向とほとんど違わない．したがって，$\alpha\beta$, $\beta\gamma$ を，点 O′ で出会っている面を表している三角形の二辺として，さらに $\gamma\delta$, $\delta\alpha$ を，点 O″ で出会っている面を表している三角形の二辺として見なすことができる．そのため，$\alpha\gamma$ を結べば，この線は面 A–C の法線の方向と，その張力の値も表している．A と C のような物質の間の面の張力が，$\alpha\gamma$ で表される張力よりも大きいとすれば，（図11で表される）面の系の初期状態が，そのような面の可能な形成に関して安定していることは明らかである．もし張力がより小さいとすれば，系の状態は少なくとも事実上不安定になっているだろう．それが，用語の厳密な意味で不安定であるかどうか，またそれが適切に平衡状態にあると見なすべきかどうかを決めるには，われわれが用いた方法よりももっと洗練された分析を必要とするだろう．[57]

　われわれが得た結果は，次のように一般化することができよう．一つの流体系の三つ以上の不連続面が，一つの線に沿って平衡状態で出会うとき，この線のどのような点とでも直に接している面と相に関して，不連続面で隔てられた異種の相に適切に対応する頂点と，それらの面に対応する辺とを持つ多角形を作ることができ，各々の辺は，対応している面に垂直であり，その張力に等しい長さを持っている．特別に考察された点の近傍に新しい不連続面が形成されることに関して，対応している相との間の不連続面に属する張力の値よりも，多角形のすべての対角線で表された張力がそれより小さいならば，系は安定であり，任意の対角線が，それより大きいならば，系は事実上不安定である．限定的な場合には，対角線［の値］が対応している界面の張力［の値］に正確に等しいとき，不連続面が出会う線の接している点に今まで述べてきた原則を適用することによって，しばしば，系は不安定であると決めることができる．しかし，線のすべての点に対して形作られた多角形において，対角線が対応している面の張力よりいずれの場合にも大きくはないが，しかし，或る対角線が，

その線の有限部分に作られた多角形における張力に等しいとき，系の安定性を決めるためには更なる研究が必要である．この目的に対しては，283頁から284頁に述べた方法が明らかに適用可能である．

　同様の問題は，多面体（angular space）が不連続面によって立体角（solid angles）に区分されている点に関して，多くの場合に明確に述べることができる．これらの面が平衡状態にあれば，各頂点（angular points）が種々の相に，各辺（edges）が不連続面に，そして，各側面（sides）がこれらの辺が交わる各線に対応する，凹角（reentrant angles）を持たない閉じた立体図形を常に作ることができる．そして各辺は対応する面に直角であり，しかも面の張力に等しく，更に各側面は対応する線に垂直である．さて，物理的な系における立体角が，頂点（vertical point）を取り囲んでいる三角柱（triangular prism）の側面と底面とによって張ることができるのであれば，あるいはそのような三角柱から変形によって導くことができれば，張力を表している図形は，同じ底面の両側に二つの三角錐をおいた形になるだろう．そして，そのような相の間の面の張力が，その張力を表している立体の対応する頂点を結んでいる対角線［の長さ］よりも大きいか，または小さいかによって，一つの点のみで出会う相の間の面の形成に関して，系は安定になるか，または事実上不安定になるだろう．これは，相の間の極めて小さい面が平衡状態にある場合を考慮することで，容易に明らかになろう．

三つの不連続面が出会う線上での新しい相の形成に関する流体の安定性条件

　新しい相の形成に関して，いくつかの不連続面が出会う線に関する安定性の特別な条件がある．われわれは，そのような不連続面が三つある場合に限定することができ，これはしばしば起こる唯一のものであり，それらは一本の直線で出会うとして扱うことができる．そのような線が異種の相の線条（filament）と置き換えられた系の平衡を考慮することで始めるのが便利であろう．

　三つの均一流体相 A，B，C が，円筒状の（cylindrical）（または平面の）界面 A-B，B-C，C-A によって隔てられていると仮定しよう．最初，これらは一本の直線と出会っており，表面張力 σ_{AB}，σ_{BC}，σ_{CA} の各々は互いに他の二つの和よりも小さいものとする．そのとき，系は第四の流体相 D の導入によ

って変えられると仮定しよう．このDは，A，B，Cの間に置かれて居り，それから直線上のA-B，B-C，C-Aに出会っている円筒状の面D-A，D-B，D-Cによって直線で隔てられている．この各面の一般的な形は図14で示されており，実線（full lines）はすべての面に垂直な断面（section）を表す．したがって，変えられた系は，初めの系と同様に平衡状態にあるものとし，面A-B，B-C，C-Aの位置は変化しないものとする．この最後の条件が平衡[の条件]と一致していることは，以下の力学的考察から明らかになるであろう．

v_Dは，単位長さ当りの，あるいは曲三角形（curvilinear triangle）abcの単位面積当りの相Dの体積を表すとしよう．Dの各辺が，元の各面A-B，B-C，C-Aの中にそのままで拘束されている場合や，必要なら，これらの各面が曲率を変えることなく拡張される場合，v_Dの（大きすぎない）任意の値をもつ（もし，σ_{AB}，σ_{BC}，σ_{CA}だけが上の条件を満たし，Dの各辺で出会っている三つの面の張力が同様の条件を満たしているなら）表面張力の任意の値に対して，平衡は明らかに可能である．（ある場合には，面D-A，D-B，D-Cの一つは消滅するかも知れず，Dは二つの円筒状の面だけで境界付けられるだろう．）したがって，Dの辺に与えられた力と，A-B，B-C，C-Aに直角に作用する力とによって，系は平衡状態を保つと見なすことができる．同じ力は，Dが剛体であったなら，系を平衡状態に保つであろう．それ故，これらは合力ゼロにならねばならない．なぜなら，相Dの性質は，それが剛体のときは重要ではなく，初めの系の対応する部分を平衡に保つために，系の外部のいかなる力も必要としないからである．しかし，各力がゼロでない限り，それらが合力ゼ

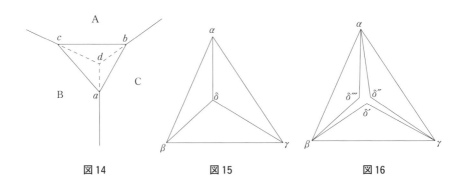

図14　　　　　　図15　　　　　　図16

ロを持ち得ないことは，これらの力の作用点（points of application）と方向から明らかである．したがって，面 A-B，B-C，C-D の残りの部分を乱すことなく，四番目の相 D を導入することができる．

　図 14 において，a, b, c, d のすべての角が，六つの表面張力 σ_{AB}, σ_{BC}, σ_{CA}, σ_{DA}, σ_{DB}, σ_{DC} によって完全に決められることが分かるだろう．（(615) 参照）これらの角は以下に述べる構成によって，張力から導くことができるし，それはまた，いくつかの重要な性質を示すことにもなろう．もし，σ_{AB}, σ_{BC}, σ_{CA} に等しい辺（side）をもつ一つの三角形 $\alpha\beta\gamma$（図 15 又は図 16）を作れば，この三角形の角は d の角の補角になっている．この考えを明確にするために，三角形の各辺を d で各面に対し垂直であると仮定しよう．そのとき，$\beta\gamma$ の上に，σ_{BC}, σ_{DC}, σ_{DB} に等しい辺をもつ三角形 $\beta\gamma\delta'$ を，$\gamma\alpha$ の上に σ_{CA}, σ_{DA}, σ_{DC} に等しい辺をもつ三角形 $\gamma\alpha\delta''$ を，更に，$\alpha\beta$ の上に σ_{AB}, σ_{DB}, σ_{DA} に等しい辺をもつ三角形 $\alpha\beta\delta'''$ を（図 16 のように）作ることができる．これらの三角形は，それぞれ，三角形 $\alpha\beta\gamma$ と同じ線分 $\beta\gamma$, $\gamma\alpha$, $\alpha\beta$ の辺上にあるものとする．これらの三角形の各角は，a, b, c での不連続面の角の補角になっている．したがって，$\angle\beta\gamma\delta' = \angle dab$，及び $\angle\alpha\gamma\delta'' = \angle dba$ である．いま，δ' と δ'' が三角形 $\alpha\beta\gamma$ 内の一つの点 δ に一緒に置かれれば，δ''' は図 15 のように同じ点に置かれる．この場合には，$\angle\beta\gamma\delta + \angle\alpha\gamma\delta = \angle\alpha\gamma\beta$ を得る．そして，曲三角形 adb の三つの角は，全体として二直角に等しくなる．同じことは，［曲］三角形 bdc, cda の各々の三つの角にも当てはまる．それ故，［曲］三角形 abc の三つの角についても当てはまる．しかし，δ', δ'', δ''' が三角形 $\alpha\beta\gamma$ 内の同じ点と一致しないならば，張力 σ_{DA}, σ_{DB}, σ_{DC} の幾つかまたは全部を増やすことによって，これらの点を三角形内で一致させることが可能であるか，もしくは，これらの張力の幾つかまたは全部を減らすことによって，同じ結果をもたらすことが可能である．（この点を決める二つの張力が一定に保たれ，第三の張力が変化するものとすれば，点 δ', δ'', δ''' の一つが三角形内に入るとき，これは容易に出現するだろう．点 δ', δ'', δ''' の全てが三角形 $\alpha\beta\gamma$ 外に入っている場合は，δ', δ'', δ''' なる点の一つが三角形 $\alpha\beta\gamma$ の中に持ち込まれるまで，張力 σ_{DA}, σ_{DB}, σ_{DC} の最大のもの，――二つが等しいときは，この二つの最大のもの，そして三つ全てが等しいときは，この三つ全部，――が減少すると仮定してよ

い．）最初の場合，新しい面の張力が，初めの面の張力を表している三角形の頂点から内側の点までの距離によって表されるには小さ過ぎる（または，簡潔にするためには，図15のように表されるには小さ過ぎる）と言えるかも知れない；二番目の場合には，このように表されるには大き過ぎると言えよう．最初の場合，[曲]三角形 adb, bdc, cda の各々で，その角の和は二直角よりも小さい（図14と図16を比較せよ）；二番目の場合，少なくとも，張力 σ_{DA}, σ_{DB}, σ_{DC} が，図15のように表されるにはほんの少しだけ大き過ぎる場合には，三角形 $\alpha\beta\delta'''$, $\beta\gamma\delta'$, $\gamma\alpha\delta''$ の各対は重なり合い，[曲]三角形 adb, bdc, cda の各々の角の和は二直角よりも大きくなる．

459 A, B, C なる相によって元々占有されていた v_D の部分を v_A, v_B, v_C で表し，指定された面の相Dの単位長さ当りの面積をそれぞれ s_{DA}, s_{DB}, s_{DC} で表し，さらに相Dで置き換えられた指定された面のその単位長さ当りの面積をそれぞれ s_{AB}, s_{BC}, s_{CA} で表すとしよう．数値においては，v_A, v_B, v_C は曲三角形 bcd, cad, abd の面積に等しくなる；更に，s_{DA}, s_{DB}, s_{DC}, s_{AB}, s_{BC}, s_{CA} は，bc, ca, ab, cd, ad, bd なる線分の長さに等しくなる．また，

$$W_\mathbf{s} = \sigma_{DA} s_{DA} + \sigma_{DB} s_{DB} + \sigma_{DC} s_{DC} - \sigma_{AB} s_{AB} - \sigma_{BC} s_{BC} - \sigma_{CA} s_{CA}, \quad (626)$$

及び

$$W_V = p_D v_D - p_A v_A - p_B v_B - p_C v_C \quad (627)$$

とする．重力の影響を受けない均一相の系に対する力学的平衡の一般的条件は，系全体の外側が固定されているとき，

$$\Sigma(\sigma \, \delta s) - \Sigma(p \, \delta v) = 0 \quad (628)$$

と書くことができる．((606) 参照) A, B, C なる相から成る元の系と，D なる相の導入によって変化した系との両方に，系の変形は各々の場合に同じであると仮定して，この式を適用し[両者の]結果の差をとれば，次式を得る．

$$\sigma_{DA} \, \delta s_{DA} + \sigma_{DB} \, \delta s_{DB} + \sigma_{DC} \, \delta s_{DC} - \sigma_{AB} \, \delta s_{AB} - \sigma_{BC} \, \delta s_{BC}$$
$$- \sigma_{CA} \, \delta s_{CA} - p_D \, \delta v_D + p_A \, \delta v_A + p_B \, \delta v_B + p_C \, \delta v_C = 0. \quad (629)$$

この関係を考慮して，圧力を除くすべての量を変数と見なして，(626) と (627) を微分すれば，次式を得る．

$$dW_\mathbf{s} - dW_V = s_{DA} \, d\sigma_{DA} + s_{DB} \, d\sigma_{DB} + s_{DC} \, d\sigma_{DC}$$
$$- s_{AB} \, d\sigma_{AB} - s_{BC} \, d\sigma_{BC} - s_{CA} \, d\sigma_{CA}. \quad (630)$$

次に，系が，形状においては常に同じその形を保ちながら，大きさにおいては

変化すると仮定し，圧力は一定のままであるが，張力は線分と同じ比で減少すると仮定しよう．このような変化は明らかに平衡を崩すことはなかろう．s_{DA}，σ_{DA}, s_{DB}, σ_{DB}, …… なる全ての量が，同じ比で変化するから，

$$s_{DA}\, d\sigma_{DA} = \frac{1}{2} d(\sigma_{DA}\, s_{DA}), \quad s_{DB}d\sigma_{DB} = \frac{1}{2} d(\sigma_{DB}\, s_{DB}), \quad \cdots\cdots \quad (631)$$

である．それ故，(630) の積分によって

$$W_\mathbf{s} - W_V = \frac{1}{2} (\sigma_{DA}\, s_{DA} + \sigma_{DB}\, s_{DB} + \sigma_{DC}\, s_{DC} - \sigma_{AB}\, s_{AB} - \sigma_{BC}\, s_{BC} - \sigma_{CA}\, s_{CA}) \quad (632)$$

を得る．これから，(626) により

$$W_\mathbf{s} = 2W_V. \quad (633)$$

圧力と張力が一定と見なされ，さらに面 A–B，B–C，C–A の位置が固定されていると見なされるとき，系の安定性の条件は，$W_\mathbf{s} - W_V$ が同じ条件の下で最小になることである．((549) 参照）さて，張力と p_A, p_B, p_C の任意の一定値に対して，v_D を非常に小さくすることができるので，系が平衡状態を保ちながら変化する場合（一般に p_D の変動を必要とする）には，da, db, dc なる線分の曲率を無視することができ，図形 $abcd$ は同じ形を保つと見なすことができる．というのは，ab, bc, ca なる線の各々の**全曲率**（すなわち，度数として測られる曲率）は，一定と見なすことができ，曲三角形 adb, bdc, cda の内の一つの三角形の内角の和と二直角との間の一定な差に等しいからである．したがって，v_D が非常に小さく，系がかなり変形しているので，p_D が適切な変動をもっていたとすれば平衡は保たれるが，しかし他の圧力と同様にこの圧力と全ての張力が一定のままに留まっている場合，$W_\mathbf{s}$ は図形 $abcd$ の線分として変化し，W_V はそれらの線分の二乗として変化する．したがって，そのような変形に対しては，

$$W_V \propto W_\mathbf{s}^2.$$

これは，$W_\mathbf{s} - W_V$ が極小ではないので，v_D が小さく，W_V が正のとき，系は一定な圧力と張力に対し安定ではあり得ないことを示している．これはまた，W_V が負であれば，系は安定であることを示す．というのは，$W_\mathbf{s} - W_V$ が，圧力と張力の一定な値に対し最小であるかどうかを決めるためには，一定な圧力と張力に関して，v_D の任意の値に対する $W_\mathbf{s} - W_V$ に，最小値を与えるような

系の変化した形を考えることで明らかに十分であるからである．さらに，p_D が適切な値を持っていたとすれば，系のそのような形が平衡を保つ変形であることは，容易に示すことができる．

これらの結果は，異なる流体 D の形成に関して，三つの均一流体 A, B, C が出会うところに沿う線の安定性に関する最も重要な問題を定めることを可能にする．もちろん，D の成分は，周囲を取り巻いている物体の中に見出されるようなものでなければならない．p_D と σ_{DA}，σ_{DB}，σ_{DC} は，温度とポテンシャルに関するほかの物体との平衡条件を満たすその D の相によって決められるとしよう．したがって，これらの量は，与えられた系の温度とポテンシャルから，物質 D と面 D–A, D–B, D–C の基本方程式によって決めることができる．

まず最初に，こうして決められる張力が，図 15 のように表すことができる場合を考えよう．そうすれば，p_D は，われわれが考察してきたような小さな相の平衡と一致する値を持つ．先の議論から，v_D が十分小さいとき，$abcd$ なる図形は直線と見なすことができること，及び，その角はその張力によって完全に決められることは明らかである．それゆえ，十分小さい v_D の値に対して，v_A, v_B, v_C, v_D の比は，各張力だけによって決められ，これらの比を計算する際の便宜上，p_A, p_B, p_C は等しいと仮定することができ，それによって $abcd$ なる図形は完全に直線になる．更に，p_D なる量は平衡に必要な値を持っていると想定されるので，p_D を他の圧力と等しくすることができる．以下の方法で，張力によって v_A, v_B, v_C, v_D の比に対する簡単な式を得ることができる．指定された相の間の界面の張力の大きさに等しい辺を持つ三角形の面積を表すために，[DBC]，[DCA]，……などと書くことにする．

$$v_A : v_B :: \triangle bdc : \triangle adc$$
$$:: bc \sin bcd : ac \sin acd$$
$$:: \sin bac \sin bcd : \sin abc \sin acd$$
$$:: \sin \gamma\delta\beta \sin \delta\alpha\beta : \sin \gamma\delta\alpha \sin \delta\beta\alpha$$
$$:: \sin \gamma\delta\beta \cdot \delta\beta : \sin \gamma\delta\alpha \cdot \delta\alpha$$
$$:: \triangle \gamma\delta\beta : \triangle \gamma\delta\alpha$$
$$:: [DBC] : [DCA].$$

よって，

第三論文 不均一物質の平衡について

$$v_A : v_B : v_C : v_D :: [DBC] : [DCA] : [DAB] : [ABC], \quad (634)$$

ここに,

$$\frac{1}{4}\sqrt{[(\sigma_{AB}+\sigma_{BC}+\sigma_{CA})(\sigma_{AB}+\sigma_{BC}-\sigma_{CA})(\sigma_{BC}+\sigma_{CA}-\sigma_{AB})(\sigma_{CA}+\sigma_{AB}-\sigma_{BC})]}$$

は,［ABC］に対して書くことができ,他のものも同様な式で書くことができ,さらに,伴っている記号$\sqrt{}$は,必ず正の式の正の根を表している.この比は,張力が上述の条件を満たし,v_Dが十分小さいとき,平衡の任意の場合に成り立つ.いま$p_A = p_B = p_C$であれば,p_Dも同じ値を持つだろうし,(627)によって$W_V = 0$となり,(633)によって$W_S = 0$となる.しかし,v_Dが非常に小さいときは,W_Sの値は張力とv_Dによって完全に決められる.したがって,張力が仮定した条件を満たし,v_Dが非常に小さいときは,いつでも（p_A, p_B, p_Cが等しくても等しくなくても）,

$$0 = W_S = W_V = p_D v_D - p_A v_A - p_B v_B - p_C v_C \quad (635)$$

であり,(634)によって次式を与える.

$$p_D = \frac{[DBC]p_A + [DCA]p_B + [DAB]p_C}{[DBC] + [DCA] + [DAB]}. \quad (636)$$

これは,張力が仮定した条件を満たし,v_Dが小さいときに,平衡が可能なp_Dの唯一の値であるから,p_Dがこれより小さい値を持つとき,A,B,Cなる流体相が出会うところの線は,Dなる流体相の形成に関して安定している.p_Dがこれより大きい値のときに,そのような線が存在できるとしても,少なくとも事実上不安定に違いない.すなわち,流体Dの非常に小さな相だけが形成さえすれば,流体Dは増大する傾向がある.

次に,新しい面の張力が小さすぎて図15のように表現できない場合を考えてみよう.圧力と張力がv_Dの非常に小さい任意の値に対し平衡［の条件］と一致するなら,adb, bdc, cdaなる曲三角形の各々の内角の和は,いずれも二直角より小さくなるし,ab, bc, caなる線は相Dの方向に凸になる.圧力と張力の与えられた値に対し,v_Dの大きさを決めることは容易であろう.なぜなら,張力はab, bc, caなる線の（度数による）全曲率を与え,圧力は曲率半径を与えるからである.したがって,これらの線は完全に決められる.v_Dが非常に小さいものとするために,p_Dは他の圧力よりも小さいとすることが,

明らかに必要である．なお，新しい面の張力が，図15のように表されるには小さく，極めて小さな値であれば，p_D の値が（636）なる式で与えられる値よりほんの少し小さいとき，v_D の値は非常に小さくなり得る．ともかく，新しい面の張力が小さすぎて図15のように表されず，v_D が小さい場合，W_V は負で，D なる相の平衡は安定である．さらに，他の相及び面の代わりにその新しい面をもつ D なる相を形成するために必要な仕事を表す $W_S - W_V$ は，負である．

A–B，B–C，C–A なる面が出会う線の安定性に関して，新しい面の張力が，図15のように表されるには小さすぎるとき，まず次のことが分かる．すなわち，圧力と張力は，v_D をかなり（moderately）小さくするが，無視するほどの値ではない場合（これは，p_D が（636）の右辺の値よりいくらか小さい場合である，——すなわち，図15に表されているものより，張力の多少の違いによって，多かれ少なかれより小さい値になる），仮定されたような線の平衡（これが存在できるとしても）は，少なくとも事実上不安定（practically unstable）である．（他の圧力及び張力の同じ値をもつ）p_D のより大きな値に対しても同じことが言える．p_D の幾分小さな値に対しては，形成される D なる相の物質はかなり小さくなるから，この物質を無視して，A–B，B–C，C–A なる界面を，安定平衡にある線で出会っていると見なすことができる．p_D のさらにもっと小さな値に対しては，同じように A–B，B–C，C–A なる界面を，安定平衡の線で出会うことは可能であると見なすことができる．われわれの式で決められるような v_D が非常に小さな値になるときは，これら不連続面が出会うところの線の近傍での物質は，われわれの式によって確認されない特異な平衡状態になければならないから，われわれの式から導き出せる性質を持つ小さな D なる物質の概念は，正確ではなくなることが分かるだろう．[58)] しかしこれは，問題としている線の安定性に関するわれわれの結論の妥当性に影響を及ぼすことはない．

新しい面の張力が大きすぎて，図15のように表されない場合がまだ考察せずに残っている．そのように表されないほど大きすぎないと仮定しよう．圧力は，（平衡の場合に）v_D をかなり小さくするようなものではあるが，それが関係する D なる相が，巨容的に（in mass）物質の性質を持たなくなってしまうほど小さくなるわけではない場合（これは，p_D が（636）の右辺の値よりも僅

第三論文 不均一物質の平衡について

かに大きい場合であり，——図15で表されているものより，張力の多少の違いによって僅かに大きくなる場合である)，A–B，B–C，C–Aなる面が出会うところの線は，$W_\mathrm{S}-W_\mathrm{V}$が正になるから，われわれが考察したような相の形成に関して安定平衡にある．同じことは，p_Dのより小さい値に対しても当てはまる．p_Dのより大きな値に対しては，考察したこの種類の変化に関して安定性を評価する$W_\mathrm{S}-W_\mathrm{V}$の値は減少する．それは$p_\mathrm{D}$の有限な値に対して，われわれの式によればゼロではない．しかし，これらの式は，Dなる相が有意の大きさでなくなる限界を越えてまで信頼できる訳ではない．

しかし，張力がいま仮定するようなものである場合，D–A，D–B，D–Cなる面が二つの向い合った点で，互いに（A–B，B–C，C–Aなる面と）出会うような閉じた図形（a closed figure）内にDなる相を形成する可能性も考えねばならない．もし，そのような図形が平衡状態にあるとすれば，六つの張力は，空間内の四つの点を結ぶ六つの距離によって表すことが可能でなければならず（324頁参照），——われわれが作った仮定と明らかに一致する条件である．ほかの相の代わりに（平衡状態にあるような大きさと形の）Dなる相が形成されることで得られた仕事をw_Vで表し，古い今までの面の代わりに新しい面が形成されることに使われた仕事をw_Sで表せば，328-329頁で用いたと同じ方法によって，$w_\mathrm{S}=\dfrac{3}{2}w_\mathrm{V}$と容易に表すことができる．これから$w_\mathrm{S}-w_\mathrm{V}=\dfrac{1}{2}w_\mathrm{V}$を得る．これは，$p_\mathrm{D}$がほかの圧力よりも大きいとき，明らかに正である．しかし，これは，これと等価な表式$\dfrac{1}{3}w_\mathrm{S}$から容易に分るように，p_Dの増加に伴って減少する．それゆえ，A–B，B–C，C–Aなる不連続面の交線（intersection）は，われわれの方法が正確であると考えられる限り，ほかの圧力よりも大きいp_Dの値に対して（したがって，p_Dのすべての値に対し）安定であり，平衡状態にあるDなる相が適切な大きさを持つ限り安定である．

新しい面の張力が非常に大きすぎて，図15のように表すことのできない場合には，最後の二つの段落の論法は適用できなくなる．これらは，六つの張力が四面体の各辺によって表すことのできない場合である．もし形成されるものとすれば，Dなる相がとる異なる形状によって区別されるこれらの場合について論じる必要はない．なぜなら，われわれが得た結果に対して何ら例外に当たらないことは明らかだからである．というのは，σ_DA，σ_DB，σ_DCの値の増加は

Dの形成を助けることはできず，したがって，われわれの式から導かれるように，考えている線の安定性を損なう恐れはないからである．これらの張力の増加が，p_Dが他の圧力よりもかなり大きいときに，このように示された安定性が実現できない場合があるという事実に，本質的に影響を及ぼすこともできない．なぜなら，個々に採られたA-B，B-C，C-Aなる界面のどれか一つの安定性の演繹的実証は，言及された制限を受けるからである．（297頁参照．）

四つの異なる物質の頂点が出会う点での新しい相の形成に関する流体の安定性条件

　四つの異なる流体物質A，B，C，Dが，四つの線A-B-C，B-C-D，C-D-A，D-A-Bで出会う六つの不連続面A-B，B-C，C-A，D-A，D-B，D-Cを形成するように，一つの点の周りで出会い，これらの線は頂点で出会っているとしよう．系はその他の点では安定していると仮定し，異なる流体物質Eの可能な形成に関して頂点に対する安定性の条件を考察しよう．

　四つのA，B，C，Dなる物質の頂点で切頭されて，それら四つの物質に接するEなる物質に，その頂点が置き換えられたとき，系が平衡状態であり得るならば，Eが四つの頂点を持つことは明らかであり，その頂点のそれぞれで，六つの不連続面が出会っている．（したがって，一つの頂点で，A，B，C，Eによって形成された面が在る．）それ故，（A，B，C，Dによって形成される六つの面のような）六つの界面の各組の張力は，四面体の六つの辺によって表すことのできるものでなければならない．張力がこれらの関係を満たしていないとき，A，B，C，Dが出会う点に対する特別な安定性の条件はない．なぜなら，もしEなる物質が形成されるなら，頂点で交わる線または面の幾つかに沿って，それ自身を分配させるだろう．だからこれらの線及び面の安定性を考察することで十分であるからである．よって，言及された関係は満たされていると仮定する．

　抑制されている他の物質の部分の替わりに，（平衡にあるような大きさと形状の）Eなる物質を形成することで得られた仕事をW_Vで表し，古い面の替わりに新しい面を形成することに使われた仕事をW_sで表せば，328-329頁で用いたと同じ方法によって，

第三論文 不均一物質の平衡について

$$W_{\mathbf{S}} = \frac{3}{2} W_{\mathrm{V}}, \qquad (637)$$

これから，
$$W_{\mathbf{S}} - W_{\mathrm{V}} = \frac{1}{2} W_{\mathrm{V}}; \qquad (638)$$

また，体積 E が小さいとき，E の平衡は，$W_{\mathbf{S}}$ と W_{V} が負または正であるに応じて安定もしくは不安定になることも容易に示すことができる．

　張力の臨界関係（critical relation）は，すべての面が平らなときに，A，B，C，D，E なる五つの物質の系に対し平衡を可能にするものである．そのとき，10個の張力は，α，β，γ，δ，ε なる空間内の五つの点の 10 個の距離によって，大きさと方向を表すことができる．すなわち，$\alpha\beta$ なる線によって A–B の張力とその法線の方向を表すことができる等々．点 ε は，ほかの点によって作られる四面体内にある．E の体積を v_{E} で書き，さらに E の空間（room）を空けるために抑制される他の物質部分の体積を v_{A}，v_{B}，v_{C}，v_{D} で書けば，明らかに次式を得る．

$$W_{\mathrm{V}} = p_{\mathrm{E}} v_{\mathrm{E}} - p_{\mathrm{A}} v_{\mathrm{A}} - p_{\mathrm{B}} v_{\mathrm{B}} - p_{\mathrm{C}} v_{\mathrm{C}} - p_{\mathrm{D}} v_{\mathrm{D}}. \qquad (639)$$

よって，すべての面が平らなとき，$W_{\mathrm{V}}=0$ であり，$W_{\mathbf{S}}=0$ である．ところで，任意に与えられた張力と p_{A}，p_{B}，p_{C} の値によって，v_{E} の一つの与えられた小さな値に対して，平衡は常に可能である．張力が臨界関係を満たすとき，$p_{\mathrm{A}}=p_{\mathrm{B}}=p_{\mathrm{C}}=p_{\mathrm{D}}$ であれば，$W_{\mathbf{S}}=0$ である．しかし，v_{E} が小さく，一定であるとき，$W_{\mathbf{S}}$ の値は p_{A}，p_{B}，p_{C}，p_{D} と独立でなければならない．なぜなら，面の角は張力によって決められ，面の曲率は無視できるからである．それゆえ，臨界関係が満たされ，v_{E} が小さいとき，$W_{\mathbf{S}}=0$，及び $W_{\mathrm{V}}=0$ である．これは次式を与える．

$$p_{\mathrm{E}} = \frac{v_{\mathrm{A}} p_{\mathrm{A}} + v_{\mathrm{B}} p_{\mathrm{B}} + v_{\mathrm{C}} p_{\mathrm{C}} + v_{\mathrm{D}} p_{\mathrm{D}}}{v_{\mathrm{E}}}. \qquad (640)$$

v_{A}，v_{B}，v_{C}，v_{D}，v_{E} の比を計算する際に，すべての面は平らであると仮定してもよい．だから，E は四面体の形状を持ち，その頂点は a, b, c, d（各頂点はそこに見出せな

参考図 5 (訳注)

―――――――――――
（訳注）この図は原論文にはないが，訳者が参考図として挿入した．

い物質に因んで名付けられている）と呼ばれ，さらに，v_A, v_B, v_C, v_D は，その四面体の各辺と内部の点 e を通る平面で区分することのできる四面体の各体積である．これら四面体の体積は，ab なる線が C-D，D-E，E-C なる面と共通であることを思い起せば容易に分かるように，$\alpha\beta\gamma\delta\varepsilon$ なる図形の五つの四面体の体積に比例している．したがって，$\gamma\delta$, $\delta\varepsilon$, $\varepsilon\gamma$ なる線に共通な面，すなわち $\gamma\delta\varepsilon$ なる面に垂直である．他の場合も同様である（γ, δ, ε が，a または b と対応しない文字であることは分るだろう）；さらにまた，abc なる面が D-E なる面であり，したがって，$\delta\varepsilon$ に垂直であることなども分るだろう．四面体 abed，△abc，……などは，四面体の体積または指定された三角形の面積を表し，sin (ab, bc)，sin (abc, dbc)，sin (abc, ad)，……などは，各線と指定された各面とのなす角の正弦（sine）を表し，さらに，[BCDE]，[CDEA]，……などは，指定された物質の間の面の張力の大きさに数値的に等しい長さの辺を持つ四面体の体積を表すものとする．さて，四面体の体積は，一つの三角形の面積と，この三角形の一つの頂点からこの三角形の向かいにある頂点に至る辺の長さ，及びこの辺とこの三角形とがなす角の正弦，これら三つの積の $\frac{1}{3}$ によって，または，二つの三角形の面積の積を，これら二面の共通辺の長さで割り，さらにこの二面の夾角（included angle）の正弦を掛けた積の $\frac{2}{3}$ で表すことができるから(訳注)，

(訳注）四面体の体積は，下図のような場合には次式で与えられる．

① $V = \dfrac{1}{3} \triangle ABC \cdot AD \sin \theta$

② $V = \dfrac{2}{3} \triangle ABC \cdot \triangle DBC \cdot \dfrac{1}{BC} \cdot \sin \varphi$

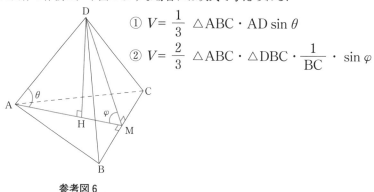

参考図6

第三論文　不均一物質の平衡について

$v_\mathrm{A} : v_\mathrm{B}$ ::　四面体bcde : 四面体acde

::　bc sin(bc, cde) : ac sin(ac, cde)

::　sin(ba, ac) sin(bc, cde) : sin(ab, bc) sin(ac, cde)

::　sin($\gamma\delta\varepsilon, \beta\delta\varepsilon$) sin($\alpha\delta\varepsilon, \alpha\beta$) : sin($\gamma\delta\varepsilon, \alpha\delta\varepsilon$) sin($\beta\delta\varepsilon, \alpha\beta$)

::　$\dfrac{\text{四面体}\gamma\beta\delta\varepsilon \, \text{四面体}\beta\alpha\delta\varepsilon}{\triangle\beta\delta\varepsilon \triangle\alpha\delta\varepsilon}$: $\dfrac{\text{四面体}\gamma\alpha\delta\varepsilon \, \text{四面体}\alpha\beta\delta\varepsilon}{\triangle\alpha\delta\varepsilon \triangle\beta\delta\varepsilon}$

::　四面体$\gamma\beta\delta\varepsilon$: 四面体$\gamma\alpha\delta\varepsilon$

::　[BCDE] : [CDEA].

ゆえに，

$v_\mathrm{A} : v_\mathrm{B} : v_\mathrm{C} : v_\mathrm{D}$ :: [BCDE] : [CDEA] : [DEAB] : [EABC], (641)

そして，(640) は次のように書くことができる．

$$p_\mathrm{E} = \frac{[\mathrm{BCDE}]p_\mathrm{A} + [\mathrm{CDEA}]p_\mathrm{B} + [\mathrm{DEAB}]p_\mathrm{C} + [\mathrm{EABC}]p_\mathrm{D}}{[\mathrm{BCDE}] + [\mathrm{CDEA}] + [\mathrm{DEAB}] + [\mathrm{EABC}]}. \quad (642)$$

張力が臨界関係を満たすとき，p_E の値が (642) よりも小さいならば，A，B，C，D なる物質の頂点が出会う点は，E の性質を持つどんな物質の形成に関しても安定である．しかし，p_E の値がこれよりも大きければ，A，B，C，D なる物質は，平衡で一つの点で出会うことができないか，もしくは，その平衡は少なくとも事実上不安定になる．

新しい面の張力が，他の張力との臨界関係を満たすには小さすぎる場合，これらの面は E 方向に凸になる；これらの張力が，その臨界関係に対して大きすぎるとき，これらの面は E 方向に凹になる．最初の場合には，W_V は負であり，五つの A，B，C，D，E なる物質の平衡は安定であるが，一つの点で出会っている四つの A，B，C，D なる物質の平衡は不可能であるか，または，少なくとも事実上不安定である．これは，p_E が十分小さい場合に，形成される E なる物質が無視することができる程度に小さくなるという制限に従う．これは，p_E が (642) の右辺の値よりも小さい ——一般はかなり小さい—— 場合にのみ当てはまる．二番目の場合には，五つの A，B，C，D，E なる物質の平衡は不安定になる．しかし，四つの A，B，C，D なる物質の平衡は，(五つの物質の場合について計算された) v_E が意味のない大きさでない限り安

定になる．これは，p_E が (642) の右辺の値よりも大きい ——一般にかなり大きい—— 場合にのみ当てはまる．

液体膜

　流体が他の流体の間で薄膜の形で存在するとき，その内部がひと塊の物質としての性質をもつのに十分な厚さであっても，その薄膜の広がりが様々な方向で大きく異なっていることにより，ある種特有な性質が現れる．そのような薄膜がしばしば生じることや，それらの薄膜が示す注目すべき性質は，特別に考察する価値がある．考えを明確にするために，その薄膜が液体であり，それに接する流体が気体であると仮定しよう．得られる結果は，それらの薄膜が示す一般的な特徴に関する限り，この仮定には依存しないことが分かるだろう．

　薄膜が，その表面に垂直な面によって，その膜の厚さと同じ位の小さな部分に分割されていると考えよう．そのような部分を**薄膜の要素**と呼ぶ．そのような要素の異なる部分と，それと接している他の流体との間で近似的な平衡に達する時間は，薄膜の異なるすべての要素の間で平衡に達する時間よりも，一般に，明らかにはるかに短い．従って，薄膜が形成された直後に始まり，個々の要素は内部の平衡条件と，隣接する気体との平衡条件を満たしているとみなされるが，一方，それらの要素同士の平衡条件がすべて満たされていない時間がある．薄膜の特性が最も顕著に最も明確に示されるのは，薄膜が受ける外部の条件による変化に適応する場合を除いて，完全な平衡が満たされないことにより変化が非常にゆっくり起こり，薄膜が安定しているように見えるときである．

　従って，接している気体の成分であり，それによってポテンシャルが決定される特定の物質を除き，各々の要素に含まれる物質は変わらないとみなされるとき，別々に取られた要素がすべて近似的に平衡であることにより，その膜の内部が塊としての物質の性質をもつのに十分な厚さの薄膜の性質を考察しよう．これらの条件を正確に満たす膜が生じるのはまれであるが，このやや理想的な場合を議論することは，一般に液体膜 (liguid film) の振る舞いを決定する主要な法則の理解を可能にするだろう．

　最初に，上で述べた条件下にある膜の各々の要素がもつ性質を考察しよう．隣接している気体によって決まる温度とポテンシャルが変化しない間に，その

要素が延伸（extension）すると仮定する．ポテンシャルが一定に保たれていない成分を膜が含まないなら，その膜の表面の張力は変化しない．ポテンシャルが一定に保たれていない成分がひとつだけ膜に含まれているときにも，それが膜の内部の成分であり，膜の表面だけの成分でないなら同じことが成り立つ．この成分の面密度がゼロになる**区分界面**で膜の厚さが決まると考えるなら，その厚さは膜の要素の面積に反比例して変化するが，膜の性質や表面の張力に変化は生じない．しかし，ポテンシャルが一定に保たれていないただひとつの成分が膜の表面に限定されるなら，膜の要素が延伸することにより，一般に，この成分のポテンシャルは減少し，張力は増加する．これは，成分が一様な面密度で分布する傾向を示す場合には確かに成り立つ．

　それらの成分のポテンシャルが，接している気体によって一定に保たれない2つかそれより多くの成分を膜が含むときには，それらの成分は，一般に，膜の内部では表面と同じ割合では存在せず，張力を減少させるそれらの成分は，表面でより大きな割合で存在する．従って，膜が延伸するとき，以前と同じ体積密度と面密度を維持するには，これらの成分物質は十分でなく，それらの成分物質の不足が，張力がある程度増加する原因となる．**膜の弾性**の値（すなわち，表面を結びつける張力の無限小の増加を，単位表面での無限小の面積の増加で割ったもの）は，内部の物質と接している気体の2つの不連続面の基本方程式を知れば，膜の性質を明確に示す量から計算することが可能である．これは，簡単な例で説明することができる．

　平らな膜の2つの表面は完全に等しく，接している気体の相は同じであり，それらにより，2つの成分を除く膜のすべての成分のポテンシャルが決まると仮定しよう．これらの2つの成分を S_1 と S_2 とし，S_2 は，膜の内部より表面で多くの割合で存在する成分を表すとしよう．膜の内部のこれらの成分の密度を γ_1 と γ_2 で表し，S_1 の面密度がゼロになる区分界面によって決まる膜の厚さを λ で表すとしよう（268-269頁参照）．また，同じ区分界面によって決まる他の成分の面密度を $\Gamma_{2(1)}$ で表し，これらの分割面の一方の側の面の張力と面積をそれぞれ σ と s で表すとしよう．そして，延伸した膜の部分の S_1 と S_2 を合計した量が，他の成分の温度とポテンシャルと同様に変わらないと仮定して，延伸したときの膜の弾性を E で表すとしよう．E の定義から，

$$2d\sigma = E\frac{ds}{s} \tag{643}$$

となり，膜の延伸の条件から，

$$\frac{ds}{s} = -\frac{d(\lambda\gamma_1)}{\lambda\gamma_1} = -\frac{d(\lambda\gamma_2 + 2\Gamma_{2(1)})}{\lambda\gamma_2 + 2\Gamma_{2(1)}} \tag{644}$$

となる．それ故，

$$\lambda\gamma_1 \frac{ds}{s} = -\gamma_1 d\lambda - \lambda d\gamma_1$$

$$(\lambda\gamma_2 + 2\Gamma_{2(1)})\frac{ds}{s} = -\gamma_2 d\lambda - \lambda d\gamma_2 - 2d\Gamma_{2(1)}$$

となり，$d\lambda$ を消去して，

$$2\gamma_1\Gamma_{2(1)}\frac{ds}{s} = -\lambda\gamma_1 d\gamma_2 + \lambda\gamma_2 d\gamma_1 - 2\gamma_1 d\Gamma_{2(1)} \tag{645}$$

が得られる．

とおけば，

$$r = \frac{\gamma_2}{\gamma_1} \tag{646}$$

$$dr = \frac{\gamma_1 d\gamma_2 - \gamma_2 d\gamma_1}{\gamma_1^2} \tag{647}$$

$$2\Gamma_{2(1)}\frac{ds}{s} = -\lambda\gamma_1 dr - 2d\Gamma_{2(1)} \tag{648}$$

が得られる．この式（648）により，（643）から ds を消去できる．また，必要な関係（（514）参照）

$$d\sigma = -\Gamma_{2(1)}d\mu_2$$

により，$d\sigma$ もまた消去できる．これにより，

$$4\Gamma_{2(1)}^2 d\mu_2 = E(\lambda\gamma_1 dr + 2d\Gamma_{2(1)}) \tag{649}$$

あるいは

$$\frac{4\Gamma_{2(1)}^2}{E} = \lambda\gamma_1 \frac{dr}{d\mu_2} + 2\frac{d\Gamma_{2(1)}}{d\mu_2} \tag{650}$$

が得られる．ここで，微分係数は，温度と μ_1 と μ_2 を除くすべてのポテンシャルが一定という条件と，膜の内部の圧力は接している気体の圧力と同じままで

第三論文 不均一物質の平衡について

あるという条件で決まる．後者の条件は，次の式

$$(\gamma_1 - \gamma_1')d\mu_1 + (\gamma_2 - \gamma_2')d\mu_1 = 0 \tag{651}$$

で表すことができる．γ_1'とγ_2'は，接している気体の成分S_1とS_2の密度を表す．膜の表面の張力と膜の内部の圧力と接している気体の圧力が，温度とポテンシャルの関数として知られるとき，式（650）は，λと共に同じ変数の温度とポテンシャルの関数としてEの値を与える．

膜の成分S_1とS_2の単位面積当たりの全量をそれぞれG_1とG_2と書けば，

$$G_1 = \lambda \gamma_1 \tag{652}$$

$$G_2 = \lambda \gamma_2 + 2\Gamma_{2(1)} \tag{653}$$

となる．従って，

$$G_2 = G_1 r + 2\Gamma_{2(1)}$$

$$\left(\frac{dG_2}{d\mu_2}\right)_{G_1} = \lambda\gamma_1 \frac{dr}{d\mu_2} + 2\frac{d\Gamma_{2(1)}}{d\mu_2} \tag{654}$$

である．ここで，右辺の微分係数は（650）のように決定され，左辺の微分係数はG_1が一定という付加条件を付けて決定される．従って，

$$\frac{4\Gamma_{2(1)}^2}{E} = \left(\frac{dG_2}{d\mu_2}\right)_{G_1}$$

および，

$$E = 4\Gamma_{2(1)}^2 \left(\frac{d\mu_2}{dG_2}\right)_{G_1} \tag{655}$$

であり，最後の微分係数は，前の式（654）の微分係数と同じ条件で決定される．通常の場合，Eの値は正であることが分かる．

これらの式は，接している気体中の成分の温度とポテンシャルが一定とみなされ，他の成分のポテンシャルμ_1とμ_2が，考察している要素全体にわたって等しくなる時間があったときの，膜の任意の要素の弾性を与える．膜が急速に延伸した直後の張力の増加は，これらの式で与えられる増加より大きいだろう．

このように**演繹的な**考察から立証された弾性の存在は，液体膜が見せる現象により明確に示される．だが今のところ，それらの膜が，同じ液体から作られる場合であっても，弾性の存在を，厚さが異なる膜の張力を比較して簡単に実証することはできない．なぜなら，厚さの違いが，必ずしも張力の違いに関係

するわけではないからである．膜の外側と内側の相が同じであり，膜の表面もまた同じ相のときには，張力に差はない．そしてまた，膜の内側の一部が表面に影響を与えることなく，時間の経過とともに流出するとしても，同じ膜の張力は変化することはない．蒸発により膜の厚さが減少する場合は，張力は増加するか，あるいは減少するだろう．（つい先ほど考察した場合では，成分物質 S_1 の蒸発により張力は減少する）．それでも，膜の延伸が張力を増加させ，収縮が張力を減少させることは容易に示すことができる．平らな膜が垂直に保持されるとき，明らかに，上の部分の張力は下の部分の張力より大きくなるはずである．垂直の膜を水平の位置に回転させることにより，膜のあらゆる部分の張力を等しくすることができる．元の垂直の位置に戻すことにより，元の張力，あるいはそれに近い張力に戻すことができる．膜の同じ要素が，まったく異なる張力を支えることができるのは明らかである．また，これは常に膜の粘性に起因するとは限らない．なぜなら，多くの場合，膜をほぼ水平に保ち，そして最初に一方の側を持ち上げ，それから他方の側を持ち上げるなら，膜のより軽い部分は，一方の側から他方の側にすばやく移動し，膜のなかで非常に目立つ動きを見せるからである．これらのすばやい運動を引き起こす張力の差は，垂直に保持されたときの膜の上部と下部の張力の差のごくわずかな部分に過ぎない．

　粘性による張力の増加を膜の要素の力が支えることで説明するなら，膜の表面が延伸し厚さが減少する変形への抵抗を，粘性が与えていると仮定する必要がある．これらの抵抗は，膜の厚さと表面積が一定を保ちながら，膜がある接線方向に延伸し，別の接線方向に収縮する変形への抵抗と比べて桁違いに大きい．これは物理的な説明として容易に受け入れられるものではない．けれども，その現象は，このような特異な粘性により引き起こされる現象にある程度似ている（309頁参照）．その現象についての唯一自然な説明は，膜の要素の延伸，これは膜の周（perimeter）に加えられた外力の増加による直接の結果だが，それにより膜の張力が増加し，膜の張力が外力と正確に釣り合うようになるということである．

　これまで述べてきた現象は，極めて大まかな観察にみられるようなものである．Plateau 氏が記述している以下の実験[59]において，膜が先ず延伸してそ

第三論文 不均一物質の平衡について

の後収縮する間に,膜に張力の増加がみられることが示されている.色が現れるほど十分に薄い,グリセリンを含んだ石鹸水の泡に指を近づけると,指の温かさによって泡の厚さが薄くなることを示す点が現れる.指を遠ざけると,その点は元の色に戻る.この現象は収縮を示しており,この収縮は膜の粘性によって抵抗を受け,元の温度に戻ることで,伸ばされた部分の張力が過大になることによってのみ可能である.

これまで,膜の内部が塊としての物質の性質をもつほど十分に厚いと仮定してきた.それで,膜の性質は,3つの相の性質と2つの不連続面によって完全に決まる.これらのことから,また,膜の内部が塊としての物質の性質をもたなくなる限界での膜の性質を,少なくとも部分的には決定できる.膜の弾性は膜が薄くなるとともに増加するが,もちろん,その限界でゼロになることはないので,その限界を越えた直後に,膜の要素の延伸と収縮に関して,膜が不安定になることはない.

それにもかかわらず,ここで気付くであろうが,おそらくある種の不安定性が生じるであろう.けれども,その不安定性は,膜の要素のある特定の成分の量が不変であるという条件を満たさない変化に関係している.その成分の分布の変化に関しては,膜の内部が塊としての物質の性質をもつとき,一般に,膜は安定している.ただし,相のいかなる変化,あるいは表面の性質のいかなる変化も伴わずに,その厚さに影響を及ぼす変化だけは除く.膜の内部の流れによってもたらされるこの種の変化に関して,平衡は中立である.しかし,膜の内部が塊としての物質の性質をもたなくなると,この点で,平衡は一般に不安定になると考えなければならない.なぜなら,中立な平衡は,周囲の状態のそのような変化によって影響されないことはありえないからである.そしてまた,膜の厚さが十分に減少すると確実に不安定になるので,膜の厚さが減少する最初の影響は,安定な方向より,むしろ不安定な方向に向かうと考えるのが最も自然だからである.(ここでは,気体の間にある液体の膜を考察している.水銀と空気の間にある水の膜に関するような,特定の他の場合では,逆に考えるのがより自然かもしれない.つまり,水銀と空気の間にある水の膜は,十分に厚さが減少するときには確かに安定になる).

さて,以前の仮定——膜の内部は塊としての物質の性質をもつのに十分な厚

さであり，接している気体によって決まるポテンシャルをもつ膜の要素の成分物質に関しては除き，各々の膜の要素の物質は不変である——という仮定に戻ろう．そして，そのような場合の平衡に必要な条件を考察しよう．

　いくつかの要素について仮定された平衡の結果として，その膜の曲率半径がその厚さに比べて非常に大きい場合，つまり，満たされることが常に仮定されている条件であるが，そのときにはいつでも，そのような膜は接している気体（それらは類似していても，あるいは異なっていてもよいが）の間の単純な不連続面として扱うことができる．この観点から考察している膜に関しては，膜が明確な粘性を示す場合を除き，力学的平衡条件は，近似的な静止状態に達するとすぐに，常に満たされるか，あるいはほぼ満たされるであろう．すなわち，σ を単純な不連続面とみなされる膜の張力（これを膜の2つの面の張力 s の和）と解釈し，Γ を，膜が押し付けられ，気体が膜の張力面で接する場合に，同じ空間を占める気体によって減少した単位面積当りの質量と解釈するなら，式 (613)，(614)，(615) が成り立つ．**膜のこの張力面**は，別々に取られた膜の2つの張力面の間の距離を，明らかにそれらの張力の逆比で分ける．実際の目的のために，Γ を単純に単位面積当たりの膜の質量とみなそう．(613) と (614) の Γ を含む項は，これらの式の当面の適用にあたって無視すべきでないことが分かる．

　しかし，2つの不連続面によって境界付けられた薄いシートの形をしている，近似的に均一物質とみなされる膜の力学的平衡条件は，その膜が明らかに見かけ上静止状態にあるときには，必ずしも満たされない．事実，これらの条件は，膜が水平でない限り，(重力がかなり大きいときには，どのような場所でも) 満たされることはない．なぜなら，その膜の内部の圧力は，条件 (612) と条件 (613) を同時に満たすことはできないからである．つまり，条件 (612) によれば，膜の内部の圧力は高さ z に応じて急速に変化することであり，異なる表面に別々に適用される条件 (613) によれば，膜の内部の圧力は接している気体の圧力の間のある特定の平均値をとるからである．また，これらの条件は，膜の内部が表面とは独立に自由に動くと仮定しないで，一般的な力学的平衡条件 (606)，または (611) から導き出すこともできないが，これは我々が仮定したことに反している．

第三論文　不均一物質の平衡について

　さらに，膜のさまざまな成分のポテンシャルは，一般に，条件（617）を満たさないし，（温度が一様なときには）膜が水平でない限り満たすことはできない．なぜなら，これらの条件が満たされるなら，式（612）が当然の結果として出てくるからである（318-319頁参照）．

　ここで，われわれが考察しているような膜が，本論文の319頁から320頁に示されている原理に対する例外ではないということに注目しよう．つまり，力学的平衡条件を満たす不連続面が，接している物質中に存在しない唯一の成分をもち，これらの接している物質が平衡条件をすべて満たすとき，上で述べた成分のポテンシャルは，力学的平衡条件（614）の結果として，（617）で述べた法則を満たさなければならないということである．従って，今みたように，温度が一様なとき，水平でない液体膜のすべてのポテンシャルが（617）に従うことは不可能である．それで，液体膜が，粘性，あるいは水平の位置，あるいは温度差によらない持続性を示すなら，その液体膜は，（617）に従う接している気体によってポテンシャルが決まらない，2つ以上の成分をもたねばならないことになる．

　これまでに述べてきた性質の実験による量的検証は，われわれが推測した条件が完全に満たされた場合ですら，非常に困難である．それにもかかわらず，これらの条件からの逸脱による一般的な影響については，容易に気付くであろう．そして，そのような逸脱が許容されるときには，液体膜の一般的な振る舞いは，理論が要求することに一致することが分かる．　　　　　　　　　　　　　　*475*

　液体膜の形成は，空気の泡が液体の最上部に上昇するとき，最も対称的に起こる．液体が泡と置き換わるとき，液体の運動は，液体が空気と接する2つの表面は明らかに引き伸ばされ，これらの表面は互いに接近する．これは，張力が増加したことによるものであり，張力の増加は表面が延伸するのを抑制する傾向がある．この効果が生じる範囲は，液体の性質によって変わる．液体が1つかそれ以上の成分を含む場合を仮定し，それらの成分は液体の非常に小さな部分を占めるに過ぎないが，その張力を著しく弱める成分であるとしよう．そのような成分は，液体の内部より表面にはるかに多く存在するだろう．この場合，表面の延伸に対する抑制はかなり大きく，空気の泡が液体の一般的な高さを超えると，液体の運動は，主として2つの表面の間からの流出からなるだろ

345

う．しかし，液体のこの流出は，液体が膜の厚さまで減少するやいなや，粘性により著しく遅くなる．そして張力の増加による表面の延伸の効果は，延伸した表面を形成する物質の供給に利用することが可能な液体の量が減少するにつれて，より大きくより永く続く．

　水の運動がゼロに減少する，平行な鉛直平面間の水の降下を計算することにより，液体膜の内部で可能な運動の量を，その外部に対して相対的に概算することができる．Helmholz と Piotrowski によって決定された粘性係数[60]を使えば，

$$V = 581 D^2 \qquad (656)$$

が得られる．ここで，V は，mm/秒で表される水の平均速度（すなわち，水の平均速度が，固定された平面間の全空間のいたるところで一様なら，現実の変化しやすい速度と同じ水の流出を与える速度）を表し，D は固定された平面間の距離を mm で表している．平面間の距離は，それら以外の大きさと比べて非常に小さいと仮定されている．これは 24.5℃ の温度に対してである．同じ温度に対して，Poiseuille の実験[61]では，長い毛細管での水の降下に対して，

$$V = 337 D^2$$

が得られる．これは平行な平面間での降下に対する

$$V = 899 D^2 \qquad (657)$$

と同等である．この式の数値係数は，(656) の数値係数とはかなり異なっており，全く異なる性質の実験から導かれている．しかし，少なくとも，上述した温度での水の粘度とそれほど違わない粘度と比重をもつ液体膜において，表面に対する内部の相対的な平均速度は，おそらく $1000 D^2$ を越えることはないだろう．これは，厚さ 0.01mm に対しては 1 秒当り 0.0001mm の速度であり，厚さ 0.001mm（水の膜の 5 次の赤に対応）に対しては 1 分当り 0.6mm であり，厚さ 0.0001mm（1 次の白に対応）に対しては 1 時間当り 0.036mm である．そのような内部の流れは，特に，膜が最も薄い状態の場合には，膜が非常に永く持続することと明らかに一致する．他方，上記の式によると，1mm あるいは 0.1mm の厚さに対して大きな V の値を与えるので，大きな重量の液体が上昇することなく，その膜が形成されることは明らかに可能であるが，これらのような厚さは瞬間的にしか存在しない．

第三論文　不均一物質の平衡について

　ちょっとした考察で，その現象が，リングかカップの口を液体に浸し，次いでそれを引き上げるというような，何か他の方法で膜が形成されるときと，本質的に同じ性質であることが示されるだろう．膜が管の口に形成される場合，時々，大きな泡を形成するように拡がることがある．弾性（すなわち，延伸による張力の増加）は，より薄い部分ではより大きいので，より厚い部分は最も延伸する．この過程の効果は，（重力で変えられない限り）膜の最大の厚さと最小の厚さの比を減少させることである．この延伸の間，他の時と同様，熱の不完全な伝達などによる弾性の増加は，空気や管から受ける衝撃で泡が壊れるのを防ぐ働きをする．そのとき，泡が適切な支えの上に置かれるなら，条件 (613) は直ちにほぼ満される．そのうえ，泡は条件 (614) に従いやすく，より軽い部分は，膜の粘性によって，程度な差はあるが，ゆっくりと上昇する．結果として生じる泡の上部と下部の厚さの違いは，一部は泡の上部がより大きな張力を受けることによるものであり，一部は泡を構成している物質の違いによるものである．膜に接している大気によってポテンシャルが決まらない2つの成分のみで膜ができているときには，膜の要素の並び方を支配する法則は，非常に簡単に表すことができる．これらの成分を S_1 と S_2 とし，成分 S_2 が (339-340頁のように)，表面で過剰に存在する成分を表すとする．その場合，膜の要素のひとつが含む S_2 と S_1 の量の比と，もうひとつの要素が含む S_2 と S_1 の量の比が，同じか，大きいか，小さいかに応じて，前者の要素は，後者の要素と同じ高さか，それより高くなるか，それより低くなる傾向がある．

　けれども，形成された膜が (613) と (614) の両方の条件を満たし，その内部が塊としての物質の性質をもつのに十分な厚さの場合には，それが完全に流動的であっても，粘性が大きいなら，依然としてその内部は，既に述べたゆっくりとした流れの影響を受ける．とはいえ，この過程は，問題にしている物質がもつある種のゲルのような粘性によって，しばしば，完全に阻止される可能性がある．このゲルのような粘性により，通常の応力に対してはその振る舞いは実質的に流動的であるが，(613) と (614) の条件を満たす非常に薄い膜の内部においては，重力によって生じるような非常に小さな応力に対しては固体の性質を示すかもしれない．

　しかし，上で述べた条件が近似的に満たされているとき，膜の内部に作用す

る重力よりも，膜のなかで変化を生じるのにしばしば大きな効力をもつ別の原因があるかもしれない．それは，膜の端に注目すれば分かるだろう．そのような膜の端では，一般に，膜の内部と相が同じ連続した液体がみられる．その液体は凹面が境界となっており，従って，圧力が膜の内部より低くなっている．それで，この液体は，膜の内部に強い吸引力を及ぼし，それによって，膜の厚さは急速に薄くなる．この効果は，リング内に形成された膜が，垂直に保たれているときに最もよくみられる．膜がほとんど粘性をもたないなら，端近くの膜の厚さが薄くなることにより，各々の側に上向きの速い流れが生じ，一方，中心部はゆっくりと下降する．また，端がほとんど水平な膜の底の部分では，薄くなった部分が，より重い部分の影響を受けて，不安定な平衡の位置から離れ，膜の中心部を通り抜けて，安定した平衡の位置に達するまで上方に移動する．これらの過程により，膜全体の厚さは急速に薄くなる．

　これらの効果を生みだす吸引力のエネルギーは，次の考察から推測できる．膜を取り囲む細長い液体の圧力は当然変化が可能であり，上部より下部のほうが高いが，あらゆるところで大気圧よりも低い．高さ1cmの液体の柱で表れる量だけ，圧力が大気圧より低い点を取ろう．（かなり大きな圧力差が生じる可能性はある）．膜の内部に近い点での圧力は大気圧である．ところで，これらの2つの点の圧力差が，1cmの空間に一様に分布しているなら，その作用の大きさは重力の大きさと正確に一致する．しかし，圧力の変化は（1mmほどの小さな部分で）全く突然起こるので，限定された空間内で流れを生みだす効果は，重力による効果に比べて極めて大きなものでなければならない．

　今述べた過程は，膜を取り囲む物質の中の液体の降下と関連しているので，この過程を膜の内部の下に向かう傾向のもうひとつの別の例とみなすことができるだろう．この降下が起こる三番目の場合がある．それは，膜の内部の主要な成分が揮発性をもつ場合，すなわち，空気中に揮発する場合である．例えば，石鹸水の膜の場合，大気の湿度が非常に高くて，膜の上と下の中間の高さでの水のポテンシャルが，大気中でも膜の中と同じ値をもつと仮定するなら，膜の上部で蒸発が生じ，下部で凝縮が生じること示すのは容易である．これらの蒸発と凝縮の過程は，大気がそれらの過程以外で乱されることがないなら，拡散とその他の流れが生じ，そのような一般的な効果により水分は下方に運ばれる．

このような正確な調整はほとんど達成できないだろうし，上で述べた過程は実質的な重要性をもつほど速くはないだろう．

しかし，乾燥した大気中の石鹸水の膜や，あるいは湿った大気中のグリセリンを含む石鹸水の膜の場合のように，大気中の水のポテンシャルが膜のポテンシャルと相当異なっているときには，蒸発や凝縮の効果は無視できる．最初の乾燥した大気中の場合には膜の厚さの減少は速くなり，二番目の湿った大気中の場合には遅くなる．グリセリンを含む膜の場合には，凝縮された水は，あらゆる点で，内部の流れによって下方に運ばれる流体と入れ替わることはできないが，2つの過程が一緒になって，膜からグリセリンを洗い流す傾向があることは分かるだろう．

しかし，膜の張力を著しく減少させる成分は，その膜のごく一部を形成しているにすぎない（従って，表面に過剰に存在している）が，その成分が揮発するときは，その成分のポテンシャルの平均値が，膜とその周りの大気と同じ値であっても，蒸発と凝縮の効果は無視できないだろう．これを説明するために，以前のように，2つの成分 S_1 と S_2 についての簡単な場合を採り上げよう（339-340 頁参照）．張力が作用するので，式（508）により，ポテンシャルは，膜内で高さ z とともに変化しなければならないことは明らかである．また，これらの変化は，(98) より，次の関係

$$\gamma_1 \frac{d\mu_1}{dz} + \gamma_2 \frac{d\mu_2}{dz} = 0 \tag{658}$$

を，（ほぼ）満たさなければならないことは明らかである．ここで，γ_1 と γ_2 は膜の内部の成分 S_1 と S_2 の密度を表している．従って，ある高さからもうひとつの別の高さに移ることによる S_2 のポテンシャルの変化は，膜の内部の密度が小さいので，S_1 のポテンシャルの変化よりもはるかに速い．もしその時，蒸発を抑制する抵抗，大気を通しての伝達，および の凝縮が，2つの成分で同じなら，それらの過程は S_2 に関してよりいっそう速く進むだろう．$\frac{d\mu_1}{dz}$ と $\frac{d\mu_2}{dz}$ の値は反対の符号をもち，S_1 は大気中を降下する傾向があり，S_2 は上昇する傾向があることが分かるだろう．さらに，S_2 の蒸発あるいは凝縮は，同量の S_1 の蒸発あるいは凝縮よりもずっと大きな効果を生み出すことを，容易に示すことができる．これらの効果は，実際には同じ種類である．なぜなら，

S_2 の凝縮が膜の最上部で起こるなら，それにより張力の減少が生じ，従って，膜の最上部が延伸し，それにより，膜の厚さが薄くなるが，それは S_1 が蒸発するからである．膜の下部で張力の減少をもたらす物質が揮発性であってはならないことが，液体膜が持続する一般条件であると推測できる．

480　しかし，大気の作用とは別に，膜の内部で完全に流動的な膜は，重力と膜の端の吸引力に基づく内部の流れにより，一般に，厚さが連続的に減少することをみてきた．遅かれ早かれ，膜の内部は，どこかで塊としての物質の性質をもたなくなるだろう．それで，膜は内部の流動に関しておそらく不安定になり（343-344頁参照），最も薄い部分は，あたかも，膜の表面の間に，遠い距離では目立たないが，膜の厚さが十分薄くなると現れてくる引力があるかのように，（外部の原因は別として）さらに薄くなる傾向がある．これが膜の破裂を決定する思われ，ほとんどの液体の場合，それは疑いない．しかし，石鹸水の膜ではその破裂は起こらず，膜が薄くなる過程が進行するのを観察できる．色調が黒に近づいている膜が顕著な不安定性を示すことは，全く表面的な観察においてさえ明らかである．連続的な色調の変化は，黒点が突然発生し急速に拡大することで中断する．これらの黒点の形成においては，異なる成分物質の分離が起こり，単に膜の一部分の拡大ではないことが，これらの黒点の縁で膜がより厚くなるという事実によって示される．

　この現象は，垂直な平面の膜において，ただひとつの黒点が突然発生し，それまでは黒に近いほぼ一様な色調であったかなりの範囲にわたって急速に拡がるとき，極めてはっきりと見られる．拡がる黒点の周囲は，いわば，一続きの輝くビーズによって縁どられている．そのビーズは，接触して互いに結合し，より大きくなって色の帯を横切って滑り落ちる．これらの輝く点のシャワーは，しばしば良好な状況下で見られる．それらの輝く点は，明らかに，それらが形成される膜の部分よりずっと厚い——見た目より何倍も厚い——小さな点である．ところで，黒点の形成が膜の単純な延伸によるものなら，そのような現象は存在しないことは明らかである．膜の縁が厚くなることは，**収縮**によって説明することはできない．なぜなら，膜の上部の延伸と，下部および膜のより厚い部分の収縮は，それらの間に挟まれた部分の降下に伴って，粘性による抵抗はずっと小さくなる．それで，上で描写された現象が発生するのは，そのよう

第三論文 不均一物質の平衡について

な延伸と収縮によるよりも，重力による方がはるかにふさわしいからである．しかし，内部の流れによる薄い点の急速な形成は，膜の内部を形成する物質が点の縁に蓄積される原因となり，その場所で膜が厚くならざるをえなくなる．

　黒点の形成において説明が最も困難なことは，膜がさらに薄くなる過程が止まることである．**可能なら**，膜の非常に大きな粘性やゲル状態による運動への受動的な抵抗によって，これを説明するのが最も自然であろう．なぜなら，膜の内部からの物質の流出によって不安定になった後，同じ過程が続くことにより，膜が（そのような抵抗が持続することなく）安定になることはありそうにないからである．他方，ゲル状の性質は，膜の形成に最も適しているよりもいくぶん多くの石鹸を含む石鹸水においてとりわけ目立つ．そして，そのような性質が物質の内部や液体の厚い膜の中に存在しないときでさえ，それらは，膜の表面のすぐ近く（そこには，石鹸やその成分のいくつかが過剰に存在する），あるいは，膜の内部が塊としての物質の性質を失うほど薄い膜全体に，依然として存在するかもしれない．[62] しかし，これらの考察は，膜の破裂の防止に間に合うように，厚さがわずかに異なる黒点の隣接する要素間の内部の流れの傾向を抑制する先験的確率を意味しない．なぜなら，厚い膜においては，延伸による張力の増加は，延伸に対する安定性のために必要であり，そのような張力の増加は膜の内部と比較して，表面に石鹸（あるいはいくつかの成分）が過剰に存在することに関係しているからである．黒点に関しては，内部が塊としての物質の性質を失い，また，液体の表面から得られるどのような量的な測定も適用することはできない．けれども，組成に関して同じ一般的な違いが依然として存在すると仮定することによって，延伸に対する安定性を説明するのは当然のことである．従って，膜の内部の石鹸，またはいくつかの成分の密度が増加することで，内部の流れが妨げられることを説明するなら，今までどおり，膜の内部と表面における組成に特有な違いは無くなっていないと考えなければならない．

　これまでの議論は，気体の間の液体膜に関係している．同様の考察は，他の液体の間，あるいは液体と気体の間の液体膜に当てはまるだろう．後者の液体と気体の間の液体膜は，液体を一滴，それと同じか異なる液体の表面にそっと置くことにより作ることができる．これは，その液滴と，それが置かれる液体

を分離している空気の連続性が破れないように，しかし，空気膜が形成されるように，（適切な液体を用いて）行うことができる．この空気膜は，液体が類似しているなら，液体の頂部に上昇する空気の泡によって形成される液体膜に相当する．（気泡が一滴の液体と同じ体積なら，それらの境界になっている残りの表面だけでなく，それらの膜も正確に同じ形をしている．ときには，液滴の重量と運動量によって，液滴が落下する物質の表面を通ってその液滴が運ばれるとき，その液滴は完全な球形の空気膜に囲まれているように見え，その球形の空気膜は，空気中に浮かんでいる小さな石鹸の泡によく似ている．[63] しかしながら，膜の張力が必要とする差が主として基づいている成分は，空気膜の両側にある液体の成分なので，この成分のポテンシャルが必要とする差をいつまでも維持することはできず，これらの液体膜は，空気中の石鹸水の膜と比べてほとんど持続性をもたない．この点で，これらの空気膜の場合は，張力が著しく減少する物質を含む空気中での液体膜の場合に似ている．（349-350 頁を参照）．

固体と流体の間の不連続面

これまでは，接している物質が流体であるという仮定に基づいて不連続面を論じてきた．これは，流体が，性質とひずみの状態の両方が当然等方的なので，厳密な取り扱いに対して最も簡単な場合である．さらにこの場合，流体の流動性により，力学的平衡条件について満足できる実験的検証が可能になる．他方，固体の剛性は一般に非常に大きいので，不連続面の面積または形状の変化に対する性質も，知覚できるようなひずみによって固体内に生じる力と比較すれば無視することが可能である．それで，固体のひずみ状態を決定するにあたって，不連続面を考慮することは一般に必要ではない．しかし，そのような不連続面での凝固あるいは溶解の性質に関しては，また，固体の表面を覆う異なる流体の性質に関しては，固体と流体の間の不連続面の性質を考慮しなければならない．

そこで，固体と流体の間の不連続面について考察しよう．固体は等方性の構造，あるいは連続的な結晶状態の構造をもち，流体との力学的平衡状態と矛盾しないあらゆる種類の応力を受けているとする．

第三論文 不均一物質の平衡について

　接している物質に無関係な成分が，不連続面において少量存在する場合を排除せず，この面（つまり，近似的に均一な物質の間の不均一な膜）の性質は，その面で分けられる物質の性質と状態と，そして存在するかもしれない無関係な成分の量によって完全に決まると仮定しよう．**区分界面**と，エネルギー，エントロピー，そしていくつかの成分の**面密度**の概念は，流体間の不連続面に関して使用される（250-252頁，256-257頁参照）が，今の場合には，明らかに修正なしに使うことができる．固体に関しては添え字 $_1$ を用い，分割面を成分の面密度がゼロになるように決めると仮定しよう．また，エネルギー，エントロピー，そして他の成分の面密度は，いつも使う記号（268-269頁参照）によって次のように表す．

$$\varepsilon_{\mathbf{S}(1)}, \ \eta_{\mathbf{S}(1)}, \ \Gamma_{2(1)}, \ \Gamma_{3(1)}, \ \cdots\cdots$$

量 σ を次の式で定義しよう．

$$\sigma = \varepsilon_{\mathbf{S}(1)} - t\eta_{\mathbf{S}(1)} - \mu_2 \Gamma_{2(1)} - \mu_3 \Gamma_{3(1)} - \cdots\cdots \tag{659}$$

ここで，t は温度を表し，$\mu_2, \mu_3, \cdots\cdots$ は不連続面で指定された成分のポテンシャルを表す．

　2つの流体の場合のように（292頁参照），――ここで指定する必要のない，ある特定の条件の下で―― σ が単位の不連続面を形成するのに費やされる仕事を表すとみなすことはできる．しかし，それが不連続面の張力を表すとみなすことは厳密にはできない．不連続面の張力の量は，その面の**伸長**（stretching）に費やされる仕事によって決まり，一方，量 σ はその面の**形成**に費やされる仕事によって決まる．完全流体に関しては，隣接する物質の中に存在しない成分を不連続面がもつ限り，伸長の過程と形成の過程を区別することはできない．そして，この場合でも，（不連続面は，その面の中の物質に属する同じポテンシャルで与えられた物質で形成されると仮定しなければならないので）不連続面の伸長によって，その面を微小量増加させるのに費やされる仕事は，それと等しい微小量の新しい不連続面を形成するのに費やされなければならない仕事と同一である．しかし，それらの物質の1つが固体で，ひずみ状態を区別しなければならないときは，面を伸長することと新しい面を形成することの間に，そのような同等性は存在しない．[64)]

　さて，これらの予備的な考察にもとづき，平衡の熱的および力学的条件が満

たされているときに，固体が流体と接する面での固体の溶解に関係する平衡条件を議論することに進む．等方体と結晶体の場合を別々に考察する必要があるだろう．なぜなら，等方性固体では，σ の値が固体のひずみ状態によって影響を受ける場合を除き，σ の値は面の方向に無関係であるが，一方，結晶体では，σ の値は結晶化の軸に関する面の方向によって大きく異なり，また，明確に限定された多くの極小値をもつように変化するからである．[65] これは，以下の議論でより明確になるように，結晶体が示す現象から推測できる．従って，等方体の場合には，表面の要素の方向の変化は，（σ の値に対する効果に関して）無視できるが，その変化は結晶では全く異なる．また，流体と可溶性の等方体との間の平衡面は，方向の不連続性がなく，一般に湾曲しているが，一方結晶を溶解することができる流体と平衡状態にある結晶は，一般に，ほぼ平らな部分からなる断続面によって境界付けられている．

等方体に対しては，平衡条件を次のように導くことができる．固体が流体と接する面で固体の微小部分が溶解することを除いて，固体は変化せず，流体はかなり多くの量で均一のままだと仮定するなら，その面の近傍のエネルギーの増加は，次の式で表される．

$$\int [\varepsilon_V' - \varepsilon_V'' + (c_1+c_2)\varepsilon_{S(1)}]\delta N ds$$

ここで，Ds は面の要素を表し，δN は（面に垂直に測られ，固体が溶解するとき負とみなされる）位置の変化を表し，c_1 と c_2 は（中心が固体と同じ側にあるとき正である）主曲率を表し，$\varepsilon_{S(1)}$ はエネルギーの面密度を表し，ε_V' と ε_V'' は固体と流体のエネルギーの体積密度を表わす．また，積分記号は要素 Ds に関係している．同様な方法で，エントロピーの増加と，面の近傍におけるいくつかの成分量の増加は，次のようになる．

$$\int [\eta_V' - \eta_V'' + (c_1+c_2)\eta_{S(1)}]\delta N ds$$

$$\int [\gamma_1' - \gamma_1'']\delta N ds$$

$$\int [-\gamma_2'' + (c_1+c_2)\Gamma_{2(1)}]\delta N ds$$

$$\cdots\cdots\cdots\cdots\cdots\cdots\cdots\cdots$$

これらの式で表された様々な種類のエントロピーおよび物質は，流体に由来すると考えられる．従って，これらの式は，符号を変えることで，固体に直接接

第三論文 不均一物質の平衡について

している空間を除いた，流体が占める全空間のエントロピーと成分量の増加を表す．この流体が占める空間は一定とみなされるので，エントロピーに関する上の式に$-t$を掛け，成分に関するそれらの式に$-\mu_1''$, $-\mu_2$, ……[66] を掛けてその和をとれば，(式 (12) により) この空間におけるエネルギーの増加が得られる．このエネルギーの増加に，表面近くのエネルギーの増加に関する上の式を加えれば，全系に対するエネルギーの増加が得られる．ところで，(93) により，

$$p'' = -\varepsilon_V'' + t\eta_V'' + \mu_1''\gamma_1'' + \mu_2\gamma_2'' + \cdots\cdots$$

が得られる．この式と (659) から，系におけるエネルギーの全増加に対する式は，

$$\int [\varepsilon_V' - t\eta_V' - \mu_1''\gamma_1' + p'' + (c_1 + c_2)\sigma] \delta N Ds \quad (660)$$

の形にすることができる．この式が，δN の任意の値に対してゼロになるには，$\delta N Ds$ の係数がゼロになる必要がある．これにより，平衡条件に対して，

$$\mu_1'' = \frac{\varepsilon_V' - t\eta_V' + p'' + (c_1 + c_2)\sigma}{\gamma_1'} \quad (661)$$

となる．この式は，σ を含む項以外は (387) に等しく，面が平らなときゼロになる．[67]

また，固体が等方性の圧力以外に応力をもたないとき，σ で表される量が表面の真の張力に等しいなら，$p'' + (c_1 + c_2)\sigma$ は固体内部の圧力を表しており，式 (661) の右辺は，固体を構成している成分の固体内でのポテンシャルの値を表すことが分かる (式 (93) を参照)．従って，この場合，式は次のようになる．

$$\mu_1'' = \mu_1'$$

つまり，この式は，2 つの物質の中の固体の成分に対するポテンシャルが等しいこと，すなわち，両方の物質が流体なら，同じ状態が存在することを表している．

さらに，すべての固体の圧縮率は小さいので，σ は表面の真の張力を表していないかもしれないし，また，$p'' + (c_1 + c_2)\sigma$ は，固体の応力が等方的なときの固体の真の圧力ではないかもしれない．けれども，実際の温度での圧力 $p'' + (c_1 + c_2)\sigma$ に対して計算された量 ε_V' と η_V' は，明らかに固体の真の圧力に対

して計算された場合とほとんど同じ値になる．それで，式（661）の右辺は，固体の応力が明らかに等方的なとき，同じ温度で，しかし圧力が $p'' + (c_1 + c_2)\sigma$ の同じ物体のポテンシャルにほとんど等しい．そして，等方的な応力をもつ固体の溶解に関する平衡条件は，流体中の固体の成分に対するポテンシャルがこの値をもたなければならないということにより，十分な精度で表すことができる．同様に，固体が等方的な応力の状態でないとき，問題にしている2つの圧力の差は，ε_v' と η_v' の値にそれほど影響しないだろう．それで，式（661）の右辺の値は，$p'' + (c_1 + c_2)\sigma$ が固体の表面に垂直な方向の，固体中の真の圧力を表しているとして計算することができる．従って，両方の物質が流体の場合のように，量 σ が固体と流体の間の面の張力を表していることを当然とみなすなら，平衡に必要なポテンシャル μ_1'' の値を決定するに当たって，この仮定が，事実上の誤りを招くことにはならないだろう．他方，どのような無定形の物体の場合でも，σ の値が真の表面張力と著しく異なるなら，(661) の σ の代わりに真の表面張力の量を用いることにより，応力が等方的なとき，(661) の右辺は μ_1' の真の値に等しくなる．しかし，これは，$c_1 + c_2 = 0$ でなければ，平衡の場合に μ_1'' の値に等しくならない．

　固体中の応力が等方的でないとき，式（661）は固体の溶解に関する平衡条件とみなしてよく，固体物質の増加に関する平衡条件と区別しなければならない．なぜなら，新しい物質が，等方的な応力の状態で析出することは確かだからである．（この場合は，もちろん，結晶体とは異なるが，これについてここでは考えない）．新しい物質の形成に関する平衡に対して必要な μ_1'' の値は，固体の溶解に関する平衡に対して必要な値より小さい．固体と流体の実際の振る舞いに関しては，その理論が確実に予測できるのは，次のことだけである．つまり，ポテンシャル μ_1'' の値が，ゆがみ応力（distorting stress）をもつ固体に対する式によって与えられるポテンシャルの値より大きいなら，固体は溶解しないということであり，μ_1'' の値が同じ式によって等方的な応力をもつ固体の場合に対して与えられるポテンシャルの値よりも小さいなら，新しい物質は形成されないということである．[68]　しかし，固体と接している流体が新たに補充されないなら，その系は，一般に，固体の最も外側の部分が等方的な応力の状態の平衡状態に達することは可能だと思われる．最初に固体が溶解するなら，

第三論文　不均一物質の平衡について

おそらく，応力を受けた固体との平衡条件を満たす状態に達するまで，流体を過飽和にするだろう．その後，等方的な応力の状態の固体物質の析出が始まり，この新しい固体物質と平衡状態になるまで析出が続くことになる．

　重力の作用は，流体が固体と接する単一の点に対する平衡条件の性質に影響しないだろう．しかし，(661) の p'' と μ_1'' の値は，(612) と (617) で表される法則に従って変化する原因となる．固体の外側の部分が等方性の応力の状態にあると仮定するなら，それは最も重要な場合であり，平衡があらゆる意味で安定している唯一のものである．それで，これまで見てきたように，条件 (661) は，温度 t と圧力 $p''+(c_1+c_2)\sigma$ の固体に属する固体の成分のポテンシャルは μ_1'' に等しくなければならないことと，少なくともほとんど同等である．あるいは，温度が t でポテンシャルが μ_1'' に等しい固体の圧力を (p') で表すなら，その条件は次の式で表すことができる．

$$(p') = p'' + (c_1+c_2)\sigma \tag{662}$$

いま，流体の全密度を γ'' とするなら，(612) より，

$$dp'' = -g\gamma'' dz$$

が得られる．(98) より，

$$d(p') = \gamma_1' d\mu_1''$$

そして，(617) より，

$$d\mu_1'' = -g dz$$

となる．それで，

$$d(p') = -g\gamma_1' dz$$

となる．従って，

$$d(p') - dp'' = g(\gamma'' - \gamma_1') dz$$

および，

$$(p') - p'' = g(\gamma'' - \gamma_1') z$$

となる．ここで，z は $(p')=p''$ の水平面から測られる．この値を (662) に代入すると，

$$c_1 + c_2 = \frac{g(\gamma'' - \gamma_1')}{\sigma} z \tag{663}$$

が得られる．まるで，両方の物質は流体であり，σ はそれらの共通な面の張力を表し，(p') は指定された物質の真の圧力であるかのようである．((619) と比較せよ)．

これらの関係を実験で実現する上での障害は極めて大きい．それは主として，無定形の固体の内部構造が完全な均一性を欠いていることによるものであり，そして，理論的な平衡条件を満たす状態をもたらすのに必要な過程への受動的な抵抗によるものである．けれども，これらの関係は，面が減少に向かう一般的な傾向を検証することで可能になるかもしれない．それは，前述の式で示唆されている．[69)]

同じ方法を，固体が結晶の場合に適用しよう．そのとき，固体と流体の間の面は，平面の部分から成り，面の方向は不変とみなす．結晶が，他の変化なしに，一方の側面で距離 δN だけ伸びるなら，面の近傍のエネルギーの増加は，

$$(\varepsilon_\mathrm{v}'-\varepsilon_\mathrm{v}'')s\delta N+\Sigma'(\varepsilon_{\mathbf{S}(1)}'l'\operatorname{cosec}\omega'-\varepsilon_{\mathrm{S}(1)}l'\cot\omega')\delta N$$

である．ここで，ε_v' と ε_v'' は結晶と流体のそれぞれのエネルギーの体積密度を，s は結晶が成長する側面の面積を，$\varepsilon_{\mathrm{S}(1)}$ はその側面のエネルギー密度を，$\varepsilon_{\mathrm{S}(1)}'$ は隣接する側面のエネルギーの面密度を，ω' はこれらの2つの側面のなす外角を，l' はそれらの側面の共通の辺を，そして記号 Σ' は最初の側面に隣接する異なる側面についての和を表す．エントロピーといくつかの成分量の増加は，類似した式で表される．それで，354 頁から 485 頁と 486 頁でおこなったように，全エントロピーや体積の変化なしに，結晶の成長による全系のエネルギーの増加に対する式を導き，その式をゼロに等しいとおくなら，平衡条件に対して，

$$(\varepsilon_\mathrm{v}'-t\eta_\mathrm{v}'-\mu_1''\gamma_1'+p'')s\delta N+\Sigma'(\sigma l'\operatorname{cosec}\omega'-\sigma l'\cot\omega')\delta N=0 \quad (664)$$

が得られる．ここで，σ と σ' は，先に述べた式の $\varepsilon_{\mathrm{S}(1)}$ および $\varepsilon_{\mathrm{S}(1)}'$ と同じ側面に，それぞれ関係している．これにより，

$$\mu_1''=\frac{\varepsilon_\mathrm{v}'-t\eta_\mathrm{v}'+p''}{\gamma_1'}+\frac{\Sigma'(\sigma l'\operatorname{cosec}\omega'-\sigma l'\cot\omega')}{s\gamma_1'} \quad (665)$$

が得られる．

特に考察される側面が小さいか，あるいは狭い場合を除き，この式の2番目の分数は無視できる．それで，(665) は，(387) や，平面に適用される (661) と同じ値を μ_1'' に与えることが分かる．

同様な式は，その平衡がある他の物体との接触で影響を受けることのない結晶の，他のすべての側面に関して成り立たなければならない．それで，(重力の影響を受けないときの) 結晶の形に対する平衡条件は，次の式が結晶の各々

第三論文　不均一物質の平衡について

の側面に対して同じ値をもつことである．

$$\frac{\Sigma'(\sigma'l'\operatorname{cosec}\omega' - \sigma l'\cot\omega')}{s} \tag{666}$$

（結晶の任意の側面に対するこの式の値は，σ および s がその側面によって決まり，その他の量が最初の側面に関連して連続する周囲の側面によって決まるときの値を意味する）．この条件は，結晶の大きさに影響されず，その比率は同じに保たれる．しかし，この条件が要求する形をとろうとする類似した結晶がもつ傾向は，それらの傾向を打ち消そうとする周囲の流体の組成や温度の不均一よって測られ，上記の式から分かるように，結晶の長さ寸法に反比例する．

結晶の体積を v と書き，σ の対応する値をそれぞれに掛けた側面のすべての面積の和を $\Sigma(\sigma s)$ と書くなら，(666) の分子と分母のそれぞれに δN を掛けたものは，それぞれ $\delta \Sigma(\sigma s)$ と δv で表すことができる．従って，(666) の値は，他の側面を固定して特定の側面を変位させることによって決まる微分係数

$$\frac{d\Sigma(\sigma s)}{dv}$$

に等しい．（重力の影響が無視できる場合の）結晶の形に対する平衡条件は，この微分係数の値が，変位させることを仮定した特定の側面とは無関係でなければならないということである．従って，一定の体積の結晶に対して平衡条件が満たされるとき，$\Sigma(\sigma s)$ が最小値をとることを，より直接的に容易に証明することができる．

結晶の面に異質物が存在せず，周囲の流体が無限に拡がっている場合に，量 $\Sigma(\sigma s)$ は，結晶の面が形成されるのに必要な仕事を表す．また，(664) の $s\delta N$ の係数に反対の符号を付けたものは，結晶のようであるが面がないとみなされる単位体積の物質の塊が形成される際に得られる仕事を表す．結晶が形成されるのに必要な仕事を，

$$W_{\mathbf{S}} - W_{\mathrm{V}}$$

で表すことができる．$W_{\mathbf{S}}$ は面（すなわち，$\Sigma(\sigma s)$）が形成されるのに必要な仕事を表し，W_{V} は面とは区別された物質の塊が形成される際に得られる仕事を表す．それで，式 (664) は，

$$-\delta W_{\mathbf{S}} + \Sigma(\sigma ds) = 0 \tag{667}$$

と書くことができる．ところで，すべての側面での σ の値が，結晶の長さ寸法と同じ比率で減少すると仮定するなら，その結晶が同じ形と性質を保ちながら結晶の大きさが小さくなっても，(664) は明らかに依然として成り立つ．それで，$W_\mathbf{s}$ の変化は次の式

$$dW_\mathbf{s} = d\Sigma(\sigma s) = \frac{3}{2}\Sigma(\sigma ds)$$

で決まり，W_V の変化は (667) で決まる．それ故，

$$dW_\mathbf{s} = \frac{3}{2}dW_\mathrm{V}$$

であり，$W_\mathbf{s}$ と W_V は共にゼロになるので，

$$W_\mathbf{s} = \frac{3}{2}W_\mathrm{V}$$

$$W_\mathbf{s} - W_\mathrm{V} = \frac{1}{3}W_\mathbf{s} = \frac{1}{2}W_\mathrm{V} \tag{668}$$

となる．すなわち，以前，他の場合はもちろん，球状の流体に関して成り立つことを見出したのと同じ関係である．(292 頁，295-296 頁，334-335 頁参照)．

結晶の平衡は，周囲の流体が無限に拡がっているとき，大きさの変化に関しては不安定である．しかし，流体の量を制限することにより安定にすることができる．

重力の影響を考慮するために，(665) の μ_1'' と p'' に，考察している側面の平均値を与えなければならない．これらの平均値は，(流体の内部が平衡状態にあるとき) その側面の重心でのそれらの値と一致する．γ_1', ε_V', η_V' の値は，重力の影響が関係する限り，一定とみなすことができる．そこで，(612) と (617) により，

$$dp'' = -g\gamma'' dz$$

および

$$d\mu'' = -gdz$$

なので，

$$d(\gamma_1'\mu_1'' - p'') = g(\gamma'' - \gamma_1')dz$$

が得られる．(664) と比較すると，結晶の上面あるいは下面は，結晶が流体よ

第三論文 不均一物質の平衡について

りも軽いか重いかに応じて，成長の傾向がより大きい（他のものは等しい）ことが分かる．2つの物質の密度が等しいとき，結晶の形への重力の影響は無視できる．

これまでの段落では，流体は内部の平衡状態にあるとみなされている．流体の組成と温度が均一であると仮定すれば，重力の影響を無くす条件は，

$$\frac{d(\gamma_1'\mu_1''-p'')}{dz}=0$$

である．このとき，微分係数の値はこの仮定に従って決定される．この条件は，

$$\left(\frac{d\mu}{dp}\right)_{t,\,m}'' = \frac{1}{\gamma_1'} \quad ^{70)}$$

になる．この式は，式（92）により，

$$\left(\frac{dv}{dm_1}\right)_{t,\,p,\,m}'' = \frac{1}{\gamma_1'} \tag{669}$$

と同等である．温度と圧力が一定のとき，結晶の成長によって膨張や収縮が生じるので，結晶が成長する傾向は，流体の上部や下部において，より大きいであろう．

再度，単位質量当たりの流体の組成とエントロピーが一定と仮定しよう．そのとき，温度は圧力とともに，つまりzとともに変化する．また，異なる結晶の温度，あるいは同じ結晶の異なる部分の温度は，それらに接している流体によって決まると仮定することができるだろう．これらの条件は，流体がゆっくりと撹拌されるときに実現される状態を表している．温度差があるので，(664) の ε_V' と η_V' を一定とみなすことはできない．しかし，それらの変化は式 $d\varepsilon_V' = t d\eta_V'$ に従うとみなすことはできるだろう．従って，流体の平均温度に対して $\eta_V' = 0$ とするなら（これにより一般性が実質的に損なわれることはなく），$d\varepsilon_V' - t d\eta_V'$ を一定として扱うことができる．それで，重力の影響が無くなるという条件に対して，

$$\frac{d(\gamma_1'\mu_1''-p'')}{dz}=0$$

が得られる．この式は，この場合，

$$\left(\frac{d\mu_1}{dp}\right)_{\eta,\,m}^{\prime\prime} = \frac{1}{\gamma_1'}$$

あるいは，(90) により，

$$\left(\frac{dv}{dm_1}\right)_{\eta,\,p,\,m}^{\prime\prime} = \frac{1}{\gamma_1'} \tag{670}$$

であることを意味する．結晶のエントロピーがゼロなので，この式は，圧力が一定に維持され，熱が供給されることも取り去られることもないなら，大量の流体中で小さな結晶が溶解しても，膨張や収縮が生じないことを表している．

結晶が実際に成長するのか，あるいは溶解するのか，その振る舞いは，多くの場合，主として，前の段落で考察したものとは異なる，周囲にある流体の相の違いによって決まる．それは，特に，結晶が急速に成長したり溶解したりする場合である．流体の大きな塊がかなり過飽和な状態のとき，結晶の作用は，結晶に直接接している部分を，厳密な飽和状態により近い状態に保つ．

従って，結晶の最も突き出た部分は，過飽和の流体の作用を最も強く受け，最も速く成長する．結晶の同じ部分は，かなり未飽和な流体中では最も速く溶解する．[71]

494 しかし，少しは結晶が成長するのに必要な程度に，流体が過飽和なときでさえ，$\Sigma(\sigma s)$ が最小値をとる形（あるいは，重力または結晶を支える物体の影響による形の変形）が，常に最終的な結果になることは期待できない．なぜなら，完全に連続的な過程によろうと，あるいは，液体と気体の間の凝縮や蒸発と同じような意味での連続的な過程によろうと，または，無定形の固体と流体の間の対応する過程によろうと，それらの過程によって結晶の内部構造と外形をもつ物体が成長したり溶解したりするとは思えないからである．その過程は，むしろ周期的とみなされるべきであり，δN が結晶中の分子からなる 2 つの連続する層の間の距離，あるいはその距離の倍数に等しくなければ，式 (664) は，意図された量の真の値を適切に示すことはできない．これを，無限小として扱うことはほとんど不可能なので，唯一確実に結論できるのは，式 (664) が正の値をとるような目立った変化は生じないということである．[72]

495 さて，3 つの異なる物質のうちの 1 つまたはそれ以上が固体であるとき，それらの物質が出会う一本の線に関係する特別な平衡条件を検討しよう．原論文

の685頁の方法を，そのような線を含む系に適用すれば，(660)と一致する式において，面に関係する積分に加えて，(611)の中の同様な項と解釈される次の形の項

$$\int \Sigma(\sigma \delta T) Dl$$

が得られる．ただし，固体にσの定義を拡張するにあたって，その定義が変更されている場合は除く．この項が負の値をもたないためには，その線のあらゆる点で，その線がとりうる**可能な**変位に対して，

$$\Sigma(\sigma \delta T) \geq 0 \tag{671}$$

であることが必要である．どの固体の内部も運動が不可能とみなされるとき，それらの変位は可能とみなされるべきであり，それらの変位は物質が固体であることによって妨げられることはない．固体と流体の間の面では，凝固と溶解の過程は，ある場合には可能であり，他の場合には不可能である．

　最も簡単な場合は，2つの物質が流体であり，3つ目の物質が不溶性の固体の場合である．固体をSで，流体をAとBで，そして，これらの流体で満たされた空間がなす角度をそれぞれαとβで表すとしよう．2つの流体と固体が出会う線で，固体の面が連続しているなら，平衡条件は，

$$\sigma_{AB} \cos \alpha = \sigma_{BS} - \sigma_{AS} \tag{672}$$

となる．流体が出会う線が固体の辺にあるなら，平衡条件は

および，
$$\left. \begin{array}{l} \sigma_{AB} \cos \alpha \leq \sigma_{BS} - \sigma_{AS} \\ \sigma_{AB} \cos \beta \leq \sigma_{AS} - \sigma_{BS} \end{array} \right\} \tag{673}$$

である．これらは，$\alpha + \beta = \pi$のとき，前の式(672)になる．線の変位は純粋に力学的過程によって行なうことができるので，この条件は，凝固と溶解の仮定に関係する条件よりも満足のゆく実験的検証が可能である．だが，物質が接している部分の相対的な変位が非常に大きいので，線の変位に対する摩擦抵抗は3つの流体の場合よりもはるかに大きい．さらに，固体に付着している異質物は，容易に移動させられないし，流体の場合のように，不連続面の拡大と収縮によって分布させることもできない．従って，そのような物質の分布は，流体の場合よりも広範囲で任意である．（流体中には，任意の不連続面の単一の異質物が一様に分布しており，少なくとも，面の張力を一様にするようにより多くの数が分布している）．このような物質の存在は，より不規則な仕方で平

衡条件を変更するだろう.

1本の線で出会う3つの不連続面のうちの1つ以上の不連続面が, 無定形の固体を, その固体が溶解しやすい流体から分けるなら, そのような面は可動とみなすべきであり, (671) に含まれる特定の条件は, それに応じて変更される.

可溶性の固体が結晶の場合には, 358頁で使った方法により適切に処理される. 線の変位は, この線が終端となる結晶の面全体の変位を伴うので, 線に関係する平衡条件は, この場合, 隣接する面に関係する平衡条件と完全に切り離すことはできない. しかし, 全エントロピー, あるいは体積のいかなる変化も伴わない, 内部の変化による系のエネルギーの全体の増加量についての式は, 2つの部分から成る. そのうちのひとつは系の物質の性質に関係するものであり, もうひとつは次の式

$$\delta \Sigma (\sigma s)$$

で表され, 和は不連続面のすべてに関係している. これは, 他の場合に現れる $\Sigma(\sigma s)$ の値を減少させる変化に対して同じ傾向を示している.[73]

一般的な関係——固体表面に対する任意の一定のひずみ状態に対して, 次のように書くことができる.

$$d\varepsilon_{\mathbf{S}(1)} = td\eta_{\mathbf{S}(1)} + \mu_2 d\Gamma_{2(1)} + \mu_3 d\Gamma_{3(1)} + \cdots \cdots \quad (674)$$

それは, この関係が, 含まれている関与する量の定義に暗に含まれているからである. この式と (659) から,

$$d\sigma = -\eta_{\mathbf{S}(1)}dt - \Gamma_{2(1)}d\mu_2 - \Gamma_{3(1)}d\mu_3 - \cdots \cdots \quad (675)$$

が得られる. この式は, 厳密には, 固体表面のひずみ状態は同じ状態を保つという, 同じ制限に従わなければならない. しかし, この制限は, 多くの場合, 無視することができる. (量 σ が, 流体間の面の場合のように, 面の真の張力を表すなら, この制限は全く必要ない).

もうひとつの方法と記号——これまで, 次のように仮定してきた. それは, 均一な (あるいは, ほとんど均一に近い) 2つの物質の間にある不均一な膜を扱わなければならず, この膜の性質と状態は, あらゆる点で, 膜の中に存在するかもしれない異質物の量と共に, これらの物質の性質と状態によって決定されるという仮定である. (本論文の 352-353 頁参照). 凝固と溶解の過程に関係する問題は, この仮定に立たなければ, 満足のゆく解答を得ることはほとんど

第三論文 不均一物質の平衡について

不可能であり，この仮定に立つことは，一般に，これらの過程によって生成された面に関して許されることだと思われる．しかし，変化しない固体の表面における流体の平衡の考察の際には，そのような制限は必要ではないし便利でもない．この問題を扱う以下の方法は，より簡単で，同時に，より一般的であることが分かるだろう．

エネルギーの面密度が，固体に属するエネルギーよりも，表面付近のエネルギーの方が多いことによって決まると仮定しよう．ただし，（同じ温度で同じひずみ状態で），その固体が流体の代わりに真空と境を接している場合は，その表面は固体に属しており，流体が固体の表面にまで一様なエネルギーの体積密度で拡がっている場合は，その表面は流体に属している．あるいは，いずれにしても，この仮定によって表面が十分に定義されないなら，その表面は，固体の外部の粒子によって，何らかの明確な方法で決定される面に属している．**このように定義された**表面エネルギーを定義するのに，記号 $(\varepsilon_\mathbf{S})$ を使うとしよう．エントロピーの面密度はまったく同じようなやり方で決定されると仮定し，それを $(\eta_\mathbf{S})$ で表そう．また，同様のやり方で，流体のすべての成分と，面に存在するかもしれないすべての流体の異質物に対して面密度が決定されるとし，それらを $(\Gamma_2),(\Gamma_3),\cdots\cdots$ で表すとしよう．これらの**流体の成分の面密度**は，流動性または可動性の物質だけに関係する．固体に動かないように付着しているすべての物質は，同じ部分とみなすべきである．さらに，ς を次の式で定義しよう．

$$\varsigma = (\varepsilon_\mathbf{S}) - t(\eta_\mathbf{S}) - \mu_2(\Gamma_2) - \mu_3(\Gamma_3) - \cdots\cdots \tag{676}$$

これらの量は，次の一般的な式を満たすであろう．

$$d(\varepsilon_\mathbf{S}) = t\,d(\eta_\mathbf{S}) + \mu_2 d(\Gamma_2) + \mu_3 d(\Gamma_3) + \cdots\cdots \tag{677}$$

$$d\varsigma = -(\eta_\mathbf{S})dt - (\Gamma_2)d\mu_2 - (\Gamma_3)d\mu_3 - \cdots\cdots \tag{678}$$

厳密には，これらの関係は，(674) および (675) と同様の制限に従う．しかし，この制限は，一般に無視してよい．事実，ς，$(\varepsilon_\mathbf{S})$，……の値は，一般に，σ，$(\varepsilon_{\mathbf{S}(1)})$，……の値よりも，固体の表面のひずみ状態の変化による影響をほとんど受けないはずである．

量 ς は，明らかに，固体と接している流体表面のその部分における収縮の傾向を表す．それを，**固体と接する流体の表面張力**と呼ぶことができるだろう．

その値は正負どちらでもよい．

499 同じ固体表面で同じ温度であるが，異なる流体に対する σ の値は，（この量の定義が適用できるすべての場合において）S の値，すなわち，真空中の固体表面に対する σ の値と，定数分だけ異なることが分かる．

固体表面上の線における2つの異なる流体の平衡条件に対して，次の式，

$$\sigma_{AB} \cos \alpha = S_{BS} - S_{AB} \tag{679}$$

が容易に得られる．添字等は(672)のように使用され，平衡条件は，流体が固体の辺で出会うときには同じ変更が必要である．

また，((679)のように，運動に対する受動的抵抗による制限を条件として)，以下のことを，考察している線の理論的平衡条件とみなさなければならない．つまり，面A-Sと面B-Sに何らかの異質物があるなら，これらの異質物のポテンシャルは線の両側で同じ値をもつということ，あるいは，何らかのそのような異質物が線の一方の側にのみ見出されるなら，その異質物のポテンシャルは，他方の側のポテンシャルの値より小さい値をもつことはありえないという条件である．また，物質Aの成分に対するポテンシャルは，例えば，物質Aにおいてと同様に，面B-Cにおいても同じ値をもたなければならないか，あるいは，それらの物質が面B-Cの実際の成分でないなら，物質Aにおける値よりも大きな値をもたなければならないという条件である．それで，流体の混合を防ぐために必要な条件が満たされない限り，固体表面上で2つの流体を合わせることによって，同じ固体と接している2つの流体の表面張力の差を決めることはできない．

311頁から318頁にかけて，重力の影響下での流体系の平衡の条件について研究してきたが，それは，固体が硬く溶解が不可能なものとして扱うことが可能なとき，その流体系が固体に囲まれているか，あるいは固体を含んでいる場合に容易に拡張できる．一般的な力学的平衡条件は，

$$-\int p\delta Dv + \int g\gamma\delta zDv + \int \sigma\delta Ds + \int g\Gamma\delta zDs$$
$$+ \int g\delta zDm + \int S\delta Ds + \int g(\Gamma)\delta zDs = 0 \tag{680}$$

の形をとる．ここで，最初の4つの積分は，流体とそれらの流体を分割する面に関係し，式(606)と同じ意味をもつ．五番目の積分は，動かすことができ

第三論文　不均一物質の平衡について

る固体に関係し，六番目と七番目の積分は，固体と流体の間の面に関係している．(Γ) は量 (Γ_2)，(Γ_3)，……の和を表す．流体が固体と出会う面では，固体と流体のそれぞれの変位を表す δz と δz は異なる値をもつことができるが，面に垂直なこれらの変位の成分は等しくなければならないことが分かる．

この式から，特定の平衡条件の中でも特に，次の式

$$d_S = g(\Gamma)dz \tag{681}$$

を導くことができる（(614) と比較せよ）．これは，流体の薄膜の運動に対する受動的な抵抗がないときの，固体表面上の流体の薄膜の分布を支配する法則を表している．

2つの異なる流体間の境界が，それらの圧力が等しい水平面にあるなら，式 (680) をそれらの流体を含む垂直の円筒管に適用することによって，管の内周と，管と接している上下の流体の表面張力の差 $s'-s''$ との積は，それより上の管の中にある物質の重量の過剰分に等しいという，よく知られた定理が容易に得られる．この定理では，管に付着している流体膜の重量を含めても含めなくても，どちらでもよい．この定理は，通常，$p'=p''$ の水平面と2つの流体間の実際の境界間にある，**塊としての**流体の円柱に適用される．そのとき，表面張力 s' と s'' は，この円柱の近傍で測定されなければならない．しかしまた，管の内面に付着している膜の重量を含めることもできる．

例えば，管の中で水と水蒸気とが平衡にある場合，$p'=p''$ の平面より上にある管の中の全ての水物質（water-substance）の重量は，同じ空間を満たしている水蒸気の重量によって減少し，管の上端での s の値と $p'=p''$ の平面での s の値の差を，管の内周に掛けたものに等しい．管の高さが無限なら，上端の s の値はゼロになり，管に付着している水の膜の重量と，同じ空間を満たす蒸気の重量によって減少する $p'=p''$ の平面より上の水の膜の重量は，管の内周と s''，つまり，水と水蒸気とが平面で平衡になる圧力の下で，管と接する水の表面張力の積と数値は等しいが，符号は反対になる．この意味で，その面の内周の単位長さ当りの管が支えることが可能な水の全重量は，管に接している水の $-s$ の値によって直接測定される．

501　動電力による平衡条件の修正——完全な電気化学的装置の理論

経験により，ある種の流体（電解質伝導体）では，成分物質の流量と電気の流量の間に関係があることが知られている．これらの流量間の量的関係は，次の式

$$De = \frac{Dm_a}{\alpha_a} + \frac{Dm_b}{\alpha_b} + \cdots\cdots - \frac{Dm_g}{\alpha_g} - \frac{Dm_h}{\alpha_h} - \cdots\cdots \quad (682)$$

で表すことができる．ここで，De, Dm_a, $\cdots\cdots$ は，電気と流体の成分が静止していても運動していてもよいが，任意の同じ面を同時に通過する電気の微少量と流体の成分の微小量を表し，α_a, α_b, $\cdots\cdots$, α_g, α_h, $\cdots\cdots$ は正の定数を表している．Dm_a, Dm_b, $\cdots\cdots$, Dm_g, Dm_h, $\cdots\cdots$ は互いに独立とみなすことができる．なぜなら，これらが互いに独立でなければ，ひとつ以上の項を，その他の項で表すことが可能となり，この種のすべての項が独立で，より短い形の式にすることができるからである．

全体としての流体の運動はいかなる電流も含んでいないので，添字で示された成分の密度は，次の関係を満たさなければならない．

$$\frac{\gamma_a}{\alpha_a} + \frac{\gamma_b}{\alpha_b} + \cdots\cdots = \frac{\gamma_g}{\alpha_g} + \frac{\gamma_h}{\alpha_h} + \cdots\cdots \quad (683)$$

従って，これらの密度は，他の場合に用いた成分の密度のように独立変数ではない．

異なる種類の分子が流体内に留まっている間は，添字 a，b，$\cdots\cdots$ で指定された成分物質の量 α_a, α_b, $\cdots\cdots$ は，それぞれ単位量の正電気に帯電し，添字 g，h，$\cdots\cdots$ で指定された成分物質の量 α_g, α_h, $\cdots\cdots$ はそれぞれ単位量の負電気に帯電するように，それらの分子に（正または負の）電気が分離しないようにしっかり結合していると仮定することによって，式(682)を説明することができる．式(683)は，次のような事実，つまり，定数 a_a, a_g, $\cdots\cdots$ は非常に小さいので，(683)で示された法則から大きく逸脱する流体のかなりの部分の電荷が著しく大きくなり，それで，そのような物質の形成は非常に大きな力によって抵抗を受けるという事実によって説明される．

第三論文　不均一物質の平衡について

流体の成分とみなされる物質の選択はある程度任意であり，同様の物理的関係は（682）の形をした異なる式で表すことが可能で，その式では，流量は成分の異なる組に関して表されることが分かる．選択された成分が，流体の実際の分子構造と信じられているようなものに相当するなら，それらの成分の流量は（682）の形の式に現れ，そして，それらは**イオン**と呼ばれ，その式の定数は**電気化学当量**と呼ばれる．当面の目的のために，分子構造の理論について何も関係はないが，便宜上，一組の成分を選び，それらを**イオン**と呼ぶ．それらのイオンの流量は，式（682）のなかに現れ，それ以上の制限はない．

さて，電解流体からなる独立の可変成分の流量は，少しも電流を必要としないので，これらの成分の運動に関係するすべての平衡条件は，まるで流体が電解過程の能力を欠いているのと同じようなものである．従って，電気的な考察に関係なく見出されるすべての平衡条件は，電解流体とその独立の可変成分に当てはまるであろう．しかし，それでも残りの平衡条件，つまり電解伝導の可能性に関する平衡条件を探さなければならない．

簡単のために，流体には不連続な内部表面が無い（従って，重力によってわずかに影響されることを除いて均一である）こと，そして，流体が，表面の異なる部分で金属導体（**電極**）と接触するか，そうでなければ，絶縁体によって境界付けられていると仮定しよう．考察を必要とする唯一の電流は，一方の電極から電解液に入り，もう一方の電極から出てゆく電流である．

電気の流動を伴う変化に関係する平衡条件を除き，すべての平衡条件が，系の与えられた状態において満たされるとしよう．そしてまた，一方の電極からもう一方の電極に指定された成分量 δm_a を伴った電気量 $\delta \varepsilon$ が移動することにより，系の状態は変化するが，他の成分の流量や全体のエントロピーは変化しないと考えよう．そうすると，系におけるエネルギーの全体的な変化は次の式

$$(V'' - V')\delta\varepsilon + (\mu_a'' - \mu_a')\delta m_a + (\Upsilon' - \Upsilon'')\delta m_a$$

で表される．ここで，V', V'' は2つの電極に接続された同じ種類の金属片の電気的ポテンシャルを，Υ', Υ'' は2つの電極の重力ポテンシャルを，μ_a', μ_a'' は指定された成分物質の内部ポテンシャルを表す．式の第1項は電気のポテンシャルエネルギーの増加量を，第2項は可秤量物質の内部エネルギーの増加量を，第3項は重力によるエネルギーの増加量を表す．[74)] しかし，（682）により，

$$\delta m_\mathrm{a} = \alpha_\mathrm{a} \delta \varepsilon$$

である．従って，

$$V''' - V' + \alpha_\mathrm{a}(\mu_\mathrm{a}'' - \mu_\mathrm{a}' - \varUpsilon'' + \varUpsilon') = 0 \tag{684}$$

が平衡の必要条件である．この関係を電極すべてに拡張するために，

$$V' + \alpha_\mathrm{a}(\mu_\mathrm{a}' - \varUpsilon') = V'' + \alpha_\mathrm{a}(\mu_\mathrm{a}'' - \varUpsilon'')$$
$$= V''' + \alpha_\mathrm{a}(\mu_\mathrm{a}''' - \varUpsilon''') = \cdots\cdots \tag{685}$$

と書く．（添字の b, ……で指定される）他の陽イオンのおのおのに対して，同様の条件が存在し，陰イオンのおのおのに対しては，次の形の条件が存在する．

$$V' - \alpha_\mathrm{g}(\mu_\mathrm{g}' - \varUpsilon') = V'' - \alpha_\mathrm{g}(\mu_\mathrm{g}'' - \varUpsilon'')$$
$$= V''' - \alpha_\mathrm{g}(\mu_\mathrm{g}''' - \varUpsilon''') = \cdots\cdots \tag{686}$$

重力の影響が無視できるとき，また，電極が2つしかないとき，ガルヴァーニ電池や電解槽のように，任意の陽イオンに対しては

$$V'' - V' = \alpha_\mathrm{a}(\mu_\mathrm{a}' - \mu_\mathrm{a}'') \tag{687}$$

であり，任意の陰イオンに対しては

$$V'' - V' = \alpha_\mathrm{g}(\mu_\mathrm{g}'' - \mu_\mathrm{g}') \tag{688}$$

である．ここで，$V'' - V'$ は，その組み合せでの動電力（electromotive force）を表している．

すなわち，**すべての平衡条件がガルヴァーニ電池あるいは電解槽において満たされているとき，動電力は，電極の表面の任意のイオン，あるいは見かけのイオンのポテンシャルの値に，そのイオンの電気化学当量を掛けた値の差に等しい．陰イオンのより大きなポテンシャルは，同じ電極においてより大きな電気的ポテンシャルであり，その逆は陽イオンにおいても成り立つ．**

この原理を様々な場合に適用しよう．

（I）イオンが電極の独立な可変成分か，あるいはそれ自体が電極を構成しているなら，（変化に対する受動的な抵抗に依存しない平衡のいずれの場合においても）イオンのポテンシャルは電極内部で電極の表面と同じ値をもち，電極の温度と圧力とともに電極の組成によって決まる．このことは，溶液中に一定量の亜鉛を含む水銀の電極（あるいはこのようなひとつの電極と，もうひとつの純粋な亜鉛の電極）からなる電池と，亜鉛の塩を含むが水銀を溶解できな

第三論文　不均一物質の平衡について

い電解質流体によって説明できるかもしれない．[75] 水素が充填されたパラジウムの電極間で水素がイオンの働きをする電池を，同じ原理の別の説明とみなすことができる．しかし，電極と，電極の中の水素の拡散に対して生じる抵抗（溶液の中のように，対流が拡散を補助できない過程）は，その関係の実験的検証にとってかなりの障害になる．

（Ⅱ）イオンは，時には，電解質流体に（独立な可変成分として）溶解することができる．もちろん，こうして溶解したときの電解質流体の状態は，イオンに作用するときの状態とはまったく異なっているに違いない．その場合，すでに見たように，その量は独立に変化することはない．溶液のこの状態における流体中での拡散は，必ずしも電流に関係しているとは限らず，他の関係においては，その性質は完全に変わっているかもしれない．（例えば，基本方程式に関する）流体内部の性質のどのような議論においても，イオンを異なる成分物質として扱う必要がある（78-79 頁参照）．しかし，電荷が電極に入る過程と，イオンが電解液に溶解する過程が**可逆**なら，(687) と (688) におけるイオンの成分物質に対するポテンシャルを，このようにして電解液に溶解している成分物質に関係すると明らかにみなすことができる．絶対的平衡の場合には，こうして溶解した成分物質の密度は，（その成分物質が電流とは関係なく独立に動くことができるので）当然，その流体全体にわたって一様である．したがって，われわれの原理を厳密に適用することにより，イオンのどれかが電荷をもたずに流体に溶解することが可能なら，受動的抵抗に依存しない絶対的平衡のいかなる場合においても，動電力はゼロでなければならないという，あまり意味のない結果を得るだけである．それにもかかわらず，電解質流体にイオンが非常に小さな範囲にしか溶解せず，また，通常の拡散による一方の電極から他方の電極へのイオンの移動がきわめて遅い場合は，イオンが拡散できない場合に近似しているとみなすことができる．そのような場合，式 (687) と (688) は，溶解しているイオンの拡散に関する平衡条件を満していないが，ほぼ有効とみなしてよいだろう．これは，形態のいくつかにおいて，白金の電極間のイオン（あるいは見かけのイオン）としての水素と酸素の場合に当てはまるかもしれない．

（Ⅲ）イオンは，電極に物質の塊として現れるかもしれない．イオンが電気

伝導体なら，その析出物が塊としての物質の性質を持つほど十分に厚くなると，その析出物は電極を形成するとみなすことができるだろう．したがって，この場合は，最初に考察したことと違いはない．イオンが絶縁体のときには，電極上に連続して堆積した厚い析出物は，当然，電流が流れる可能性を妨げるだろう．しかし，絶縁体のイオンが，電極に隣接する物質の塊として遊離しても，その電極を完全に覆わない場合は重要である．それは，水素が陰極で泡として発生することで説明できる．完全な平衡の場合においては，受動的抵抗とは無関係に，(687) または (688) のイオンのポテンシャルは，そのような物質の塊で決定される．それでも，イオンが電極あるいは電解質流体によってある程度吸収されるか，あるいは電極が流体でない限り，その状況は，完全な平衡の達成に対して全く不利である．なぜなら，電気が電極に移る間に，イオンが絶縁体の塊に直ちに移動しなければならないなら，電解電流の唯一可能な終点は，電極と絶縁体の塊と電解質流体が出会う線においてである．それで，電解過程は必然的に非常に遅くなり，電解電流がほとんど流れなくなるのを，近似的な平衡状態に達した証拠とみなすことはできないからである．しかし，電解質流体または電極中のイオンの溶解度が低くても，電解過程への抵抗を著しく減少させる可能性があるし，また，我々が議論している定理で仮定している完全な平衡状態の形成を促進する．そして，液体の電極の表面の可動性は，同じように作用するだろう．イオンが電極または電解質流体によって吸収される場合は，当然，既に考察してきた主要な部類に入る．それでも，イオンが物質の中で自由であるという事実は重要である．なぜなら，一般に，ポテンシャルの値を最も容易に決定できるのは，そのような物質においてだからである．

(Ⅳ) イオンが電極または電解質流体のどちらにも吸収されず，またイオンが物質の塊として遊離しないとき，それは電極の表面に依然として析出するであろう．これは，(塊としての物質の性質をもつ物体を形成することなしに) 限定された範囲でのみ起こりうる．それにもかかわらず，すべての成分物質の電気化学当量は小さいので，イオンの析出物が塊としての物質の性質を持つ前に，非常に大きな電気の流れが生じるであろう．イオンが物質の塊として現れるか，あるいは電極または電解質流体によって吸収されるときでさえ，電解質流体と電極の間の不均一な膜は，イオンの析出物の追加部分を含む．イオンが

第三論文 不均一物質の平衡について

電極の表面に限定されているか否かにかかわらず,これを,不連続面における成分物質の,ある特定の面密度と認めねばならない場合のひとつとみなすことができる.それについての一般理論は既に考察している.

イオンの析出は,電極が液体であれば,電極の表面張力に影響を及ぼすだろうし,電極が固体であれば,同じ記号 σ で表してきた量に密接に関係する量に影響を及ぼすだろう (352-368 頁を参照).その効果は,もちろん,液体の電極の場合に見ることができる.しかし,電極が液体であろうと固体であろうと,電解装置 (electrolytic combination) に加える外部の動電力 $V'-V''$ を変化させた場合,その動電力が持続する電流を発生させるには弱すぎるときには,それによって電極が新しい分極状態になり,その状態で,電極または電解質流体の性質を変えることなく,電極は変化した動電力の値で平衡になる.それで,(508) または (675) より,

$$d\sigma' = -\Gamma_\mathrm{a}' d\mu_\mathrm{a}'$$
$$d\sigma'' = -\Gamma_\mathrm{a}'' d\mu_\mathrm{a}''$$

となり,(687) より

$$d(V'-V'') = -\alpha_\mathrm{a}(d\mu_\mathrm{a}' - d\mu_\mathrm{a}'')$$

となる.従って,

$$d(V'-V'') = \frac{\alpha_\mathrm{a}}{\Gamma_\mathrm{a}'} d\sigma' - \frac{\alpha_\mathrm{a}}{\Gamma_\mathrm{a}''} d\sigma'' \qquad (689)$$

となる.(一方の電極の表面が他の電極の表面に比べて非常に小さいときの場合のように),その電極のみの分極状態が影響を受けると仮定すれば,

$$d\sigma' = \frac{\Gamma_\mathrm{a}'}{\alpha_\mathrm{a}} d(V'-V'') \qquad (690)$$

が得られる.そのとき,一方の電極の表面張力は動電力の関数である.

この原理は,Lippmann 氏によって,彼の名前をもつ電位計の製作に応用されている.[76] 式 (689) と (690) を水銀の電極間にある希硫酸に適用するに当たって,リップマン電位計のように,添字が水素を表すと仮定しよう.**区分界面**を,水銀の面密度がゼロになるように置くと仮定するのが最も都合がよいだろう (原論文の 397 頁参照).そのとき,その表面で過剰にまたは不足して存在する物質は,硫酸と水と水素の面密度で表すことができる.最終的な値は,

式（690）から決定することができる．Lippmann の測定によれば，表面が自然状態（すなわち，外部の動電力を加えていないときに表面がとろうとする状態）にあるとき，σ' は $V''-V'$ とともに増加するので，その値は負である．$V''-V'$ がダニエル電池の動電力の 10 分の 9 に等しいときには，V'' が関係する電極は自然状態に留まり，他の電極表面の張力 σ' は最大値となり，表面の水素は過剰でも不足でもない．これは，電気の流れが生じないうちに表面が拡大するときに，その表面がとろうとする状態である．新しく形成された表面の単位当りの電気の流れは，表面が拡大している間は表面を一定の状態に保ち，数値で表わすなら Γ_a''/α_a であり，その方向は Γ_a' が負のとき水銀から酸に向かう方向である．

　これまで，受動的な抵抗が作用する過程が急速に消滅するようなものを除いて，主として，変化への受動的抵抗がないと仮定してきた．受動的抵抗に関することについての実際の条件は，ほぼ以下のようである．電解過程が急速に消滅するようなものを除いて，イオンが一方の電極からもう一方の電極に移動する電解過程に対する受動的抵抗が存在するとは思えない．なぜなら，どのような平衡の場合でも，外部から作用する動電力の最小の変化は，（一時的な）電解電流を生じるのに十分だと思われるからである．しかし，その場合は，イオンが電極に入るか，またはイオン自体がひと塊の物質として分離するか，あるいは（もはやイオンの性質をもつことなく）電解質流体に溶解したときのように，イオンが新しい結合または新しい関係に変わる分子的な変化に関して同じではない．これらの過程に対する受動的抵抗のために，考察しているひとつの物質から他の物質にイオンを移すどのような電流も生じることなく，外部の動電力は，広い範囲内でしばしば変化する．言い換えれば，Ⅰ，Ⅱ，Ⅲの場合のように，イオンに対するポテンシャルの値を決めるとき，$V'-V''$ の値は，(687) または (688) から得られる値と大きく異なることがしばしばあるということである．それにもかかわらず，これらの (687) と (688) の式は，いかなる付随する不可逆過程もなく，イオンが電解電流によって電極の表面に運ばれるか，あるいはそこから取り去られる状態のイオンに関して，そのイオンに対するポテンシャルが電極の表面で決定されるときには，完全に有効とみなすことができる．しかし，電極の表面の性質について完全な議論をするには，こ

の状態にあるイオンの物質と，イオンが不可逆過程なしに（直接に）移ることができない他の状態にある同じイオンの物質とを（面密度とポテンシャルの両方に関して）区別することが必要かもしれない．しかしながら，イオンの物質が，電極の表面において，それが示すいずれかの状態から他の状態に，可逆過程によって移ることが可能なときには，そのような区別は必要ない．

式（687）と（688）は，存在するイオンと同じ数の式を与える．しかし，これらの式は，電解質流体の独立な可変成分に関係する式に付加された，ただひとつの独立した式になる．このことは，陽イオンの流れが電流を伴わないようにするために，同じ方向の陰イオンの流れと結合することが可能であり，そして，これを電解質流体の独立な可変成分の流れとみなしうると考えることから明らかになる．

完全な電気化学的装置の一般的な性質

電流がガルヴァーニ電池か電解槽を通過するとき，電池の状態は変化する．電流が通過している間を除いて電池の中に何も変化が起こらず，また電流を逆転させることで，電流に伴う全ての変化を逆転させることができるなら，その電池は完全な電気化学的装置と呼ぶことができる．電池の動電力は，先ほど与えられた式によって決定できる．しかし，そのような装置が従う一般的な関係のいくつかは，イオンが表に現われない形で簡便に述べることができる．

最も一般的な場合には，その電池は次の 4 種類の外部からの作用を受けるとみなすことができる．(1) 一方の電極での電気の流出と他方の電極での同量の電気の流入．(2) ある特定量の熱の供給または吸収．(3) 重力の作用．(4) 気体の放出により装置の体積が増加するようなときの装置を囲む表面の運動．

電池内のエネルギーの増加は，電池が外部源から受け取るエネルギーの量に必ず等しい．これを次の式で表すことができる．

$$d\varepsilon = (V' - V'')de + dQ + dW_\mathrm{G} + dW_\mathrm{P} \qquad (691)$$

ここで，$d\varepsilon$ は電池の内部エネルギーの増加を，de は電池を通過する電気量を，V' と V'' はそれぞれ陽極と陰極に接続された同種の金属の電気ポテンシャルを，dQ は外部の物体から受け取る熱を，dW_G は重力によりなされる仕事を，dW_P は装置の外面に作用する圧力によりなされる仕事を表す．

その過程が生じると考えられる条件は，装置のエントロピーの増加がその装置が外部源から受け取るエントロピーと等しくなるような条件である．エントロピーの唯一の外部源は，周囲の物体によって電池に伝わる熱である．電池のエントロピーの増加を $d\eta$ とし，温度を t とすれば，

$$d\eta = \frac{dQ}{t} \tag{692}$$

である．
dQ を消去して，

$$d\varepsilon = (V' - V'')de + td\eta + dW_G + dW_P \tag{693}$$

あるいは，

$$V'' - V' = -\frac{d\varepsilon}{de} + t\frac{d\eta}{d\varepsilon} + \frac{dW_G}{de} + \frac{dW_P}{de} \tag{694}$$

が得られる．

　過程の可逆性の条件を放棄するなら，電池は完全な電気化学的装置ではなくなるが，式 (691) は依然として成り立つということに注目する価値はある．しかし，簡単のために，電池の全ての部分が同じ温度なら，それは**必然的**に完全な電気化学的装置の場合であり，(692) の代わりに，

$$d\eta \geq \frac{dQ}{t} \tag{695}$$

となり，そして，(693) と (694) の代わりに，

$$(V'' - V')de \leq -d\varepsilon + td\eta + dW_G + dW_P \tag{696}$$

となる．

　与えられた電池に対する (694) の右辺のいくつかの項の値は，電池が受ける外部の影響により変化するだろう．電池が硬い包壁の中に（電気分解の生成物と共に）封じ込められているなら最後の項は消える．重力に関する項は一般に無視され，熱の放出または流入がないなら $d\eta$ を含む項は消える．しかし，式の最も重要な応用である動電力の計算では，温度が一定に保たれると仮定するのが一般により便利である．

510　　(691)，(693)，(694)，(696) の中の dQ および $d\eta$ を含む項によって表される量は，温度が一定に保たれると仮定される電池の考察においては，しばしば無視される．言い換えれば，（与えられた量の電気が流れる時間を長くするこ

とにより，際限なく減少する熱を除き），完全な電気化学的装置に電流が流れることによって，発熱も冷却も生じないことがしばしば仮定される．また，直接にあるいは必ずしも電気分解の過程に関連していない二次的な性質の過程によらない限り，**どのような**電池においても，**熱**のみが発生しうることがしばしば仮定される．

　この仮定が何らかの十分な理由によって正当化されるとは思えない．事実，動電力が (694) の中の項 $t\dfrac{d\eta}{de}$ によって完全に決定され，その式の右辺の他の項が全てゼロになる場合を見出すのは容易である．これは，水素と窒素が充填された Grove の気体電池に当てはまる．この場合，水素は窒素に移動する．つまり，温度が一定に保たれるとき，電池のエネルギーが変化しない過程である．外部の圧力によってなされる仕事は明らかに存在せず，重力によってなされる仕事も存在しないか，（あるいはおそらく）存在しないであろう．それでも，電流は発生する．電池の外で電流によってなされる（あるいはなされるであろう）仕事は，それらの気体が他の方法で混合することを可能にすることで得られる仕事（あるいは仕事の一部）と同等である．これは，Rayleigh 卿が示したように[77]，各々の気体が別々に，最初の体積から 2 つの気体が共に占める体積に，一定の温度で膨張するのを可能にすることで得られる仕事に等しい．同じ仕事は，179 頁の式 (278) と (279) から明らかなように（原論文の 220 頁参照），系のエントロピーの増加に温度を掛けたものに等しい．

　窒素またはその他の中性気体を必要としないような方法で，電池の構成を変更することは可能である．電池を十分な高さの U 字管で構成し，それぞれの極の管に（それぞれ 1 気圧と 2 気圧といった）まったく異なる圧力の純粋な水素が入っているとしよう．それぞれの圧力は，管の中を滑らかに動くように適度に加重されたピストンによって一定に維持されている．2 つの電極の気体の圧力の差は，当然，酸性の水の 2 つの液柱の高さの差で釣り合わなければならない．そのような装置は，より濃い方からより薄い方へ水素を運ぶ電流の方向に作用する動電力をもつことはほとんど疑いない．確かに，外部の動電力によって，気体を一方の管から他方の管に移動させるのに必要な力学的仕事と等しい（動電力による）仕事の消費なしに，気体が逆方向に運ばれることはない．そして，（電気の通過によって変化しない）金属電極をいくらか変更すること

により，受動的抵抗をゼロにすることができる．それで，ひとつの物質から他の物質に，動電力の有限の変化なしに，水素を可逆的に運ぶことができる．その場合，動電力の唯一可能な値は，非常に近い近似として，$t\dfrac{d\eta}{de}$で表される．重力は，水素の圧力差を一定に保つことにより，この種の電池において本質的な部分を演じるけれども，動電力は重力に帰することはとてもできない．なぜなら，重力によってなされる仕事は，水素がより濃い方からより薄い方へ移るとき負だからである．

また，（亜鉛の電極間に硫酸亜鉛があるか，または銅の電極間に硫酸銅がある電池において，塩の溶液が2つの電極で濃度が等しくないとき），塩の溶液の濃度差によって生じる電流については，最近，Helmholtz氏とMoser氏により理論と実験で研究されている．[78] だが，そのような電流が，異なる濃度の溶液の混合が熱を生じる場合に限定されるということは，まったくありえない．しかし，より濃い溶液とそれほど濃くない溶液の混合が熱の放出または吸収を伴わない場合には，動電力が電池のエネルギーの減少により簡単に決定されるなら，動電力は考察している種類の電池の中でゼロになるに違いない．そして，混合によって冷却が生じるとき，同じ規則により，濃度の差を増加させる傾向がある方向を除いて，どのような動電力も生じない．そのような結論は，Helmholtz教授が与えた現象の理論とまったく矛盾している．

動電力を演繹的に決定するにあたって，電池内のエントロピーの変化を考慮することが必要なさらに顕著な例は，硫酸亜鉛の溶液中の亜鉛と水銀の電極によって与えられる．亜鉛が水銀に溶解するとき熱が吸収されるので[79]，温度が一定に保たれているとき，亜鉛が水銀に移動することにより電池のエネルギーは増加する．しかし，この組み合せでは，動電力は，そのような移動を生み出す電流の方向に作用する．[80] この電極の対では，かなりの量の亜鉛が水銀と結合するとき，ある種の異常性を示す．動電力がその方向を変えるので，この事例は，動電力は電池のエネルギーを減少させる電流の方向に向くという原理，言い換えれば，それらの変化が直接起こるとき，熱の放出を伴うそれらの変化を引き起こすか，あるいは可能にする電流の方向に向くという原理の説明として，通常引用される．しかし，アマルガムから電解液を通って亜鉛に向かう方向に作用することが観測されている動電力（Gaugain氏の測定によれば，純粋

な水銀がアマルガムの位置を占めるときに，反対方向に作用する動電力の25分の1に過ぎない力）の原因が何であれ，これらの異常性は，もっぱらここで注目される一般的な結論にはほとんど影響しない．電池の電極の一方は純粋な亜鉛であり，他方は水銀が流動性を失うことなく実験の温度で溶解する量を超えない亜鉛を含むアマルガムであるとする．また，電流を伴う（熱以外の）唯一の変化が，一方の電極から他方の電極への亜鉛の移動であるとする．これは，これまでに記録されたすべての実験においては満たされなかったかもしれない条件だが，理論的な議論では仮定することが許される条件であり，そして，亜鉛が水銀に溶解するときに熱が吸収される事実に矛盾するとは確かにみなされない条件である．その場合，動電力の方向が，アマルガムから純亜鉛の電極に亜鉛を運ぶ電流の方向であることは不可能である．なぜなら，電解過程によりアマルガムから脱離した亜鉛は，直ぐに再溶解するかもしれないので，そのような動電力の方向は，電池の一定温度での熱以外の消費なしに，不定量の動電力の仕事，従って，不定量の力学的仕事を得る可能性を伴うからである．

　これまで考察してきた事例は，一定の割合で化合する場合を含んでおらず，そして，電池の電極が水銀と亜鉛の場合を除き，動電力は非常に小さい．化合が一定の割合で起こるそれらの電池に関しては，おそらく，その動電力を，エントロピーの変化を考慮することなく，エネルギーの減少からかなりの精度で計算することができると考えられる．しかし，化合の現象は，一般に，どのような過程によろうと，物質の直接的な結合によって生じる熱と同等の力学的仕事の量を，物質の化合から得る可能性があるようには思えない．

　例えば，大気圧の下で，1kg の水素は 8kg の酸素と燃焼によって化合し，液体の水が形成され，約 34000 カロリーの熱量が生じる．[81] それらの水素と酸素の気体を温度 0℃とし，形成された水を同じ温度 0℃に下げるとする．**しかし，望んだ温度ではこの熱を得ることはできない**．非常に高い温度は，程度の差はあれ，元素の化合を妨げる効果がある．それで，Sainte-Claire Deville 氏によれば，水素と酸素の燃焼により得られる温度は，高いとしても 2500℃を超えることはできない．[82] このことは，存在する水素と酸素の半分以下が，その温度で化合することを意味する．これは，大気圧の下での燃焼に関係している．密閉された空間での燃焼に関する Bunsen 教授の測定によると，温度 2850℃

圧力10気圧では，水素と酸素の混合物の3分の1だけが化合物を形成する.[83] そして，窒素の添加により温度が2024℃に下がり，窒素による圧力の部分を除いて圧力が約3気圧に下がるとき，半分を少し上回る混合物だけが化合物を形成する.

ところで，2500℃での10カロリーは，9カロリーのエネルギーに相当する力学的仕事に，4℃での1カロリーを加えたものに可逆的に変換可能とみなすべきである．従って，大気圧の下で，水素と酸素の化合から得られる34000カロリーのすべてが，2500℃の温度やそれ以下の温度で得られるなら，これらの元素が，常温でかつ大気圧の下で化合または分解する，完全な電気化学的装置でなされる動電力の仕事を，34000カロリーの10分の9に相当すると算定し，その装置において放出されたり吸収されたりする熱を34000カロリーの10分の1に相当すると算定するべきである.[84] これは，もちろん，34000カロリーすべてが動電力の仕事または力学的仕事に変換できるという仮定により得られるのと同じ大きさの，正確に10分の9の動電力を与えるだろう．しかし，示されているすべてのことからみて，算定される2500℃という温度は，（燃焼のすべての熱が得られるとみなしうる温度としては）あまりに高すぎる.[85] また，水の電気分解に必要な動電力の理論値は，動電力を発生させるものが，その過程に必要なエネルギーのすべてを供給する必要がある，という仮定により得られる値の10分の9よりかなり小さいとみなさなければならない．

その場合は，塩酸の電気分解に関して本質的に同じであり，おそらく，水の電気分解よりも典型的な過程の例である．解離現象は同様に注目され，はるかに低い温度で生じ，気体の半分以上が1400℃で解離する.[86] そして，塩酸ガスと水，特にかなりの量の酸をすでに含んでいる水との化合により得られる熱は，おそらく比較的低い温度でのみ得られる．これは，この酸を電気分解するのに必要な動電力（すなわち，可逆的な電気化学的装置において必要な動電力）の理論値は，電気分解された液体を形成するために，水素と塩素と水の化合によって発生するすべての熱に等しい量を，動電力の仕事に使うことができる動電力よりもはるかに小さくなければならないことを示している．この推定は，物質の直接の化合で示される現象に基づいているが，Favre氏の実験により裏付けられている．彼は，この酸が電気分解される電池内での熱の吸収を観測して

いる.[87] 従って，費やされた動電力の仕事は，電池内のエネルギーの増加より少ないはずである.

我々が考察してきた一定の割合の組成の両方の場合において，化合物はその元素より多くのエントロピーをもち，その差はかなり重要である．これは，それらの元素より少ないエネルギーをもつ化合物に関して例外的というより，むしろ規則的なものと思われる．しかし，それが不変の規則であると断定するのは早計であろう．化合物中のあるひとつの物質が別の物質と置き換えられるとき，エネルギーとエントロピーの関係に大きな多様性が予想できる.

場合によっては，電池の動電力と，流れる電気の単位当りのエネルギーの減少率の間に顕著な対応があり，温度は一定に保たれている．ダニエル電池は，この対応について注目に値する例である．一般に使用されているすべての電池のうちで，ダニエル電池は最も安定した一定の動電力をもち，可逆性の条件に最も近い電池なので，おそらく，ダニエル電池は非常に重要な実例とみなすことができる．Favre 氏の測定[88]に，無限小の差の代わりに有限の差に関する以前のわれわれの表記（(691) と比較）を適用し，エネルギーを熱量に換算すれば，溶解した亜鉛の各々の当量（32.6kg）に対して，

$$(V''' - V')\Delta e = 24327 \text{ cal}, \quad \Delta \varepsilon = -25394 \text{ cal}, \quad \Delta Q = -1067 \text{ cal}$$

が得られる．電池が行った動電力の仕事は約 4％であり，電池内のエネルギーの減少より少ないことが分かる.[89] ΔQ の値は，それが負のとき，回路の外部抵抗が非常に大きい場合の電池内で発生する熱を表すが，その値は直接測定することにより決定され，電池の抵抗に対する補正がなされているようには思えない．この補正は，$-\Delta Q$ の値を減少させ，$(V''' - V')\Delta e$ の値を増加させて，$-\Delta \varepsilon$ から $-\Delta Q$ を引くことで得られる．

ある特定の条件下では，グローブ電池内で発熱も冷却も生じないように見える．なぜなら，Favre 氏が，様々な濃度の硝酸に関して，時には発熱が，時には冷却が生じることを発見しているからである.[90] もちろん，どちらも生じないときには，電池の動電力は流れる電気の単位当りのエネルギーの減少に正確に等しい．しかし，このような偶然の一致は，熱の吸収が観測されたという事実に比べて，それほど重要ではない．約 7 当量の水を含む酸（$HNO_6 + 7HO$）について，Favre 氏は，

$$(V''-V')\Delta e = 46781 \text{ cal} \quad \Delta\varepsilon = -41824 \text{ cal} \quad \Delta Q = 4957 \text{ cal}$$

を見出し，約1当量の水を含む酸（HNO_6+HO）について，

$$(V''-V')\Delta e = 49847 \text{ cal} \quad \Delta\varepsilon = -52714 \text{ cal} \quad \Delta Q = -2867 \text{ cal}$$

を見出した．最初の例では，電池に吸収された熱量は少なくないこと，そして，動電力が電池内でのエネルギーの減少により説明できる熱量よりも，ほぼ8分の1ほど大きいことが分かる．

Favre 氏は電池内での熱の吸収を他の場合でも観測したが，その場合は化学的過程はもっと単純である．

Favre 氏の実験では，塩酸中のカドミウムと白金の電極に対して次の値を得ている．[91]

$$(V''-V')\Delta e = 9256 \text{ cal} \quad \Delta\varepsilon = -8258 \text{ cal}$$
$$\Delta W_\mathrm{p} = -290 \text{ cal} \quad \Delta Q = 1288 \text{ cal}$$

この場合，動電力は，大気圧に対してなされる仕事による電池内でのエネルギーの減少が説明できる動電力よりも，ほぼ6分の1大きい．

同じ塩酸のなかの亜鉛と白金の電極に対する一連の実験では[92]，

$$(V''-V')\Delta e = 16950 \text{ cal} \quad \Delta\varepsilon = -16189 \text{ cal}$$
$$\Delta W_\mathrm{p} = -290 \text{ cal} \quad \Delta Q = 1051 \text{ cal}$$

が得られ，後の一連の実験では，[93]

$$(V''-V')\Delta e = 16738 \text{ cal} \quad \Delta\varepsilon = -17702 \text{ cal}$$
$$\Delta W_\mathrm{p} = -290 \text{ cal} \quad \Delta Q = -674 \text{ cal}$$

が得られている．

多孔質の隔壁がある電池内の塩酸の電気分解で，Favre 氏は次の値

$$(V''-V')\Delta\varepsilon = 34825 \text{ cal} \quad \Delta Q = 2113 \text{ cal}$$

を見出している[94]．それで，

$$\Delta\varepsilon - \Delta W_\mathrm{p} = 36938$$

となる．気体状で放出された塩素の量が明確に述べられないので，ΔW_p に正確な値を割り当てることはできない．しかし，$-\Delta W_\mathrm{p}$ の値は，290 cal と 580 cal の間になければならず，おそらく，前者の 290 cal により近いであろう．

塩酸中の亜鉛と白金の電極に関する2つの一連の実験結果における大きな違いは，酸の濃度とか，あるいは亜鉛の水素への置換がある程度起こるといった，

第三論文　不均一物質の平衡について

実験条件のいくつかの違いを考えれば，ほぼ自然に説明される．[95] これら全ての場合において，われわれの観測において重要なのは，ガルヴァーニ電池，または電解槽に熱が吸収される条件が存在することである．それで，ガルヴァーニ電池は，そのエネルギーの減少により説明されるよりも大きな動電力をもち，電気分解の作用には，その電池内のエネルギーの増加から計算されるよりも小さな動電力が必要である．特に，大気圧に対してなされる仕事が考慮されるときにはそうである．

　これらすべての実験において，ΔQ で表される量（問題になっている点に関する臨界量）は，熱量計の中にだけ置かれた電池により吸収，または放出される熱を直接測定することによって決定されることに注目すべきである．回路の抵抗は，熱量計の外に置かれた可変抵抗器によって非常に大きくなっているので，電池の抵抗はそれに比べると取るに足らないほど小さく，いずれにせよ，この電池の抵抗に対する補正がなされたとは思えない．すべての場合において，電池に吸収される熱を減少させる（または発生する熱を増加させる）この状況に起因する誤差を除いて，ΔQ の確率誤差は，一般に，極めて多くの熱量を伴う様々な熱量測定の比較によって決定された $(V' - V'') \Delta e$，または $\Delta \varepsilon$ の誤差と比較して非常に小さいに違いない．

　引用された数字を考察するに当たって，水素が気体として放出されるとき，一般に，その過程は可逆的とはほど遠いことを思い出す必要がある．完全な電気化学装置では，電池内の同じ変化が，非常に多くの量の動電力の仕事を生み出すか，あるいは極めて少ない量を吸収する．どちらの場合でも，ΔQ の値は不完全な装置よりもずっと大きく，おそらく，その差は数千カロリーと見積もられるだろう．[96]

　一方の電極で自由なイオンが，一部は気体として現れ，一部は電解質流体で吸収され，一部は電極で吸収されることは，ガルヴァーニ電池や電解槽ではしばしば起こることである．そのような場合，周りの状況のわずかな変化は動電力にほとんど影響を及ぼさないが，電流が十分に弱いなら，上で述べた3つの方法の1つで，イオンのすべてが処理されることになるであろう．これは電池内のエネルギーの変化にかなりの差をもたらし，これらのすべての場合で，エネルギーだけの変化から，動電力を計算することは確かに不可能である．イオ

ンが気体として放出されたときに，大気圧に対してその気体がなす仕事による補正は，これらの差を調整するのには役に立たない．一般に，この補正が動電力の値の不一致を大きくすることは，考えてみれば明らかであろう．これらの場合のどれが正常とみなすべきか，どれが二次的過程含むとして否定すべきか，明確には分からない．[97]

いずれの場合も，二次過程を除外するなら，イオンが析出する電極と実質的に同一なとき，あるいはイオンが電解液に移る電極と実質的に同一なときを予想する必要がある．しかし，この場合でさえ，物質が様々な形態で現れる困難さを免れない．実験の温度がイオンおよび電極を形成している金属の融点なら，温度のわずかな変化により，イオンは固体または液体の状態に置かれるか，あるいは，電流が反対方向に流れるなら，イオンは固体か液体から出てくることになるだろう．これによりエネルギーの変化にかなりの差が生じるので，エントロピーの変化もまた考慮に入れない限り，金属の融点の上か下かで動電力に対して異なる値を得ることになる．実験はそのような違いが存在することを示していない[98]．エントロピーの変化を考慮するなら，式（694）のように，項 $\dfrac{d\varepsilon}{de}$ と項 $t\dfrac{d\eta}{de}$ は，両方とも同じ差によって，すなわち，金属の電気化学当量の融解熱によって影響されることは少しもないことは明らかである．実際，そのような違いが存在するなら，液体状態から固体状態へ移行する金属が発生する熱を，他の消費なしに動電力の仕事（従って，力学的仕事）に変換することができる装置を考案するのは容易であろう．

前述の例は，ガルヴァーニ電池，あるいは電解槽の動電力の決定において，（温度が一定に保たれると仮定するときの）エネルギーだけの変化や，外部の圧力や重力によってなされる仕事に対する補正だけではなく，他の理由を考慮する必要性を示すのに十分だと思われる．しかし，(693)，(694)，(696)で表される関係は，もっと簡潔な形にすることができるだろう．

106頁から107頁のように，

$$\psi = \varepsilon - t\eta$$

と置けば，任意の一定の温度に対して，

$$d\psi = d\varepsilon - td\eta$$

が得られる．そして，任意の電気化学的装置に対して，一定に保たれている温

度で，

$$V'' - V' = -\frac{d\psi}{de} + \frac{dW_G}{de} + \frac{dW_F} {de} \tag{697}$$

となり，温度が一様かつ一定に保つとき，どのような電池に対しても，

$$(V'' - V')de \leqq -d\psi + dW_G + dW_F \tag{698}$$

となる．

通常の大きさの電池では，重力によってなされる仕事は，電池の異なる部分の圧力が等しくないのと同様，無視することができるであろう．温度と同様に圧力を一様かつ一定に保ち，p は電池内の圧力，v は（電気分解の生成物を含む）全体積を表すとして，109頁から110頁のように，

$$\zeta = \varepsilon - t\eta + pv$$

と置けば，

$$d\zeta = d\varepsilon - td\eta + pdv$$

となる．また，完全な電気化学的装置に対しては，

$$V'' - V' = -\frac{d\zeta}{de} \tag{699}$$

となり，任意の電池に対しては，

$$(V'' - V')de \leqq -d\zeta \tag{700}$$

となる．

論文注

1）R, Clausius, "Ueber verschiedene für die Anwendung bequeme Formen der Hauptgleichungen der mechanischen Wärmetheorie（力学的熱論の主法則を適用するためのさまざまな便利な形式について）", *Pogg. Ann.* **125**, 353-400（1865）の400頁，あるいは *Abhandlungen über Mechanishe Wäremetheorie*, Bd. 2, Abhand. 9.（Braunshweig, 1867）の44頁．

2）既に存在するどんなものとも異なる，物質系の形成に関する平衡条件を求めようとするとき，非伝導性の包壁に閉じ込められた，不均一な物質系の平衡についての問題全体を**改めて**取上げ，この制限から自由な，より一般的な取り扱いを与えるつもりである．

3）(41) と (38) の係数間の関係について，次のことが容易に納得できるだろう．つまり，式 (41) の係数のどれかが $S_1, S_2, \ldots S_n$ に置き換えられるなら，その係数は式 (38) のすべてを満たすようなものであり，そして，$n-r$ 組の係数

が独立であることを除けば，言い換えれば，それらの係数が独立の式を形成するようなものであることを除けば，これは，これらの係数が満たさなければならない唯一の条件であり，また，2組の式の係数間のこの関係は相互的なものだということである．

4）(37)の記号≧と，いくつかの変化量が負の値を取ることができないことにより，論証の一連の手順は，それ以外の場合には必要以上に長々と展開されるであろう．

5）固体については，等方性の応力のみを対象として考察してきた．他の応力の影響については今後考察する．

6）Massieu 氏は，"Sur les fonctions caractéristiques des divers fluids（様々な流体の特性関数について）", *Comtes Rendus*, **69**, 858-862, 1057-1061, (1869) において，「熱力学で考察される」流体の性質のすべては，考察している流体の特性関数と彼が呼ぶ，単一の関数から導けることを明らかにしている．彼は，引用した論文でこの種の2つの関数を導入している．すなわち，1つは，彼が ψ で表示する温度と体積の関数で，我々の表記では，その値は $\frac{(-\varepsilon + t\eta)}{t}$，または $-\frac{\psi}{t}$ である．もう1つは，彼が ψ' で表示する温度と圧力の関数で，我々の表記では，その値は $\frac{(-\varepsilon + t\eta - pv)}{t}$，または $-\frac{\zeta}{t}$ である．彼は，両方の場合において組成を不変とみなし，一定量（1キログラム）の流体について考察している．

7）**基本的**な方程式とそうでない式との区別は，**基本的**という言葉がここで使われている意味で，ε, η, v, m_1, m_2, ……, m_n の間に成り立つ式を，ε, t, v, m_1, m_2, ……m_n の間に成り立つ式と比較することで説明できる．(86) により，$t = (\frac{d\varepsilon}{d\eta})_{v, m}$ なので，二番目の式は，明らかに一番目の式から導くことができる．しかし，一番目の式は，二番目の式から導くことはできない．なぜなら，ε, $(\frac{d\varepsilon}{d\eta})_{v, m}$, v, m_1, m_2, ……, m_n の間に成り立つ式は，$(\frac{d\eta}{d\varepsilon})_{v, m}$, ε, v, m_1, m_2, ……, m_n の間に成り立つ式と同等であり，この式は，η の値を他の変数から決定するには，明らかに不十分だからである．

8）この平衡の一般条件は，これまで考察してきた平衡の問題や，今後考察する他の問題において，式の簡潔さの点で明らかに優れているので，式（2）の代わりに用いられる．それで，(111) における下付き添字 t で示された制限は，別々に取られた系のあらゆる部分に当てはまり，考察しなければならないこれらの部分の状態の独立な変化の数は1つ減少する．本論文で採用したやや扱いにくい方法を選択したのは，他にも理由はあるが，ひとつの一般的な条件から特殊な平衡条件を全て導き出すためであり，また，最も一般的に使われ，最も簡単に定義されるような，この一般的な条件で述べられている量をもっているからである．そして，与えられている比較的長い式では，平衡の一般条件として (111) を採用するなら，それぞれの場合に，それらの長い式が取る形を容易に見いだせるからである．(111) を採用することは，事実上，熱的な平衡条件を当然とみなし，残りの条件だけを求めることである．例えば，本論文の77頁か

ら78頁で扱われた問題おいて，項 $tδη'$, $tδη''$, ……が欠けている場合を除いて，(88) によって (111) から (15) と全く同じような条件が得られる．

9）真空は，この議論を通して，極度に希薄化された物体の極限の場合とみなされる．そうすることにより，この種のことを述べる場合に真空について言及する必要はなくなる．

10）一定の温度，または一定の圧力，あるいはその両方の下での与えられた流体の安定性を知りたいなら，基本方程式が，$ε = Tη$ か，$ε = -Pv$ か，あるいは $ε = Tη - Pv$ の，（その流体と結合できない）もう1つの物体が，与えられた流体と共に同じ壁に閉じ込められていると仮定すればよい．なぜなら，その場合，（T および P は一定の温度と圧力を示しており，当然与えられた流体の温度と圧力でなければならなず），そして系全体に本論文の71頁から72頁の規準を適用できるからである．式 (133) の値が，与えられた流体に対してゼロであり，同じ成分のすべての他の相に対して正であるような値を，(133) の定数に代入することが可能な場合には，系全体に対する (133) の値は，系が与えられた状態にあるときのほうが，どのような他の状態にあるときよりも小さいであろう．（与えられた流体の形と位置の変化は，当然，重要でないとみなされる）．それ故，その流体は安定である．(133) の値が与えられた流体に対してゼロであり，すべての他の相に対してゼロか正であるような値を定数にすることができないときには，その流体は当然不安定である．残りの場合，(133) の値が与えられた流体に対してはゼロであり，他のすべての相に対してはゼロまたは正であるが，しかしある他の相に対しては値がゼロであるような値を定数に代入することができるとき，流体の安定または中立の平衡状態は，その流体の与えられた状態以外のものに対して，(134) のような式を満たす可能性によって決まるであろう．しかし，そこでは，1番目，または2番目，あるいはその両方は一定の温度，または一定の圧力，あるいはその両方に対する流体の安定性を考慮するかどうかに応じて，取り除くべきである．共存相の数は，時には，残りの式の数を1つか2つ超える．そのとき，流体の平衡は1つか2つの独立な変化に関して中立になる．

11）不連続な変化に関する安定の限界は，他の相と共存する相によって形成される．そのような相の特性は既に考察している．本論文の111頁から114頁を参照．

12）J. Thomson, "Speculations on the Continuity of the Fluid State of Matter, and on Relations between the Gaseous, the Liquid, and the Solid State（物質の流体状態の連続性と，気体状態，液体状態，そして固体状態の間の関係についての考察）", *Reports of the British Association*, 30-34（1871）と "On Relations between the Gaseous, the Liquid, and the solid States of Matter（物質の気体状態，液体状態，そして固体状態の間の関係について）", *Reports of the British Association*, 24-30（1872），および "On certain relations between the gaseous, the liquid, and the solid states of water-substances（水の気体状態，液体状態，

固体状態の間の関係について)", *Phil. Mag.*, **47**, 447-457 (1874) を参照.

13) T. Andrews 博士の論文 "On the continuity of the gaseous and liquid states of matter (物質の気体と液体の状態の連続性について)", *Phil. Trans.*, **159**, 575-590, (1869) を参照.

14) この用語は，一次の外延 (a single degree of extension) をもつ系列を特徴付けるために使われる．

15) É. Duclaux 氏による "Sur la séparation des liquides mélangés, et sur de nouveaux thermomètres à maxima et à minima (混合液体の分離，および新しい温度計よる最大値と最小値について)" と題する短いアブストラクト (このアブストラクトは，活字に組まれた後で著者の目に留まった) は，*Comptes Rendus*, **81**, 815, (1875) に掲載されるだろう．

16) A. Wüllner の論文 "Versuche über die Spannkraft des Wasserdampfes aus wässerigen Salzlösungen (塩の水溶液からの水蒸気の圧力に関する実験)", *Pogg. Ann.*, **103**, 529-563, (1858), "Versuche über die Spannkraft der Dämpfe aus Lösungen von Salzgemischen (塩の混合物の蒸気の圧力に関する実験)", *Pogg. Ann.*, **105**, 85-117 (1858), "Versuche über die Spannkraft des Wasserdampfes aus Lösungen wasserhaltiger Salze (塩を含む溶液からの水蒸気の圧力に関する実験)", *Pogg. Ann.*, **110**, 564-582 (1860)

17) Fr. Rüdorff の論文 "Ueber das Gefrieren des Wassers aus Salzlösungen (塩の水溶液の凍結について)", *Pogg. Ann.*, **114**, 63-81 (1861)

18) この法則の普遍性を仮定できるなら，接触している異なる物質系の間の平衡に対する必要条件の記述は，非常に単純化されることを見逃すことはないだろう．なぜなら，可能な成分のみの成分物質のポテンシャル (78-79 頁参照) は，常に値が $-\infty$ なので，その場合，どのような成分物質のポテンシャルも，その成分物質が可能な成分のみの物質系において，実際の成分の他の物質系のポテンシャルより大きな値をもつことはありえないからである．また，条件 (22) および (51) は，可能な成分の場合に対して，例外なく等号で表すことができる．

19) 「関与 (proximate)」あるいは「基本 (ultimate)」という用語は，絶対的な意味にとる必要はない．この段落と次の段落で述べるすべてのことは，成分が便宜的に「関与」あるいは「基本」とみなされる多くの場合に当てはまる．これは，相対的な意味においてのみそうである．

20) ここでは，重力ポテンシャルは，通常の方法で定義されると仮定する．しかし，重力ポテンシャルが，物体が落下するとき減少すると定義するなら，これらの式において，記号－の代わりに記号＋とする必要がある．すなわち，各々の成分については，重力ポテンシャルと内部ポテンシャルの和は，物質系全体にわたって一定である．

21) 気体状態と液体状態または固体状態における両方の物質の基本方程式が分かっていれば，飽和蒸気の温度と圧力との間の式を容易に得ることができる．液体

第三論文 不均一物質の平衡について

の定圧での密度と比熱は，(蒸気と接触している間に，液体が受けるような通常の圧力に対して) 一定な値と見なすことができ，この比熱を k で，液体の単位量の体積を V で表すとすれば，液体の単位量に対し，

$$t\,d\eta = k\,dt$$

を得る．ここから，$\eta = k \log t + H'$，

ここに，H' は定数を表す．また，この式と (97) から

$$d\mu = -(k \log t + H')\,dt + V\,dp,$$

ここから，$\mu = kt - kt \log t - H't + Vp + E'$, (A)

ここに，E' は別な定数である．これは液体状態における物質の基本方程式である．(268) がこの同じ物質に対する気体状態の基本方程式を表しているとすれば，この二つの式は共存する液体と気体についても共に成り立っているだろう． μ を消去することで，

$$\log \frac{p}{a} = \frac{H - H' + k - c - a}{a} - \frac{k - c - a}{a} \log t - \frac{E - E'}{at} + \frac{V}{a}\frac{p}{t}$$

を得る．この最後の項を無視すれば，これは液体の密度で割った蒸気の密度と明らかに等しく，

$$\log p = A - B \log t - \frac{C}{t}$$

とかくことができ，A, B, 及び C は定数を表している．固体状態における物質について同様な仮定をするならば，共存する固体相と気体相の圧力と温度との間の式も，もちろん同じ形になるだろう．

同様な式は，二つの異なる種類の固体と共存している理想気体の各相に対しても当てはまる．その一つは他の固体と理想気体との組み合せによって作ることができ，各々は一定な組成でありそして一定な比熱と密度である．この場合には，一方の固体に対して

$$\mu_1 = k't - k't \log t - H't + V'p + E'$$

とかくことができ，もう一方の固体に対しては，

$$\mu_2 = k''t - k''t \log t - H''t + V''p + E''$$

とかけ，さらに，理想気体に対しては，

$$\mu_3 = E + t\left(c + a - H - (c+a)\log t + a \log \frac{p}{a}\right)$$

と書くことができる．

いま，気体の単位量が第二の固体の量 $1 + \lambda$ を形成するために，第一の固体の量 λ と結合すれば，

$$\mu_3 + \lambda \mu_1 = (1 + \lambda) \mu_2$$

が平衡のために必要となろう (83-84 頁参照)．上に与えた μ_1, μ_2, μ_3 の値を代入し，各項を並べ替えた後で，at で割ると，次式を得る．

$$\log \frac{p}{a} = A - B \log t - \frac{C}{t} + D \frac{p}{t},$$

このとき，

$$A = \frac{H + \lambda H' - (1+\lambda) H'' - c - a - \lambda k' + (1+\lambda) k''}{a},$$

$$B = \frac{(1+\lambda) k'' - \lambda k' - c - a}{a},$$

$$C = \frac{E + \lambda E' - (1+\lambda) E''}{a}, \quad D = \frac{(1+\lambda) V'' - \lambda V'}{a}.$$

このことから，液体の比熱と密度がその組成によって完全に決められるとき，A, B, C, D は，この場合，液体の組成によって変化する量を表すと理解せねばならないことを除けば，同じ形の式は，それが独立な変数成分を形成する液体と平衡状態にある理想気体に適用することができると結論できる．しかし，事実をもっと詳細に考察するために，液体に対して，（A）により

$$\frac{\zeta}{m} = \mu = k t - k t \log t - H' t + V p + E'$$

を得る．ここに，k, H', V, E' は液体の組成だけに依存する量を表す．それ故，

$$\zeta = \mathbf{k} t - \mathbf{k} t \log t - \mathbf{H} t + \mathbf{V} p + \mathbf{E}$$

と書ける．ここに，$\mathbf{k}$, $\mathbf{H}$, $\mathbf{V}$, $\mathbf{E}$ は m_1, m_2, …… （液体の種々の成分の量）の関数を表す．よって，(92) により

$$\mu_1 = \frac{d \mathbf{k}}{dm_1} t - \frac{d \mathbf{k}}{dm_1} t \log t - \frac{d \mathbf{H}}{dm_1} t + \frac{d \mathbf{V}}{dm_1} p + \frac{d \mathbf{E}}{dm_1}.$$

このポテンシャルが関係する成分が，さらにまた気体を形成する成分でもあれば，(269) によって次式を得る．

$$\log \frac{p}{a} = \frac{H - c - a}{a} + \frac{c + a}{a} \log t + \frac{\mu_1 - E}{at}.$$

μ_1 を消去すると，式

$$\log \frac{p}{a} = A - B \log t - \frac{C}{t} + D \frac{p}{t}$$

を得る．この式の A, B, C, D は液体の組成のみに依存する量を表す．すなわち，

$$A = \frac{1}{a} \left(H - \frac{d \mathbf{H}}{dm_1} - c - a + \frac{d \mathbf{k}}{dm_1} \right),$$

$$B = \frac{1}{a} \left(\frac{d \mathbf{k}}{dm_1} - c - a \right),$$

$$C = \frac{1}{a} \left(E - \frac{d \mathbf{E}}{dm_1} \right), \quad D = \frac{1}{a} \frac{d \mathbf{V}}{dm_1}.$$

第三論文　不均一物質の平衡について

　　ここに導かれた式のいくつかに関しては，Kirchhoff 教授の "Ueber die Spannung des Dampfes von Mischungen aus Wasser und Schwefelsäure（水と硫酸からなる混合蒸気の張力について），" *Pogg. Ann.*, **104**, (1858), 612 頁，及び Rankine 博士の "On Saturated Vapors（飽和蒸気について），" *Phil. Mag.*, **31**, (1866), 199 頁と比較されたい．

22）いくつかの独立な変数成分をもつ物体に関する微分係数の後の添字 m は，添字が適用されている式の中に，その添字についての微分が現れない限り，m_1, m_2, ……などの量のそれぞれは微分において一定と見なされることを示すために，この論文のここやほかの処でも使われている．

23）この結果は Rayleigh 卿によって与えられた（*Phil. Mag.*, **49**, (1875), 311 頁.）．式 (279) は，完全気体に対し普通に想定される性質を表す (260) なる式に関連して，この原理から直ちに導き出せることが見てとれよう．

24）この m は，m_1, m_2, ……などが一定と見なされることを示すためのものである．

25）Salet, "Sur la coloration du peroxyde d'azote（二酸化窒素の色合いについて），" *Comptes Rendus*, **67**, 488 (1868).

26）H. Sainte-Claire Deville et L.Troost, "Sur le coefficient de dilatation et la densité de vapeur de l'acide hypoazotique（二酸化窒素の膨張係数と蒸気密度について），" *Comptes Rendus*, **64**, 237 (1867).

27）Playfair and Wanklyn, "On a Mode of Taking the Density of Vapour of Volatile Liquids, at Temperatures below the Boiling Point（沸点以下の温度で，揮発性液体の蒸気密度を測る方法について），" *Transactions of the Royal Society of Edinburgh*, **22**, 441 (1861).

28）［この論文は，当初，この位置で分割されて，二つの部分に分けて印刷された．（訳注：本訳書では第二部として掲載する．）］

29）固体と液体に共通する静水圧の変化の効果と同じように，結晶化と液化の現象についての固体中のゆがみ応力の効果は，最初，James Thomson 教授によって示された．*Trans. R. S. Edin.*, **16**, 575 頁と *Proc. Roy. Soc.*, **11**, 473 頁，または *Phil. Mag.*, ser. 4, **24**, 395 頁を参照されよ．[訳注]

訳注）記載されている論文の詳細は以下の通り．
- James Thomson, "Theoretical Considerations on the Effect of Pressure in Lowering the Freezing Point of Water," *Trans. R. S. Edin.*, **16**, 575-579 (1849).
- James Thomson, "On crystallization and liquefaction, as influenced by stresses tending to change of form in the crystals," *Proc. Roy. Soc. Lon.*, **11**, 472-481 (1860).
- James Thomson, "On Crystallization and Liquefaction, as influenced by Stresses tending to change of form in Crystals," *Phil. Mag.*, ser. 4, **24**, 395-401 (1862).

30) 添字 m は，この論文のほかの箇所と同様に，微分係数の中にあるものを除いて，m_1, m_2, …なるすべての記号に対してここでは成り立っている．

31) この方法の例として，W. Thomson と P. G. Tait の *Natural Philosophy*, 第 1 巻 (1867 年), 705 頁を参照せよ．また，弾性体の一般論に関しては，The *Quarterly Journal of Mathematics*, **1**, 55-77 (1857) にある Thomson の論文「物質の熱弾性的性質と熱磁気的性質について」と The *Transaction of the Cambridge Philosophical Society*, **7**, 1-12 & 121-140 (1842) にある Green の論文「光の伝播，反射，及び屈折について」を比較せよ．

32) ここで詳細に導いた (434) と (438) なる式に与えられている F と G の値は，行列式の積に関する通常の定理によって，(430) なる式の考察から導くことができる．次の著書を参照せよ．G. Salmon の *Lessons Introductory to the Modern Higher Algebra*, 2nd ed., Dublin (1866) の第Ⅲ課；または R. Baltzer の *Theorie und Anwendung der Determinanten*, Leipzig (1875) の第 5 節．

33) Thomson と Tait の *Natural Philosophy* の第 1 巻，711 頁を参照せよ．

34) 可逆的な変分とそうでない変分との違いを説明するためには，二つの全く異なる物質が，少しも混じり合うことなく，平衡状態で一つの数学的界面で出会う場合を考えることができる．また，これら二つが出会う界面の周りの薄膜 (thin film) 内で混じり合うような二つの物質を考えることができ，このとき，混合物の量は，増加と減少によって変動することが可能である．しかし，二つの物質が完全に混じり合っていない場合，混合物の量は増加させることはできても，減少させることはできず，このとき，(これらの物質が混合し始める系の変動に対する) $\delta\varepsilon$ の値は，(477) の右辺の値よりも大きくなければならないことが平衡 [条件] と一致する．このような場合が実際に起こるかどうかを厳密に決める必要はない；しかし，逆の変動はないのに，変動が可能である可能性のある場合の出現を見逃すことは正当ではあるまい．

　可逆という用語がここで使われている意味は，熱力学の論文でしばしば使われている意味とは全く違っていることが分るだろう．ここでは，逆の符号 (character) をもつ外的作用によって，系が逆の順序に採られた同じ一連の中間状態を経て状態 B から状態 A に戻すことがまた可能であることを表すために，系が状態 A から状態 B に移行される過程は可逆的と呼ばれる．この系が，B に対して A がもっている状態 A と同じ関係をもっている別の状態 B′ で実行できる場合，状態 A から (初めの状態とほとんど違わないと仮定される) 状態 B への系の変動は，ここでは可逆と呼ばれる．

35) ここに用いられた s は，代数学の指数ではなく単に識別記号を意味することは理解されよう．ローマ体の S は，いかなる量を表すためにも用いていない．

36) 均一相の熱力学的性質はすでに研究されていること，そしてこれらの相の基本方程式は既知であると考えることができること，これらがここでは仮定されている．

37）右下に添えた添字 μ は，微分係数の分母にあるものを除く全てのポテンシャルを一定と見なすことを表すために用いた．

38）液体水銀が平らな界面内で水と水銀の混合蒸気に出会うなら，そして水銀と水のポテンシャルを表すために，それぞれ μ_1 と μ_2 を用いるなら，更に，$\Gamma_1 = 0$ のように区分界面を置けば，すなわち，水銀の全体量が，この界面の両側で密度の変化を伴わずに，液体水銀はこの界面の一方の側に達し，水銀蒸気はもう一方の側に達する場合と同じであるように区分界面を置けば，そのとき $\Gamma_{2(1)}$ は，水蒸気が密度の変化を伴わずに界面に到達した場合，界面が存在する上記の，この界面の近傍における単位面積当りの水の量を表している．そして（水銀の表面に凝縮される水の量と呼ぶことのできる）この量は，次式によって決められる．

$$\Gamma_{2(1)} = -\frac{d\sigma}{d\mu_2}.$$

（この微分係数においても以下と同様に，温度は一定を持続し，不連続面は平面を持続すると仮定されている．事実上，後者の条件は普通のどんな曲率をもつ場合でも満たされていると考えることができる．）

もし混合蒸気の圧力が Dalton の法則（177 頁，180-181 頁参照）に従うならば，一定温度に対し，

$$dp_2 = \gamma_2 \, d\mu_2$$

を得る．ここに，p_2 は水蒸気による蒸気中の分圧を表し，γ_2 は水蒸気の密度を表す．よって，次式を得る．

$$\Gamma_{2(1)} = -\gamma_2 \frac{d\sigma}{dp_2}.$$

これは 100℃ 未満の温度に対して確かに正確である．なぜなら，水銀の蒸気による圧力は無視できるからである．

$p_2 = 0$ と温度 20℃ に対する σ の値は，空気と接している水銀の表面張力と，あるいは，Quincke 氏（*Pogg. Ann.*, **139**, p.27）によれば，1 メートル当り 55.03 グラムとほぼ同じでなければならない．凝縮水が巨容的に（in mass）水としての性質を持ち始めるとき，その同じ温度での σ の値は，水に接している水銀の表面張力と，水自体の蒸気と接している水の表面張力との和に等しい．これは同じ論文によれば，水自体の蒸気に接している水の張力と空気に接している水の張力との差を無視すれば，1 メートル当り 42.58 + 8.25，または 50.83 グラムになる．したがって，p_2 が一平方メートル当り 0 グラムから 236400 グラムまで増加すると（水が巨容的に［水として］凝縮し始めるとき），σ は，1 メートル当り約 55.03 グラムから約 50.83 グラムまで減少する．p_2 の中間的な値に対する σ の値の一般的な過程（cource）が実験によって決められたなら，飽和水蒸気の値よりも小さい種々の圧力に対する $\Gamma_{2(1)}$ なる面密度（superficial density）のおおよその推定値を見積ることは容易にできる．面密度の決定は，

表面張力のごく僅かな違いには決して依存しないことが分るだろう．この決定における最大の難点は，恐らく水による表面張力の減少と，偶発的に存在する可能性のあるほかの物質による表面張力の減少とを区別する難しさにあるだろう．このような決定は，蒸気の比重の測定における水銀法 (the use of mercury) のために極めて実用的な重要性を持っている．

39) 不連続面の**形状**だけに関係する問題に関しては，区分界面の位置について用いたような精度は，明らかに全く必要ない．この精度は，問題の力学的部分のためには使われていない．これは，われわれの観測に使うことのできる精度よりも良い精度で定義する必要はないが，エネルギー面密度，エントロピー面密度，成分物質の面密度に対し確定的な (determinate) 値を与えるために，いままで見たように，それらの量は，不連続面の張力と，その面が隔てる相の組成との間の関係に於いて重要な役割を担っている．

　　表面張力と界面の面積との積 σs は，温度と μ_1, μ_2, …なるポテンシャル——あるいは，系が重力を受けているときの，これらポテンシャルと重力ポテンシャルとの差 (172頁参照) ——が，ほぼ一定に保たれている系における界面による**有効エネルギー** (available energy) と考えることができよう．s の値と同様に σ の値も，区分界面 (これが不連続面とほぼ一致している限り) に割り当てることのできる正確な位置にほとんど依存しない．しかし，**エネルギー面密度** ε_s は，エントロピー面密度や成分物質の面密度のように，この用語がこの論文で用いられる場合は，区分界面のもっと正確な位置を必要とする．

40) 膜の性質における無限小変化の場合には，この論文のほかの処と同じように，記号 Δ は高次の無限小を無視せずに解釈せねばならない．そうでないと式 (501) によって，上式 [(516)] は値ゼロになってしまう．

41) この用語が使われている意味に関しては，96頁と比較せよ．

42) 124頁参照．そこでは安定なる用語が，ここ以降の議論においてよりも厳密でない意味に (122頁に示されるように) 使われている．

43) 例えば，われわれの式を蒸気中の水の微視的な小球体に適用する際には，内側の物質密度または圧力によって，小球体の中心での実際の密度または圧力ではなく，蒸気の温度とポテンシャルを持つ (大量の) 液体の水の密度を理解する必要がある．

44) 上記の物理的意味をもっと明確にするために，次のように別々に行われる二つの過程を仮定しよう．体積 v' をもつ物質と同じ大きさの相の大きな物質が，もう一方の相の内部に最初に存在すると仮定できる．もちろん，圧力差があるために，それは防御された包膜 (a resisting envelop) で取り囲まれていなければならない．しかしながら，この包膜に全ての成分物質に対して透過性をもつと仮定してもよいが，物質は内側でのように外側に形成できるような性質はない．その包膜内の物質が，表面積に実質的な影響を及ぼすことなく，v' によって，圧力が増加してくるまで，包膜を内部圧力に従わせることができる．もしこれ

第三論文　不均一物質の平衡について

が十分ゆっくりと行なわれるなら，この物質の相は一定に保たれる．（101-102頁参照）したがって，体積 v' と要求された相の均一物質は生成され，得られる仕事は明らかに $(p'-p'')v'$ である．

いま，包膜が別の箇所で内側に押し込まれ，この中の物質の体積 v' を正確に押し出されるように，そして，この量によって包膜内の物質を減少させるように，小さな開孔口が包膜内で開閉されると仮定しよう．流体の滴を押し出される間，更に，小さい開孔口が完全に閉じられるまで，流体の滴の表面は開孔口の縁に付着せねばならないが，包膜の外側の面のどこにも付着してはならない．流体の滴の面を形成する際になされた仕事は，明らかに σs または $\frac{3}{2}(p'-p'')v'$ である．この仕事のうち，$(p'-p'')v'$ なる量は包膜を内側に押す際に使われ，残りは，小孔の開閉の際に使われる．開閉は共に毛管の張力によって保たれている．もし小孔が円であれば，最も大きく開いたとき，(550) なる式で決められる半径を持たねばならない．

45) 平らな界面に関連するものであり，そこでは系が任意の異なる均一相の可能な形成に関して十分安定であると想定されていることに関連する議論においては，いま考察しているような場合は，形式的に省かれていることは事実である．それでも，(520) なる判定基準 (criterion) が，相Cの薄い膜 (thin sheet) の可能な形成に関して，この場合に完全に成り立ち，これは今まで見てきたように，単に不連続面の異なる種類として扱うことができることを，読者自身も容易に納得されよう．

46) 共存相（この用語が115頁で使われた意味において）が同じ点で表され，更に簡潔なために，各相が表示される点の位置を持っていると述べることを可能にするような方法で，相を点の位置によって表すならば，三つの一連の共存相の組が出会うまたは交差するところに三つの共存する相が置かれていると言うことができる．三つの相が全て流体であれば，あるいは固さ (solidity) の効果が無視できる場合，この二つの場合は区別されるべきである．三つの一連の共存相が全て交差するか，——これは三つの表面張力の各々が他の二つの表面張力の和よりも小さい場合である，——あるいは，三つの系列の一つが，他の二つの系列が交差するところで終点となるか，いずれの場合も，これは一つの表面張力が他の［二つの］表面張力の和に等しいところである．一連の共存相は，相が一つのまたは二つの独立な可変成分を持つことに従い，線または面によって表される．同じ様な関係は，定温または定圧あるいはまた或る一定なポテンシャルの幾何学的表示のように，特定な制限なしに幾何学的表示ができない場合を除き，成分の数がより大きい場合に存在する．

47)
$$V = -\frac{\Gamma_{\prime}}{\gamma'} - \frac{\Gamma_{\prime\prime}}{\gamma''}, \tag{a}$$

$$H_s = \eta_s - \frac{\Gamma_{\prime}}{\gamma'}\eta_{V'} - \frac{\Gamma_{\prime\prime}}{\gamma''}\eta_{V''}, \tag{b}$$

とおき，同様の仕方で

$$E_s = \varepsilon_s - \frac{\Gamma'}{\gamma'}\varepsilon_{V'} - \frac{\Gamma''}{\gamma''}\varepsilon_{V''} \tag{c}$$

と置くならば，(93)式と(507)式によって，容易に次式を得ることができる．

$$E_s = tH_s + \sigma - pV. \tag{d}$$

だから，(580)式は次式で書くことができよう．

$$d\sigma = -H_s\,dt + V\,dp. \tag{e}$$

(d)を微分し，その結果を(e)と比較すると，次式を得る．

$$dE_s = t\,dH_s - p\,dV. \tag{f}$$

E_s や H_s なる量は，ε_s や η_s で表すものと全く同じくらい適切にエネルギー面密度とエントロピー面密度と呼ぶことができる．事実，両方の均一相の組成が不変であるとき，E_s や H_s なる量は，それらの定義において ε_s や η_s よりずっと単純であり，恐らく**エネルギー面密度とエントロピー面密度**なる用語によってより自然に示唆されよう．またこの場合に，均一物質の量を，張力面あるいは他のどんな区分界面によってでもなく，物体の全体量によって決められると考えることも当然であろう．しかし，このような命名法や方法は，二つ以上の成分をもつ場合に，完全に一般的な場合として扱えるように拡張することは簡単にはできなかった．

この論文での不連続面の取り扱いにおいては，今まで採用されてきた定義と命名法は厳守する．この脚注の目的は，異なる方法が場合によっては如何に有効に使うことができるかを読者に提示することであり，この論文中で使われている量と，それと混同される恐れのある他の量や，主題が違ったように扱われるときより目立ってくる他の量との間の正確な関係を示すことにある．

48) *Proc. Roy. Soc.*, **9**, p. 255 (June, 1858)；または *Phil. Mag.*, ser. 4, **17**, p. 61. を参照．

49) しかしながら，共存する相をもたない均一物質が接触すると，表面張力は時間の経過と共に増大し得る．広い部屋に置かれた一滴のアルコールや水の表面張力は，この部屋全体でアルコールのポテンシャルが一様になるように増加し，不連続面の近傍で減少するだろう．

50) 均一物質中で独立に変化する他の成分への分解ができないような物質を成分として選んだことが，ここでは仮定されている．例えば，アルコールと水の混合物では，成分は純粋なアルコールと純粋な水でなければならない．

51) E. Duclaux 氏の実験（*Annales de Chimie et de Physique*, ser. 4, **21**, (1870) の 383 頁）から，水中の1パーセントのアルコールは，純水な水の表面張力の値1を，0.933 まで減少させると思われる．この実験は，純粋な水には及ばないけれども，水10パーセントと20パーセントを含んでいるアルコールと水の混合物に対する張力の差は比較的小さく，張力はそれぞれ 0.322 と 0.336 である．

同じ著者によると（引用した巻の 427 頁），カスチール石鹸の 3200 分の 1 は，

第三論文　不均一物質の平衡について

水の表面張力を 4 分の 1 に減少させる；800 分の 1 の石鹸では半分に減少させる．アルコールや水に関するものと同様に，これらの測定は滴下法で行なわれ，（同じピペットからの）異なる液体の滴の重さは，それらの表面張力の値に比例していると見なされる．

Athanase Dupré 氏は違う方法で石鹸溶液の表面張力を測定した．静力学的方法（statical metod）は，水 5000 に対し普通の石鹸 1 の割合に対し，純水な水に対し同じ割合（as great as）の石鹸を含むものの 2 分の 1 の表面張力の値を与える．しかし，もし張力を開孔口に近い突出部で測定する場合，（同じ溶液に対する）値は，純水な水に対する値とほぼ同じである．彼は，石鹸または他の物質が流体の表面に膜（film）を形成する傾向のあることを使って，非常に少量の石鹸，あるいは他のごく微量の不純物が引き起こす表面張力への大きな効果と同様に，同じ溶液の表面張力のこれらの異なる値を説明している．（*Annales de Chimie et de Physique*, ser. 4, **7**, p. 409, and **9**, (1866) の 379 頁を参照）

52）不連続面の近傍での物質の固有の条件は無視することにしていた問題においては，系を硬い不透過性の包膜によって取り囲まれていると見なすことで，しばしばこの種の仮定に物理的表現を与えてきた．しかしいま，平衡の問題に与えようとするより正確な取扱いは，直ぐ隣りにある物体への包膜の影響を考慮することを，われわれに求めている．これは固体と流体との間の不連続面の考察を含んでおり，さらに今は，流体物質の平衡についての考察に限定したいのだから，不透過性の包膜の概念を断念し，系を不連続面ではない仮想的な面によって単に境界付けられていると見なそう．この系の変動は，その面を変形させず，外部の物質に影響を及ぼさないものでなければならない．

53）**実際の成分**なる用語は，79 頁の均一物質に対して定義されており，この定義は不連続面にも拡張することができる．ある物質が不連続面によって隔てられるどちらかの物質の実際の成分である場合，それは，不連続面に隣接する物質のいずれかの成分ではなく，その面で生じた場合と同じように，その不連続面の実際の成分と考えねばならないことが分かるだろう．

54）化学平衡の別の種類の条件に関しては，それらは成分の分子配列に関係し，空間でのそれらの有意な（sensible）分布に関係するのではない．160 頁から 166 頁を参照．

55）同様な問題が不連続面の影響と考えずに扱われている 169 頁から 170 頁と比較せよ．

56）流体系が，流体の全ての独立な成分に対して透過性をもつ固体の隔膜によって別々の物質に隔てられている場合，温度とポテンシャルに関連する流体［系］の平衡の条件は影響を受けないだろう．（101-102 頁と比較せよ．）上記の段落に続く命題は，この場合に拡張することができる．

57）ここでは，平衡と安定性の理論におけるより良い近似は，われわれの各一般式において，不連続面が出会う線を特別に考慮することによって達成されるかも

知れないことに注目するかも知れない．これらの線は，われわれが不連続面を扱ってきた方法と，全く同じように扱うことができる．エネルギーの線密度，エントロピーの線密度，そして線の周りに，発生する種々の物質の線密度，またある種の線張力を認めても良い．これらの量や温度とポテンシャルについての諸関係は，不連続面に対して実証されたものと類似している．（262-265頁参照．）上で述べた線L′とL″の張力の和が線Lの張力よりも大きいならば，そのような面の張力が対角線 $\alpha\gamma$ で表されるものより少し小さい場合，AとCとの間の面の形成に関して，この線［L］は（事実上不安定であるが）厳密に安定である．

　この論文の様々な箇所で**事実上不安定**なる用語の異なる使い方は，用語の一般的な意味は全ての場合において同じであるから，混乱を来たすことはない．極めて小さな（必ずしも無限小である必要はない）撹乱，またはその条件における変動がかなり大きな変化を生じる場合，系は事実上不安定と呼ばれる．不連続面の影響が無視されたこの論文の前の部分においては，そのような結果が，無視された不連続面［の影響］に関係する量と同じ大きさ（same order）の撹乱によって生じるとき，系は事実上不安定と見なされた．しかし，不連続面の影響が考慮されている箇所では，そのような結果をもたらす撹乱が，かなりの大きさの不連続面に関連する量と比較して非常に小さくない限り，系は事実上不安定とは見なされない．

58) 324頁の脚注を参照．そこで言及された線張力が負の値を持つことができることを，ここに付け加えてよい．これは，三つの不連続面が出会っていると見なされる線についての場合であるが，それにも係らず，そこでは，三つの周囲の物質とは異なる相の一本の線条（filament）が安定な平衡状態において実際に存在している．仮定された線の線張力の値は，実際に存在している線条の $W_S - W_V$ の値にほぼ等しくなる．（線張力の正確な値に対しては，線条の三つの辺の線張力の和を加えることが必要である．）一緒にくっ付いている二つのシャボン玉を，この場合の例と考えることができる．そのような二重に重なった泡の平衡についての正確な取扱いにおいては，三つの不連続面の交線（line of intersection）における，ある種の負の張力を認めねばならないことを，容易に納得されるでしょう．

59) J. Plateau の著書 *Statique expérimentale et théorique des liquides soumis aux seules forces moléculaires*, T. 1（Paris, London 1873）の294頁．

60) H. Helmholtz, G. Piotrowski, "Über Reibung tropfbarer Flüssigkeiten（液滴の摩擦について）", *Sitsungsberichte der Wiener Akademie* (*mathemat, -naturwiss. Classe*), **40**, 607-658, (1860). Poiseuille の式に適用された式（656）と因子（8/3）の計算は，平面間の流れにその式を適合させるために，引用した論文で与えらた粘性流体の運動の一般的な式によっておこなっている．

61) 同上の653頁，または *Mémoires des Savants Étrangers*, **9** の532頁．

第三論文 不均一物質の平衡について

62）Plateau 氏の実験（すでに引用した彼の著書の第 7 章）は，これがケン化溶液に関して非常に顕著な場合であることを示している．しかし，石鹸水に関しては，それらの実験は，純水がもつよりも大きな表面の粘性を示さない．けれども，我々が考察しているような内部の流れに対する抵抗は，必ずしも，その実験が言及しているような運動に対する抵抗によって測定されることはない．

63）これらの球状の空気膜は，石鹸水の中で容易に形成される．これらは，一般的な振る舞いと外見により，元の気泡と区別される．2 つの同心球の表面がはっきりと見られ，一方の同心球の直径は，他方の直径の約 4 分の 3 の大きさに見える．これはもちろん，液体の屈折率による光学的な錯覚である．

64）これは，特殊な場合を考慮することでより明確になる．（非常に希薄な流体の極端な場合とみなすことができる）真空中におかれた平面状の結晶の薄層を考え，その薄層の両面が等しいと仮定しよう．適当な力を薄層の辺に加えることにより，すべての応力をその薄層の内部で打ち消すことができる．薄層の両面の張力は，加えた力と釣り合っており，これらの力によって測定される．しかし，このようにして決定された面の張力は，明らかに異なる方向で異なる値をもち，σ で表される量とは全く異なる．この σ は，可逆過程によって単位面を形成するのに要する仕事を表し，方向の概念には関係していない．

　しかし，場合により，σ と表面張力の値が大きく異なることは，おそらくないと思われる．これは，一般的に，（そして，当然のことだが多くの目的のために），固体とみなされるけれども，実際には非常に粘性の大きい流体の物体の多くに特に当てはまる．物体が，実際の温度において流体の性質を示さないときであっても，その物体が流体であるよりも高い温度で表面が形成され，流体から固体への状態の変化が極めてゆっくりとした変化であったなら，次のように考えることができるだろう．つまり，σ の値は物体が明らかに固くなるまでは表面張力と一致し，その後の温度の変化と，固体に加えられる応力の変化が異なる影響を与える場合に限ってのみ，σ の値は異なるということである．さらに，無定形の固体が溶媒と平衡状態にあるとき，固体の内部は流体の性質をもつことはできないけれども，表面の粒子はより大きな可動性をもち，流体の場合のように，σ の値が表面張力と一致するように並ぶことはできるかもしれない．

65）面の方向余弦に関する σ の微分係数は，結晶体の量の不連続関数だと思われる．

66）ポテンシャル μ_1'' の値が流体で決まることを示すために，また，そのポテンシャルを，（等方性のひずみ状態のときの）固体に関係するポテンシャル μ_1' と区別するために，$''$ を付ける．後で述べるように，それらのポテンシャルは，常に同じ値をもつとは限らない．その他のポテンシャル $\mu_2,\ \cdots\cdots$ は，(659) と同じ値をもち，2 つの種類から成る．ひとつは流体の（これらは $''$ で示される）成分に関係し，他方は不連続面にのみ存在する成分に関係する．不連続面にのみ存在する種類のポテンシャルが掛けられた式の値はすべてゼロである．

67）式 (387) では，固体の密度は Γ で表され，従って，それは，(661) の γ_1' と同

等である.

68) 新しい固体物質の成分が，元の固体の成分と異なるかもしれないという可能性については，ここでは考慮しない．この点については，本論文の 96 頁から 100 頁にかけて，固体のひずみ状態や不連続面の曲率の影響に関係なく議論してきた．上で述べたことは，表面におけるどのような種類の新しい固体物質の形成にも成り立つように，次のように一般化できる．つまり，そのような新しい物質について計算される（661）の右辺が，そのような物質に対する流体のポテンシャルより大きいなら，どんな種類の新しい固体物質も，(ほんのわずかな厚さ以上に) 表面上に形成されることはない．

69) この種の傾向が，氷片が一斉に凍結することに関して観測されるいくつかの現象で，重要な役割をはたすことは可能だと思われる．（特に，M. Faraday 教授の論文 "Note on Regelation (復氷現象についての覚え書)", *Proceedings of the Royal Society*, **10**, 440-450 (1860)，または *Philosophical Magazine*, 4th ser., **21**, 146-153 (1861) 参照). 氷片は結晶構造をもつ物体であり，生じる作用は，結晶軸の方向によって，ある程度影響を受けることは確かである．それにもかかわらず，その現象が氷片の向きに依存することは観測されていないので，その効果は，一般的な特性が関係している限り，等方体で起こると結論できるだろう．言い換えれば，その現象を一般的に説明するために，結晶軸の異なる向きに対する σ_{IW} の値（下付き添字は氷と水の間の面に関係することを示すのに使われている) の差を無視することができ，また，結晶構造に関する不連続面の影響を無視することができる．その不連続面は，ふたつの氷の塊の結晶軸が同じような方向に向いていないとき，それらの塊が一斉に凍結することにより形成されるにちがいない．実際には，この不連続面，——あるいは，氷片が一斉に凍結する場合に，そのような面の形成が必要なこと——は，それらの結合に反する影響を及ぼすにちがいない．その面は量 σ_{II} により測定され，この σ_{II} は，隣接した 2 つの物質の一方が流体の場合と同じ原理によってこの面に対して決まり，互いに，その面に対して相対的に，結晶軸のふたつの系の向きによって変わる．しかし，この実験環境の下では，軸のふたつの系が精確に同じ方向をもつ可能性は無視できるので，この影響は，おそらく，許容できる一定の特性であり，明らかに，結果の一般的な性質を変えるには明らかに十分ではない．氷片が一斉に凍結する傾向を完全に防止するために，氷片が水中で，圧力を受けることなく曲面で接触する場合，$\sigma_{II} \geq 2\sigma_{IW}$ であることが必要である．ただし，変化への受動的な抵抗と，結晶軸の異なる方向の σ_{II} と σ_{IW} の値が等しくないことにより修正される場合は除く．

現象に関するこの見解は，Faraday 教授の意見と一致していることが分かるだろう．圧力の間接的な結果としての氷片の結合に関しては，James Thomson 教授の論文 "Note on Professor Faraday's Recent Experiments on 'Regelation' (Faraday 教授の復氷現象の実験報告についての覚書)", *Proceedings of the*

Royal Society, 11, 198-204 (1860)，または *Philosophical Magazine*, 4th ser., 23, 407-411 (1862) を参照．

70) 添字 m は，微分係数に現れるものを除いて，記号 m_1, m_2, ……のすべてを一文字で表すために使われる．

71) O. Lehmann, "Uber das Wachsthum der Krystalle (結晶の成長について)", *Zeitschrift für Krystallographie und Mineralogie*, 1, 453-496 (1877)，あるいは G. Wiedemann の *Beiblätter*, ［*Wied. Ann.*］, 2, 1 (1877) のその論文についての書評を参照．

72) 蒸発に関して，液体と気体の間に平衡が成り立つためには，ある特定の関係が正確に満たされることが必要である．それは，個々の分子がひとつの物質から他の物質へ連続的に移動し，その結果，ほんのささいな状況により，どちらかの方向への物質の移動が優勢になると仮定することにより説明される．(R, Clausius, "Über die Art der Bewegug, welche wir Wärme nennen (熱と呼ばれる運動の種類について)", *Pogg. Ann.*, 100, 353-380 (1857)．または *Abhandlungen über Mechanishe Wäremetheorie*, Bd. 2, Abhand. 14. (Braunshweig, 1867) を参照)．同じ仮定が，いずれにせよ多くの場合に，無定形の固体と流体の間の平衡に適用できる．また，流体と平衡にある結晶の場合には，固体の中にわずかなゆらぎが生じるので，ひとつの物質から他の物質へ個々の分子の移動が可能である．これらのゆらぎが，粒子の層全体を偶発的に析出させたり，取り除いたりする原因であるなら，ほんのわずかな原因が，ある種の変化の確率を他の変化の確率よりも高くするのに十分であり，上で導かれた理論的条件を正確に満たすことが平衡にとって必要である．しかし，この仮定は，非常に小さな面を除き，ほとんど成り立ちそうにない．

　成長または溶解に関して平衡にあるときの結晶の分子状態についての以下の観点は，どんなものよりも可能性があると思われる．完全な結晶の角と辺にある分子は，面の中央にある分子に比べて，しっかりとそれらの場所に固定されていないので，理論的な平衡条件 (665) が満たされているとき，結晶のそれぞれの面にある分子の最も外側の層のいくつかは，辺に向かって不完全と考えることができる．個々の分子は，結晶に吸着したり離脱したりするので，これらの不完全な層の境界は，おそらくゆらぐであろう．しかし，個々の分子の運動の不規則性によって再び容易に修復され，(かなりの大きさの面で)，層が完全に取り除かれることはない．単一の分子，あるいは分子からなる小さな集団は，実際，結晶の面に吸着するが，しかし，ただちに弾かれる．そして，いくつかの分子が面の中央から弾かれると，これらの欠損はまたすぐに修復される．だが，これらの発生の頻度は，面が多少剥がれ落ちる辺の近くを除けば，以前述べたように，面の一般的な滑らかさに影響するほどではない．ところで，新しい層が形成されない限り，結晶の面の継続的な成長は不可能である．それには，式 (665) によって与えられる値を有限な量だけ上回る μ_1'' の値が必要である．

新しい層の形成が困難なのは，形成が始まるときか，または始まって間もなくなので，必要な μ_1'' の値は，面が非常に小さいときを除いて，その面積には関係しない．しかし，結晶の成長に必要な μ_1'' の値は面の種数で異なり，おそらく，一般に，σ が最小の面に対して最大になるだろう．

　全体として，溶媒と平衡にある極めて微小な結晶の形は，主として式 (665) によって，(つまり，その状況が，重力，あるいは他の物体の接触によって変わる場合を除いて，$\Sigma(\sigma s)$ が結晶の体積に関して最小であるという条件によって) 決まることは不可能ではないように思われる．しかし，それらの結晶が，(それらを成長させるに必要なほど過飽和ではない溶媒中で) より大きく成長するとき，異なる面の上に新しい物質が析出するのは，それらの面の性質 (向き) によって決まることが多く，それら面の大きさや周囲の面との関係で決まることは少ない．最終的な結果として，このようにして形成される大きな結晶は，新しい物質の析出が最も容易に，少しの，おそらくごくわずかな切詰めによって生じる面のみで，一般に境界が定められる．この条件を満たす1種類の面が閉じた図形を形成できないなら，結晶は同じ条件によって決定される2種類，あるいは3種類の面によって境界が定められる．このようにして決定された種類の面は，おそらく，一般的に，σ が最小値をとるであろう．しかし，異なる種類の側面の相対的な成長は，重力や他の物体の接触による変化がなくても，$\Sigma(\sigma s)$ を最小にするようなものではない．結晶の成長は，最終的にただひとつの種類の側面に限定される．

　分子の層を取り除く作用のどの部分も，新しい層の形成を開始する作用ほど著しく際立った困難が生じるとは思えない．それでも，それらの過程の異なる段階が続くのをかろうじて可能にする μ_1'' の値は，わずかに違わなければならない．従って，結晶の連続的な溶解に対して，μ_1'' の値は，式 (665) で与えられるよりも，(有限の値だけ) 小さくなければならない．このことは，σ が最小値をもつ結晶の面に，特に当てはまることは確かだと思われる．従って，結晶の溶解の効果は，(結晶が可能な限りゆっくりと溶解されたときでさえ) 成長する結晶の方向とは反対向きに，理論的平衡状態の形とはおそらく異なる形を形成することである．

73) ここで，羊毛と氷が同時に凍ることについて取り上げることができるだろう．水中で氷の塊に接触している羊毛の繊維が，氷の塊に吸着するという事実は，固体を水の自由表面にちょうど接触するような位置にもってくると，水は，一般に，ある範囲の面をこえて固体に接触するように接触点の周りで盛り上がるという事実に，まったくよく似ているように思える．この水が盛り上がるという現象についての条件は，

$$\sigma_{SA} + \sigma_{WA} > \sigma_{SW}$$

である．ここで，添字 S, A, W は，それぞれ固体，空気，水を示している．同様に，氷が羊毛に凍り付く条件は，氷の異方性を無視すれば，

第三論文　不均一物質の平衡について

$$\sigma_{SW} + \sigma_{IW} > \sigma_{SI}$$

である．ここで，添字 S, W, I は，それぞれ羊毛，水，氷を指している．M. Faraday の論文 "Note on Regelation（復氷現象についての覚え書）" *Proc. Roy. Soc.*, **10**, 440-450（1860）の 447 頁あるいは *Phil. Mag.*, 4th ser., **21**, 146-153（1861）の 151 頁を参照．

74) ここで，重力ポテンシャルは，各々の電極に対して一定とみなしうると仮定される．これが当てはまらない場合，その式は，別々に取られた電極の小さな部分に適用することができるだろう．

75) その電解質流体が亜鉛だけでなく水銀も溶解するなら，動電力がゼロで，電極の構成が同じときにのみ平衡は存在しうる．なぜなら，電極が 2 つの金属から異なる割合で形成されるとき，亜鉛に対してより大きなポテンシャルをもつ電極は，水銀に対してより小さなポテンシャルをもつからである（式 (98) を参照）．両方の金属が陽イオンとして作用することが可能なら，上で述べた原理に従い，これは平衡と矛盾する．

76) G. Lippmann の論文 "Relations entre les phenomenes electriques et capillaires（電気と毛管現象との関係）"，*Annales de Chimie et de Physique*, 5 serie, **5**, 494-594（1875）を参照．

77) Lord Rayleigh, "On the Work that may be gained during the Mixing of Gases（気体の混合中に得られる仕事について）"，*Philosophical Magazine*, **49**, 311-319（1875）

78) H. Helmholtz, "Ueber galvanische Ströme, verursacht druch Concentrationsunterschiede; Fogerungen aus der mechanischen Wärmetheorie（濃度差によって生じるガルヴァーニ電流について，力学的熱理論からの結論）"，*Annalen der physik and Chemie*, [*Wied. Ann.*] **3**, 201-216（1878）
James Moser, "Galvanische Ströme zwischen concentrirten Lösungen desselben Körpers und deren Spannungensreihen（同一物体の異なる濃度の溶液間のガルヴァーニ電流と電圧）"，*Annalen der physik and Chemie*, [*Wied. Ann.*] **3**, 216-219（1878）

79) J. Regnauld, "Recherches sur les phénomènes consécutifs à l'amalgamation du zinc, du cadmium（亜鉛とカドミウムの融合により生じる現象についての研究）"，*Comptes Rendus*, **51**, 778-782（1860）

80) J. -M. Gaugain, "Note sur la électromotrice des piles dans lesquelles on emploie des métaux amalgamés（合金を使用した電池の動電力についてのノート）"，*Comptes Rendus*, **42**, 430-433（1856）

81) R. Rühlmann の著書 *Handbuch der mechanischen Wärmetheorie*, Bd. 2（出版年不明）の 290 頁を参照．(訳注)
（訳注）第 1 巻は 1876 年に刊行されている．

82) H. Saint-Claire Deville, "Sur le phénomène de la dissociation (1) de l'eau（水

の解離現象（1）について）", *Comptes Rendus*, **56**, 195-201（1863）の 199 頁，および "Sur la dissociation（解離について）", *Comptes Rendus*, **64**, 66-74（1867）の 67 頁．

83) R. Bunsen, "Ueber die Temperatur der Flammen des Kohlenoxyds und Wasserstoffs（一酸化炭素と水素の燃焼温度について）", *Pogg. Ann.*, **6**, 161-179（1867）

84) これらの数値は，34000 カロリーが同じ大気圧の下での燃焼に関係しているので，大気圧に対する修正は必要ない．

85) 高温での気体のふるまいに関して一般に認められた考えがまったくの誤りでない限り，（せいぜい理論的な議論において無視されるような困難だけしか伴わない）過程の一般的な特徴を示すことは可能である．これにより，2 つの状態における物質のエネルギーの差に等しく，2500℃よりずっと低い温度で供給される熱量以外に熱を消費することなく，水が水素と酸素に変換されるだろう．その過程の本質的な部分は，(1) 水を蒸発させ，その大部分が解離する温度に水を加熱すること，(2) 濾過作用による水素と酸素を部分的に分離すること，(3) 両方の気体を，それらが含んでいる蒸気が凝縮されるまで冷却することである．簡単な計算により，連続過程において，濾過作用による生成物を冷却する操作で得られたすべての熱を，真水の加熱に利用できることが示されるだろう．

86) H. Saint-Claire Deville, "Sur la dissociation（解離について）", *Comptes Rendus*, **64**, 66-74（1867）の 67 頁．

87) Favre 氏が得た図は，これ以後，同じ性質の他のものに関して与えられる．*Mémoires des Savants Étrangers*, ser. 2, **25**, no. 1 の 142 頁，または "Recherches thermiques sur l'électrolyse des hydracides (suite)（水素酸の電気分解による熱の研究（続き））", *Comptes Rendus*, **73**, 971-979（1871）の 973 頁を参照．

88) そこでは，数値がわずかに異なる．上記の *Mémoires des Savants Étrangers*, ser. 2, **25**, no. 1 の 90 頁，または "Recherches sur la pile. De l'origine de la chaleur mise en jeu dans les couples et qui n'est pas transmissible au circuit (suite)（電池の研究．対の電極に作用し，回路に伝わらない熱の原因（続き））", *Comptes Rendus*, **69**, 34-39（1869）の 35 頁を参照．

89) 他の物理学者達の実験を比較すると，いくつかの場合には，非常によく一致している．G. Wiedemann の著書 *Galvanismus und Elektromagnetismus*, Aufl.2, Bd. 2（Braunschweig, 1874）の 1117 節と 1118 節を参照．

90) 先に引用した *Mémoires des Savants Étrangers*, ser. 2, **25**, no. 1 の 93 頁，または "Recherches sur la pile. De l'origine de la chaleur mise en jeu dans les couples et qui n'est pas transmissible au circuit (suite)（電池の研究．対の電極に作用し，回路に伝わらない熱の原因（続き））", *Comptes Rendus*, **69**, 34-39（1869）の 37 頁と，"Recherches thermiques sur l'énergie voltaîque (suite)（ヴ

第三論文 不均一物質の平衡について

ォルタのエネルギーについての熱の研究(続き))", *Comptes Rendus*, **73**, 890-896 (1871) の 893 頁を参照.

91) すべての動電力の仕事が熱に変わるときに, (電池に含まれる) 全回路で得られた全体の熱は, 直接の実験により確認された. 7968 カロリーの量は, 明らかに $(V''-V')\Delta e - \Delta Q$ で表わされ, そしてまた $-\Delta \varepsilon + \Delta W_p$ でも表わされる ((691) 参照). $(V''-V')\Delta e$ の値は ΔQ を加えることにより得られ, $-\Delta \varepsilon$ の値は $-\Delta W_p$ を加えることにより得られる. これは簡単に算出され, 水素 1kg が発生することにより確認される. P. -A. Favre, "Recherches sur la pile. De l'origine de la chaleur mise en jeu dans les couples et qui n'est pas transmissible au circuit (suite) (電池の研究. 対の電極に作用し, 回路に伝わらない熱の原因 (続き))", *Comptes Rendus*, **68**, 1300-1305, (1869) の 1305 頁を参照.

92) 同上.

93) 先に引用した *Mém. Savants Étrang.*, の 145 頁.

94) 同上の 142 頁.

95) Favre 氏は, 1877 年に *Mémoirs des Savants Étrangers* と題する, 広範にわたる回顧録を刊行した. その中で彼が最も重要で最も精確と考えている実験結果をおそらく収録していると思われるが, この種の電池, あるいはカドミウムが亜鉛の代わりをする同様の電池内の熱の吸収については言及していないと言わざるを得ない. これは, 熱の発生を示す後の実験に対して, 明確な優先権を示すために取られたのであろう. この優先権の理由が何であれ, 熱の吸収の重要性を損なうことはほとんどない. それは, 繰返される実験で直接観測される問題である. 先に引用した *Comptes Rendus*, **68**, 1300-1305 (1869) の 1305 頁を参照.

96) 反応が極めて複雑になるグローブ電池の場合を除いて, 熱の吸収は塩酸の電気分解で最も顕著である. 塩酸の電気分解の場合は, 実験により, 他の状況での物質のふるまいによって与えられる推測が確認できるので興味深い. 観測された熱の吸収が減少する傾向について, 上で述べた状況に加えて, この場合に特有の, 次のことに注目すべきであろう.

電気分解は, 液体中に溶けている塩素と水素がお互いに接触することを防ぐために, 多孔質の隔壁の付いた電池で行われた. これまでの一連の実験で, 溶液中の気体の化学結合により, かなり大量の熱が発生する可能性があることが明らかになっている (先に引用した *Mem. Savants Etrang.*, の 131 頁, または *Comptes Rendus*, **66**, 1231-1241 (1868)). 隔壁のない電池では, 吸収の代わりに熱の放出が起こり, 時には, 5000 カロリーを超えた. 従って, 隔壁が役割をまったく果たさない場合, これは ΔQ の値を減少させるだけである.

少なくとも塩素の大部分は, 電解質流体により吸収されたと思われる. 実験の状況のわずかな違いが, 例えば, 圧力の低下が, 動電力に本質的な影響を及ぼすことなく, 塩素の大部分を気体として放出する原因になった可能性がある. 塩素の水溶液はいくつかの異常性を示し, 複雑な反応を起こすことがあるが,

常に大量の熱の放出を伴うようである（M. Berthelot, "Recherches sur le chlore et sur ses composés（塩素とその化合物についての研究）", *Comptes Rendus*, **76**, 1514-1522（1873））．気体状の塩素の放出を通常の過程とみなすなら，液体中に塩素を保持することで，電池内の熱の吸収が著しく減少すると考えられる．

　ある状況下では，希塩酸の電気分解で酸素が発生する．この現象は，我々が考察している実験でそれほど起こっているとは思えない．しかし，その現象が起こった可能性がある限り，それを水の電気分解の場合とみなすことができよう．それによって，熱の吸収という事実の重要性が影響を受けることはない．

97) 式（694）を使用するに当たって，一次過程と二次過程の間に区別すべきものは何もないことが分かるだろう．これらの式の一般性の唯一の制限は，過程の可逆性に関係することであり，この制限は（696）には当てはまらない．

98) Raoult 氏は，溶液中でビスマスのリン酸塩を含むリン酸に接しているビスマスの電極のついたガルヴァーニ電池で実験をしている（*Comptes Rendus*, **68**, 643-645（1869）を参照）．この金属は，溶融において1kg当り12.64カロリー，または当量（70kg）当り885カロリーの熱量を吸収し，一方，ダニエル電池は，金属の当量当り約24000カロリーの動電力の仕事を発生するので，動電力が単純にダニエル電池のエネルギーに依存するなら，ビスマスの固体状態または液体状態は，ダニエル電池の0.037倍に相当する動電力の違いをもたらすはずである．しかし，Raoult 氏の実験では，ビスマスが**凝集状態**を変える瞬間に，動電力の突然の変化は現れなかった．事実，融解温度が約15℃以上から15℃以下への電極の温度変化は，ダニエル電池の0.002倍に等しい動電力の変化が生じただけであった．

　鉛と錫の実験でも同様の結果が得られた．

解説

解説

廣政直彦

1. Gibbs の生涯と業績

　Josiah Willard Gibbs は，1839 年 2 月 11 日にアメリカのコネチカット州ニューヘイブンで生まれた．父の名前も同じく Josiah Willard Gibbs で，イェール大学の聖書学の教授であった．1854 年にイェール大学のイェールカレッジに入学し 1858 年に卒業した．その後，イェール大学に残り機械工学の研究に取り組み，平歯車の歯形を幾何学的方法によって設計する内容の博士論文 "On the Form of the Teeth of Wheels in Spur Gearing" により 1863 年に博士号を得て，アメリカ最初の工学博士になった．そして，母校の講師として最初の 2 年間はラテン語を，次の 1 年間は自然哲学（Natural Philosophy 現在の物理学）を教えた．1866 年には鉄道用ブレーキの設計で特許を取得している．また，コネチカットアカデミーで，力学で用いられる測定単位のシステムの合理化に関する論文を発表した．

　その後，ヨーロッパに留学し，1866 年の冬から 67 年までパリに滞在し，ソルボンヌとコレージュ・ド・フランスで J. Liouville に数論と理論力学を，M. Chasles に高等幾何学を学び，また J. G. Darboux に数理物理学と熱の熱理論を学んだ．次いで，当時，自然科学，特に熱力学と化学の分野で先端的な研究がおこなわれていたドイツに移り，ベルリンでは H. G. Magnus の一般物理学，A. Kundt の音響学，G. H. Quincke の音響学と毛管現象，K. Weierstrass の行列式と解析学，L. Kronecker の 2 次形式，E. Kummer の確率計算の講義を受けた．また，1868 年から 69 年まで滞在したハイデルベルクでは，G. Kirchhoff が数学と数理物理学の講義を開講していた．H. von Helmholtz は入門コースとして自然哲学を講義していたが，その中で紹介される彼の数理物理学の話題は内容が豊富であり，評判が良かったようである．そして R. Bunsen は実験化学の講義をしていた．これらの経験により，Gibbs は大きな知的刺激を受け，その後の Gibbs の研究に大いに影響を与えたことは確かであろう．

1869年に帰国したGibbsは，蒸気機関の調速機の設計について研究しているが，これが最後の機械工学の研究であった．1871年に，イェール大学の数理物理学の教授に就任した．そして，1873年に発表されたのが，本書の第一論文「流体の熱力学における図式的方法」と，第二論文「曲面による物質の熱力学的性質の幾何学的表示法」である．次いで，第三論文「不均一物質の平衡について」の前半が1875年に，後半が1877年に発表された．これらの3篇の論文については後ほど述べる．

　この後，熱力学以外に，ベクトル解析，光学，力学等に関する論文を発表した．1884年には，天文学と熱力学に応用するための統計力学の基本式についての論文 "On Fundamental Formula of Statistical Mechanics with Applications to Astronomy and Thermodynamics" (*Proc. Amer. Assoc.*, **33**, 57-58, 1884) を発表している．この頃から，熱力学を力学によって基礎付けることを試みていたのであろう．Gibbsの代表的著作である *Elementary Plinciples in Statistical Mechanics developed with especial reference to the rational foundations of thermodynamics* が1902年に刊行され，翌1903年4月に生まれ故郷のニューヘイブンで亡くなった．

2．本論文の成立の背景

　19世紀後半は，科学と技術の融合が進展している時代であり，科学は技術の基礎理論として重要な役割を果たすようになっていった．それに伴い，科学の内容や性格が大きく変貌することになった．

　熱現象の科学的な研究は，18世紀中頃にJ. Blackの熱容量の概念の確立によって温度と熱量を区別することが可能となり，熱現象の定量的な研究が進展した．また，同じくBlackが炭酸ガスを発見することにより，水素，酸素等が発見され，それまで単一の気体と考えられていた空気が様々な気体の混合物であることが明らかになった．このような状況の下で，A. L. Lavoisierは元素の概念を提唱し，燃焼は酸素と他の元素の化学反応であることを明らかにし，化学の研究の基礎を確立した．19世紀には，A. Voltaが電池を発明したことにより，電流が示す様々な電気現象が発見され，物理学の新しい研究分野が現れるとともに，M. Faradayの電気分解の研究など，物理学と化学の2つの領

域にまたがる研究が現れた．また，物理学研究の重要な手段である数学は，解析学や微分幾何学等の進展により，物理現象を扱う数学的手段が豊富になっていた．

　Gibbs がヨーロッパに留学した19世紀中頃には，J. R. Mayer や J. P. Joule により熱と運動の間の量的関係が明らかにされ，H. von Helmholtz により当時「活力」と呼ばれたエネルギーが保存するという法則（熱力学第一法則）が提示された．エネルギーという用語は，それ以前に J. Bernoulli が「仮想仕事」を表わすために，また T. Young が「mv^2」を表わすために使ったが，その用語が定着するのは，19世紀中頃に W. Thomson（Lord Kelvin）や W. J. M. Rankine によって使用されてからである．また，18世紀後半に J. Watt によって実用化された蒸気機関は，19世紀初頭には蒸気機関車や蒸気船が発明され，工場の動力以外にも広く利用されることになった．熱を運動に変える蒸気機関の働きは理論的に解明されておらず，蒸気機関の改良は試行錯誤で行われていた．産業の発展にとって蒸気機関は重要であり，その理論を明らかにすることは蒸気機関の改良にとって必要であるとして，蒸気機関の理論を熱を物質とみなす熱素説に基づいて説明したのが S. Carnot である．その Carnot の理論を，19世紀半ばに熱の運動論の立場から説明することにより熱力学第二法則を確立したのが R. Clausius で，Gibbs の熱力学に関する論文で重要な役割を果たす「エントロピー」の概念が提示された．ほぼ同時期に W. Thomson（Lord Kelvin）も同様の法則を発表している．

　このような状況にあった19世紀後半のヨーロッパに留学した Gibbs は，当時最先端の物理学や化学の研究に触発されることにより，帰国後，熱力学の研究に取り組むことになったのであろう．

3．本論文の内容
　(1) 第一論文
　1873年5月（春）に，最初の熱力学の論文「流体の熱力学における図式的方法」が学術誌 *Transactions of the Connecticut Academy* に発表された．その冒頭で，流体の熱力学において幾何学的表現は一般に用いられているが，それがもつ多様性と一般性に関しての拡張はなされていないとして，これまでの

体積と圧力を用いる図とは異なるが，それと同等の適用範囲をもつ図を用いることによって，明快で便利な図式的方法を与えるという．

ついで，熱力学第一法則と第二法則を統合して，Gibbsの熱力学の出発点となる式 $d\varepsilon = td\eta - pdv$ を導いた．これにより，一つの物体から他の物体に出入りする熱量が消去され，物体の状態はエネルギー ε，温度 t，エントロピー η，圧力 p，体積 v で記述されることになり，エントロピーが熱力学の基本概念として，温度や体積や圧力と同等な状態量となった．[1]

続いてGibbsは，熱力学的状態の変化の過程の表現には様々な方法が考えられるが，その中で特に重要なのは，体積と圧力を用いる従来の方法と，エントロピーと温度を用いる方法であり，体積と圧力を直交座標にとって表される図を「体積－圧力図表」と呼び，エントロピーと温度を直交座標にとって表される図を「エントロピー－温度図表」と呼んだ．そして，熱力学の問題では，温度の異なる物体が受け取る熱量と放出する熱量を区別することが重要であり，仕事よりも熱の方が形において単純であり，エントロピー－温度図表の方に利点があるとした．それは，エントロピーの概念は不明瞭で理解が困難であるが，それはむしろ熱力学第二法則の重要性を際立たせ，またエントロピー－温度図表を用いることにより，熱力学第二法則に明晰で初等的な表現を与えるという利点によって打ち消して余りあるからだという．

次いで，完全気体や凝縮可能な蒸気について考察したのち，混合物の場合には，体積－圧力図表やエントロピー－温度図表よりも，体積－エントロピー図表の方が優れていることを示す．例えば，蒸気と液体と固体から成る混合物の場合，体積－エントロピー図表では蒸気と液体と固体の共存状態は三角形で示すことができるが，平衡状態の場合には三角形の中では圧力と温度が同じなので，前者の2つの図表では直線で表されることになり，異なる状態が区別できなくなるという欠陥があることを示した．

(2) 第二論文

---

1) 当時はClausiusが提唱したエントロピーについての理解には混乱や誤解があった．Gibbsはエントロピーという用語をClausiusが提示した意味で使い，P. G. Taitやその他の人たちが使っている意味ではないと脚注で述べ，熱力学においてエントロピーの概念の重要性を明確に認識していた．

412

解説

このようにして Gibbs は,熱力学の基本原理を2つの座標を用いて図式的に示すことの有用性を明らかにしたが,それをさらに発展させた第二論文「曲面による物質の熱力学的諸性質の幾何学的表示法」を,半年後に同じ学術誌 *Transactions of the Connecticut Academy* に発表した.

エネルギー ε,エントロピー η,体積 v の関係は エネルギー,エントロピー,体積を直交座標軸とする3次元空間を考えることにより空間内の曲面で表すことが可能であり,この曲面を Gibbs は「熱力学的曲面」と名付けた.そうすると,温度 t と体積 v は,$d\varepsilon = td\eta - pdv$ の微分係数 $t = (\frac{d\varepsilon}{d\eta})_v$ と $p = -(\frac{d\varepsilon}{dv})_\eta$ に等しく,温度と体積は熱力学的曲面に接する平面の傾きで表されることになる.こうして,3つの関係式は幾何学的に表現され,熱力学的状態を表す温度,圧力,体積,エネルギー,エントロピーは熱力学的曲面の点で決まることになった.

この方法は,物体全体が熱力学的平衡状態にあるなら,均一な物体の場合と同じく,均一でない物体にも適用できる.Gibbs は,物体が均一な状態を表す熱力学的曲面を「原曲面」,均一でない状態を表す熱力学的曲面を「誘導曲面」と呼び,物体全体の体積とエントロピーとエネルギーが物体の各部分の体積とエントロピーとエネルギーの和に等しく,物体全体の圧力と温度が物体の各部分と等しいという平衡条件の下で,この原曲面と誘導曲面の関係を考察し,混合状態の物体が示す性質を明らかした.つまり,固体,液体,蒸気の混合状態の物体が平衡にあるとき,その熱力学的状態を表す誘導曲面は,固体,液体,蒸気の熱力学的状態を表す3つの原曲面上の点を頂点とする平面三角形であり,それらの3つの点に対して共通な接平面からなっている.これは,第一論文で述べた体積-エントロピー図表の三角形を,エネルギー,体積,エントロピーを座標とする3次元空間によって表したことになる.また,原曲面上の2点に共通な接平面を原曲面上で微小に回転させると圧力 p と温度 t が微小に変化し,それとともにエントロピー η と体積 v が変化する.その微小な変化量の比をとることにより,今日,クラウジウス-クラペイロンの式と呼ばれている式を幾何学的に導いた.

次いで,Gibbs は熱力学的平衡の安定性について考察する.圧力と温度が一定の非常に大きな媒質中に置かれた物体を仮定し,その物体が媒質の作用と物

体自身の内部の相互作用により,物体の最初の状態が変化して最終的に媒質の温度と圧力と同じ平衡状態になったときの物体の最初と最後の熱力学的状態の位置を示し,そのような変化により,媒質の圧力と温度を表す平面からの距離は小さくなるか等しいことを導いた.そして,熱力学的曲面がその曲面の点の接平面より上にあれば熱力学的平衡は安定であり,下にあれば不安定であり,下ではないが2つ以上の点で接する場合は中立であることを明らかにした.

　それに続き,固体,液体,蒸気の混合状態の物質の熱力学的曲線の特徴について考察する.固体と液体と蒸気の混合状態を表す誘導曲面は,固体と液体と蒸気の原曲面に接する3重接平面であり,3つの接点を頂点とする平面三角形となる.この接平面を3つの辺を軸にして誘導曲面の下側に回転させると,6つの線が描かれる.これらの線は絶対的安定の限界と呼び,それらの線の外側は絶対的安定の面と呼ぶことができる.液体と蒸気の混合の場合は,接平面が原曲面上を回転するにつれて2つの接点は接近し最後にはひとつになる.これは臨界点があることを示しており,T. Andrews が 1869 年に *Philosophical Transactions* に発表した物質の気体状態と液体状態の連続性についての研究で得られた結果を,幾何学的に説明したのである.また,臨界点における原曲面の曲率から,臨界点では温度が一定の物質の弾性率がゼロになり,定圧比熱が無限大になることを導いた.

　次いで,絶対的安定の曲面,3つの混合状態を表す三角形の平面,2つの混合状態を表す3つの可展面で構成される連続した部分面を考え,それを散逸エネルギー面と呼んだ.そして,この散逸エネルギー面の重要な応用として,ある物体から得られる最大の力学的仕事量を見出すことについて検討し,物体の状態を表す点が散逸エネルギー面上にないなら,一定量のエネルギーは利用可能で,それを有効エネルギーと呼んだ.さらに,物体のエネルギーが変化したり,体積が増加することなく増加可能なエントロピーの量は,散逸エネルギー面からの距離によって示され,それを物体のエントロピー容量と呼んだ.

　こうして,Gibbs が提示した幾何学的方法は,熱力学の研究において重要な役割を果たすことが示された.この Gibbs の方法の重要性に注目したのが,J. C. Maxwell である.彼は,P. G. Tait 宛ての 1874 年 10 月 12 日付のはがきで,Gibbs が 1873 年に *Trnsactions of the Conneticut Academy* で発表した2篇の

解説

論文において採用した体積，エントロピー，エネルギーを座標とする曲線に言及し，かのドイツ人（Clausius を暗に指している）よりセンスがあると書いている．[2] また，J. Thomson 宛ての 1875 年 7 月 8 日付の手紙で Maxwell は，自ら描いた Gibbs の熱力学曲線のスケッチを添えている．[3] その後も，Tait や Thomson や Andrews らに宛てた手紙でしばしば Gibbs に言及し，Gibbs の研究を高く評価した．

(3) 第三論文

第一論文，第二論文では単一成分からなる物質を対象としたが，多成分からなる物質に一般化して論じた第三論文「不均一物質の平衡について」(*Transactions of the Connecticut Academy*, **3**, 108-248 (1875-76)，343-524 (1877-78)) が発表された．これは全体で 350 頁を超す大作で，前半は基本的な内容であり，後半は具体的な現象への適用から成っている．ここでは，その中から前半を中心に重要な個所を取り上げて述べることにする．

第三論文の前半では，平衡の安定性の規準，基本方程式，ポテンシャル，共存相，幾何学的表示といった基本的な命題や概念が考察される．最初に，外部からの影響を受けない物質系の熱力学的平衡の規準が次の同等な 2 つの形で与えられる．1 つは，エネルギーが変化しないで系の状態が変化する場合に，可能なすべての状態変化においてエントロピーの変化はゼロか負になるという基準で，もうひとつは，エントロピーが変化しないで系の状態が変化する場合に，可能なすべての状態変化においてエネルギーの変化はゼロか正になるという規準である．そして，Gibbs は，不均一物質系にこれらの規準を適用するに当たって，系の部分間に熱の伝導がないという条件を導入しやすくなるという理由と，系の状態を決める独立変数のひとつをエントロピーにするほうが，エネルギーを独立変数にするよりも便利であるという理由で 2 番目の規準を採用した．

続いて，重力，電気，固体のひずみ，毛細管張力の影響がない場合の不均一な物質についての平衡条件を考察する．第一論文で得られた単一成分の物質に対す

---

[2] P. M. Harman, ed., *The scientific letters and papers of James Clark Maxwell*, **3**, 130, (Cambridge University Press, 2002).
[3] 同上，232 頁．

る式 $d\varepsilon = td\eta - pdv$ を多成分の不均一物質系に拡張して，$d\varepsilon = td\eta - pdv + \mu_1 dm_1 + \mu_2 dm_2 + \cdots\cdots + \mu_n dm_n$ とする．$m_1, m_2, \cdots\cdots, m_n$ は物質系を構成する成分の量を表し，その微分係数 $\mu_1, \mu_2, \cdots\cdots, \mu_n$ は Gibbs によって「ポテンシャル」と名付けられた．そして，2番目の平衡の規準を使って，多成分系の不均一物質の平衡の必要十分条件は，温度と圧力が系全体にわたって一定であるという熱的平衡と力学的平衡の条件に加えて，成分物質のポテンシャルが等しいという化学的平衡の条件を導いた．その後，基本方程式の定義と性質について論じ，この基本方程式と同等の温度と体積と成分量を変数とする関数，エントロピーと体積と成分量を変数とする関数，そして温度と圧力と成分量を変数とする関数を導いた．それらは，今日，ヘルムホルツの自由エネルギー，エンタルピー，ギブスの自由エネルギーと呼ばれるものである．

　さらに，物体の量や形に関係なく，組成や熱力学的状態だけを表す用語として，「相」の概念を導入した．そして，平衡状態において面を境界として共に存在することが可能な「共存相」について考察し，圧力と温度が一定の下で共存している相の数は，成分の数に2を加えた数を越えることはないという，現在ギブスの相律と呼ばれる法則を導き出した．また，第二論文で論じたエネルギー，エントロピー，体積を座標とする幾何学的表示法よりも，物質の状態を識別し記述するには温度と圧力，そしてポテンシャルまたはギブスの自由エネルギーを座標とする表示法の方が優れているとし，この表示を使って共存相や臨界相の問題を論じた．

　このような基本的な考察に続いて，第三論文の後半では具体的な問題として，固体のひずみ状態や固体と流体の共存相の平衡条件，毛管現象に関係する流体間の不連続面の安定性や不連続面の形成の問題，さらに液体膜や電池や動電力が論じられた．当時ヨーロッパで盛んに研究されていた物理学や化学に関係する具体的な問題に関する研究成果を，統一的に説明できる理論を構築したのである．

4．本論文の影響

　Gibbs の熱力学の理論は，今日，化学熱力学や物理化学と呼ばれる分野が形成される基礎を与えた重要な研究であったが，先にも述べたように，当初，その

解説

重要性を理解したのは Maxwell などごく少数の科学者であった。Maxwell は, 第三論文の前半が発表された 1876 年に, 不均一物質の平衡についての論文 "On the Equilibrium of Heterogeneous Substances" を *Proc. Cambridge Phil. Soc.* に寄稿して Gibbs の論文を要約して紹介したり, *Encyclopedia Britannica* 第 9 版の Diffusion や Diagrams の項目で Gibbs の業績について言及している。一方, Helmholtz は, 1882 年に化学過程の熱力学に関する論文 "Die Thermodynamik chemischer Vorgänge" を *Sitzungsberichte der Königlich Preussischen Akademie der Wissenschaften* に発表し, 今日, ヘルムホルツの自由エネルギーと呼ばれる概念について述べている。この概念は, すでに Gibbs が第三論文で述べており, Helmholtz にも論文の別刷りが送付されていたはずだが, それに気付かなかったのか独立に見出したようである。また, J. H. van't Hoff は, 1884 年の彼の著書 *Etudes de Dynamique Chimique*(Amsterdam, 1884)の中で化学平衡について論じているが, Gibbs の論文に言及していはない。それに対して, M. Planck は, 1887 年の *Ann. der Phys. unt Chem.* に発表したエントロピー増大の原理に関する論文 "Ueber das Princip der Vermehrung der Entropie" で, Gibbs が 1887 年の *American Journal of Science and Arts* に発表した第三論文の要約に言及している。ヨーロッパの大多数の科学者に広く知られることになったのは, F. W. Ostwald が, これらの 3 篇の論文をドイツ語訳した *Thermodynamische Studien von J. Willard Gibbs*, (Leipzig, 1892) を出版し, また H. le Chatrelier が第三論文のフランス語訳 *Équilibre des Systémes Chimiques par J. Willard Gibbs*, (Paris, 1899)を刊行した 1890 年代以降のことであろう。

しかし, Gibbs の理論が化学の研究に適用されるようになるにはもう少し時間が必要だった。アメリカの化学者 G. N. Lewis は, 1907 年の *Proceedings of the American Academy of Arts and Sciences* に発表した熱力学的化学の新体系に関する論文 "Outline of a New System of Thermodynamic Chemistry" の冒頭で次のように述べている。「理論化学の研究において, Gibbs, Duhem, Planck らのエントロピーや熱力学ポテンシャルに基づく方法と, van't Hoff, Ostwald, Nernst らの循環過程を直接問題に適用する方法が使用されてきた。前者の方法は一般的で厳密であり, 力学のポテンシャル理論に馴染みがある数

学者や物理学者によって使用されたが,化学者はこの方法に親しめず,30年の間の研究はほとんど後者の方法によっている」[4]という.そして,Lewis自身は後者の方法がもつ欠点を補い,現実の化学現象を厳密に取り扱うことができる理論の構築を目指した.Lewisのいう2つの方法を統合したのがベルギーの数学者で物理学者のTh. De Donderであった.彼は,1922年の *Bull. Ac. Roy. de Belgique* に発表した化学親和力を完全気体に応用した論文"L'Affinité. Applications aux gas parfaits"や,1925年の *Compt. Rend. Acad. Sci.* に発表した化学親和力に関する論文"Affinité"と,比親和力の計算に関する論文"Calcul de l'affinité spécifique"で,化学親和力とギブスの自由エネルギーの関係を明らかにした.ロシア出身でベルギーの化学者であり物理学者のI. Prigogineは,「De Donderはギブスの方法とファントホッフ−ネルンストの方法の基本的特徴をとらえて,化学熱力学の新しい体系を展開した」[5]と述べている.このような経緯を経てGibbsの理論は次第に化学者にも受け入れられ,物理化学あるいは化学熱力学の中で重要な位置を占めることになっていったのであろう.

　解説を書くに当たって,広重徹『物理学史Ⅰ』培風館(1968年),日本化学会編『化学の古典〈第Ⅱ期〉3 化学熱力学』学会出版センター(1984年),井上隆義「J・ウィラード・ギップスにおける熱力学理論体系の形成について」『立命館大学人文科学研究所紀要』**41**, 217-255 (1986),山本義隆『熱学思想の史的展開 3 熱とエントロピー』ちくま学芸文庫(2009年),稲葉肇「ギブスの熱力学と統計力学 ——物理化学の視点から——」『科学史研究』**49**, 1-10 (2010),L. P. Wheeler: *Josiah Willard Gibbs: The history of a great mind*, (Archon Books, 1970) 等を参考にした.

---

4) 日本化学会編『化学の古典〈第Ⅱ期〉3 化学熱力学』学会出版センター(1984年)203頁から204頁.
5) 同上,246頁.

索 引（頻度の高い語句は初出頁のみを示した）

事項 ─────────

【あ】
圧縮　compression　28, 48, 55, 60, 207
圧縮率　compressibility　355
安定性　stability　39
安定の限定　limit of stability　54, 131, 133-135, 387
安定平衡　stable equilibrium　53

【い】
イオン　ion　369-375, 383, 384
異質な膜　non-homogeneous film　252
異質な領域　the region of non-homogeneity　257
異質物　foreign substance　309, 359, 363-366
一定尺度の図表　diagrams of constant scale　7, 9, 25, 27, 28
一定組成　constant composition　177, 178, 180

【う】
内側の相　interior mass　276

【え】
液体膜　liquid film　338
液滴　liquid drop　351, 352
エネルギー　energy　3
エネルギーの体積密度　volume-density of energy　288, 354, 358, 365
エネルギー密度　density of energy　104
延伸　extension　339
エントロピー　entropy　3
エントロピー・温度図表　entropy-temperature diagram　9
エントロピーの体積密度　density of entropy　288
エントロピー密度　density of entropy　104
エントロピー容量　capacity for entropy　58, 59, 64, 65, 414

【お】
凹角　reentrant angle　143, 325
応力　stress　104
応力の主軸　principal axes of stress　224, 225

【か】
界面エネルギー　superficial energy　257, 271
界面エントロピー　superficial entropy　257, 271
界面のエネルギー　energy of the surface　257, 272
界面密度　superficial density　270, 301, 303-305, 308-310
解離　dissociation　380, 404
化学化合物　chemical compound　187
化学当量　chemical equivalent　79
化学平衡　chemical equilibrium　77
可逆　reversible　108
可逆過程　reversible process　3
可逆的な変分　reversible variation　253, 256, 312, 392
拡散　diffusion　73, 190, 191, 348, 371
拡散運動　morion of diffusion　74
拡張　extension　3
隔壁　diaphragm　100-102, 382, 405
撹乱　disturbance　96, 122, 272, 398
確率的な関係　probable relation　189
重ね合わせ　superposition　29, 30, 213, 240, 241
仮想系　imaginary system　282, 283
仮想的界面　imaginary surface　259
固さ　solidity　242, 246, 395
活性傾向　active tendency　104
活力　vis viva　48, 58, 63, 73, 411
可展面　developable surface　46
可能な成分　possible component　79
可秤量物質　ponderable matter　369
可変状態　variable state　212, 222, 223, 227, 234
可変成分　variable component　86
可変な相　variable phase　129, 130
過飽和状態　supersaturated solution　226
ガルヴァーニ電池　galvanic cell　370, 375, 383, 384, 406
完全気体　perfect gas　12
完全流体　perfectly fluid mass　353
簡約　reduction　238, 315
関与成分　proximate component　160, 162-165, 198

【き】
幾何学的な面　geometrical surface　251

419

幾何学的表示　geometrical illustration　53, 158, 199, 395, 415, 416
基準状態　state of reference　212
基本状態　ultimate state　311
基本成分　ultimate component　96
基本組成　ultimate composition　160, 163, 196, 198, 200
基本方程式　fundamental equation　35
球体　spherical mass　287, 288
球面　spherical surface　259, 288, 292, 295
境界　boundary　7
境界面　bounding surface　61
凝縮　condensation　56
共存状態　coexistent state　137, 412
共存相　coexistent phase　115
曲三角形　curvilinear triangle　326-329, 331
極小値　minimum value　63
曲率　curvature　29
曲率線　line of curvature　53, 54
曲率の中心　center of curvature　257, 259, 262, 297, 316
曲率半径　radius of curvature　91
巨容的に　in mass　274
均一相　homogeneous mass　143
均一流体　homogeneous fluid　278, 288, 330
近似公式　approximate formula　242

【く】
空気膜　air film　352, 399
区分界面　dividing surface　61
区分密度　separate density　217
グローブ電池　Grove's cell　381, 405

【け】
経路　path　5
経路の仕事　the work of the path　5
経路の熱　the heat of the path　20, 23, 38
結晶　crystal　109
結晶構造　crystalline structure　227, 400
結晶体　crystal body　118, 354, 356, 399
決定関数　determined function　322
ケン化溶液　solution of saponine　398
原曲面　primitive surface　45

【こ】
剛性率　rigidity　244, 245

孤立系　isolated system　70, 73, 76, 253

【さ】
最小値　least value　95
散逸エネルギー　dissipated energy　57, 154, 155, 194
散逸エネルギー相　phase of dissipated energy　163
散逸エネルギー面　surface of dissipated energy　56
三角柱　triangular prism　325
三重接平面　triple tangent plane　141, 145, 149
三重点　triple point　137
三成分系混合気体　ternary gas-mixture　187, 188, 195

【し】
仕事と熱の尺度　scale of work and heat　7, 17, 24, 25
事実上の安定性　practical stability　272-274, 292, 320
事実上不安定　practically unstable　96
実在系　real system　282, 283
実際の成分　actual component　79
射影　projection　18
収縮　contraction　26
自由表面　free surface　183, 402
重力　gravity　166
重力ポテンシャル　gravitation potential　173, 369, 388, 394, 403
主曲率　principal curvature　51
受動的抵抗　passive resistance　72
主表面力　principal traction　224, 225
瞬間軸　instantaneous axis　47
循環路　circuit　5
循環路網　net-work　8, 9
状態関数　function of the state　4, 8, 33, 34
初期状態　initial state　57
触媒　catalytic agent　164, 194
触媒作用　catalysis　164, 194, 195
真空　vacuum　60
伸張　enlargement　353
浸透圧　osmotic force　100

【す】
水平面　horizontal plane　166, 312, 318, 357, 367
図式的方法　graphical method　3
図表　diagram　3

420

索　引

【せ】

静水圧　hydrostatic pressure　　226, 228, 229, 232, 391
静水圧応力　hydrostatic stress　　226, 227, 246-248
正の曲率　positive curvature　　54, 259, 297
静力学　statics　　61
析出物　deposit　　97, 372
絶縁体　non-conductor　　369, 372
石鹸水　soap-water　　343, 348-352, 399
絶対的安定　absolute stability　　52-54, 56, 57, 414
接平面　tangent plane　　44
全曲率　total curvature　　329, 331
先験的確率　a priori probability　　200, 351
先験的な考察　a priori consideration　　189
せん断応力　shearing stress　　219
線膨張　linear expansion　　245

【そ】

相対密度　relative density　　201-207
束縛条件　constraint　　198
外側の相　surrounding mass　　276-278, 287, 291

【た】

対称関数　symmetrical function　　239, 242
体積‐圧力図表　volume-pressure diagram　　9
体積‐エントロピー図表　volume-entropy diagram　　22
体積弾性率　elasticity of volume　　245
体積要素　element of volume　　170, 172
平らな不連続面　a plane surface of discontinuity　　258, 267, 270
縦応力　longitudinal stress　　219
ダニエル電池　Daniell's cell　　374, 381, 406
弾性特性値　elastic property　　243
弾性率　elasticity　　55, 128, 414
断熱線　abiabatic line　　35

【ち】

力関数　force function　　107, 108, 233
中立平衡　neutral equilibrium　　71
頂点　vertical point　　45
張力　tension　　58
張力面　surface of tension　　262

直方体　right parallelepiped　　214

【て】

定圧　constant pressure　　21
定エントロピー　constant entropy　　193, 245
電解液　electrolyte　　369, 371, 378, 384
電解過程　electrolytic process　　369, 372, 374, 379
電解質流体　electrolytic fluid　　371
電解槽　electrolytic cell　　370, 375, 383, 384
電解装置　electrolytic combination　　373
電解伝導　electrolytic conduction　　369
電解電流　electrolytic current　　372, 374
電気化学的装置　electro-chemical apparatus　　375-377, 380, 384, 385
電気化学当量　electro-chcmical equivalent　　369, 370, 372, 384
電気ポテンシャル　electrical potential　　375
電極　electrode　　369

【と】

等圧線　isopiestic line　　5
等エントロピー線　isentropic line　　5
等温線　isothermal line　　5
等差系　equidifferent system　　15
同次関数　homogeneous function　　162
等積線　isometric line　　5
動電力　electromotive force　　370
等方性　isotropic　　104
等方性固体　isotropic solid　　234, 239, 242, 243, 354
等方体　isotropic body　　354, 400
等力学線　isodynamic line　　5
Dalton（ドルトン）の法則　Dalton's law　　180

【な】

内的安定性　internal stability　　280
内的平衡　internal equilibrium　　215
内部エネルギー　intrinsic energy　　166, 215, 312, 369, 375
内部ポテンシャル　intrinsic potential　　169, 369, 388
長さ寸法　linear dimension　　45, 359, 360

【に】

二次の接触　contact of the second order　54
二重接平面　double tangent plane　46
二成分系混合気体　binary gas-mixture　187, 196, 201, 209, 210

【ね】

熱関数　heat function　110
熱源　source of heat　10
熱交換器　regenerator　11
熱の移動　transmission of heat　72, 74, 308
熱の移動が（の）無い　no transmission of heat　18, 31, 245, 282
熱平衡　thermal equilibrium　168, 308, 314
熱力学関数　thermodynamic function　34, 35, 66
熱力学的曲面　thermodynamic surface　43
熱力学的平衡　thermodynamic equiliburium　43
熱量的関係　calorimetrical relation　207, 208
粘性　viscosity　72

【の】

伸び　elongation　234-236, 239, 240
伸びの主値　principal ratios of elongation　241

【は】

媒質　medium　47
薄層　lamina　91, 95, 399
薄層状の物質　lamelliform mass　254
薄膜　thin film　251
反転を伴う　with inversion　39
反転を伴わない　without inversion　39

【ひ】

非結晶体　amorphous solid　226
ひずみ　strain　212
ひずみ状態　state of strain, strainted state　212
ひずみの主軸　principal axes of strain　225, 234, 236, 240, 241
ひずみのない状態　unstrainted state　212, 221, 234-236, 240
等しい圧力の線　lines of equal pressure　5
等しいエネルギーの線　lines of equal energy　5
等しいエントロピーの線　lines of equal entropy　5
等しい温度の線　lines of equal temperature　5
等しい体積の線　lines of equal volume　4
表面エネルギー　superficial energy　365
表面張力（界面張力）　superficial tension　63
表面力　traction　223-225

【ふ】

不安定の限界　limit of instability　54
不安定平衡　unstable equilibrium　39, 53, 71, 283
不可逆過程　irreversible process　34, 374, 375
付加条件　additional condition　84, 153, 170, 306, 341
付加力　additional force　228
不均一物質（系）　heterogeneous masses　76, 250, 415-417
物質系　material system　66
物体の状態関数　function of the state of the body　4, 8, 33, 34
物理的不連続面　physical surface of discontinuity　251, 261, 268, 288
不連続面　surface of discontinuity　169
分子　molecular　33
分子作用　molecular action　213, 251
分離曲線　separate curve　142

【へ】

閉曲面　closed surface　252, 254
平衡　equilibrium　31
平衡条件　condision of equilibrium　69
平衡の一般規準　the general criterion of equilibrium　248
平衡の規準　criterion of equilibrium　70
平衡の付加条件　additional condition fo equilibrium　84, 222
平面図　horizontal projection　9, 52, 60, 63
変位　displacement　219
変換可能成分　convertible component　197, 199, 207-210
変形　deformation　9
変形特性　deromation characteristic　56

索引

変動 variation *8*
変分 variation *70*
変分法 calculus of variation *217*
Henry（ヘンリー）の法則 Henry's law *188, 190*

【ほ】
包括的決定法 collective determination *275*
膨張 expansion *38*
包壁 envelop *47*
包絡面 envelop *46*
ポテンシャル potential *81*
本質的不安定 essential instability *53, 56*

【ま】
膜 membrane *254*
（薄）膜 film *251, 397*

【も】
毛管現象 capillarity *61, 309, 409, 416*
毛管現象の理論 theory of capillarity *91, 261*

【ゆ】
有効エネルギー available energy *57-59, 64-66, 394, 414*
誘導曲面 derived surface *45*
ゆがみ応力 distorting stress *226, 227, 356, 391*

【よ】
要素（微小部分） element *9*
容量の関係 volumetrical relation *207*

【ら】
ラグランジュの乗数法 Lagrange's method of multipliers *88*

【り】
力学的作用 mechanical action *69, 156, 194*
力学的平衡 mechanical equilibrium *80*
理想気体 ideal gas *12*
立体角 solid angule *325*
立体図形 solid figure *57*
臨界関係 critical relation *335, 337*
臨界状態 critical (imiting) state *54, 55, 150, 153, 156*
臨界相 critical phase *151-154, 156, 416*

臨界点 critical point *39, 52-56, 414*

【れ】
冷熱源 source of cold *10, 11, 108, 114, 182*

人名 ────────────

【A】
Andrews, Thomas （アンドリュース，1813-1885） *39, 53, 62, 388, 414, 415*

【B】
Baltzer, Heinrich Richard （バルツァー，1818-1887） *392*
Bernoulli, Johann （ベルヌーイ，1667-1748） *411*
Berthelot, Pierre Eugène Marcelline （ベルテロ，1827 - 1907） *406*
Black, Joseph （ブラック，1728-1799） *410*
Bunsen, Robert Wilhelm Eberhard （ブンゼン，1811-1899） *379, 404, 409*

【C】
Carnot, Nicolas Léonard Sadi （カルノー，1796-1832） *411*
Cazin, Achille Auguste （カジン，1832-1877） *37*
Chasles, Michel Floréal （シャッスル，1793-1880） *409*
Clausius, Rudolf Julius Emmanuel （クラウジウス，1822-1888） *34, 35, 65, 66, 69, 385, 401, 411, 412, 415*

【D】
Dalton, John （ドルトン，1766-1844） *181, 300, 303, 393*
Darboux, Jean Gaston （ダルブー，1842-1917） *409*
De Donder, Theophile Ernest （ドゥドンデ，1872-1957） *418*
Duclanx, Émile （デュクロー，1840-1904） *388, 397*
Duhen, Pierre Maurice Marie （デュエム，1861-1916） *417*
Dupré, Louis Victoice Athanase （デュプレ，1808-1869） *397*

【F】
Faraday, Michael （ファラデー，1791-1867） *400, 401, 403, 410*

Favre, Pierre-Antoine （ファーヴル，1813-1880） *380-382, 404, 405*

【G】
Gaugain, Jean Monthée （ゴーゲン，生没年不明） *378, 403*
Green, George （グリーン，1793-1841） *392*
Grove, William Robert （グローブ，1811-1896） *377, 381*

【H】
Helmholtz, Hermann Ludwig Ferdinand von （ヘルムホルツ，1821-1894） *378, 398, 403, 409, 411, 416, 417*
Henry, William （ヘンリー，1775-1836） *188-190*

【K】
Kirchhoff, Gustav Robert （キルヒホッフ，1824-1887） *391, 409*
Kronecker, Leopold （クロネッカー，1823-1891） *409*
Kummer, Ernst Eduard （クンマー，1810-1893） *409*
Kundt, August Adolf Eduard Eberhard （クント，1839-1894） *409*

【L】
Lagrange, Joseph Louis （ラグランジュ，1736-1813） *88*
Lavoisier, Antoine-Laurent de （ラヴォアジェ，1743-1794） *410*
Le Chatrelier, Henry Louis （ルシャトリエ，1850-1936） *417*
Lehmann, Otto （レーマン，1855-1922） *401*
Lewis, Gilbert Newton （ルイス，1875-1946） *417, 418*
Liouville, Joseph （リウヴィル，1809-1882） *409*
Lippmann, Jonas Ferdinand Gabriel （リップマン，1845-1921） *373, 403*

【M】
Magnus, Heinrich Gustav （マグヌス，1802-1870） *409*
Massieu, François Jacques Dominique （マシュー，1832-1896） *386*
Maxwell, James Clerk （マックスウェル，1831-1879） *66, 414, 415, 417*

Moser, James （モーゼル，1852-1908） *378, 403*

【N】
Nernst, Walther Hermann （ネルンスト，1864-1941） *417*

【O】
Ostwald, Friedrich Wilhelm （オストヴァルト，1853-1932） *417*

【P】
Piotrowski, Gustav Ritter von （ピオトロフスキー，1833-1884） *398*
Planck, Max Karl Ernst Ludwig （プランク，1853-1947） *417*
Plateau, Joseph Antoine Ferdinand （プラトー，1801-1883） *342, 398, 399*
Playfair, Lyon （プレイフェア，1818-1898） *203-205, 381*
Poiseuille, Jean Louis Marie （ポアズイユ，1797-1869） *346, 399*
Prigogine, Ilya （プリゴジン，1917-2003） *418*

【Q】
Quincke, Georg Hermann （クインケ，1834-1924） *393, 409*

【R】
Rankine, William John Macquorn （ランキン，1820-1872） *10, 11, 34, 35, 66, 391, 411*
Rayleigh (Lord), John William Strutt, 3rd Baron （レイリー卿，1842-1919） *377, 391, 403*
Regnauld, Jules Antoine （ルニョー，1820-1895） *403*
Rüdorff, Friedrich （リュドルフ，1832-1902） *388*
Rühlmann, Richard （リュールマン，1846-1908） *404*

【S】
Sainte-Claire Deville, Henri Étienne （サント＝クレール　ドゥヴィル，1818-1881） *201, 202, 204, 205, 379, 391, 404*
Salet, Georges （サレ，1844-1894） *391*
Salmon, George （サーモン，1819-1904） *392*

Strutt, John William （ストラット，1842-1919）→ Rayleigh (Lord)

【T】
Tait, Peter Guthrie （テイト，1831-1901）　*34, 65, 66, 392, 412, 414, 415*
Thomson, James （トムソン，1822-1892）　*63, 137, 387, 391, 401, 415*
Thomson, William (Lord Kelvin) （トムソン（ケルビン卿），1824-1907）　*56, 306, 392, 411, 415*
Troost, Louis Joseph （トルーストゥ，1825-1911）　*201, 202, 204, 205, 391*

【V】
van't Hoff, Jacobus Henricus （ファント・ホッフ，1852-1911）　*417, 418*
Volta, Alessandro Giuseppe Antonio Anastasio （ヴォルタ，1745-1827）　*405, 410*

【W】
Wanklyn, James Alfred （ワンクリン，1834-1906）　*203-205, 391*
Weierstrass, Karl Theodor Wilhelm （ヴァイエルシュトラス，1815-1897）　*409*
Wiedemann, Gustav Heinrich （ヴィーデマン，1826-1899）　*404*
Wüllner, Adolf （ヴュルナー，1835-1908）　*388*

【Y】
Young, Thomas （ヤング，1773-1827）　*411*

【Z】
Zeuner, Gustav Anton （ツォイナー，1828-1907）　*38*

訳者紹介

廣政直彦（ひろまさ　なおひこ）

- 1946年　広島県生まれ
- 1970年　佐賀大学理工学部物理学科卒業
          東洋大学工学部助手
- 1994年　東海大学教授
- 現在　　東海大学名誉教授

著書：『教養のための技術論』共著　東海大学出版会　1986年
　　　『原典科学史──近代から現代まで』共著　朝倉書店　1987年
　　　『洋学事始──幕末・明治期西洋文明の導入』共著　文化書房博文社　1993年
　　　『知の近代を読み解く』共著　東海大学出版会　2001年

林　春雄（はやし　はるお）

- 1951年　長野県生まれ
- 1975年　東洋大学工学部応用化学科卒業
          化学系企業にて物性研究及びプラントエンジニアリングに従事
- 1994年〜　八木江里氏のもとで物理学史研究
- 現在　　東洋大学工業技術研究所客員研究員

訳書：『クラウジウス熱理論論文集　エントロピーの起源としての力学的熱理論』
　　　共訳　東海大学出版会　2013年

ギブス　不均一物質（ふきんいつぶっしつ）の平衡（へいこう）について

2019年3月30日　第1版第1刷発行

著　　者	ヨシア・ウィラード・ギブス	
訳　　者	廣政直彦・林春雄	
発　行　者	浅野清彦	
発　行　所	東海大学出版部	

〒259-1292　神奈川県平塚市 4-1-1
TEL 0463-58-7811　FAX 0463-58-7833
URL http://www.press.tokai.ac.jp
振替　00100-5-46614

印　刷　所　港北出版印刷株式会社
製　本　所　誠製本株式会社

© Naohiko Hiromasa and Haruo Hayashi　　ISBN978-4-486-01861-2

・JCOPY ＜出版者著作権管理機構　委託出版物＞

本書の無断複製は著作権法上での例外を除き禁じられています．複製される場合は，そのつど事前に，出版者著作権管理機構（電話03-5244-5088，FAX 03-5244-5089, e-mail: info@jcopy.or.jp）の許諾を得てください．